Handbuch
des
Feldmessens und Nivellirens
in
den gewöhnlichen Fällen.

Von

Dr. A. L. Crelle,

Königlich-Preufsischem Geheimen-Ober-Baurathe.

Mit zwölf Kupfertafeln.

Berlin, 1826.
Gedruckt und verlegt
bei G. Reimer.

Inhalt.

Erster Theil.

Von der Feldmeſskunst.

Erster Abschnitt.

Zweiter Abschnitt.

Dritter Abschnitt.

Vom Ausmessen der Felder.

Erste Abtheilung.

Seite

Zweiter Theil.

Vom Nivelliren.

Erster Abschnitt.

Zweiter Abschnitt.

Dritter Abschnitt.

Ein-

Einleitung.

Feldmessen und Nivelliren heifst: einen grösseren oder kleineren Theil der Oberfläche der Erde und die natürlichen oder zufälligen Abtheilungen desselben ausmessen. Die geometrischen, oder bestimmenden Abmessungen der Figuren sind Linien und Winkel, und um die Oberfläche bildlich darzustellen, zeichnet man im Kleinen, auf Papier oder einer andern, gewöhnlich ebenen Tafel, ihre horizontale Projection, oder den Grundrifs, welcher Carte heifst, desgleichen Durchschnitte oder verticale Projectionen, welche Nivellements-Profile heifsen.

Die Feldmefskunst kann nach dem Umfange der auszumessenden Flächen, und nach den Personen, die sich damit beschäftigen, in zwei Theile getheilt werden. Kommt es auf die Ausmessung eines ganzen Landes von hunderten oder tausenden von Quadratmeilen an: so kann man sie Landmefskunst nennen. Ist nur eine kleine Fläche von einer oder höchstens einigen Quadratmeilen *), oder noch weniger auszumessen, so kann man sie ausschliefslich Feldmefskunst nennen.

Die Landmefskunst erfordert bei weitem mehr Kenntnisse als die Feldmefskunst, und selbst

*) 15 Meilen auf den Grad der Breite oder 5400 auf den Erd-Meridian.

Kenntnisse anderer Art. Auf grofse Flächen hat z. B. die runde Gestalt der Erde Einflufs, auf kleine fast gar nicht. Grofse Flächen erfordern lange Linien, und die Ausmessung ihrer Länge und der Winkel, welche sie einschliefsen, sehr grofse Genauigkeit, welche wegen der Unvollkommenheit der menschlichen Sinne grofse Schwierigkeiten hat, und Hülfsmittel und Kenntnisse aus den Eigenschaften der Dinge verlangt, die zu der Ausmessung kleiner Flächen nicht nöthig sind. In der That beschäftigen sich auch in der Regel Personen, welche die Ausmessung eines ganzen Landes zu unternehmen fähig sind, mit der Ausmessung kleiner Flächen nicht, und umgekehrt. In einigen Gegenden nennt man (freilich etwas unpassend) jene, zum Unterschiede, Trigonometer, Ober-Geometer u. dgl., letztere blos Geometer. Auch besteht der Unterschied der Landmefskunst von der Feldmefskunst noch darin, dafs gewöhnlich die Zwecke der einen und der anderen ganz verschieden sind, und selbst die eine sich zuweilen nicht einmal an die andere anschliefst. Ganze Länder, oder sonst weit ausgedehnte Linien auf der Erde mifst man entweder, um richtige General-Carten der Länder zu bekommen, oder um aus der Länge einzelner Theile des Meridians, die dann zugleich in Graden astronomisch gesucht wird, die Gestalt und Gröfse des Meridians, und folglich der Erde selbst, zu beurtheilen, oder zu anderen verwandten Zwecken. Kleine Theile der Erdoberfläche hingegen können wegen der Cultur und Benutzung der Aecker, Wiesen, Weinberge, Wälder u. s. w., oder um das Eigenthum fester zu begrenzen, oder um Strafsen und Canäle zu bauen, Flüsse und Gewässer nutzbarer zu machen, oder zu andern Zwecken der Cultur der Erdoberfläche auszumessen seyn. Es kann kommen, dafs man ganze Länder, oder sehr lange Linien auf der

Erde mifst, ohne mit dem Messen in's Einzelne zu gehen, oder dafs man umgekehrt nach und nach im Einzelnen ein ganzes Land ausmifst, ohne an eine General-Carte zu denken.

Man kann also sehr füglich die Kunst, gröfsere Theile der Erdoberfläche auszumessen, oder die Land-Mefskunst, von der Feld-Mefskunst, die bei kleineren Theilen stehen bleibt, aber dagegen auch desto häufiger Anwendung findet, trennen. Es ist gut, wenn es geschieht, weil, wie gesagt, zur Ausmessung grofser Landstriche mehrere und andere Kenntnisse gehören, als kleine Flächen zu messen, ja selbst umgekehrt zu grofsen Vermessungen sogar manche Kenntnisse, deren die Detail-Messung bedarf, allenfalls entbehrt werden können, und es auch weder nützlich, noch nöthig, noch selbst möglich ist, dafs sich alle die vielen Personen, welche sich mit der Detail-Messung beschäftigen, die vielen Kenntnisse anderer Art, welche zu der Vermessung ganzer Länder nöthig sind, gründlich zu eigen machen. Sie mögen von der Erdmessung im Grofsen immerhin so viel allgemeine Kenntnisse besitzen, als auch andere wissenschaftlich unterrichtete Personen sich zu eigen zu machen pflegen, aber weiter darin zu gehen, ohne gleichwohl die Mefskunst im Grofsen zu ergründen, welches ein Studium vieler Jahre ist, wäre denen, die sich der Detail-Messung widmen, wenigstens unnütz, wenn nicht gar schädlich; denn ein etwas mehr als allgemeines und dennoch nicht ergründendes Wissen von Dingen, die andere Zwecke haben, pflegt nur zu leicht zu unrichtigen Anwendungen oder zur Vernachläfsigung wesentlicher Kenntnisse zu verleiten. Es giebt zwar auch noch Fälle, wo allerdings ausgedehnte Landstriche vermessen werden sollen und können, ohne dafs dazu alle Feinheiten der ausgedehnteren Erdmefskunst nöthig wären, nemlich, wenn man

z. B. recht schnell nur ein ungefähres Bild der Erdoberfläche, z. B. zu militairischen Zwecken und dergleichen, haben will; allein diese Kunst wird gewöhnlich mit den Kenntnissen, zu welchen sie gehört, zugleich gelehrt, und kann füglich von der eigentlichen Meſskunst, welche einen gröſsern Grad der Genauigkeit verlangt, abgesondert werden, und hindert also die Trennung der Landmeſskunst von der Feldmeſskunst nicht.

Die Kunst des Nivellirens im Groſsen und im Kleinen ist zwar ebenfalls noch nach dem Zweck der Abwiegungen, jedoch weniger, verschieden. Auch ist das Nivelliren überhaupt eine weniger ausgedehnte Kunst als das Erdmessen, so daſs füglich von Jedem, der sich mit dem Nivelliren, nächst Detail-Vermessungen beschäftigt, verlangt werden kann, daſs er auch schon gröſsere Nivellements auszuführen im Stande sey.

Es giebt nun zwar eine groſse Menge von Anweisungen zur Feldmeſskunst, auch in deutscher Sprache, allein ihre Wirkung scheint noch nicht so allgemein gewesen zu seyn, wie man erwarten sollte. In wenigen technischen Künsten hängt man noch so am Alten, wie in der Feldmeſskunst, ungeachtet dieselbe, wenigstens was ihre Hülfsmittel, z. B. die Instrumente, betrifft, in neuester Zeit wesentlich fortgeschritten ist. Die Landmeſskunst im Groſsen ist in neuerer Zeit sogar zu einer bewundernswürdigen Vollkommenheit gediehen. Im Detail miſst man dagegen in der Regel noch mit Instrumenten, die nur vor 50 und 100 Jahren gut waren, als man noch keine bessere hatte. Man glaubt dadurch die Arbeit zu erleichtern und zu fördern, aber man erleichtert sie nicht, sondern verliert gegentheils nur an Genauigkeit und Zuverläſsigkeit. Wirkliche Erleichterung und Förderung würden bessere Werkzeuge und eine richtige Methode gewähren. Man läſst den

Feldmesser eine Menge von geometrischen und analytischen Sätzen lernen, oder man läfst ihn auch wohl die Elemente der reinen Mathematik wirklich studiren, zeigt ihm aber nicht Methoden in seiner Kunst, die ihm nützen können. Er macht von mühsam erworbenen mathematischen Kenntnissen wenig oder keine Anwendung. Die Ausübung der Feldmefskunst ist in vielen Gegenden noch in demselben Zustande, wie sie vor 50 Jahren war. Die Boussole und das halbkreisförmige Astrolabium sind noch die gewöhnlichen Instrumente, obgleich man bessere für die nämlichen Preise haben kann, und das Messen aus dem Umfange, selbst der gröfsten Flächen, die dem Feldmesser vorkommen, ist noch fast ausschliefslich die gewöhnliche Methode, obgleich die Lehrbücher es an Anweisungen zu besseren nicht fehlen lassen.

Dieses Zurückbleiben in der Praxis einer Kunst, die besonders in neuerer Zeit, wo allmälig schon in mehreren Ländern, mit so segensreichen Folgen für die Cultur des Bodens und für die Wohlfahrt der Völker, an Gleichstellung der Grundsteuern und an Theilung grofser, nur gemeinschaftlich, also wenig benutzter Fluren gearbeitet wird, so vielfach ausgeübt werden mufs, und die wegen ihres unmittelbaren Einflusses auf den Werth des Grundbesitzes und des Vermögens der ernährenden Classe eine so grofse Wichtigkeit hat, ist in der That auffallend. Es läfst sich kaum erklären, wenn man nicht annimmt, dafs die Schuld davon doch wohl zum Theil an der Unterweisung liegt; denn dafs man wenigstens im Allgemeinen gegen das Bessere nicht verschlossen sey, beweisen die raschen Fortschritte so mancher anderen nützlichen Kunst. In der That scheinen die meisten Lehrbücher, so gut sonst ihr Inhalt seyn mag, darin zu fehlen, dafs sie nicht direct genug auf ihren Zweck zugehen, das Wesentliche nicht genug herausheben, nicht gerade da genug nachhelfen, wo es am nöthigsten ist, oder auch vielleicht zu sehr die Meſskunst im Groſsen mit der Detail-Messung durch einander mischen. Ohne jene in ihrem ganzen Umfange gründlich und vollständig abzuhandeln, entziehen sie dem Lernenden von dieser Wesentliches, machen ihn irre, und verleiten ihn, von Feinheiten, die für gröſsere Messungen passen, im Detail Anwendungen zu machen, während er wesentliche Regeln seines eigenthümlichen Geschäftes verabsäumt. Man bemerkt zuweilen die Wirkungen davon. Man hört z. B. Feldmesser, die kaum mit der Boussole und der Canalwage umzugehen wissen, von Repetition der Winkel, oder von der Strahlenbrechung, oder von algebraischen Formeln reden, von welchen sie keinen Gebrauch zu machen wissen. Die Folge ist, daſs Diejenigen, welche die Widersprüche fühlen, die Lehren der Anweisungen miſsverstehen, sie für bloſse Speculationen halten und bei dem gewohnten Alten bleiben.

Es scheint daher nicht überflüssig, durch eine möglichst gedrängte Zusammenstellung Desjenigen, was für die Feldmeſs- und Nivellir-Kunst in den gewöhnlichen Fällen wirklich nützlich und anwendbar ist, und was insbesondere die Puncte berührt, wo es fehlt, zu versuchen, ob sich nicht der Zweck, diese wichtige Kunst mit der Zeit fortschreiten zu helfen, noch wirksamer erreichen lasse. Zu einer solchen kurzen Zusammenstellung ist die gegenwärtige kleine Schrift bestimmt. Sie hat ausschlieſslich die Kunst der Ausmessung kleiner Landflächen, von einer, höchstens einigen Quadratmeilen, nebst der Nivellirkunst zum Gegenstande. Sie setzt die nöthigen Kenntnisse aus der Rechenkunst und Geometrie, wie sie in den Lehrbüchern, namentlich in denen des Verfassers, Berlin bei Reimer, 1825 und 1826, anzutreffen sind, voraus, auf welche sie überall Bezug nimmt. Sie beschränkt sich überall auf das Nothwendigste und wendet deshalb auch mathematische Sätze, nicht etwa um darin zu üben, sondern nur da an, wo sie nöthig und nützlich sind. Wer bei der Landmeſskunst in den gewöhnlichen Fällen nebst dem Nivelliren stehen bleiben will, wird sich daraus, selbst ohne sonstige mündliche Nachhülfe, so weit unterrichten können, daſs er zur Uebung auf dem Felde übergehen kann. Wer sich aber auſserdem noch allgemeine Kenntnisse von der Meſskunst gröſserer Landflächen verschaffen will, kann von der gegenwärtigen Schrift zu den dahin einschlagenden Theilen anderer ausgedehnterer Bücher, z. B. auch Montanus, systematisches Handbuch der Land- und Erd-Messung, Berlin bei Rücker, 2 Bände, oder Benzenberg, Handbuch für die Ober-Landmesser, Düsseldorf bei Schreiner, 1815, oder Netto, Handbuch der gesammten Vermessungskunde, Berlin bei Amelang, 2 Bände *), oder auch zu dem älteren Werke über Vermessungskunst von T. Mayer, 5 Bände, übergehen, welches aber freilich für die meisten Leser zu weitläufig und auch zum Theil veraltet ist. Wer die Meſskunst im Groſsen noch weiter erlernen will, muſs, nachdem er die Physik, Geologie und Astronomie im weiteren Umfange studirt hat, die besonders davon handelnden Schriften, z. B. von Bohnenberger, Liechtenstern, Textor, Littrow, Puissant (Géodesie und Topographie), von Delambre (Base du système métrique) u. s. w., lesen.

---

*) Man muſs in diesem Buche die fremdartigen Ausfälle übersehen, wie es der Verfasser der gegenwärtigen Schrift mit dem gegen ihn gerichteten Ausfalle im ersten Theile S. 208. thut, auf welchen etwas weiter zu sagen er nicht nöthig findet, da sich der Ausfall durch seinen Widerspruch von selbst hebt. Er würde auch diese Bemerkung nicht machen, wenn nicht das sonst nützliche Buch hätte erwähnt werden müssen.

Der Verfasser der gegenwärtigen Schrift hat, in Erwägung der Wichtigkeit und Gemeinnützigkeit des Gegenstandes derselben, einen Theil seiner wenigen abendlichen und nächtlichen Stunden, welche allein ihm sein Amt übrig läſst, und die er sonst gern seiner Wissenschaft, der Mathematik, ausschlieſslich vorzubehalten pflegt, gewidmet. Er wünscht, daſs es ihm gelingen möge, mit seiner Arbeit einigen Nutzen zu stiften.

Erster Theil.

Von der Feldmefskunst.

Erster Abschnitt.

Allgemeine Begriffe vom Feldmessen.

1.

Zu welchem Zweck man auch einen gröfseren oder kleineren Theil der Erd-Oberfläche ausmessen mag, sey es, um blos eine Zeichnung davon auf dem Papier oder einer anderen Ebene zu machen, oder um den Inhalt der Fläche oder ihrer Theile zu finden, u. s. w.: immer kommt es nur auf die Grenzen der Fläche und ihrer einzelnen Abtheilungen an, z. B. auf die Grenzen einer Feldflur, oder eines Waldes, oder eines Stromes u. s. w., so wie auf die Grenzen der einzelnen Theile der Flur, z. B. der Ackerfelder oder auch der Aecker der einzelnen Eigenthümer, oder selbst der einzelnen Theile dieser Ackerstücke, in sofern der Boden von verschiedener Güte ist, der Wiesen, der Anger, der Gärten, des Hoch- und Nieder-Waldes, der Seen, Teiche, Flüsse u. s. w. Hat man diese Grenzen ausgemessen, so kann man die Carte der Flur machen, oder ihren Inhalt berechnen und was sonst noch der Zweck der Vermessung seyn mag.

Unter den Grenzen der Fluren und ihrer einzelnen Theile kann man natürliche, künstliche und angenommene unterscheiden. Z. B. die Grenzen zwischen einem Gewässer oder einem Sumpfe und dem Lande, also das Ufer, ferner die Grenzen zwischen Boden von verschiedener Güte u. s. w., sind natürliche Grenzen. Eine künstliche Grenze wäre z. B. ein Rain zwischen Ackerstücken, ein Weg, der zur Grenze dient, die Einhegung eines Gartens oder Weinberges u. dergl.

Eine angenommene Grenze wäre, die nur durch einzelne Puncte, z. B. durch Steine bezeichnet ist, und quer durch einen Wald, Acker, Feld, Wiese, Gewässer u. dergl. geht, ohne weiter in ihrer ganzen Länge sichtbar zu seyn.

2.

Alle diese Grenzen, mit Ausnahme der angenommenen etwa, sind allerdings keine mathematischen Linien, sondern vielmehr Flächen; denn ein Rain, eine Hecke, Mauer u. s. w. hat eine Breite: selbst die Scheidung zwischen Wasser und Land ist nicht scharf, noch weniger zwischen Wald und Feld u. dergl.; allein man kann nicht anders, als überall mathematische Linien für die Grenzen voraussetzen. Man legt sie entweder in die Mitte der begränzenden Flächen oder an eine Seite derselben, oder wie es sonst die Umstände erfordern. Ist aber die begränzende Fläche gar zu breit, wie z. B. öfters ein Rain, ein Weg, ein kleiner Fluſs, eine Hecke u. s. w., so begrenzt man solche Scheidungen mit zwei Linien, und nimmt einzeln die Grenzen mit den Feldern, welche sie trennen.

Ueberall also sind es am Ende wirkliche mathematische Linien, auf deren Ausmessung es ankommt. Die angenommenen Grenzen sind schon auf dem Felde dergleichen; den natürlichen und künstlichen nähert man sich durch mathematische Linien möglichst. Was ausgemessen werden soll, ist gleichsam ein Gewebe von solchen Linien.

3.

Da das Land fast nirgend ganz eben ist, so liegen die Grenzlinien eigentlich nicht in einer Ebene. Sie lassen sich also auch in ihrer auf- und niedersteigenden Gestalt auf dem Papier oder einer andern Tafel, die gewöhnlich so gerade ist, daſs sie für eine Ebene angenommen werden kann, nicht füglich unmittelbar im Kleinen nachbilden. Damit dieses leichter angehe, stellt man sich in Gedanken auf dem Felde eine Fläche vor, welche wenigstens die höckerige Gestalt der wirklichen Erdoberfläche nicht hat, z. B. die Oberfläche eines stillstehenden Wassers, die etwa durch den niedrigsten Punct des auszumessenden Feldes geht. In dieser Fläche stellt man sich die Linien vor, welche gerade lothrecht unter den wirklichen Grenzlinien des unebenen Feldes liegen, oder welche man erhalten würde, wenn man aus allen Puncten der wirklichen Grenzlinien auf dem Felde Lothe auf die Wasserfläche fällete. Solche Linien in der eingebildeten Wasserfläche heifsen Projectionen der Grenzlinien, und die Wasserfläche selbst heifst Horizontal-Fläche; und sie sind es, die man zeichnet. Es kommt also darauf an, diese Projectionen der Linien im Felde auf die Horizontal-Fläche, durch Ausmessung der wirklichen Grenzlinien, zu finden, welches, wie sich weiter unten zeigen wird, angeht. Sie bilden dann ein Linien-Gewebe auf einer Fläche, die wenigstens nicht mehr höckerig ist, wie die wirkliche Erdoberfläche, sondern die der Ebene schon sehr nahe kommt, und es läfst sich also dann schon besser ein Bild davon auf dem ebenen Papiere machen. Deutet man noch auf dem Papiere durch diese oder jene willkührliche Zeichen an, wie hoch ein jeder Punct der wirklichen Erdoberfläche über der eingebildeten Horizontal-Fläche, die nun das Papier vorstellt, liegt: so erhält man ein vollständiges Bild des auszumessenden Landes.

4.

Streng genommen ist freilich auch die Horizontal-Fläche oder Wasser-Fläche keineswegs eben; denn da die Erde ein runder Körper von beinahe kugelförmiger Gestalt ist, so ist die Oberfläche des Wassers eine Kugel-Fläche, und folglich nicht eben. Allein da es hier nur auf die Ausmessung eines sehr kleinen Theils der Erdoberfläche, von höchstens ein Paar Quadratmeilen, ankommt, so hat man es auch nur mit einem sehr kleinen Theil der Kugel-Fläche zu thun, und ein solcher kommt der Ebene so nahe, dafs er ohne Bedenken dafür angenommen werden kann. Eine Meile z. B. oder der funfzehnte Theil von einem Grade auf der Erde, oder von 60 Minuten nimmt in dem Erd-Umkreise nur einen Bogen von 4 Minuten ein. Eine Quadratmeile also ist ein Theil der Kugel-Fläche, der von Bogen begrenzt wird, deren Winkel am Erd-Mittelpuncte 4 Minuten sind. Eine Ebene durch die Sehnen dieser Bogen würde die wirkliche Ebene seyn, die man eigentlich statt der Kugel-Fläche nehmen müfste. Die Sehne eines Bogens von 4 Minuten ist aber noch nicht um den Achtmillionenten Theil ihrer Länge kürzer, als der zugehörige Bogen: also kann man den Bogen unbedenklich statt der Sehne, und den Theil der Kugel-Fläche, der zwischen Bogen von 4 Minuten liegt, als eine wirkliche Ebene ansehen; denn der Fehler, den man begeht, ist viele tausendmal kleiner als so viele andere Fehler, die aus der Unvollkommenheit der Mefs-Werkzeuge und des Sehe-Organs entstehen, und die sich dennoch nicht vermeiden lassen. Werden gröfsere Theile der Erdoberfläche ausgemessen, z. B. ganze Länder von mehreren hundert Quadratmeilen, so sind allerdings die Theile der Kugel-Fläche, welche sie einnehmen, sehr weit von Ebenen verschieden, denn die Sehnen weichen zunehmend von ihren Bogen ab, je gröfser die Winkel am Mittelpuncte sind. Hier aber, wo es nur höchstens auf eine oder einige Quadratmeilen ankommt, kann die Horizontalfläche oder Wasserfläche, auf welche man sich die Grenzlinien der auszumessenden Flächen projicirt vorstellt, und die man dann in der Carte das Papier vorstellen läfst, unbedingt als eben ansehen.

5.

Selbst die Vorstellung der Horizontal- oder Wasserfläche, auf welche das auszumessende Feld projicirt wird, ist nur dann nöthig, wenn das Land wirklich hügelig oder bergig ist. In flachen Gegenden, wie z. B. in Holland, Ost-Friesland, Hannover, der Mark Brandenburg, Ost-Preufsen, einem grofsen Theile von Polen und Rufsland u. s. w., kann man selbst die Oberfläche des Landes, bei Ausmessung einzelner Theile desselben von einer oder ein Paar Quadratmeilen, ohne Weiteres, einzelne Hügel ausgenommen, als eine Ebene betrachten, und die Grenzlinien, welche auszumessen sind, so nehmen, wie sie auf dem Erdboden wirklich angetroffen werden; denn auf flachen Abhängen und Unebenheiten weicht die Länge der Linien nur unmerklich von der Länge ihrer Projectionen auf eine Wasserfläche ab. Ein Abhang z. B. von 3 Grad gegen den Horizont ist in flachen Ländern schon selten. Er ist ungefähr derjenige, welchen höchstens gut gebaute Strafsen oder Chausséen zu haben pflegen. Ein Abhang von 6 Grad ist schon nur mit einiger Anstrengung zu Fufs oder zu Pferde und zu Wagen zu ersteigen, und kommt also in ebenen Gegenden in der Regel nicht vor. Gesetzt, *AB*

(Fig. 1. Taf. 1.) sey ein Abhang von 4 Grad, und *BC* ein Loth auf die Horizontalfläche *AC*: so wäre *AC* gleich dem Product von *AB* in den Cosinus von 4 Grad. Dieser Cosinus ist, wie aus den Tafeln zu ersehen, nur etwa um den dreihunderten Theil kürzer als der Halbmesser; also ist *AC* auch etwa nur um den dreihunderten Theil kürzer als *AB*. Man begeht also nur einen geringen Fehler, selbst wenn man *AB* gerade zu statt *AC* nimmt. Kommen indessen einzelne steile Unebenheiten vor, so mufs man an solchen Orten die Projectionen auf die Horizontalfläche allerdings zu Hülfe nehmen. Den übrigen Theil des Landes mit Abhängen von 1 bis 2 Grad kann man ohne Weiteres als eben und horizontal betrachten.

In Bergen dagegen, welche häufig Abhänge von 20 bis 30 und mehreren Graden gegen den Horizont haben, würde man grobe Fehler begehen, wenn man auch hier die Erdoberfläche als eben betrachten wollte. Denn der Cosinus von 30 Grad z. B. ist beinahe um den siebenten Theil kürzer als der Halbmesser. In solchen Gegenden also mufs man sich die auszumessenden Grenzlinien nach (§. 3.) auf eine Horizontalfläche projicirt vorstellen.

6.

Wie nun auch die Oberfläche des auszumessenden Landes beschaffen seyn mag, eben oder bergig: immer kommt es am Ende wieder auf die Ausmessung von Linien an, welche die Grenzen der Flur oder ihrer einzelnen Abtheilungen vorstellen. Ist die Landfläche hügelig und bergig, so mufs man die Projectionen der wirklichen Grenzlinien auf eine Horizontalfläche ausmessen. Ist das Land flach und eben, so nimmt man die Grenzlinien, wie man sie unmittelbar auf dem Felde antrifft. In jedem Fall besteht die Aufgabe darin, ein solches Netz oder Gewebe von Linien auszumessen.

Die Grenzlinien sind nun entweder, an sich selbst, oder auf eine Horizontalfläche projicirt, theils gerade, theils krumm. Die natürlichen Gränzen, z. B. zwischen Wasser und Land, zwischen Boden von verschiedener Art und Güte u. s. w., sind selten oder nie gerade. Die künstlichen Grenzen sind es häufig, und die angenommenen immer, denn eine angenommene Grenze kann von einem Bestimmungspunct zum andern nur gerade seyn, weil nur eine gerade Linie von zwei Puncten bestimmt wird. Die Krümmen der Grenzlinien sind von sehr verschiedener und unregelmäſsiger Gestalt, und es wäre bloſse Willkür, wenn man sie für Kreis-Linien oder andere krumme Linien von bestimmter Gestalt nehmen wollte. Man miſst daher von krummen Linien im Felde nur so viel einzelne Puncte aus, daſs man die Linien von einem Punct zum andern ohne groſsen Fehler als gerade ansehen, oder wenigstens die Krümme zwischen zwei auf einander folgenden Puncten, bloſs nach dem Augenmaaſs zeichnen kann.

Liegen die einzelnen Puncte nahe zusammen, z. B. wie *A*, *B*, *C*, *D*, *E*, *F*, *G*, *H* (Fig. 2.), so kann man auch ihre Lage dadurch finden, daſs man ihre senkrechten Abstände BB_1, CC_1, DD_1 u. s. w. von einer geraden Linie *AH* zwischen zwei schon weiter von einander entfernten Puncten *A* und *H* und die Entfernungen oder Perpendikel AB_1, AC_1, AD_1 u. s. w. ausmiſst. Man sieht leicht, daſs durch diese Abstände und Perpendikel oder durch diese Coordinaten AB_1, B_1B; AC_1, C_1C; AD_1, D_1D u. s. w., die Puncte *B*, *C*, *D* u. s. w. bestimmt werden, sobald man die gerade Linie *AH* kennt. Muſs die krumme Grenze *ABCD*.... erst auf eine Horizontalfläche projicirt werden, so kommt es natürlich auch nur auf die Projectionen der Linie *AH* und der Coordinaten an.

Es folgt hieraus, daſs man unter allen Umständen blos mit *geraden* Linien allein auskommt, oder daſs die Grenzlinien überall durch gerade Linien allein ausgemessen werden können. Alle Figuren, welche vorkommen, werden also als von einzelnen geraden Linien eingeschlossen betrachtet, deren allerdings sehr viele seyn können, wenn die Grenzen krumm sind. Ist die Gegend flach und eben, so liegen diese umschlieſsenden geraden Linien auf dem Erdboden selbst; ist die Gegend bergig, so kommt es auf die Projectionen der Linien auf eine Horizontalfläche an.

Die Aufgabe für die Feldmeſskunst reducirt sich also im Allgemeinen darauf, aneinandergrenzende, von geraden Linien umschlossene Figuren oder geradlinige Vielecke auf dem Felde auszumessen, und eine aus ähnlichen Figuren zusammengesetzte Figur auf dem Papiere oder einer Tafel zu zeichnen, welche Carte heiſst. Die nachbildenden Linien auf der Carte sind zwar ebenfalls, so wenig wie die Grenzlinien auf dem

Felde

Felde keine mathematische Linien, allein sie müssen so fein gezogen werden, daſs man sie ohne zu groſsen Fehler dafür annehmen kann.

Nun werden geradlinige Vielecke sowohl durch ihre Seiten und Diagonalen als durch ihre Winkel bestimmt. (Man sehe Geometrie 1ster Theil, 1ster Abschnitt *β*. und 3ter Abschnitt.) Man kann also ein Feld eben sowohl ausmessen, wenn man die bestimmenden Seiten (siehe die obige Stelle der Geometrie) und Diagonalen der Figuren miſst, aus welchen man es zusammengesetzt betrachtet, als wenn man, statt blos bestimmende Linien zu nehmen, auch Winkel zu Hülfe nimmt. Das letzte ist auf dem Felde vortheilhafter, weil es, wie sich weiter unten zeigen wird, leichter ist, Winkel im Felde zu messen, als lange Linien. Also wird man in der Regel so viel als möglich Winkel zu Hülfe nehmen müssen.

Die Ausmessung der Linien sowohl als der Winkel auf dem Felde, so wie die Nachbildung derselben auf dem Papier, geschieht durch eigens dazu bestimmte Instrumente. Es folgt also, daſs zur Feldmessung erstlich Werkzeuge gehören, gerade Linien auf dem Felde sichtbar und meſsbar zu bezeichnen; zweitens Werkzeuge, die Länge von geraden Linien zu messen; drittens Werkzeuge, durch welche sich Winkel zwischen geraden Linien, entweder in Graden, Minuten u. s. w. messen, oder unmittelbar zu Papier bringen lassen; viertens Werkzeuge, um gerade Linien und Winkel, wo es nothwendig ist, auf eine Horizontalfläche zu projiciren, in sofern nicht ihre Projectionen sogleich auf dem Felde ausgemessen werden, und endlich Werkzeuge, das Bild der ausgemessenen Figur im Felde, oder die Carte, im Kleinen auf dem Papier oder einer anderen ebenen Tafel vorstellig zu machen.

Von diesen Werkzeugen izt zuerst eine Uebersicht und Beschreibung nöthig. Es giebt ihrer sehr viele und mannigfaltige, selbst zu kleinen Messungen, noch weit mehr zur Ausmessung gröſserer Landflächen. Man muſs die Vortheile und Nachtheile des einen vor dem anderen kennen. Man muſs ihre Richtigkeit zu prüfen, und sie zu gebrauchen wissen.

Hiervon soll der folgende Abschnitt handeln.

Zweiter Abschnitt.

Von den Werkzeugen zum Feldmessen.

A. Werkzeuge um gerade Linien auf dem Felde abzustecken.

7.

Da eine gerade Linie durch einzelne Puncte, und zwar schon durch zwei Puncte bestimmt wird, so kommt es, um gerade Linien auf dem Felde sichtbar und mefsbar zu bezeichnen, nur auf eine weit sichtbare Bezeichnung von Puncten an. Zuweilen ist die Bezeichnung der Puncte, durch welche die gerade Linie gehen soll, schon vorhanden z. B. ein Thurm, Baum oder dergl. Man mufs dann allemal die Mittellinie des Gegenstandes, oder vielmehr den zu bezeichnenden Punct in der Mittellinie annehmen, damit man, wenn man den Gegenstand von verschiedenen Seiten sieht, immer den nemlichen Punct bekomme. Die Mittellinie eines Thurms bezeichnet gewöhnlich die Spitze des Thurms oder die sogenannte Helmstange. Man kann eine dergleichen Mittellinie nach dem Augenmaafs nehmen, wenn der Gegenstand nicht zu nahe steht, und also dem Auge nur unter einem sehr kleinen Winkel erscheint, der sich durch Schätzung ohne grofsen Fehler halbiren läfst. Der Winkel nemlich, unter welchem ein Gegenstand dem Auge erscheint, ist um so gröfser, je näher der Gegenstand, und um so kleiner, je entfernter er ist. Man nennt ihn scheinbare Gröfse des Gegenstandes. Z. B. wenn in (Fig. 3.) das Auge in *M*, und *AB* irgend ein Gegenstand ist, so heifst der Winkel *AMB* scheinbare Gröfse desselben, und dieser Winkel ist offenbar um so gröfser, je näher *AB* an *M* rückt, und um so kleiner, je weiter *AB* von *M* entfernt ist. Streng genommen, ist freilich der Winkel *AMB* nie Null, so weit sich auch *AB* von *M* entfernen mag, aber wenn *AMB* gar zu klein ist, so ist der Gegenstand dem blofsen Auge gar nicht mehr sichtbar. Dieses rührt theils von der Unvollkommenheit des Sehe-Organs, theils davon her, dafs sich zwischen dem Auge und dem Gegenstande die Luft befindet, die nie vollkommen durchsichtig ist. Man sieht einen Gegenstand dann, wenn derselbe von der Sonne oder einem anderen Lichte beleuchtet wird. Die Strahlen des Lichtes werden von dem beleuchteten Gegenstande mehr oder weniger zurückgeworfen, je nachdem die Oberfläche des Gegenstandes glatt oder uneben, hell oder dunkelfarbig ist, und diejenigen zurückgeworfenen Strahlen, welche gerade in das Auge treffen, erregen in demselben das Sehen. Ist nun der Gegenstand nur klein, so wirft er weniger Strahlen in das Auge, als wenn sein Umfang gröfser ist; auch verschluckt gleichsam die Luft die Strahlen, welche durch sie hinfahren, mehr oder weniger, und schwächt ihre Helligkeit; daher kommen die Strahlen von einem entfernten Gegenstande schwächer in's Auge, als von einem nahe liegenden. Deshalb ist ein gar zu kleiner und gar zu entfernter Gegenstand gar nicht mehr sichtbar. Die Gröfse, unter welcher ein Gegenstand dem blofsen Auge gerade noch sichtbar ist, ist nach der Beschaffenheit und Farbe seiner Oberfläche, nach der Reinheit der Luft, und nach der Stärke des Auges sehr verschieden. Im Durchschnitt kann man annehmen, dafs ein Gegenstand *AB* (Fig. 3.), dessen Gröfse nur noch etwa den 5000sten Theil seiner Entfernung *AM* beträgt, kaum noch sichtbar ist. Dieses giebt einen Winkel *AMB* von etwa 40 Secunden, welcher also ungefähr die scheinbare Gröfse wäre, unter welcher das blofse Auge einen Körper noch sieht. Jedoch ist dieser Winkel, wie gesagt, nach den Umständen sehr verschieden. Man kann zuweilen einen weit leuchtenden Gegenstand, der sich besonders in seiner Umgebung sehr auszeichnet, noch unter einem Winkel von 3, 2 und selbst einer Secunde oder noch auf die 20,000fache Entfernung sehen, und dagegen kann unter ungünstigen Verhältnissen ein anderer Gegenstand selbst mit einer scheinbaren Gröfse von 1 bis 2 Minuten oder auf etwa die 2000fache Entfernung kaum mehr sichtbar seyn. In jedem Falle ist aber die scheinbare Gröfse, unter welcher ein Körper noch sichtbar ist, immer ein sehr kleiner Winkel, und wenn also ein Gegenstand so weit entfernt ist, dafs man ihn eben nur noch sieht, oder überhaupt, wenn er dem Auge nur unter einem sehr kleinen Winkel von einigen Minuten erscheint, kann man die Mittel-Linie ohne grofsen Fehler schätzen. Ist hingegen der Gegenstand näher, so dafs seine scheinbare Gröfse bedeutender ist, so mufs man sich der Mittel-Linie bestimmter versichern, oder z. B. von einem Thurm etwa eine Kante, oder genau die Helmstange zur Bezeichnung des bestimmten Puncts auf dem Felde nehmen. Giebt es an dem Thurm oder dem näheren, gröfseren Gegenstande keine bestimmte ausgezeichnete Linie: so ist er auch zur Bezeichnung eines Punctes auf dem Felde aus der Nähe nicht geeignet, sondern nur aus so grofser Ferne, dafs er nur noch eine geringe scheinbare Gröfse hat.

8.

Sind die Puncte, durch welche eine gerade Linie gehen soll, noch nicht fernsichtbar bezeichnet, sondern nur am Boden, z. B. durch Grenzsteine oder andere Merkmale, oder will man mehrere Puncte einer durch vorhandene Zeichen bestimmten geraden Linie zwischen den Zeichen, oder in der Verlängerung ausstecken, so bedient man sich dazu gerader, dünner und glatter Stangen (Stäbe), die der Leichtigkeit wegen gewöhnlich von Tannen genommen werden. Dieselben werden unten zugespitzt, erhalten auch wohl eine eiserne Spitze, und werden in den Boden getrieben. Man pflegt sie auch mit weitleuchtenden Farben bunt anzustreichen, z. B. roth und weifs oder roth und gelb. Die Sichtbarkeit eines solchen Stabes kommt mit auf den Hintergrund an. Ist der Hintergrund dunkel, so ist eine hellfarbige Stange gut sichtbar: ist der Hintergrund hell, z. B. wie der Horizont, so zeichnet sich am besten eine dunkelfarbige Stange aus. Der Anstrich kann daher nicht viel helfen, und da der Hintergrund meistens dunkel ist, so ist es am kürzesten, abgeschälte Tannen-Stangen zu nehmen, deren Holzfarbe schon weit leuchtet. Auf den Gipfel der Stange kann man ein Fähnchen, etwa von einem hellrothen Zeuge, anbringen, welches durch einen eingeklammerten Stab ausgespannt wird. Jedoch thut auch ein in Form eines Rockens oben um die Stange gewundener Strohbündel fast die nemlichen Dienste. Sind die Stangen nicht sehr hoch, so kann man auch oben ein Streifchen weifses Papier quer einklemmen, um sie mehr auszuzeichnen. Irgend eine Unterscheidung der Stange, besonders an ihrer obern Spitze, ist aber nöthig, damit sie nicht mit einem anderen Gegenstande, woran kein Zeichen ist, z. B. einem abgestorbenen dürren Baume oder dergleichen, verwechselt werden möge.

Die Gröfse der Stäbe oder Pikets richtet sich danach, ob sie sehr weit oder nur in mäfsiger Entfernung gesehen werden sollen. Will man sie nicht über 50 Ruthen *) entfernen: so dürfen sie nur etwa 6 bis 8 Fufs lang und 1 bis $1\frac{1}{2}$ Zoll dick seyn. Ihre Dicke hat alsdann eine scheinbare Gröfse von etwa $\frac{1}{2}$ bis $\frac{3}{4}$ Minuten, und ist noch gut sichtbar. Für geringe Entfernungen können die Stäbe auch niedriger und dünner seyn; für gröfsere Entfernungen aber, von 500, 1000 Ruthen und mehr, mufs man die Stangen gröfser nehmen, bis zu 20, 30 und 40 Fufs hoch. Da sie von einer solchen Höhe nicht wohl in dem Boden würden befestigt werden können, so unterstützt man sie dann, auf etwa 6 bis 8 Fufs hoch, mit 3 schrägen Streben, die in den Boden gesetzt werden, und um den Gipfel herum macht man von dünnen Stäben, die an zwei Scheiben befestigt werden, eine Art von Trommel, die mit frischem Stroh ausgeflochten wird, welches weithin leuchtet. Da die Stangen, auch von gröfserer Höhe, nicht sehr dick seyn dürfen, weil sie sonst zu schwer aufzurichten seyn würden: so ist in grofsen Entfernungen ihre Dicke nicht deutlich sichtbar; daher kommt es bei hohen Stangen auf die Sicht-

---

*) Die gegenwärtige Schrift wird sich überall des Preufsischen Maafses und Gewichts bedienen, wie es in dem Königlich-Preufsischen Reglement vom Jahre 1816 beschrieben ist. Der Preufsische Fufs hat nach diesem Reglement die Länge von 139,13 Pariser Linien, 12 Fufs sind eine Ruthe, und eine solche Ruthe wird für die Landmessung in 10 Fufs, der Fufs in 10 Zolle u. s. w.; auch wird ein Fufs, deren 12 auf die Ruthe gehen, in 12 Zolle, der Zoll in 12 Linien u. s. w. getheilt. Man wolle überall, wo nicht Anderes bemerkt ist, diese letztere Eintheilung verstehen. 180 Quadratruthen sind ein Morgen Landes, und 66 Pfunde sind dem Gewicht eines Cubic-Duodecimal-Fufses destillirten Wassers gleich.

barmachung der obern Spitze vorzüglich an. Solche gröfsere Stangen nennt man auch Signale; die kleinen Stäbe heifsen Abstecke-Stäbe, Pikets oder Jalons. Bei Vermessungen gröfserer Landflächen sind auch noch gröfsere Signale nöthig. Bei einzelnen Fluren aber kommen sie nicht vor. Selbst die vorhin beschriebenen Signale sind nur selten nöthig, und man reicht gewöhnlich mit den 6 bis 8 Fufs langen einfachen Stäben aus.

9.

Nur wenn man eine gerade Linie durch einen dicht verwachsenen Wald ausholzen will, und der Anfangs- und End-Punct der Linie sind gegeben, kann man zuweilen durch sehr lange Stangen den einen Punct von der andern Seite des Waldes her sichtbar machen, besonders wenn man die Stange, die an ihrer obern Spitze durch ein Strohbündel signalisirt ist, noch auf einem hohen Baum, über denselben hinaus befestigen kann. Der Boden des Waldes mufs nur nicht zwischen den beiden gegebenen Puncten uneben und sehr erhöhet seyn, so dafs die Bäume in der Mitte noch bedeutend höher hervorragen. Man pflegt auch, um in solchem Fall, über einen Wald hinaus einen gegebenen Punct fernhin sichtbar zu machen, des Nachts Raketen aus einem der gegebenen Puncte steigen zu lassen, oder an einer langen Stange eine Leuchte zu befestigen und sie über die höchsten Bäume hinauszuschieben. Das Licht ist in der Nacht um so weiter und deutlicher sichtbar.

10.

Alle Jalons oder Signale müssen nothwendig ganz vertical gestellt werden; denn ständen sie schief, so würden Lothe, die man aus höheren oder niedrigeren Puncten der Stäbe auf eine Horizontalfläche fallen liefse, verschiedene Puncte der Fläche treffen, während sie immer nur denjenigen Punct treffen dürfen, der gerade lothrecht unter dem Punct im Erdboden liegt, welchen der Stab bezeichnet. Man steckt also auch auf dem Felde eigentlich nicht gerade Linien, sondern immer verticale Ebenen aus. Wo es auf gröfsere Genauigkeit ankommt, oder bei höheren Signalen, wo das Augenmaafs nicht sicher genug ist, den verticalen Stand des

Stabes zu beurtheilen, müssen die Stangen nach einem Loth gerichtet werden, welches geschieht, wenn man ein Loth, das heifst eine Schnur, an deren unterem Ende ein Gewicht von Stein oder Blei, etwa ein Pfund schwer, gebunden ist, mit dem anderen freien Ende so hoch als möglich von mehreren Seiten an der Mitte der Stange anhält, und die Stange so lange richtet, bis der Faden immer längs aus die Mitte der Stange trifft.

Besonders diejenigen Stäbe, welche die Endpuncte einer geraden Linie oder Scheitelpuncte auszumessender Winkel bezeichnen, müssen sorgfältig vertical gestellt werden. Deshalb ist auch nöthig, dafs vorhandene Signale, als Thürme, Bäume, Ecken von Gebäuden, und dergleichen vertical stehen, welches man aus der Ferne finden kann, wenn man ein Loth vor sich in die Höhe hält, oder einige Schritte von sich entfernt halten läfst, und sieht, ob die Schnur des Loths das Signal längs aus deckt. Stehen die Gegenstände nicht vertical, so sind sie zu Signalen nur in so fern geschickt, als ein ausgezeichneter Punct, wie z. B. an einem Thurm der Knopf, vorhanden ist, den man von allen Seiten siehet, und dann mufs man die Gesichtslinien nur nach diesem feststehenden Punct richten.

Die verticalen Stäbe bezeichnen auf diese Weise, wie gesagt, nicht sowohl eine gerade Linie auf dem Felde, sondern eine verticale Ebene, die auf der Horizontalfläche senkrecht steht.

11.

Will man in gerader Linie zwichen zwei vorhandene Signalstäbe einen dritten setzen, z. B. zwischen die Stäbe *A* und *B* (Fig. 4.) den Stab *C*, so darf man das Auge nicht mitten hinter den Stab *A* halten, denn sonst würde der Stab *A* den ganzen Winkelraum *KML* decken, und der Stab *C* kann dann ebensowohl in *D* und *E*, als in *C* stehen. Man mufs vielmehr etwa zwei Schritte von dem Stab *A* zurücktreten, das Auge in *N* halten, und an der Seite der Stäbe hin die Linie *NPQR* visiren, an welche dann der Stab *Q* gestellt wird. Eben so mufs man verfahren, wenn z. B. die Stäbe *A* und *C* schon da ständen, und man wollte in die Verlängerung der geraden Linie den Stab *B* setzen lassen, oder wenn *B* und *C* da ständen, und man wollte in die Verlängerung von *BC* den Stab *A* setzen. Den Stab, welcher gesetzt werden soll, läfst man natürlich nicht eher in den Boden eintreiben, bis er an der richtigen Stelle steht. Der Gehülfe, welcher ihn z. B. in *C* hinhält, während der Feldmesser in *A* visirt, stellt sich nicht in die Linie, sondern zur Seite, den Stab schwebend über dem Boden haltend, damit er vertical stehe, und bewegt nach Zeichen, die man mit der Hand giebt, den Stab so lange vor und rückwärts, bis er genau in die Linie trifft. Alsdann treibt er ihn vertical in den Boden. Man hat auch wohl besondere Visirstäbe, die $4\frac{1}{2}$ bis 5 Fufs lang sind. Man stellt einen solchen Stab, wenn man z. B. *C* zwischen *A* und *B* in eine gerade Linie setzen will, in *A* lothrecht hin, und visirt über den Kopf des Stabes, worin ein Einschnitt seyn kann, nach *B*. Dann wird der Stab *C* so gestellt, dafs er *B* deckt. Auch kann der Visirstab länger seyn und kleine Löcher zum Durchvisiren haben, oder er ist so eingerichtet, dafs man auf denselben ein Fernrohr setzen kann, etwa mit einer Hülse auf einen Zapfen am Kopf des Stabes. Alsdann braucht man nicht von dem Stabe *A* zurückzutreten, und an der Seite der Stäbe entlang zu visiren. Jedoch mufs in diesem Fall der Stab *C* wenigstens nicht viel näher an *B* stehen, als an *A*, weil *C* sonst schon mehr als seine doppelte Breite bei *B* decken würde. Ist *C* einvisirt, so nimmt man den Visirstab *A* weg, und setzt einen gewöhnlichen Stab an seine Stelle. Soll eine Linie ganz ausgesteckt werden, so dafs ihre Länge, oder Ordinaten darauf gemessen werden können, so setzt man die Jalons auf ebenem Boden nicht über 20 Ruthen auseinander, oder noch näher.

12.

Was in (§. 7.) von der Deutlichkeit des Sehens gesagt ist, gilt vom b l o f s e n A u g e. Bekanntlich kann man durch Fernröhre (von welchen weiter unten) die Sehkraft bedeutend verstärken. Hat man also Fernröhre, so kann man auch die Signale dünner und kleiner nehmen. Man wird z. B. die Helmstange eines Thurms, die das blofse Auge nicht mehr unterscheidet, im Fernrohr noch deutlich sehen. Mit Hülfe eines Fernrohrs läfst sich daher auch eine lange gerade Linie viel sicherer und genauer ausstecken, als mit dem blofsen Auge. Will man mit dieser Hülfe z. B. zwischen die Stäbe *A* und *B* (Fig. 4.) einen Stab *C* setzen, so nimmt man erst den Stab *A* hinweg, setzt das Fernrohr auf seinen Stab oder Stativ genau über den Punct *A*, und läfst nun den Stab *C* so einrichten, dafs er den Stab *B* deckt. Auch kann man nach und nach, jedoch die entfernten zuerst, sogleich mehrere Stäbe zwischen *A* und *B* setzen lassen, bis der nächste an *A* mit dem blofsen Auge erreicht werden kann. Alsdann setzt man den Stab *A* wieder an seine Stelle. Will man eine gerade Linie *BC* verlängern, so richtet man sich mit dem Fernrohr in dieselbe ein, und setzt dann an die Stelle desselben den Stab *A*.

13.

Man darf nicht alle Puncte, auf welche es beim Ausmessen einer Flur ankommt, mit Stäben zugleich bestecken, sondern nur die Scheitel so vieler Winkel, als man so eben messen will, oder einzelner Linien, deren Länge man sucht, oder an welche man Coordinaten legen will. Es ist nicht einmal rathsam, einzelne Stäbe, wenn es nicht grofse feste Signale sind, über Nacht stehen zu lassen, weil sie zu leicht von der Stelle gerückt oder weggenommen werden. Man mufs in der Regel nur so viel Stäbe ausstecken, als man den Tag über nöthig hat. Die Winkel-Scheitel, welche durch Jalons oder Signale bezeichnet waren, oder Grenzpuncte, oder andere Puncte, auf welche es ankommt, bezeichnet man, nachdem die Pikets weggenommen worden, durch kurze Pfählchen oder Pflöcke von einem bis zwei Fufs Länge, aus Fichten oder Tannen gespalten, oder auch von anderem Holze. Man treibt sie in den Puncten, die sie bezeichnen sollen, ganz in die Erde, damit sie nicht so leicht ausgezogen werden, merkt aber ihre Stelle an den Umgebungen oder durch beigesteckte Reiser und dergleichen.

B. Werkzeuge um auf dem Felde die Länge gerader Linien zu messen.

14.

Das gebräuchlichste Instrument, die Länge von Linien auszumessen, ist die Kette, gewöhnlich fünf Ruthen lang. Ihre Glieder sind aus eisernem, oder besser, stählernem Drath von 1 bis $1\frac{1}{2}$ Linien dick, verfertigt. Jedes Glied ist grade einen Fuſs oder auch einen halben Fuſs lang. Die Glieder sind durch Ringe zusammen verbunden, und ihre Länge reicht von der Mitte des einen Ringes bis zur Mitte des nächsten. Die Ruthen und halben Ruthen sind an der Kette durch besondere eckige und gröſsere Ringe bezeichnet. An jedem Ende ist ein gröſserer runder Ring befestigt, durch welchen sich ein etwa 3 Fuſs langer Stab stecken läſst, der unten eine eiserne Spitze hat, und über der Spitze befindet sich ein vorstehender eiserner Stift, über welchen der Ring nicht hinweggleiten kann. Ist die Kette gerade ausgespannt, und sind die Stäbe durch die Ringe an den Enden mit ihren Spitzen in den Boden gesteckt, so muſs die Länge von der Spitze eines Stabes bis zur Spitze des anderen gerade 5 Ruthen betragen.

Um mit der Kette die Länge einer geraden Linie und ihre Unterabtheilungen auszumessen, sind, auſser dem Geometer, zwei Personen oder Kettenzieher nöthig. Der vordere Kettenzieher geht mit dem Kettenpfahl in die vorher mit Pikets ausgesteckte gerade Linie, die Kette nachziehend, so weit vorwärts, bis der hintere Kettenzieher sich da befindet, wo die Messung anfangen soll. Nun setzt der hintere Kettenzieher die Spitze seines Kettenstabes fest in den Boden in den Anfangspunct der Messung, und den einen Fuſs vor den Stab. Er richtet darauf den Kettenstab des vordern Kettenziehers nach dem nächsten Jalon ein, so daſs sich der Stab genau in der Linie befindet; der vordere merkt mit dem Kettenstab einen Punct in dem Boden, der sich in der Linie befindet, wirft die Kette in die Höhe, so daſs sie sich in der Luft wellenförmig bewegt, zieht sie darauf straff an, und setzt den Kettenstab in die Linie. Sind schon in der ersten Kettenlänge Unter-Abtheilungen der Linie zu bemerken, so wird ihr Maaſs nach den Gliedern der Kette abgezählt und vom Geometer aufgeschrieben. Auch thut der Geometer wohl, wenn er selbst nachsieht, ob sich der vordere Kettenzieher wirklich in der Linie befindet. Darauf zieht der vordere Kettenzieher den Kettenstab wieder aus, und steckt in das nemliche Loch, welches die Spitze des Stabes gemacht hat, ein Stäbchen von 8 bis 10 Zoll lang und $\frac{1}{4}$ Zoll dick, dergleichen er gerade zehn in einer ledernen Tasche bei sich trägt. Nun zieht auch der hintere Kettenzieher den Kettenstab aus, und beide gehen, gleichen Schritt haltend, die Kette, angezogen, schwebend tragend, in der Linie vorwärts, bis der hintere Kettenzieher an das Stäbchen gekommen ist, welches der vordere in den Boden steckte. Der hintere Kettenzieher nimmt dieses Stäbchen nach sich, und steckt in das nemliche Loch, aus welchem er es gezogen, den Kettenstab. Er richtet darauf den Stab des vorderen Kettenziehers wieder nach den Jalons ein, während zugleich der vordere Kettenzieher nach dem zurückliegenden Jalon, von welchem die Messung ausging, nachsieht, ob er sich mit dem hinteren Kettenstabe und diesem Jalon wirklich in einer geraden Linie befindet, und darauf wird das vorige Verfahren wiederholt. Ist man bis ungefähr in die Mitte zwischen zwei zunächst auf einander folgenden Pikets gelangt, so richtet nicht mehr der hintere Kettenzieher den vorderen nach dem vorliegenden Jalon ein, sondern der vordere Kettenzieher richtet sich selbst nach dem Stabe des hinteren und dem zurückliegenden Jalon ein, und der hintere Kettenzieher sieht blos nach, ob sich der vordere mit seinem Stabe und dem vorliegenden Piket in gerader Linie befinde. Jedoch thut der Geometer immer wohl, jedesmal selbst nachzusehen, ob die Stäbe der Kettenzieher in der Linie sind; am besten auf die Weise, dafs er sich nach dem einen Jalon begiebt, und die Kettenstäbe, einer nach dem andern einrichtet. Ist man dennoch aus der Linie *AB* (Fig. 5.) gekommen, so z. B., dafs die Kette statt in *GH* in *CD* liegt, und will die Messung nicht wiederholen, so kann man sich wieder einrichten, wenn man erst die Kette in die gerade Linie *DEA*, darauf in die gerade Linie *EFB* u. s. w. legt, bis sie in die richtige Lage *GH* kommt, welches geschehen ist, sobald *G* findet, dafs *H* den Punct *B*, und *H*, dafs *G* den Punct *A* deckt. Der bis dahin begangene Fehler wird nicht bedeutend seyn, wenn der Abstand *DH* nur geringe ist. Sind aber von der geraden Linie ab, Ordinaten nach der Seite gemessen worden, so findet die Berichtigung nicht statt, sondern die Messung mufs wiederholt werden.

Der vordere Kettenzieher sammelt, wie gesagt, die Stäbchen, welche der hintere nach und nach in den Boden gesteckt hat. Sobald er sie alle zehn beisammen hat, merkt es der Geometer. Die Linie ist alsdann 50 Ruthen lang gemessen, und der vordere Kettenzieher giebt die 10 Stäbchen dem hinteren zurück; worauf das Messen fortgesetzt werden kann. Reicht der letzte Kettenzug über den Endpunct der auszumessenden Linie hinaus, so zählt man an den Gliedern die Fuſse ab, welche den Endpunct geben. Kann die Kette etwa wegen Hindernisse nicht über den Endpunct hinausgezogen werden, so steckt der vordere Kettenzieher bei dem letzten Zuge den Kettenstab in den Endpunct selbst, und richtet den hinteren Kettenzieher ein, wie wenn zurückgemessen werden sollte. Alsdann zeigt der letzte Pflock, welcher Theil der letzten Kettenlänge noch auf die Linie kommt.

15.

Die Kette kann nicht völlig gerade gespannt werden, sondern, wenn sie frei schwebt, wird sie immer in einem Bogen hängen. (Man nennt die krumme Linie, welche sie in einem solchen Falle bildet, Kettenlinie.) Wenn also die Kette in dem krummen Bogen genau 5 Ruthen lang ist, so ist die Sehne des Bogens, welche man damit miſst, etwas kürzer. Es ist selbst nicht gut, die Kette gar zu stark anziehen zu lassen, weil sie sich sonst dehnt, oder vielleicht gar zerreiſst. Allein der Unterschied der Längen des Bogens und der Sehne ist nur sehr gering. Wird die Kette so angezogen, daſs sie sich einen halben Fuſs über der Sehne des Bogens senkt, so ist die Sehne noch nicht um den 500ten Theil kürzer als der Bogen, wovon aber wieder die Dehnung der Kette abgeht, so daſs der Fehler noch geringer ist. Man kann den Fehler auch noch mehr vermindern, wenn man, im Fall die Kette frei schwebend angezogen wird, die Mitte derselben mittelst eines Stabes in die Höhe hebt, so daſs der Mittelpunct derselben und die Endpuncte ungefähr gleich hoch liegen. Ungeachtet des geringen Fehlers ist die Genauigkeit, mit welcher man vermittelst der Kette die Länge gerader Linien auf dem Felde finden kann, wenn man anders sorgfältig miſst, recht groſs. Man kann mit der Kette eine Länge wenigstens bis auf den tausendten Theil genau finden. Man muſs nur danach sehen, daſs man immer genau in der auszumessenden geraden Linie bleibt, daſs die Kette genugsam angezogen wird, daſs die Kettenpfähle senkrecht und immer in die nemlichen Löcher gesteckt werden, und daſs sich nicht etwa Glieder verbiegen oder Ringe verschränken.

16.

Ein anderes, fast noch einfacheres Instrument, die Länge einer geraden Linie im Felde zu messen, sind prismatische, im Querschnitt quadratische Stäbe aus Tannenholz, 1, $1\frac{1}{2}$ bis 2 Ruthen lang, 1 bis 2 Zoll dick, an den Enden senkrecht abgeschnitten und mit eisernen Köpfen beschlagen. Man theilt auf denselben die Fuſse ab, numerirt sie, und läſst die Stange, von Fuſs zu Fuſs abwechselnd, mit verschiedenen Oelfarben anstreichen, z. B. mit roth und blau, mit roth und gelb, blau und weiſs u. dergl. In der Mitte wird eine Handhabe in Form eines Bügels befestigt, an welchem sich der Stab bequem forttragen läſst. Beim Messen mit einem solchen Maaſsstabe legt sie der eine Gehülfe auf den Boden, ein anderer hält ein flaches, dünnes Eisen an den gerade abgeschnittenen Kopf der Stange, die für diesen Fall in den beiden letzten Fuſsen, ein jeder zur Hälfte, absichtlich um so viel zu kurz gemacht ist, als die Dicke des Eisens beträgt, in der Erde fest; die Stange wird nun fortgetragen und mit dem anderen Ende an die andere Seite des flachen Eisens angestoſsen, u. s. w., wobei sich von selbst versteht, daſs man ebenfalls genau in der auszumessenden geraden Linie bleiben muſs, welches durch Absehen von einem Jalon zum anderen und durch Einrichten des vorgesteckten Eisens, welches oben einen Stab zur Handhabe hat, geschieht. Es ist leicht zu sehen, daſs, wenn sonst die Stange die richtige Länge hat, nicht leicht auch nur um eine halbe Linie bei jeder Stange gefehlt werden kann, welches auf eine Länge von 2 Ruthen oder 288 Linien erst einen Fehler vom fünf- bis sechshunderten Theil der Länge giebt. Doch ist der Fehler, nach einiger Uebung der Messenden, noch viel geringer, und die Genauigkeit, der Erfahrung nach, gröſser, als bei der Kette. Auch geht die Messung eben so schnell von Statten. Mehrere Geometer ziehen daher das Messen mit Stäben dem Messen mit der Kette vor. Man muſs nur damit auf die obige Weise verfahren, und nicht etwa die Maaſsstäbe, wie man es nennt, überschlagen, welches allerdings sehr fehlerhaft ist, weil dann bei jeder Stablänge die Dicke des Stabes und wohl noch mehr, ohne daſs es in Rechnung kommt, verloren geht.

Selbst bei den gröſsesten Messungen werden die Linien, deren Länge mit der äuſsersten Genauigkeit gesucht werden mufs, nemlich die Basen der Dreiecks-Netze, mit Maafsstäben gemessen. Es wird alsdann nur noch mehr Vorsicht angewendet. Man baut erst Bahnen von Holz auf ebnem Boden, auf welchen man mifst und bedient sich künstlicher metallener Maafsstäbe, deren Ausdehnung und Zusammenziehung in der Wärme und Kälte in Rechnung gebracht wird, und die aneinander gelegt werden, u. s. w., was nicht weiter hier hergehört, weil es in den gewöhnlichen Fällen nicht vorkommt. Mit solcher Vorsicht kann man die Länge von Linien im Felde vermittelst der Maafsstäbe sogar bis auf ein Hunderttausendtheil, und noch genauer, finden.

17.

Sowohl Ketten als Maafsstäbe mufs man vor dem Anfange des Messens prüfen. Man mifst mit sehr genauen Stäben von etwa einer Ruthe lang, deren Genauigkeit man jetzt im Preufsischen Staate bei jedem Aich-Amte, nach den bei demselben befindlichen, aus gegossenem Eisen verfertigten Normal-Maafsstäben prüfen lassen kann, auf recht ebenem Boden, in ganz gerader Linie und mit aller Sorgfalt, eine Länge von 50 bis 100 Ruthen, und zwar wiederholt man die Messung 4 bis 6 mal, und nimmt aus den kleinen Differenzen das arithmetische Mittel. Nachdem die 50 oder 100 Ruthen genau abgemessen sind, mifst man mit der Kette oder den zur Messung bestimmten Stäben (wenn man nicht anders den schon geprüften Stab selbst unmittelbar gebrauchen will) die nemliche Linie. Geben nun z. B. 20 Ketten-Längen 3 Zoll mehr oder weniger als die genauen 100 Ruthen, so ist die Kette um $\frac{3}{20}$ Zoll zu lang oder zu kurz, und mufs um so viel durch einen Mechanicus berichtigt werden. Eben so prüft man die Maafsstäbe, mit welchen man messen will. Man läfst sie der Sicherheit wegen nicht zu kurz machen, und kann dann den Ueberschufs an Länge durch Abfeilen der Köpfe berichtigen. Die Kette mufs man auch öfters während einer Vermessung auf die obige Weise prüfen, weil sich ihre Länge durch den Gebrauch verändern kann.

18.

Mit welchem Instrument man auch die Länge der Linien auf dem Felde messen mag: immer mufs es in horizontaler Richtung geschehen, weil eine abhängige Linie länger ist, und es allemal nur, eben wie auf die Winkel, so auch auf die Länge derjenigen Linien ankommt, welche in einer Horizontalfläche, senkrecht unter den wirklichen Linien im Felde liegen (§. 3.). Da man nun diese horizontalen Linien im Felde nicht ziehen kann, so mufs man die wirklichen Linien absatz- oder stufenweise messen, das heifst: die Kette oder die Stäbe müssen gerade über der wirklichen Linie, immer horizontal gehalten werden, wie z. B. in (Fig. 6.) *EB*, *FC*, *GD*, wenn *ABCD* ein abhängiges Terrain wäre. Ist der Abhang sehr geringe, z. B. nur von 1 oder 2 Grad, so ist diese Vorsicht nach (§. 5.) nicht unbedingt nöthig, weil dann die abhängige Linie nur um ein Unbedeutendes, nemlich auf einem Abhange von 2 Grad nur etwa um $\frac{1}{2500}$ länger ist, als die darunter liegende horizontale Linie. Ist aber die Neigung des Terrains stärker, so mufs man die Maafsstäbe nothwendig horizontal legen; denn bei starken Abhängen, z. B. von 20 bis 30 Grad, würde man sonst bedeutende Fehler machen, z. B. bei 30 Graden fast um den sechsten Theil länger messen, als es in der Horizontal-Fläche seyn soll. Auf die genaue horizontale Lage der Kette oder der Maafsstäbe *EB*, *FC*, *GD* u. s. w. kommt es übrigens weniger an, als darauf, dafs man die Puncte *A*, *B*, *C*, die im Terrain senkrecht unter den Endpuncten *E*, *F*, *G* der Kette oder der Stäbe liegen, genau finde. Denn ob die Lage der Maafsstäbe einen oder zwei Grade von der wagerechten abweicht, macht, wie oben gesagt, nur einen geringen Unterschied in der Länge. Dagegen macht es einen bedeutenden Unterschied, wenn *EA*, *FB*, *GC* nicht senkrecht sind. Dieser Umstand ist wohl zu merken. Man kann daher die Kette oder die Stäbe allenfalls nach dem Augenmaafs horizontal hinlegen; dagegen aber mufs man an die Endpuncte *E*, *F*, *G* *nothwendig* ein Loth halten, dessen Gewicht für diesen Zweck unten zugespitzt seyn mufs, um dadurch besser die Puncte *A*, *B*, *C* am Boden zu finden, wo die neue Kette oder Stablänge anfängt. Wenn der Abhang nur 3 bis 4 Grad beträgt, so sind die Höhen *EA*, *FB*, u. s. w. für eine fünf Ruthen lange Kette nicht über 4 Fufs, und man kann daher die Kette noch bequem in die Höhe halten und horizontal anspannen. Ist aber der Abhang stärker, so kann man die horizontale Kette unten nicht mehr erreichen. Für solche Fälle ist es gut, wenn die Kette auch theilweise gebraucht werden kann. Es ist dazu nichts weiter nöthig, als dafs die Ringe, welche die einzelnen Ruthen bezeichnen, von der Art sind, dafs durch dieselben die Kettenstäbe ebenfalls durchgesteckt werden können, so dafs man die Kette, zugleich als 4, 3, 2 und 1 Ruthe lang, gebrauchen kann. Will man die gröfsere Genauigkeit beobachten, dafs man sich auch von der horizontalen Lage der Kette versichert, so kann man an die Kette, wenn sie ausgespannt ist, einen Gradbogen, wie den der Markscheider (wovon weiter unten) hängen, und danach die Kette horizontal stellen, oder man kann auch erst, weil sich die Kette wegen ihres gröfseren Gewichts weniger gerade ausspannen läfst, in gleicher Höhe über derselben, eine Schnur zwischen den Kettenstäben straff ausspannen, und an diese erst den Gradbogen hängen; doch kommt es, wie gesagt, auf die horizontale Lage des Maafses so genau nicht an, und ein gutes Augenmaafs ist für den gewöhnlichen Zweck hinreichend. Das Ablothen der Endpuncte der Kette dagegen darf auch für geringere Abhänge des Terrains nie unterbleiben. Für die Staffelmessung sind besonders die Maafsstäbe vortheilhaft. Man kann auf dem Maafsstabe sogleich in der Mitte desselben eine leichte Setzwage *A* (Fig. 7.) (wovon weiter unten) befestigen, welche die horizontale Lage angiebt. Auch kann man an den Enden des Maafsstabes Rechtecke *B*, *C*, befestigen, deren Seiten *BF*, *CG* also vertical stehen, wenn der Maafsstab horizontal liegt. Man erspart dann das Ablothen, wenn man gegen *BF* einen geraden Stab *DE* fest anhält, der unten eine Spitze *E* hat. Diese Spitze *E* bezeichnet den Punct am Boden, der senkrecht unter *F* liegt, und in welchen also die Spitze *G*, am Ende der Ruthe, beim Weitermessen eingesetzt werden mufs. Jedoch ist das Lothen besser, denn da sich der Maafsstab immer um etwas biegt, wenn er nicht sehr stark und schwer ist, so stehen *BF* und *CG* nicht genau senkrecht, wenn gleich *FG* horizontal ist; und gleichwol kommt es darauf an, dafs *EF* genau vertical ist.

Man kann auch auf abhängigem Terrain, besonders mit Maafsstäben, Linien messen, ohne die Stäbe horizontal zu legen, sobald ein Gradbogen auf dem Maafsstabe befestigt ist, der den Abhang anzeigt. Alsdann ist die horizontale Länge, welche man sucht, gleich der

der Länge des Maafsstabes, multiplicirt mit dem Cosinus des Winkels, den der Maafsstab mit dem Horizont macht, und kann also berechnet werden; worüber man sich auch leicht eine Tafel für die Länge des Maafsstabes oder der Kette und für die verschiedenen Winkel, etwa von Viertel- zu Viertel-Graden, machen kann. Jedoch ist diese Mefsart offenbar weitläufiger und auch gerade nicht genauer als die mit horizontal gelegten Stäben; welche also den Vorzug hat.

19.

Wie man sich zu helfen habe, wenn in der Linie, die man messen will, Hindernisse liegen, die gerade noch nicht zu umgehen nöthig sind, ergiebt sich leicht von selbst. Kommt man z. B. an einen kleinen Flufs oder tiefen Pfuhl, und der Kettenwechsel trifft in's Wasser, obgleich die ganze Kette noch das Wasser überspannt, so wird man irgend eine Länge bis nahe an's Ufer nehmen, dort den hintern Kettenstab einsetzen, die Kette hinüber schaffen, etwa indem man an den vordern Kettenring eine Schnur, und an das andere Ende derselben einen Stein bindet, den Stein hinüber wirft, und vermittelst der Schnur die Kette nachziehen läfst, die Kette sodann über das Wasser ausspannen, und nun von dem vordern Kettenstab an wieder die Messung fortsetzen.

Kommt man an eine hohe Mauer, so mifst man bis nahe an dieselbe, legt einen Maafsstab wagerecht auf die Mauer, lothet die Enden desselben ab, und mifst auf der andern Seite der Mauer von dem Punct, den das jenseitige Loth bezeichnet, weiter; u. dergl.

20.

Es giebt auch noch viele andere Werkzeuge und Mittel, die Länge von Linien auf dem Felde zu messen. So z. B. hat man statt der Ketten, Schnüre. Dieselben dehnen sich aber, wie sie auch bereitet werden mögen, weit mehr aus, als die Kette, und sind also viel weniger tauglich. Die vielerlei Instrumente, welche mit dem Namen Diastimeter bezeichnet werden, und dazu bestimmt sind, eine Entfernung oder die Länge einer Linie aus einem ihrer Endpuncte zu finden, ohne sich die Linie entlang zu begeben, sind ebenfalls viel zu ungenau. Sie beruhen darauf, dafs wenn in einem Dreieck eine Seite nebst den Winkeln bekannt sind, daraus die anderen Seiten gefunden werden können. Legt man also z. B. die eine Seite, welche Basis heifst, in das Instrument selbst, wie z. B. *BC* (Fig. 8.) unter einem festen Winkel *ABC* gegen die Gesichtslinie *AB*, und mifst den nach den verschiedenen Entfernungen *AB* veränderlichen Winkel *ACB*, so läfst sich daraus die Entfernung *AB* des Gegenstandes *A* von dem Standorte *B* des Instruments, leicht finden. Oder, läfst man vor die Gesichtslinie *FG* des Instruments *F* einen Stab *DE* von bestimmter Länge, der dann gewöhnlich Distanz-Latte genannt wird, senkrecht auf *FG* halten, welche Lage man dadurch findet, dafs der Gehülfe, der die Latte vorhält, durch ein senkrecht auf *DE* angebrachtes Visir *G* umgekehrt das Instrument *F* erblicken mufs, und mifst nun vermittelst des Instruments auf irgend eine Weise den Winkel *DFE*, so läfst sich daraus ebenfalls die Entfernung *GF* finden, weil nun das Dreieck *DFE* gleichschenklich ist. Auch kann man, weil *DE* immer dieselbe Gröfse hat, im Voraus eine Tafel berechnen, welche für die verschiedenen Gröfsen der Winkel *DFE* die Entfernung *GF* angiebt. Da indessen immer der Winkel *BAC* oder *DFE* sehr klein, oder die Entfernung *AB* oder *GF* gegen *BC* oder *DE* sehr grofs seyn wird, so ist leicht zu erachten, dafs das Instrument die Entfernung nur mit geringer Genauigkeit angiebt, und dafs man also damit sehr bedeutend fehlen kann. Der kleine Winkel läfst sich selbst schon wegen der Unvollkommenheit des Sehens nur mit grofser Schwierigkeit, selbst durch Fernröhre, bis auf mehrere Secunden angeben, und ein solcher Unterschied kann schon auf die Entfernung beträchtlichen Einflufs haben. Diese Instrumente sind also ebenfalls zu ungenau und zu unsicher.

Auch durch den Schall kann man, besonders gröfsere Entfernungen messen, weil sich die Entfernung, welche der Schall durchläuft (ungefähr 90 Ruthen in einer Secunde), regelmäfsig verhält wie die Zeit, die darüber vergeht. Allein auch diese Art, Linien zu messen, ist wegen der Schwierigkeit, so kleine Zeittheile zu beobachten, zu unsicher, und findet bei der gewöhnlichen Feldmessung keine Anwendung.

Ein sehr einfaches Mittel, die Länge von Linien zu messen, welches besonders da, wo es auf keine grofse

Genauigkeit ankommt, recht nützlich ist, ist das durch Schritte. Man mufs aber erst die Gröfse seiner Schritte ausmitteln. Dieses geschieht, wenn man eine Länge von etwa 100 Ruthen genau mit der Kette oder mit Stäben mifst, darauf diese Länge mehrere mal entlang schreitet, aus der Zahl der Schritte oder auch aus den verschiedenen Ueberschüssen einer und derselben Zahl von Schritten über die ausgemessene Linie das Mittel nimmt, und daraus die Gröfse der Schritte, oder die Zahl der Schritte, die auf eine bestimmte Zahl von Ruthen oder Fufsen gehen, berechnet. Durch Uebung kann man es dahin bringen, eine Linie durch Schritte auf ebenem Terrain wohl bis auf den hunderten Theil ihrer Länge genau zu messen. Allein offenbar ist doch auch diese Mefsart unsicher; denn auf unebenem oder abhängigem Terrain ist die Gröfse der Schritte jedesmal wieder eine andere.

Die besten Werkzeuge, Linien zu messen, sind in der Feldmefskunst, in den gewöhnlichen Fällen, Kette und Maafsstäbe.

C. Werkzeuge, um auf dem Felde Winkel zu messen, abzustecken und auf das Papier zu bringen.

21.

Es giebt eine grofse Menge solcher Werkzeuge. Man kann sie in vier Classen theilen.

I. Werkzeuge, welche nur Winkel von bestimmter Gröfse, z. B. rechte Winkel, halbe- oder zweidrittheil rechte Winkel u. dergl. angeben.

II. Werkzeuge, welche nicht sowohl die Winkel zwischen zwei beliebigen geraden Linien, sondern nur die Winkel zwischen beliebigen geraden Linien im Felde und andern von bestimmter Richtung, in Theilen des Kreis-Umfanges, oder in Graden, Minuten u. s. w. messen.

III. Werkzeuge, welche beliebige Winkel unmittelbar zu Papier bringen.

IV. Werkzeuge, welche die Winkel zwischen zwei beliebigen geraden Linien in Graden, Minuten u. s. w. messen.

Da ein Winkel nichts anderes ist, als die Neigung zweier sich durchkreuzender gerader Linien, so müssen in jedem Instrument, welches Winkel messen soll, zwei gerade Linien in die auf dem Felde gegebenen geraden Linien, auf deren Neigung es ankommt, gestellt werden können, während der Durchschnitt der Linien im Instrument gerade über den Scheitel des zu messenden Winkels im Felde muſs gelegt werden können. Da ferner die Länge einer geraden Linie nur von der Lage zweier Puncte abhängt, so dürfen im Instrument nur jedesmal 2 Puncte in die gerade Linie gestellt werden können, deren Neigung gegen eine andere beliebige Linie oder gegen Linien von bestimmter Richtung gemessen werden soll. Dergleichen stellbare Puncte oder Linien an Winkelmessern heiſsen Visire oder Absehen.

Ferner müssen diejenigen Winkelmesser, welche die Winkel in Graden, Minuten u. s. w. angeben sollen, Kreisränder haben, die in Grade, Minuten u. s. w. eingetheilt sind. Ein solcher Kreisrand heiſst Limbus. Da der Limbus seiner Gröſse nach gewöhnlich nur bis auf Viertel-Grade eingetheilt werden kann, weil kleinere Theile nicht gut sichtbar sind, so müssen Instrumente, welche die Winkel genauer angeben sollen, eine Einrichtung haben, kleinere Theile sichtbar zu machen. Eine solche heiſst nach ihren Erfindern *Nunnez* und *Vernier*, Nonius oder Vernier.

Wenn der Limbus zwei Visire hat, so ist eins davon, welches in den einen der beiden Schenkel des zu messenden Winkels gestellt wird, daran fest, und steht so, daſs die Visirlinie gerade durch den Nullpunct der Grad-Eintheilung des Limbus geht, das andere, um den Mittelpunct des Limbus bewegliche Visir, welches dann die Gröſse des zu messenden Winkels unmittelbar angiebt, heiſst Alhidade.

Endlich müssen alle Instrumente, deren man sich in den gewöhnlichen Fällen der Feldmeſskunst bedient, weil es immer nur auf die Projection der Figuren im Felde auf eine horizontale Fläche ankommt, und die Reduction schiefer Winkel auf den Horizont durch Rechnung für die dewöhnliche Praxis viel zu künstlich und weitläufig ist, so eingerichtet seyn, daſs, wenn gleich die Schenkel des im Felde zu messenden Winkels nicht horizontal liegen, welches mehr oder weniger fast immer der Fall seyn wird, und man also durch die Visire nicht horizontal sehen kann, dennoch der durch das

Instrument gemessene Winkel allemal ein horizontal liegender Winkel ist, und also der schiefe Winkel im Felde sogleich *durch das Instrument* auf den Horizont reducirt wird. Die Ebene, in welcher im Instrument der durch dasselbe gemessene Winkel liegt, mufs also wenigstens da, wo es auf einige Genauigkeit ankommt, horizontal gestellt werden können.

Um das ganze Instrument an einem beliebigen Orte über dem Scheitel eines beliebigen Winkels aufstellen zu können, mufs eine Vorrichtung da seyn, durch welche man ihm, in der Höhe des Auges über der Erde, einen festen Stand geben kann. Diese Vorrichtung heifst Statif. Auch mufs auf dem Statife die horizontale Ebene des Instruments, in welcher der gemessene Winkel liegt, nach allen Richtungen um eine durch den Mittelpunct gehende verticale Axe gedrehet werden können.

Da die Winkel-Instrumente aus solchen verschiedenen Theilen zusammengesetzt sind, und einige derselben mehreren, ja die Visire selbst allen gemein sind, so wird es gut seyn, erst die einzelnen Theile und dann die Zusammensetzung der Instrumente zu beschreiben.

α. Von den einzelnen Theilen der Instrumente.

Von den Visiren oder Absehen.

1. Gewöhnliche Visire für das blofse Auge.

22.

Die gewöhnlichen, einfachsten Visire *AB* (Fig. 9. *a. b. c.* Taf. 4.) haben in einer Wand, die senkrecht auf der Horizontal-Ebene des Instruments, also vertical steht, oder in diese Lage gestellt werden kann, mehrere ganz kleine Visirlöcher *c, c, c* . . . . senkrecht über einander, an welche man das Auge legt. Gerade gegenüber, in einer andern ebenfalls verticalen Wand, die sich in gleicher Entfernung von dem Mittelpunct des Limbus oder des Instruments befindet, so dafs also der Mittelpunct des Instruments gerade zwichen den beiden verticalen Wänden liegt, ist ein senkrechter Schlitz *ab* (Fig. 9. *c.* Taf. 4.) und in demselben senkrecht ein dünnes Pferdehaar oder ein dünner Silberfaden *de* ausgespannt. Das Visirloch auf der einen Seite und das senkrechte Pferdehaar auf der anderen geben die beiden Puncte, welche den Schenkel des Winkels bestimmen, den man visiren will, oder vielmehr eine verticale Ebene, in welcher nicht allein der vielleicht nicht horizontale Schenkel des zu messenden Winkels, sondern, weil die Ebene vertical ist, auch gerade darunter der Schenkel des zu messenden horizontalen, oder auf die Horizontalfläche projicirten Winkels liegen. Die Länge oder Höhe des vertical ausgespannten Pferdehaars beträgt gewöhnlich 2 bis $2\frac{1}{2}$ Zoll, und eben die Höhe hat gegenüber die verticale Reihe der kleinen Visirlöcher. In der Wand, in welcher das Pferdehaar ausgespannt ist, befindet sich, ebenfalls noch über oder unter demselben in der nemlichen Vertical-Ebene, eine Reihe Visirlöcher 2 bis $2\frac{1}{2}$ Zoll hoch, und gegenüber in der Wand, welche die Visirlöcher hatte, unter oder über denselben, auch ein Pferdehaar, in einerlei verticalen Ebene mit den Visirlöchern, so daſs also zusammengenommen in der einen Wand eine verticale Reihe von Visirlöchern 2 bis $2\frac{1}{2}$ Zoll hoch, und darüber in der nemlichen Wand und in der nemlichen verticalen Ebene ein ausgespanntes 2 bis $2\frac{1}{2}$ Zoll langes Pferdehaar, in der gegenüberliegenden Wand aber umgekehrt und in gleicher Höhe unten ein Pferdehaar und darüber eine gleich hohe Reihe von Visirlöchern sich befindet, wie es die Figur zeigt. Sieht man nun durch eines der Visirlöcher der einen Wand, so erblickt man gegenüber in der anderen das Pferdehaar, und sieht man durch ein Visirloch der gegenüberliegenden Wand, so erblickt man in der diesseitigen ebenfalls ein Pferdehaar, dergestallt, daſs man vermittelst dieser Visire in einer und derselben geraden Linie, oder vielmehr Vertical-Ebene, rück- und vorwärts visiren kann. Stellt man also das Instrument, im Felde, mit seinem Mittelpunct gerade über den Scheitel des zu messenden Winkels, und richtet das Visir so, daſs wenn man durch eins der Visirlöcher sieht, das gegenüberliegende Pferdehaar genau eine in dem einen Schenkel des Winkels senkrecht ausgesteckte Stange deckt: so befinden sich das Visirloch und das gegenüberliegende Pferdehaar mit der ausgesteckten Stange in einer und derselben verticalen Ebene, und da nun der Mittelpunct des Instruments gerade zwischen dem Visirloch und dem Pferdehaar, also ebenfalls in jener verticalen

Ebene liegt, so bezeichnet das Visir auf der horizontalen Ebene des Instruments eine durch den Mittelpunct des Instruments gehende gerade Linie, die im Horizont, gerade unter oder über dem einen, vielleicht nicht horizontalen Schenkel des zu messenden Winkels liegt. Hat das Instrument ein zweites solches Visir, oder dreht man, während das Instrument fest stehen bleibt, das erste Visir, so daſs das Visirloch und das gegenüberstehende Pferdehaar nunmehr mit einer in den andern Schenkel des Winkels ausgesteckten Stange in eine gerade Linie kommen: so bezeichnet jetzt das Visir auf der horizontalen Ebene des Instruments eine zweite durch den Mittelpunct desselben gehende gerade Linie, die im Horizont gerade unter dem andern, ebenfalls vielleicht nicht horizontalen Schenkel des zu messenden Winkels liegt. Man bekommt also in der horizontalen Ebene des Instruments einen Winkel, dessen Schenkel mit den Schenkeln des im Felde zu messenden Winkels in einerlei verticalen Ebene, gerade darunter oder darüber liegen, und dieser Winkel ist es gerade, welcher statt des schiefen Winkels im Felde gemessen werden soll. Der zu messende Winkel wird also durch diese Visire s o g l e i c h a u f d e n H o r i z o n t r e d u c i r t, und kann sodann vermittelst des Limbus des Instruments im Horizont gemessen werden, wie es seyn soll. Dergleichen Visire heiſsen D i o p t e r n. Sie stehen entweder senkrecht auf der Ebene des Instruments und vielleicht auf den Enden eines Lineals (wie Fig. 9. Taf. 4.), welches in die Ebene des Instruments gelegt wird, fest, oder sie können in einer auf der Ebene des Instruments senkrechten, durch den Mittelpunct gehenden Ebene mittelst Charniere *h*, *h* niedergelegt werden, damit sich das Instrument besser einpacken lasse. Jedoch vermindern die Charniere die Genauigkeit der Diopteru, weil sie wandelbar werden, oder ungenau seyn können, so daſs man dann des verticalen Standes der Visirlöcher und des ausgespannten Pferdehaars weniger versichert ist.

23.

Offenbar kann man durch Diopteru nicht weiter auſser dem Horizont oder nicht schräger hinauf oder hinunter sehen, als durch das unterste Visirloch und den obersten Punct des gegenüber ausgespannten Pferdehaars, oder durch das oberste Visirloch und den untersten Punct des Pferdehaars gegenüber, oder nur z. B. in den Umfang der Winkel *dcf* (Fig. 9. *b.* Taf. 4.), was aber auch schon unbequem und unsicher ist. Es ist daher gut, besonders wenn man in Bergen zu messen hat, wo öfters die Schenkel der Winkel sehr schräge liegen, wenn die Dioptern so eingerichtet sind, dafs sie mit einem Lineal, auf welchem sie sich befinden, in einer verticalen Ebene um eine Axe auf- und nieder bewegt werden können. Alsdann kann man so schräge hinauf und hinunter visiren, als es vorkommt. Zu diesem Ende sind auf der Alhidade, die sich horizontal in der Ebene des Instruments bewegt, zu beiden Seiten des Mittelpuncts 3 bis 4 Zoll lange feste Stützen oder Säulen gestellt, welche eine horizontale Axe tragen, deren Mittellinie gerade über dem Mittelpunct des Instruments hinweggeht und auf der Alhidade und der Visirebene senkrecht steht. An diese Axe ist das Lineal, welches die Dioptern trägt, befestigt, und läfst sich um die Axe, also in der verticalen Visirebene, auf und nieder bewegen. Man kann also nun durch die Dioptern so schräge hinauf oder hinunter sehen, als man will. Ein solches in der verticalen Visirebene bewegliches Dioptern-Lineal heifst Kippregel.

24.

Die Genauigkeit der Reduction der Schenkel eines zu messenden Winkels auf den Horizont vermittelst Dioptern hängt davon ab, dafs die Pferdehaare in den Dioptern so ausgespannt, und die Visirlöcher gegenüber so gebohrt sind, dafs sie sich, wenn die Ebene des Instruments wagerecht steht, in einer durch den Mittelpunct des Instruments gehenden verticalen Ebene befinden. Ob dieses der Fall sey, prüft man, wenn man das Dioptern-Visir, nachdem das Dioptern-Lineal wagerecht gestellt ist, auf die Ecke eines Hauses oder auf eine andere gerade Linie, die als senkrecht angenommen werden darf, richtet, und durch jedes Visirloch über das Pferdehaar entlang- und nachsieht, ob alle Puncte das Haares die in gerader Linie liegenden Puncte der Hausecke oder der senkrechten Linie decken. Ist solches für ein und dasselbe Visirloch nicht der Fall, so ist das Pferdehaar nicht senkrecht auf die Ebene der Alhidade ausgespannt. Deckt für ein anderes Visirloch das Haar die senkrechte Linie nicht mehr, so stehen die Visirlöcher nicht senkrecht über einander, und die Dioptern müssen berichtigt werden. Ist keine mit Sicherheit senkrecht anzunehmende Linie vorhanden, so muſs man aus einer etwas bedeutenden Höhe ein Loth, nemlich ein Gewicht, welches an eine Schnur gebunden ist, herabhängen lassen. Die Schnur ist dann eine senkrechte Linie. Das Gewicht läſst man in Wasser hängen, weil es alsdann eher in Ruhe kommt und weniger vom Luftzuge bewegt wird.

25.

Wenn man durch das Visirloch über das gegenüber ausgespannte Pferdehaar nach einer auf dem Felde ausgesteckten Stange visirt, so deckt das Pferdehaar, vermöge seiner Dicke, einen gewissen Winkel. Es ist ein ähnlicher Fall wie beim Ausstecken einer geraden Linie mit den Pikets (§. 11.). Die Dicke eines feinen Pferdehaars beträgt etwa $\frac{1}{20}$ Linie. Wenn also die Dioptern 3 Zoll von einander entfernt sind, so deckt das Haar einen Winkel von etwa 5 Minuten; stehen sie 6 Zoll von einander, einen Winkel von $2\frac{1}{2}$ Minuten, und um so viel ist also die Lage jedes Winkel-Schenkels, welchen man visirt, folglich um doppelt so viel das Maaſs des Winkels, welchen man mit Dioptern im Felde nimmt, ungewiſs.

Um diesen Fehler zu vermindern, und auch, weil die Haare leicht zerreiſsen, setzt man auch statt der in den Visir-Spalten ausgespannten Pferdehaare, den Visirlöchern gegenüber, in die Spalten eben geschliffene Gläser, auf welche feine Linien gezogen sind, die senkrecht stehen, wenn das Diopter-Lineal horizontal liegt. Stehen aber die Gläser nicht auf der Visir-Ebene genau senkrecht, oder sind sie nicht völlig eben geschliffen, oder sind ihre inneren und äuſseren Flächen nicht mit einander genau parallel, so verändern sie durch die Biegung der Strahlen (wovon weiter unten) die Richtung der Gesichtslinien, und können noch gröſsere Fehler hervorbringen, als die ausgespannten Haare.

Man kann auch statt eines Haares, ganz dicht nebeneinander, zwei Fäden ausspannen, und durch die Visirlöcher zwischen die beiden Fäden hindurch sehen. Alsdann wird die ausgesteckte Stange nicht bedeckt. Es hängt dann von Uebung ab, daſs man die Mitte des

Raumes zwischen den beiden Fäden richtig mit dem Auge schätzt.

Auch kann man an der Seite der Dioptern, von einem zum andern, feste Wände anbringen, so dafs der Raum zwichen den Dioptern dunkel ist, welches die Deutlichkeit des Sehens, wie durch jede geschlossene Röhre, befördert. Allein die Bekleidung der Dioptern ist öfters auf dem Instrumente hinderlich. Die Visirlöcher dürfen übrigens nicht zu klein seyn, weil man sonst dadurch undeutlich sieht, und nicht zu grofs, weil man sonst das Auge vor denselben zu sehr zur Seite rücken kann, welches die Visirlinie abermals ungewifs macht. Die rechte Gröfse haben sie, wenn man recht deutlich sieht, und doch das Auge nicht von einem bestimmten Puncte merklich weg bewegen kann.

In jedem Falle sind die Dioptern nur sehr unvollkommene Werkzeuge, gerade Linien im Felde auf das Papier oder auf ein Winkel-Instrument zu tragen, um mittelst derselben ihre Neigung zu messen. Die Richtung der Visirlinien ist, wie vorhin bemerkt, immer mehr oder weniger ungewifs. Auch reicht das blofse Auge nicht weit. In die Ferne sieht man weniger bestimmt und scharf, und dann kann man auch selbst mit der Kippregel die Neigung der Schenkel eines Winkels im Felde gegen den Horizont, welche, wenn die schrägen Schenkel über den Horizont hinauf gehen, Elevations-Winkel oder Höhen-Winkel, und wenn sie unter den Horizont hinunter gehen, Depressions-Winkel oder Tiefen-Winkel heifsen, und auf welche es zuweilen ankommt, nicht messen. Besser sind daher die Absehen mit Fernröhren, welche auch schon ziemlich allgemein statt der Dioptern gebraucht werden.

2. Von den Absehen mit Fernröhren.

26.

Durch ein Fernrohr übersieht man immer nur einen kleinen Raum, und nicht, wie durch ein Dioptern-loch, über einen vorgespannten senkrechten Faden, einen gröfseren Theil der durch das Loch und den Faden gehenden Verticalebene. Ein Fernrohr darf daher nie an der Ebene des Instruments oder der Tafel, auf welche man die Winkel-Schenkel projiciren will, ganz fest seyn; denn da diese Ebene ganz horizontal liegen mufs, so würde man, wenn das Rohr daran fest wäre, Gegenstände, die auch nur wenig höher oder tiefer als die Ebene lägen, durch das Rohr gar nicht sehen. Ein Fernrohr mufs sich also immer wie eine Kippregel (§. 23.) in einer Vertical-Ebene auf und nieder bewegen lassen. Die Einrichtung ist ganz dieselbe, wie bei der Kippregel. Das Fernrohr *MN* (Fig. 10. *a. b. c.* Taf. 2.) ist an der horizontalen Axe *ab* fest. Es wird durch einen Ring *cd* gesteckt, den die Axe in ihrer Mitte bildet, und vertritt so die Stelle des Dioptern-Lineals und der Dioptern zugleich.

Will man mit dem Fernrohr rück- und vorwärts visiren können, so mufs sich entweder das Rohr nicht blofs um die Axe auf und nieder bewegen lassen, sondern vielmehr ganz durchschlagen, und es müssen also die Stützen *pq*, worauf die Axe ruht, etwas mehr als halb so hoch seyn, wie das Fernrohr lang ist; oder es müssen zwei Fernröhre an der Axe befestigt seyn, durch deren eines man hin, und durch das andere zurückvisirt; denn durch kein Fernrohr kann man von beiden Enden sehen.

Man sieht durch ein Fernrohr nicht allein schärfer und in gröfsere Ferne, als mit dem blofsen Auge, sondern da nur eine bestimmte einzelne Linie, welche in der Axe des Rohres liegt und Sehe-Axe heifst, visirt werden kann, so kann die Auf- und Nieder-Bewegung des Rohres in der verticalen Ebene, in welcher die vielleicht schrägen Schenkel des Winkels im Felde liegen, leicht so eingerichtet werden, dafs man zugleich die Höhen- und Tiefen-Winkel messen kann. Es ist zu diesem Zweck an das eine, über seine Stütze nach aufsen noch etwas überragende Ende *b* der horizontalen Axe *ab*, um welche sich das Rohr auf- und nieder-bewegt, ein zweiter, kleiner, in Grade u. s. w. eingetheilter Limbus *efgh*, welcher, wenn das Rohr durchschlägt, ein ganzer Kreis seyn mufs, sonst aber auch, wie in der Figur, nur ein Theil eines Kreises zu seyn pflegt, befestigt, der also vertical steht, und an der Stütze den Winkel anzeigt, welchen die Sehe-Axe des Rohres mit dem Horizont macht. Um zu prüfen ob die Sehe-Achse des Rohres beim Auf- und Nieder-Bewegen in einerlei verticalen Ebene bleibt, verfährt man eben wie (§. 24.) mit den gewöhnlichen Visiren einer Kippregel. Das Visir mit Fernrohr erfüllt also alles, worauf es ankommt. Das Fernrohr selbst beruht auf folgenden Eigenschaften der Lichtstrahlen.

27.

Die Bahn eines Lichtstrahls durch einen durchsichtigen Körper, der für den Lichtstrahl Mittel (Medium) heifst, ist vollkommen gerade, so lange der durchsichtige Körper überall gleich dicht ist. Auch wenn ein Lichtstrahl aus einem dünneren in ein dichteres Mittel, z. B. aus Luft in Wasser oder in Glas, und umgekehrt, in einer Richtung fährt, die auf der Fläche, welche die beiden Mittel scheidet, im Durchschnittspuncte senkrecht steht, ist die Richtung noch vollkommen gerade. Fährt aber der Lichtstrahl aus einem dünneren in ein dichteres Mittel, oder umgekehrt, in einer Richtung, die auf der Grenzfläche der beiden Mittel nicht senkrecht ist, wie z. B. der Strahl *AB* (Fig. 11. Taf. 1.) aus dem dünneren Mittel über der Grenzfläche *GH* in ein dichteres unter *GH*, so wird er an der Grenzfläche *GH* von seiner Richtung *ABC* abgelenkt oder gebrochen. Er setzt in dem dichteren Mittel seinen Weg, obwohl geradlinig, in einer Richtung *BD* fort, welche näher an dem Loth *EBF* auf die Grenzfläche *GH* liegt, als seine vorige Bahn *ABC*. Ist umgekehrt das untere Mittel dünner, so liegt seine fortgesetzte Bahn *BI* von dem Lothe weiter ab. In beiden Fällen liegt aber die Bahn des Lichtstrahls *ABD* oder *ABI* in einer und derselben Ebene, die auf der Grenzfläche *GH* im Durchschnittspunct *B* senkrecht steht. Das Loth *EBF* heifst Neigungs-Loth, der Winkel *EBA* oder *CBF* Einfalls-Winkel, der Winkel *DBF* oder *IBF* gebrochener Winkel, der Winkel *CBD* oder *CBI* Brechungs-Winkel.

Die Sinus des Einfalls-Winkels und des gebrochenen Winkels haben für die nemlichen Mittel immer das nemliche Verhältnifs, die Winkel mögen grofs oder klein seyn. Z. B. wenn über *GH* Luft und unter *GH* Wasser ist, so verhält sich immer der Sinus von *EBA* zum Sinus von *DBF* ungefähr wie 4 zu 3: ist über *GH* Luft und unter *GH* Glas, ungefähr wie 3 zu 2.

Wenn also z. B. ein Lichtstrahl *AB* (Fig. 12.) aus der Luft auf eine Glasscheibe *GHIK* fährt, deren beide Flächen *GH* und *IK* parallel sind, so wird er in dem Glase nach *BC* an das Loth hinangelenkt, beim Wiederhinausfahren aber wieder um eben so viel, nach *CD*, von dem Lothe *FCN* ab, so dafs *CD* mit *AB* parallel ist.

Sind dagegen die beiden Flächen der Glasscheibe nicht parallel, wie *GH* und *MN* (Fig. 13.), so kann es kommen, dafs der Lichtstrahl, obgleich er beim Wiederherausfahren aus dem Glase von dem Lothe wieder abgelenkt wird, dennoch dem ersten Loth auf die Einfalls-Fläche sich nähert; denn z. B. *BC* liegt dem Loth *PBD* auf *GH* näher als *ABQ*, und *DC* liegt von dem Lothe *ECF* auf *MN* entfernter; dennoch nähert sich *CD* dem ersten Loth *PBD* mehr als *BC* und wird also dasselbe irgendwo in *D* schneiden.

Schleift man also ein Glas so, dafs seine beiden Flächen *HGK* und *LMN* (Fig. 14.) convex oder erhaben, und folglich nicht parallel sind, so kann es kommen, dafs ein Lichtstrahl *PA*, welcher aus irgend einem entfernten Puncte *P* auf das Glas fällt, in demselben so nach *AD*, und beim Wiederhinausfahren nach *DB* gebrochen wird, dafs er die Linie *PIB*, welche in *I* und *M* auf beiden Glasflächen senkrecht steht, und alsdann Axe des Glases heifst, wieder erreicht.

Sind die Glasflächen *HIK* und *LMN* Kugel-Abschnitte, so läfst sich aus dem obigen Gesetze des Verhältnisses zwischen den Sinus des Einfalls- und des gebrochenen Winkels beweisen (was hier zu weitläufig seyn würde), dafs alle Strahlen *PA*, *PG*, *PC* u. s. w., die aus einem sehr entfernten Puncte *P* der Axe auf das Glas fallen, hinter demselben alle, fast in einem und demselben Puncte der Axe *B* wieder vereinigt werden. Dieser Punct *B* heifst Brennpunct des Glases, und zu dem Strahlenkegel *HPK*, dessen Spitze *P* ist, gehört auf der anderen Seite ein Strahlenkegel *BLN*, dessen Spitze der Brennpunct *B* ist. Desgleichen läfst sich beweisen, dafs, wenn *R* ein Punct ist, der nicht in der Axe, wie *P*, aber nicht weit davon, zur Seite und in gleicher Entfernung vom Glase, wie *P* liegt, dafs dann auch alle Strahlen, die aus *R* auf das Glas fallen, ebenfalls hinter demselben, ungefähr in einem und demselben Puncte *S* sich wieder vereinigen, der neben der Axe, auf der entgegengesetzten Seite derselben, und ebenfalls ungefähr so weit vom Glase entfernt ist, als *B*; so dafs also auch zu dem Strahlenkegel *RHK*, auf der andern Seite des Glases, ein Strahlenkegel *SLN* gehört, dessen Spitze *S* ungefähr so weit vom Glase entfernt ist, als der Brennpunct *B*.

Ist also *RPT* ein von dem Glase entfernter Gegenstand, aus dessen verschiedenen Puncten Strahlen, oder vielmehr Strahlenkegel auf das Glas fallen, so vereinigen sich diese Strahlen aus den verschiedenen Puncten hinter dem Glase, ungefähr in gleichen Entfernungen von ihm, wiederum, und es entsteht hinter dem Glase ein Bild *UBS*, dessen verschiedenen Puncte die Puncte des Gegenstandes *TPR* bezeichnen, und welches also den Gegenstand *TPR*, gewöhnlich im Kleinen, genau, aber umgekehrt vorstellt, weil z. B. der Punct *R* hinter dem Glase auf der entgegengesetzten Seite der Axe, in *S* abgebildet wird.

Giebt man den Gläsern eine andere Gestalt, so sind auch ihre Wirkungen anders. Man hat Gläser, wie in (Fig. 15. I.), die auf beiden Seiten convex sind. Dergleichen Gläser heifsen convex-convex, oder biconvex. Ist eine Fläche des Glases convex, die andere eben, wie (Fig. 15. II.), so heifst das Glas plan-convex. Sind beide Glasflächen concav oder hohl, wie (Fig. 15. III.), so heifst das Glas concav-concav oder biconcav. Ist die eine Fläche convex, die andere concav, aber erstere runder als letztere, wie (Fig. 15. IV.), so heifst das Glas Meniscus. Ist die concave Fläche runder als die convexe, wie (Fig. 15. V.), so heifst das Glas concav-convex, und ist endlich die eine Glasfläche concav, die andere eben, wie (Fig. 15. VI.), so heifst das Glas plan-concav. Mehr Fälle giebt es nicht, und in der Regel sind die Rundungen der Gläser Kugel-Abschnitte, weil sich andere Rundungen nicht genau schleifen lassen; denn die Kugel allein hat die Eigenschaft, dafs eine Fläche, die die Gestalt eines Theils oder Abschnitts ihrer Fläche hat, an allen Stellen einer halben oder ganzen Kugel auf dieselbe pafst; die Gläser können also, wie es auch wirklich geschieht, nicht sowohl durch Umdrehen um ihre Axe allein, sondern auch durch Hin- und Herfahren nach allen Richtungen, auf einer wirklichen Kugelfläche geschliffen werden.

Auf die genaue Untersuchung der Wirkungen der verschiedenen oben benannten Gläser in Absicht der Brennweite, der Gröfse des Bildes u. s. w. kommt es hier nicht an. Wer sich darüber weiter unterrichten will, mufs Abhandlungen über die Optik und Dioptik lesen. Es war nur der allgemeine Begriff nöthig, wie durch Gläser Bilder der Gegenstände hervorgebracht werden können, weil darauf die Fernröhre beruhen.

Dafs runde Gläser einen Gegenstand deutlicher zeigen, als er dem blofsen Auge erscheint, beruht darauf, dafs z. B. das Bild *UBS* (Fig. 14.) alle die Strahlen in sich aufnimmt, welche von dem Gegenstande *TPR* ausgehen, und da das Bild gewöhnlich kleiner ist, als der Gegenstand, so mufs es nothwendig deutlicher seyn. Auch läfst sich leicht begreifen, wie Gläser dem Auge einen Gegenstand vergröfsern können; denn so wie man durch Gläser Strahlen concentriren kann, so kann man sie auch zerstreuen und dadurch machen, dafs das Auge das Bild eines Gegenstandes hinter dem Glase unter gröfserem Winkel sieht, als den Gegenstand selbst.

28.

Weifse Lichtstrahlen, wie die Sonne oder andere leuchtende Körper sie senden, sind eigentlich aus mehreren farbigen Strahlen von verschiedener Brechbarkeit gleichsam zusammengesetzt, und wenn ein weifser Lichtstrahl aus einem Mittel in ein anderes von verschiedener Dichtigkeit fährt, so wird er an der Scheidefläche der beiden Mittel nicht blofs, wie oben beschrieben, von seiner Bahn abgelenkt, sondern die farbigen Strahlen trennen sich auch mehr oder weniger, denn sie werden nicht unter gleichen Winkeln gebrochen. Treten die farbigen Strahlen vielleicht auf der anderen Seite des neuen Mittels wieder in das vorige hinaus, oder in ein drittes Mittel: so werden sie zwar wiederum gebrochen, trennen sich aber jeder einzeln nicht weiter, sondern behalten ihre Farben. Man sieht diese Theilbarkeit des Lichts in farbige Strahlen am deutlichsten an dem sogenannten Farben-Prisma. Dasselbe ist ein geschliffenes Prisma *ABC* (Fig. 16. Taf. 1.) von Glas. Läfst man auf dasselbe, in einem finsteren Raume, durch eine kleine Oeffnung *D* in der Wand des Raums, einen Strahl *DE* von geringem Durchmesser fallen, der also sonst den Raum nicht weiter merklich erleuchtet, und zwar senkrecht auf die Ebene *AC* des Prisma, damit der Strahl beim Eintritt nicht gebrochen werde, so kommt der Strahl bei *F* an der andern Fläche des Prisma, wo er gebrochen wird, als ein farbiges Strahlenbündel *GFH* heraus, und zeigt auf der Wand *MN* seine Farben. Dieselben sind, der Reihe nach, von *H* nach *G* zu: Roth, Orange, Gelb, Grün, Blau,

Indigo und Violet, und da *HG* eine merkliche Breite hat, die viel gröfser ist, als der Durchmesser des eingefallenen Strahls: so folgt, dafs der weifse Sonnenstrahl *DE*, welcher auf das Prisma fiel, aus farbigen Strahlen vereinigt seyn mufste, und dafs dieselben auf der Fläche *AB* nicht unter gleichen, sondern unter verschiedenen Winkeln sich brachen, der rothe z. B. weniger als der orange, dieser weniger als der gelbe Strahl u. s. w., und folglich sich trennten. Läfst man die farbigen Strahlen in einem andern Glase von neuem sich brechen, aber so, dafs sie ihre Richtung im Ganzen nicht ändern, z. B. in einem Glase mit parallelen Flächen, so behalten sie ihre Farben. Man kann sie aber auch in einem Glase, dessen Flächen miteinander den dazu nöthigen Winkel machen, so auffangen, dafs sie sich wieder vereinigen, und dann ist das vereinigte Licht wieder weifs. Diese Theilbarkeit des Lichts in farbige Strahlen ist z. B. die Ursache des Regenbogens, welcher durch Regentropfen in der Luft entsteht, die von der Sonne beschienen werden, und sich gerade unter solchen Winkeln gegen das Auge befinden, dafs die farbigen Strahlen, in welche sie die auf sie fallenden Sonnenstrahlen brechen, ins Auge gelangen. Sie ist auch die Ursache der verschiedenen Farben der Körper. Die Lichtstrahlen, welche die Körper beleuchten, und von ihnen zurückgeworfen, sie sichtbar machen, werden an der Oberfläche der Körper gebrochen, und der Körper zeigt die Farbe derjenigen Strahlen, die gerade ins Auge fallen.

Wenn also z. B. ein weifser Lichtstrahl *PG* (Fig. 14.) aus der Luft auf ein Glas im Fernrohr, wie *HKLN* fällt, so ist das im Glase in veränderter Richtung fortgehende Licht eigentlich nicht mehr ein einzelner weifser Strahl *GE*, sondern ein etwas auseinander laufendes Bündel farbiger Strahlen, und beim Austritt aus dem Glase bei *E* vereinigen sich die farbigen Strahlen nicht nothwendig wieder, sondern können sogar noch mehr auseinanderlaufen, wie es die punctirten Linien in der Figur zeigen.

Daraus folgt, dafs ein rund geschliffenes Glas, wie in (Fig. 14.) nicht blos ein Bild *UBS* von dem Gegenstande *TPR* macht, sondern mehrere und so viele, farbige Bilder, als Strahlen sind, in welche sich diejenigen trennen, welche der Gegenstand *RPT* sendet. Da aber die farbigen Strahlen nur wenig auseinander

einander laufen, so werden sich die farbigen Bilder zum Theil, und in der Regel zum gröſseren Theil wieder decken, oder auf einer und derselben Stelle erscheinen. Und da nun vereinigte Farben wieder weiſs sind, so wird das Bild *UBS* in seiner Mitte weiſs und nur aufsen an den Rändern farbig seyn. Dieses ist der Grund, warum gewöhnliche Gläser, wenn sie noch so gut und richtig geschliffen sind, Bilder mit farbigen Rändern geben.

Da nun aber die farbigen Ränder das Bild eines Gegenstandes nicht scharf begrenzen, und also ein bestimmter Punct im Bilde nicht so genau unterschieden werden kann, wie es, z. B. um die Richtung von Linien, oder einen Winkel genau zu messen, nothwendig ist, so hat man sich bemühet, die Gläser für Fernröhre so zu machen, daſs sie die gebrochenen farbigen Strahlen wieder sammeln, und die auf der andern Seite hinausfahrenden Strahlen wieder weiſs sind. Dieses wird erreicht, wenn man die Gläser aus zwei oder drei aufeinander gelegten Gläsern von verschiedener Dichtigkeit zusammensetzt, wie z. B. ein biconvexes Glas in (Fig. 17. Taf. 2.). Eine dieser Glasarten sammelt wieder die Strahlen, welche die andere gebrochen hat. Das dichtere Glas ist sogenanntes Flintglas, welches seine gröſsere Dichtigkeit durch Beimischung von metallischen Theilen erhält, das weniger dichte ist Kronglas. So zusammengesetzte, farbenlose Bilder machende Gläser heiſsen achromatisch. Sie sind zuerst von Dollond in der Mitte des vorigen Jahrhunderts verfertigt worden, und werden heut zu Tage zu allen guten Ferngläsern genommen. Es ist leicht zu erkennen, ob die Gläser eines Fernrohrs achromatisch sind, oder nicht. Die gewöhnlichen Gläser zeigen das Bild des Gegenstandes, auf welchen man visirt, mit farbigen Rändern.

29.

Die Fernröhre sind aus den oben beschriebenen Gläsern auf verschiedene Art zusammengesetzt. Die gewöhnlichsten sind folgende:

Erstlich, das sogenannte holländische, von Galiläus im Jahre 1610 erfunden, hat zwei Gläser: ein biconvexes Glas, nach dem Gegenstande zu, und ein planconvexes oder auch biconcaves Glas, am Auge. Es zeigt den visirten Gegenstand aufrecht. Es hat aber nur ein kleines Gesichtfeld, und wird nur als gewöhnliches Perspectiv, z. B. als Theater-Perspectiv gebraucht.

Zweitens, das Sternrohr, von Keppler, hat zwei biconvexe Gläser, und zeigt den visirten Gegenstand verkehrt. Man sieht dadurch scharf in die Ferne, und bedient sich deshalb seiner auch zu Mefs-Instrumenten.

Drittens, das Huyghens'sche ist von dem vorigen darin unterschieden, dafs es statt eines Augenglases zwei hinter einander hat, welches die Deutlichkeit vermehrt. Auch dieses Glas wird zu Mefs-Instrumenten gebraucht.

Viertens, das Erdfernrohr hat vier biconvexe Gläser und ist gleichsam ein verdoppeltes holländisches. Es zeigt die Gegenstände aufrecht, wird aber wegen der minderen Helligkeit weniger zu Mefswerkzeugen gebraucht.

Das Glas zunächst am Auge heifst allemal Ocular oder Augenglas, das Glas zunächst dem Gegenstande Objectivglas. Besonders das Objectiv-Glas *ur* (Fig. 10. *b*. Taf. 2.) mufs achromatisch seyn.

Man setzt die Gläser deshalb in Röhren, wie (Fig. 10. *b*.) zeigt, theils um sie besser, senkrecht auf ihre Axe befestigen zu können, theils um fremdes Licht von der Seite abzuhalten, weshalb auch die Röhren inwendig noch geschwärzt werden. Die Entfernung der Augengläser von den Objectivgläsern mufs vergröfsert und verkleinert werden können, für Weit- und Kurzsichtige, daher die Röhren durch Auszüge *vstw* (Fig. 10. *b*.) verlängert und verkürzt werden können.

30.

Da das Bild eines Gegenstandes, der sich in der Verlängerung der Sehe-Axe befindet, im Brennpunct der Gläser, also ebenfalls in der Sehe-Axe liegt, so sind im Rohr, in der Brennweite des Augenglases, quer über, zwei Spinnegewebe-Faden *z* (Fig. 10. *b*.) befestigt, die sich genau in der Sehe-Axe, gewöhnlich rechtwinklig durchkreuzen. Deckt daher beim Visiren dieses Fadenkreuz den visirten Punct in der Ferne, so ist auf ihn die Sehe-Axe des Fernrohrs gerichtet. Um zu prüfen, ob sich die Fäden genau in der Sehe-Axe kreuzen, darf man nur das Rohr, welches aufsen rund abgedreht ist, in dem Ringe, oder auf seinen Lagern, um seine Axe drehen, indem man ununterbrochen nach einem und demselben Punct in der Ferne visirt. Deckt das Fadenkreuz den entfernten Punct nicht immer, so kreuzt es sich nicht in der Axe, und der Ring *y*, worin das Kreuz ausgespannt ist, mufs mittelst der Schraube *λ*, durch welche er von aufsen her verschoben werden kann, in die rechte Stelle gebracht werden.

Von den eingetheilten Kreisrändern, den Nonien und der Alhidade.

31.

Es giebt halbe und ganze, eingetheilte Kreisränder. Die halben stehen den ganzen bei weitem nach, schon weil sie sich weniger leicht prüfen lassen, und weil damit keine Winkel, die gröfser als zwei rechte sind, gemessen werden können.

Der ganze Kreis-Umfang wird meistens in 360 Grade getheilt, welche von 10 zu 10 numerirt sind. Der 5te Grad ist noch durch einen Punct bezeichnet, und die übrigen kann man leicht abzählen. Beträgt der Durchmesser des getheilten Kreises nur 4 bis 5 Zoll, so können nur halbe Grade darauf abgetheilt werden; denn kleinere Theile sind alsdann nicht mehr gut sichtbar. Beträgt der Durchmesser des eingetheilten Randes 6 Zoll, so kann man schon Drittheil-Grade, und beträgt er 8 Zoll, und darüber, Viertheil-Grade unterscheiden. Ein Durchmesser von 6 Zoll ist für Instrumente zur gewöhnlichen Feldmessung hinreichend. Kleinere Theile des Umfanges werden durch den Nonius oder Vernier *vv* (Fig. 10. *a.* u. *c.* Taf. 2.) und (Fig. 18. Taf. 2.) sichtbar gemacht, welcher aus einem an die Alhidade befestigten Bogen von 10, 15 bis 20 Graden besteht, der sich mit seiner Theilung genau an der Theilung des Limbus hinbewegen läfst, und in einen Theil mehr getheilt ist, als ein gleich grofser Bogen des Limbus. Beträgt z. B. der Umfang des Nonius 13 Grade, wie (Fig. 18. Taf. 2.), und der Limbus ist in Drittheil-Grade getheilt, welches auf 13 Grade 39 Theile giebt, so ist der Nonius nicht ebenfalls in 39, sondern in 40 Theile getheilt. Während also jeder Theil auf dem Limbus Ein-Drittheil-Grad oder 20 Minuten grofs ist, beträgt jeder Theil des Nonius $\frac{13 \,.\, 60}{40} = 19\frac{1}{2}$ Minute, und ist folglich um $\frac{1}{2}$ Minute kleiner als ein Theil auf dem Limbus. Der Nonius zeigt also in diesem Falle halbe Minuten an. (Man sehe wegen der Theorie des Nonius: Geometrie 1ster Theil §. 402.) Der Nonius bezeichnet gewöhnlich mit seinem Nullpunct die Richtung der Visirlinie der Alhidade, und ist so numerirt, dafs man die Minuten sogleich ablesen kann. Um schärfer zu sehen, welche Theile des Nonius und des Limbus übereintreffen, ist gewöhnlich eine Loupe oder ein kleines Microscop *L* (Fig. 10. *a. b. c.* Taf. 2.) über demselben befindlich, welches sich im Kreise, auf dem Arme *x*, *x* darüber hin- und herschieben läfst. Hat das Instrument gewöhnliche Dioptern, so ist ein Nonius, der weiter geht als auf 2 Minuten, unnütz, weil der gemessene Winkel wegen der Dicke des Pferdehaars im Visir doch um soviel, und mehr, ungewifs ist (§. 25.). Hat aber das Visir ein Fernrohr, so kann der Nonius recht gut nach dem obigen Beispiele bis auf halbe Minuten gehen, welches auch gewöhnlich bei 6zölligen Limben der Fall ist.

Bei gewöhnlichen Dioptern ist der Nonius an das Alhidaden-Lineal befestigt, und sein Nullpunct liegt in der Visirlinie selbst. Ist gar kein Nonius vorhanden, so schneidet blofs eine Schärfe des Alhidaden-Lineals, die gerade in der Visir-Ebene der auf der Alhidade befindlichen Dioptern liegt, den Winkel ab. Hat dagegen das Visir ein Fernrohr, so liegt auch wohl der Nullpunct des Limbus unter einem rechten Winkel gegen die Sehe-Axe des Fernrohres. Die Alhidade ist in diesem Falle auch kein Lineal, sondern eine volle Kreisscheibe, wie (Fig. 10. Taf. 2.) *αα*, die genau in den Limbus pafst, und sich, in einer Ebene mit demselben, in ihm rund um bewegen läfst. Der Nonius *νν* ist auf dieser Kreisscheibe abgetheilt, und zur Seite des Mittelpuncts stehen auf ihr die Stützen *pq*, welche die Axe der Kippregel tragen. Auch befindet sich gewöhnlich auf der Scheiben-Alhidade nicht blofs ein Nonius, sondern es sind mehrere darauf abgetheilt, gewöhnlich, wie in (Fig. 10. Taf. 2.), zwei, einander gegenüber, oder um 2 rechte Winkel von einander entfernt, die einer zur Prüfung des anderen dienen.

32.

Die Prüfung der Theilung und der Kreisform eines Limbus, und ob die Alhidade sich genau um den Mittelpunct des Limbus bewege, ist nur dann schwierig, wenn die Alhidade, wie bei den älteren Instrumenten, ein bloſses Lineal oder nicht kreisförmig ist und keine Nonien hat.

I. Die Theilung und die Form eines bloſsen Limbus, ganz ohne Alhidade, läſst sich fast nur mit einem Stangen-Zirkel prüfen, welches aber allerdings eine sehr unzuverläſsige Probe ist, indem man, was die Theilung betrifft, mit dem Zirkel wohl eine gerade Linie noch mit ziemlicher Genauigkeit entlang theilen kann, nicht gut aber einen Kreisbogen.

II. Ist der Limbus halbkreisförmig und hat er ein Alhidaden-Lineal mit Dioptern, so prüft die Alhidade, bei der Umdrehung, die Kreisform, und die Theilung kann man, auſser mit dem Stangen-Zirkel, noch dadurch prüfen, daſs man mit dem Instrument auf dem Felde mehrere beliebige Winkel, immer von einem und demselben Punct der Theilung des Limbus abgezählt, rund um den Standpunct des Limbus miſst, und nachsieht, ob die Summe der Winkel, welche man findet, vier rechte beträgt, wie es seyn muſs. Oder man kann einen und denselben Winkel, etwa von 20 bis 30 Graden, an mehreren beliebigen Stellen des Limbus messen, wozu man sich dann der beweglichen Alhidade allein bedient, die man, nachdem der Winkel wie gewöhnlich von Null an gemessen worden, erst in den einen Schenkel des Winkels, und dann, während der Limbus fest stehen bleibt, in den anderen richtet. Die Unterschiede der Grade, welche der Limbus zeigt, müssen, wenn die Theilung des Instruments richtig ist, jedesmal gleich groſs seyn. Sind sie nicht gleich, sondern bald gröſser, bald kleiner, so ist die Theilung des Limbus ungleich und unrichtig. Sind sie dagegen zwar ungleich, nehmen aber, von einer gewissen Stelle des Limbus an, nach beiden Seiten hin, regelmäſsig ab oder zu, so kann die Theilung des Limbus richtig seyn, und es ist bloſs wahrscheinlich, daſs sich die Alhidade nicht um den Mittelpunct des Limbus, also excentrisch dreht. Denn an denjenigen Stellen des Limbus, welcher dem Drehpunct der Alhidade näher liegt, wird der Winkel auf dem Limbus mehr Grade fassen, als an anderen Stellen, von welchen die Axe entfernter ist, und zwar wird der Unterschied regelmäſsig wachsen. Alle diese Proben sind aber mühsam, und geben dennoch keine besondere Sicherheit, daher der halbkreisförmige Limbus schon deshalb sehr unvollkommen ist.

III. Ist der Limbus ein ganzer Kreis und hat er ein Alhidaden-Lineal ohne Nonius, so hat man aufser den obigen Proben (II.), welche auch jetzt Statt finden, schon die viel schärfere, dafs die Winkel, welche die Alhidade mit ihren beiden Enden zeigt, überall um 180 Grade verschieden seyn müssen, was bei dem Halbkreise nicht geprüft werden kann, weil derselbe überhaupt nur 180 Grade fafst. Diese Probe zeigt schon, ohne auf das Feld zu gehen, leicht nnd viel schärfer, sowohl, ob die Theilung des Limbus richtig ist, als, ob sich die Alhidade genau um den Mittelpunct dreht. Ist der Unterschied der Winkel unregelmäfsig, bald gröfser, bald kleiner, als 180 Grad, so ist die Theilung des Limbus unrichtig. Nimmt sie bis zum halben Umfange regelmäfsig zu, und in der andern Hälfte wieder ab, oder umgekehrt, so ist es wahrscheinlich, dafs sich die Alhidade excentrisch bewege.

IV. Ist der Limbus ein ganzer Kreis und die Alhidade nicht sowohl ein blofses Lineal, sondern ebenfalls ein Kreis, der genau in den Limbus pafst (§. 31.), wie (Fig. 10. Taf. 2.), so findet schon eine Excentricität und eine Abweichung von der Kreisform gar nicht wohl Statt, weil sich sonst die Alhidade beim Umdrehen an den Limbus irgendwo klemmen oder davon sichtbar entfernen müfste. Die Proben der Theilung sind die nemlichen wie in (III.). Sie reichen aber immer offenbar nur bis zu so kleinen Theilen des Winkels, als auf dem Limbus ohne Nonius sichtbar sind, und selbst ein Fernrohr im Visir, statt der Diopteru, vermehrt die Schärfe der Proben nicht.

V. Ist endlich der Limbus ein ganzer Kreis und die Alhidade hat einen Nonius, oder besser, zwei, *vv* (Fig. 10.), so kommt zu den Proben der Theilung (III.) noch die, dafs der Nonius überall gleichviel Grade des Limbus fassen mufs. Ob der Nonius selbst die richtige Gröfse habe, zeigt sich schon dadurch, ob er die gehörige Zahl von Graden des Limbus hat. Ob der Nonius richtig getheilt sey, sieht man aus der regelmäfsigen Zunahme des Unterschiedes seiner Theile und der des Limbus, und wenn nicht etwa auch noch andere Theilstriche, als die äufseren, mit zwei Theilstrichen des Limbus zusammentreffen. Wenn zwei Nonien vorhanden sind, die z. B. Minuten angeben, so kann man durch dieselben die Theilung des Limbus dadurch, dafs die Winkel, welche die beiden gegenüberstehenden Nonien zeigen, überall gerade um 180 Grade verschieden seyn müssen, sogar bis auf Minuten prüfen.

Die neueren Instrumente, aus guten Werkstätten, wie z. B. die der Herren Pistor zu Berlin, Reichenbach in München, Breithaupt in Cassel u. s. w. werden nebst den Nonien auf besonderen, blofs zur Theilung der Instrumente, mit grofsen Kosten und mit unsäglicher Mühe verfertigten und geprüften Kreisen getheilt. Diese Theilmaschinen, mit Durchmessern von drei bis vier Fufs, besitzen eine Genauigkeit der Theilung, die bis auf einzelne Secunden geht, wie sich der Verfasser der gegenwärtigen Schrift, als Theilnehmer an der öffentlichen Prüfung der Pistor'schen Maschine überzeugt hat. Limben, welche auf solchen Maschinen getheilt sind, können die Prüfungen (V.) bestehen, unvollkommener getheilte schwerlich.

Da die Schärfe der Prüfung in's Besondere durch die Nonien und die ganzen Kreise erhöht wird, so sieht man, dafs der Nutzen der Nonien und der ganzen Kreise keinesweges allein darin besteht, dafs sie etwa die Winkel auf dem Felde bis auf kleinere Theile, z. B. bis auf Minuten genau angeben, welches in vielen Fällen, z. B. bei sehr kleinen Landflächen, in der That überflüssig ist, sondern auch darin, dafs sie zur Prüfung der Richtigkeit der Instrumente dienen, die ohne dies sehr mühsam, und mit Halbkreisen sogar kaum so weit möglich ist, dafs man auch nur vor ganz groben Fehlern von Viertheil- und halben Graden sicher ist. Aufserdem hat aber der ganze Kreis den Vortheil, dafs man damit jeden Winkel, so grofs er auch seyn mag, und an jeder beliebigen Stelle des Limbus, messen kann. Daher sind in jedem Falle die halben Kreise durchaus zu verwerfen, und man sollte sich nur ausschliefslich ganzer Kreise bedienen.

Horizontal-Stellung der Instrumenten-Ebenen.

33.

Dieselbe geschieht durch irgend ein Werkzeug, welches eine horizontale Linie, oder besser, eine horizontale Fläche angiebt. Es giebt dergleichen mehrere. Zu dem gegenwärtigen Zwecke mufs es keinen grofsen Raum einnehmen, und muſs, in sofern man Höhenwinkel messen will, hinreichende Genauigkeit haben. Das beste ist die sogenannte Libelle. Es giebt deren zweierlei: Dosen-Libellen und Röhren-Libellen. Jene stellen auf einmal eine Ebene horizontal, letztere bloſs eine gerade Linie. Die Genauigkeit der Dosen-Libellen ist verhältniſsmäſsig geringer, als die der Röhren-Libellen, aber sie ist hinreichend, die Ebene eines Instruments, um Winkel auf den Horizont zu reduciren, in die wagerechte Lage zu bringen, weil eine geringe Abweichung der Instrumenten-Ebene vom Horizont den Winkel nur ganz unmerklich verändert.

34.

Die Dosen-Libelle ist eine cylindrische hohle Büchse, *AB* (Fig. 10. Taf. 2.), mit Kreisförmiger Grundfläche, von Messing, 2 bis 4 Zoll im Durchmesser, und ½ bis 1 Zoll hoch, oben mit einer geschliffenen gläsernen Platte *εε* (Fig. 10. *b*. Taf. 2.) verschlossen. An der Seite ist eine kleine Oeffnung, welche mittelst einer Schraube fest verschlossen werden kann, und durch welche sich in die Büchse irgend eine Flüsssigkeit, z. B. Weingeist, bringen läſst. Sie wird damit bis auf einen ganz kleinen Raum gefüllt, und dann mittelst der Schraube verschlossen. Durch die Schraube kann der übrig gebliebene Raum auch noch etwas verkleinert und vergröſsert werden. Da nun die Luft, welche den kleinen übrig gebliebenen Raum einnimmt, leichter ist als Weingeist, so wird sie sich, wenn man die Büchse auf ihren Boden stellt, nach oben, dicht unter die Glasplatte begeben. Sie wird, wie jeder leichtere Körper auf einer Flüssigkeit, darauf schwimmen, und unter der Glasplatte als eine kleine runde Blase *δ* erscheinen. Die Büchse muſs so gefüllt werden, daſs die Blase nur etwa ½ Zoll Durchmesser hat. Wäre der gläserne Deckel inwendig ganz eben, so würden, wenn er völlig horizontal steht, alle seine Puncte in einer und derselben horizontalen Ebene liegen. Es würde also dann keinen höchsten Punct darunter geben, und die Luftblase, würde an einem wie am anderen Ort des Deckels stehen können. Bei der allergeringsten Abweichung des Deckels von der horizontalen Lage würde die Luftblase sogleich bis an den Rand sich begeben, und das Werkzeug würde so sehr empfindlich seyn, daſs es sich nur mit grofser Mühe, oder gar nicht horizontal stellen lassen würde. Der Glasdeckel mufs also inwendig nicht eine vollkommene Ebene, sondern vielmehr etwas hohl geschliffen, und das Glas mufs so eingesetzt seyn, dafs, wenn der Boden der Büchse horizontal steht, der höchste Punct der inneren Fläche des gläsernen Deckels gerade im Mittelpunct liegt. Die äufsere Fläche des gläsernen Deckels wird eben und so geschliffen, dafs sie mit dem Boden der Büchse parallel ist. Auf diese Weise mufs nothwendig die Luftblase im höchsten Puncte des Deckels, gerade unter der Mitte desselben stehen, sobald der Boden der Büchse horizontal ist, und wenn die Luftblase in der Mitte steht, so mufs umgekehrt der Boden der Büchse wagerecht seyn. Oben auf dem Deckel wird die Mitte durch einige kleine, in das Glas eingeätzte concentrische Kreise, von der wechselnden Gröfse der Luftblase, bezeichnet. Da nemlich jeder Körper und also auch jede Flüssigkeit in der Wärme sich ausdehnt, und in der Kälte zusammenzieht, so dehnt sich der Weingeist in der Büchse, wenn es warm ist, ebenfalls aus, und drückt folglich die Luftblase zusammen; er zieht sich dagegen in der Kälte zusammen, und die Luftblase wird gröfser. Also ist die Gröfse der Blase veränderlich, und ihre Stelle für den wagerechten Stand des Bodens der Büchse mufs deshalb durch einige concentrische Kreise bezeichnet seyn.

Welche Krümme man der inneren Fläche des gläsernen Deckels gebe, ist eigentlich gleichgültig, wenn sie nur nicht viel von einer Ebene abweicht. Da aber eine Kugelfläche am leichtesten geschliffen werden kann, so giebt man dem Deckel inwendig die Gestalt der Fläche eines Kugelabschnitts von bedeutend grofsem Halbmesser. Wie grofs ungefähr der Halbmesser seyn mufs, wenn die Wage einen bestimmten Grad der Empfindlichkeit haben soll, läfst sich auf folgende Weise schäzzen. Man stelle sich nemlich die ganze Kugel vor, von deren Fläche die innere Fläche des gläsernen Deckels ein Theil ist, so wird die Luftblase, weil sie immer den höchsten Punct einnimmt, gerade senkrecht über dem Mittelpunct der Kugel stehen, und es ist leicht zu sehen, dafs, wenn man die Kugel um ihren Mittelpunct oder um irgend eine Axe, die durch den Mittelpunct geht, drehete, dafs dann die Luftblase, um wieder den höchsten Punct zu erreichen, um denjenigen

Bogen nach der Seite weichen würde, der dem Winkel angehört, um welchen sich der senkrechte, durch den höchsten Punct der Oberfläche und den Mittelpunct der Kugel gehende Halbmesser zur Seite bewegt hat. Gesetzt also, die Kugel habe einen Durchmesser von 70 Fuſs, so wäre der Umfang eines gröſsten Kreises auf derselben 220 Fuſs oder 26400 Linien. Ist also der Umfang des Kreises in 360 Grade oder 360 . 60 = 21600 Minuten getheilt, so wird die Luftblase um ungefähr eine Linie zur Seite weichen, wenn man die Kugel um einen Winkel von einer Minute drehet. Eine Dosen-Libelle also, deren Deckel inwendig nach einer Kugelfläche von 70 Fuſs Halbmesser geschliffen wäre, würde schon einen Abhang von einer Minute, und selbst von einer halben Minute gegen den Horizont, deutlich angeben, weil eine Abweichung der Luftblase von einer Linie aus dem Mittelpuncte, und selbst von einer halben Linie, sehr sichtbar ist. Giebt man dem Halbmesser der Höhlung der einen Fläche des Deckels die doppelte Gröſse, so zeigt die Libelle schon Abweichungen von halben, und selbst Viertheil-Minuten vom Horizont.

Die Empfindlichkeit der Libelle hängt übrigens von der Gröſse des Halbmessers der Höhlung ihres Deckels nicht allein ab, sondern auch von der Gröſse der Luftblase. Kleine Luftblasen sind wegen der Cohäsion der Theile der Flüssigkeit und der Anziehung des Glases weniger empfindlich als groſse. Ganz kleine Bläschen bewegen sich gar nicht von der Stelle, und bleiben bekanntlich zuweilen selbst am Boden eines gläsernen Gefäſses hängen. Daher darf eine Luftblase, welche sich frei nach dem höchsten Punct des Deckels bewegen soll, nicht zu klein seyn.

Die Bodenplatte der Dosen-Libelle ist sehr genau eben geschliffen, und steht vor der Büchse noch etwas vor. Sie ist im Grundriſs entweder kreisrund, oder quadratisch, oder sonst viereckig.

Um die Richtigkeit einer Dosen-Libelle zu untersuchen, setzt man sie auf eine Ebene, deren Abhang nach allen Seiten verändert werden kann, und stellt die Ebene so lange, bis die Luftblase genau in dem, durch die concentrischen Kreise am Deckel bezeichneten Mittelpunct steht. Darauf merkt man den Standort der Libelle, indem man ihre Bodenplatte auf der Ebene mit einer Linie umzieht, und dreht sie nun um ihre Axe, jedoch so, dafs die Bodenplatte immer von derselben Linie umschlossen bleibt. Aendert die Luftblase bei dieser Umdrehung ihren Standort nicht, sondern bleibt immer zwischen demselben concentrischen Kreise im Deckel, so mufs ihre Bodenplatte nothwendig horizontal seyn, und folglich ist alsdann die Libelle richtig, und man kann nunmehr durch sie eine beliebige Ebene, z. B. die Ebene eines Limbus oder dergleichen, horizontal stellen, wenn man sie darauf setzt, wie (Fig. 10. Taf. 2.), und die Ebene so lange neigt, bis die Luftblase der Wage unter dem rechten Ort im Deckel steht.

Da die horizontal zu stellende Ebene nicht immer überall frei ist, sondern vielleicht im Mittelpunct einen hervorragenden Zapfen oder dergleichen hat, so kann man auch den weiter hervortretenden Boden der Dosen-Libelle auf drei durch denselben gehende Schrauben setzen, welche unten abgerundet sind, und sie auf diese Schrauben, wie auf Füfse stellen. Nachdem die Schrauben auf die obige Weise justirt sind, kann man damit, weil 3 Puncte eine Ebene bestimmen, ebenfalls eine beliebige Ebene horizontal stellen.

35.

Die Röhren-Libellen werden aus cylindrischen, 4, 6, 8 bis 10 Zoll langen, $\frac{1}{2}$ bis $1\frac{1}{2}$ Zoll im Durchmesser weiten, mit Weingeist, bis auf $\frac{1}{2}$, 1 bis 2 Zoll lange Blasen gefüllten gläsernen Röhren verfertigt. *AB* (Fig. 19. *a.* Taf. 3.) stellt eine Röhren-Libelle vor. Die Röhre ist inwendig genau ausgeschliffen, wird erwärmt und so gebogen, dafs ihr oberer Theil ein Stück eines Kreisbogens von sehr grofsem Halbmesser, etwa von 70 bis 100 Fufs bildet. Die Biegung ist nöthig, weil eine Röhre mit ganz gerader Axe, aus demselben Grunde, wie bei dem ganz ebenen Deckel einer Dosen-Libelle, gar zu empfindlich seyn würde. Denn die Röhre würde, wenn sie horizontal liegt, keinen bestimmten Punct haben, welcher der höchste wäre, und an welchen sich die Luftblase vorzugsweise vor anderen begeben müfste. Der Grad der Empfindlichkeit der Libelle ist um so gröfser, je gröfser der Halbmesser des Bogens ist, welchen ihre Axe macht, und je gröfser die Luftblase seyn kann.

Die Röhre wird in eine messingene Hülse eingefafst, welche sie überall, mit Ausnahme ihres oberen

Theiles $\alpha\beta$ umgiebt, wo die dort hin- und herspielende Luftblase sichtbar bleiben mufs. Auf den frei gebliebenen obern Theil des Glases werden gleiche Abtheilungs-Zeichen, von der Mitte aus eingeätzt, nach welchen sich die Stellung der Luftblase beurtheilen läfst. Die so umgebene Libelle setzt man, wenn sie zum Horizontal-Stellen von Linien und Ebenen dienen soll, auf eine unten eben geschliffene Boden-Platte von Messing, so lang und etwa doppelt so breit, als die Röhre, und befestigt entweder ihre Hülse an die Boden-Platte unmittelbar, oder man setzt auf die Boden-Platte an jedem Ende einen kurzen Träger, und läfst darauf die Libelle ruhen, und zwar auf dem einen Träger in einem Charnir, auf dem anderen in einer Schraube, wie auf (Fig. 19. *a.* bei *a* und *b*, Taf. 3.), so dafs sie mittelst der Schraube um das Charnir auf und nieder bewegt, und also ihre Lage gegen die Boden-Platte mehr oder weniger verändert werden kann.

Ist die Libelle fest an ihre Boden-Platte befestigt, so darf sie nur einmal justirt werden, und mufs, wenn sie unrichtig befunden wird, durch Abschleifen der Boden-Platte vom Mechanicus berichtigt werden. Die Prüfung geschieht, wie bei der Dosen-Libelle. Man setzt die Libelle auf eine Ebene, stellt die Ebene so, dafs die Luftblase unter dem Nullpunct der Theilung, oder dem mittleren höchsten Punct der Röhre steht, umzieht die Boden-Platte mit einer Linie, kehrt die Libelle um, so dafs das Ende der Boden-Platte, welches links lag, nunmehr rechts liegt, die Boden-Platte aber in der umzogenen Linie bleibt, und sieht nach, ob die Luftblase noch an demselben Orte steht. Ist dies nicht der Fall, so ist die Libelle unrichtig, und die Boden-Platte mufs nachgeschliffen werden.

Ist dagegen die Libelle nicht an der Boden-Platte fest, sondern ruht, nach der obigen zweiten Art, auf einem Charnir und einer Schraube, so kann sie ohne Nachschleifen, durch die Schraube berichtigt werden, welches auch mit der Grund ist, warum man die Schraube und das Charnir macht. Man stellt die Libelle, wie vorhin, auf eine Ebene, die schon beinahe wagerecht steht, umzieht die Boden-Platte mit einer Linie, kehrt die Libelle, wie vorhin, um, und sieht nach, ob die Luftblase um eben soviel, als sie in der ersten Lage vom Nullpunct entfernt war, jetzt auf der andern Seite des Nullpuncts absteht. Ist dieses nicht der Fall, so stellt man die Ebene so lange, bis es zutrifft. Alsdann ist die Ebene nach der Länge der Libelle horizontal. Hierauf hebt oder senkt man die Libelle vermittelst der Schraube über der Boden-Platte, bis die Luftblase im Nullpunct steht, wo sie auch bleiben wird, wenn man die Libelle umkehrt; die also alsdann berichtigt ist.

Eine berichtigte Röhren-Libelle stellt eine Ebene auf einmal nur nach der Richtung der Axe der Libelle horizontal. Will man also die ganze Ebene horizontal stellen, so mufs man die Libelle auch noch rechtwinklig gegen ihre vorige Richtung auf die Ebene setzen, und die Ebene auch in dieser Richtung in die wagerechte Lage bringen. Alsdann erst ist sie ganz horizontal. Da aber die Stellung nach der neuen Richtung die Stellung nach der vorigen wieder verändern kann, und also auch die erste Richtung noch erst wieder geprüft werden mufs, so ist die Horizontal-Stellung einer Ebene durch die Röhren-Libelle schwieriger und weitläufiger, als mit der Dosen-Libelle; weshalb Ebenen in der Regel mit der Dosen-Libelle horizontal gestellt werden.

Die Röhren-Libellen haben übrigens, weil sie länger als der Durchmesser der Dosen-Libellen, und die Luftblasen darin beweglicher sind, eine viel gröfsere Schärfe, und werden deshalb in's Besondere zum Nivelliren gebraucht. Die Ebenen von Mefs-Instrumenten wagerecht zu stellen, sind Dosen-Libellen völlig hinreichend, weil es dabei nicht auf die äufserste Genauigkeit ankommt. Nur wenn Höhen-Winkel gemessen werden sollen, nimmt man wohl noch eine Röhren-Libelle zu Hülfe, die dann in der Ebene des Verticalkreises der Kippregel angebracht wird.

Von den Statifen und der Bewegung der Instrumente.

36.

Die Statife (Fig. 20. *a*, *b*. Taf. 2. u. Fig. 22. *a*, *b*. Taf. 3.), worauf die Instrumente gesetzt werden, haben in der Regel drei Füfse, die unten auseinander gestellt werden können, weil ein Körper auf 3 Puncten immer fest steht. Da der Boden häufig uneben ist, und gleichwohl die Instrumente nur horizontal stehen sollen, so ist es, im Fall die Füfse nach unten fest mit einander verbunden sind, welches allerdings am besten ist, gut, wenn wenigstens ein Fufs durch einen Schieber verlängert werden kann. Da aber die fest verbundenen Statife auch schwerer sind, so werden sie nur, wo es unumgänglich nöthig, z. B. beim Nivelliren, gebraucht. Für Mefs-Instrumente verbindet man gewöhnlich die drei Füfse nur oben mit einander, wie (Fig. 20. Taf. 2.), und macht sie dort um Charnire *α*, *α* beweglich, so dafs sie unten weiter oder enger von einander gesetzt werden können, wodurch zugleich die senkrechte Entfernung des obern Theils des Statifs vom Boden vergröfsert und verkleinert werden kann. Die Füfse, *a*, werden gewöhnlich gegen 4 Fufs lang und von Holz gemacht, und bekommen unten eiserne Spitzen. Der Kopf, *bb*, des Statifs, an welchem die Füfse in den messingenen Charniren *α*, *α* beweglich sind, besteht aus einer hölzernen $1\frac{1}{2}$ bis 2 Zoll dicken, kreisrunden Platte, von etwa 8 Zoll im Durchmesser, welche, wenn das Statif aufgestellt ist, horizontal liegt, und die Füfse bewegen sich in Ebenen, die alsdann durch des Statifs lothrechte Axe gehen, und um diese Axe herum, mit einander gleiche Winkel machen. Dieses ist besser, als wenn sie sich, wie bei den älteren Statifen, zur Seite, in Ebenen bewegen, die nicht durch die Axe gehen. Es giebt auch noch verschiedene andere Statife, aber das beschriebene ist das einfachere und bessere.

37.

Gewöhnlich wird auf die Kopfplatte des Statifs, im Mittelpunct derselben, eine messingene Stütze *ABC* (Fig. 21. *a*. u. *b*. Taf. 2.) aufgeschraubt, die 2 bis 3 Zoll über der Kopfplatte hervorragt, nnd sich oben in eine kugelförmige Höhlung *abcd* (Fig. 21. *b*.) endigt. In diese Höhlung pafst genau eine messingene, kugelförmige, sogenannte Nufs *N* (Fig. 21. *a*. u. *b*.), an welche der untere Theil *bc* der Höhlung durch eine Schraube mit seinem Keil *S* stärker und schwächer angeklemmt werden kann. Die Nufs ist oben mit einer messingenen Stütze *DE* verbunden, in welcher sich ein Zapfen *ef* (Fig. 21. *b*) dreht, der durch eine Schraube *P* (Fig. 10. *c*. Taf. 2. und Fig. 21. *a*. Taf. 2.) unmittelbar an das Mefs-Instrument geschraubt werden kann und dasselbe trägt. Um diesen Zapfen läfst sich die Platte des Instruments nach allen Richtungen horizontal drehen, und vermittelst der Nufs läfst es sich, mit sammt dem Zapfen, auf 15 bis 20 Grad auf und nieder bewegen, und also horizontal stellen. Der rund um bewegliche Zapfen ist nach aufsen gezahnt, *gh* (Fig. 21. *a.*), und in die Zähne greift eine Schraube ohne Ende, *ii*, (Fig. 21. *a. b. c.*), die an der mit der Nufs verbundenen Stütze befestigt ist, und mittelst einer Feder, *k*, (Fig. 21. *b.* u. *c.*) an- und abgerückt werden kann. Ist die Schraube ohne Ende von dem gezahnten Umfange des Zapfens abgerückt, so dafs sie nicht in die Zähne greift, so ist der Zapfen frei, und das Instrument kann nun auf demselben mit der Hand ganz rund umgedreht werden. Ist die Schraube ohne Ende angerückt, so dafs sie in die Zähne greift, so ist der Zapfen nicht mehr frei, und das Instrument kann nur vermittelst der Schraube ohne Ende langsam horizontal gedreht, aber nun auch genau nach einer bestimmten Richtung gestellt werden. Wenn die Schraube ohne Ende in die Zähne greift, und man sie nicht umdreht, so mufs das Instrument ganz fest stehen, und gar nicht horizontal um seine Axe bewegt werden können. Ist auch nur eine geringe Bewegung möglich, so sind die Zähne an der Schraube ausgelaufen, und haben, wie man es nennt, einen todten Gang. Die Schraube ohne Ende mufs alsdann verbessert werden.

Zuweilen fehlt auch die Nufs, und dann kann das Instrument nur durch Versetzen der Füfse des Statifs horizontal gestellt werden, welches unvollkommener ist. Selbst mit der Nufs ist die Horizontal-Stellung noch unvollkommen, weil die Hülse an die Nufs immer etwas angeklemmt ist, und also die Stellung gleichsam nur Ruckweise, gewohnlich zuletzt durch sanftes Klopfen mit der Hand an das Instrument geschieht.

38.

Eine vollkommenere Horizontal-Stellung ist, wenn man die Nufs nebst der Hülse, und ihre in der Mitte des Statif-Kopfes an denselben festgeschraubte Stütze wegläfst, und dem Stiele, in welchem sich der an dem Instrument befestigte Zapfen dreht, und welcher sonst mit der Nufs ein Stück ausmacht, drei nach aufsen unter gleichem Winkel gegen einander, horizontal auslaufende, etwa 6 Zoll lange Arme giebt, wie (Fig. 19. Taf. 3.), durch deren Enden unten abgerundete Schrauben gehen, welche dem Ganzen als drei Füfse dienen, die vermöge der Schrauben verlängert und verkürzt werden können, und auf welche man das Instrument frei auf den Statif-Kopf stellt, auf welchem, an den Stellen, wo die Schrauben aufstehen, messingene Blättchen befestigt sind, damit die Schrauben sich nicht in das Holz eindrücken. Der Statif-Kopf wird dann durch die Füfse des Statifs erst ungefähr, und dann das Instrument durch die drei Schrauben, die ihnen als Füfse dienen, genau in die horizontale Richtung gebracht.

Diese Horizontal-Stellung ist eigentlich noch einfacher, als die durch die Nufs; allein sie erfordert einen gröfseren Statif-Kopf und ein Statif mit fest verbundenen Füfsen, weshalb man sich ihrer gewöhnlich nur da bedient, wo es auf gröfsere Genauigkeit der Horizontal-Stellung des Instruments ankommt, z. B. beim Nivelliren.

β. Von den Winkel-Instrumenten selbst.

I. Werkzeuge, welche nur Winkel von bestimmter Gröfse angeben.

Das gewöhnlichste und einfachste Instrument dieser Art ist

Das Winkel-Kreuz, oder die sogenannte Kreuz-Scheibe.

39.

Dasselbe besteht aus einer hohlen, inwendig geschwärzten, cylinderförmigen Büchse von Messing (Fig. 23. Taf. 4.), 3 bis 4 Zoll im Durchmesser, und etwa eben so hoch. In den Seitenwänden des Cylinders befinden sich, einander gegenüber, in der Richtung von Durchmessern, die sich unter rechten Winkeln schneiden, Spalten, halb so hoch wie die Wände und etwa eine Linie breit, und in diesen Spalten sind Pferdehaare oder Fäden gespannt, welche zum Visiren dienen. In der andern Hälfte der Höhe sind die Spalten ganz enge. An diesen Theil der Spalten legt man das Auge. Die Visirlinien über diese Fäden machen mit einander rechte Winkel, auch wohl halbe rechte Winkel, zwei Drittheile von rechten Winkeln, u. s. w. Unten am Boden des Cylinders befindet sich eine Hülse, mittelst

telst welcher das Instrument auf einen $4\frac{1}{2}$ bis 5 Fuſs hohen Stab gestellt wird, der unten eine eiserne Spitze hat, um ihn in die Erde zu stecken; und so kann man das Werkzeug wie einen Stab in der Hand fortbringen. Beim Gebrauch wird der Stab senkrecht in die Erde gesteckt, so daſs Boden und Deckel des Cylinders horizontal, die Visire aber lothrecht stehen. Visirt man nun über die Dioptern, so bekommt man auf dem Felde rechte, oder halbe rechte Winkel u. s. w., je nachdem die Visire eingerichtet sind. Man kann auch durch das Werkzeug etwas auf und nieder visiren, weil die Dioptern senkrecht stehen müssen, und also in verticalen Ebenen liegen, deren Durchschnitte mit dem Horizont die verlangten rechten, halben rechten Winkel u. s. w. machen. Zu gröſserer Sicherheit kann man noch ein Loth an einer Seite des Bodens des Cylinders, also $1\frac{1}{2}$ bis 2 Zoll vom Stabe entfernt, herabhängen lassen, nach welchem sich beurtheilen läſst, ob der Stab genau senkrecht steht. Oder man kann oben auf dem Deckel des Cylinders eine kleine Dosen-Libelle anbringen, welche dieselben Dienste thut, insofern dafür gesorgt ist, daſs die Visir-Fäden genau auf der Ebene des Deckels senkrecht stehen. Hat das Winkel-Kreuz, auſser dem rechten Winkel, Hälften- und zwei Drittheile vom rechten Winkel, wie (Fig. 23. *b.* Taf. 4.), so giebt es alle Winkel von $\frac{1}{6}\varrho$ zu $\frac{1}{6}\varrho$ an (ϱ bezeichne den rechten Winkel). Denn es ist

der Unterschied von $\frac{2}{3}\varrho$ und $\frac{1}{2}\varrho$, $BPC = \frac{1}{6}\varrho$
der Unterschied von ϱ und $\frac{2}{3}\varrho$, $CPD = \frac{2}{6}\varrho$
der Unterschied von ϱ und $\frac{1}{2}\varrho = BPA = \frac{3}{6}\varrho$
der Unterschied von ϱ und $\frac{2}{6}\varrho = CPA = \frac{4}{6}\varrho$
der Unterschied von $\frac{3}{2}\varrho$ und $\frac{2}{3}\varrho = FPC = \frac{5}{6}\varrho$
der Unterschied von $\frac{3}{2}\varrho$ und $\varrho = DPA = \frac{6}{6}\varrho$
der Unterschied von $\frac{8}{2}\varrho$ und $\frac{3}{2}\varrho$, $IPF = \frac{7}{6}\varrho$
der Unterschied von $\frac{8}{3}\varrho$ und $\frac{4}{3}\varrho = EPA = \frac{8}{6}\varrho$
der Unterschied von $\frac{8}{2}\varrho$ und $\frac{3}{2}\varrho = FPA = \frac{9}{6}\varrho$
der Unterschied von 3ϱ und $\frac{4}{3}\varrho$, $KPE = \frac{10}{6}\varrho$
der Unterschied von $\frac{5}{2}\varrho$ und $\frac{2}{3}\varrho$, $HPC = \frac{11}{6}\varrho$
u. s. w.

40.

Statt die Dioptern in die Wände eines hohlen Cylinders zu setzen, macht man auch wohl das Winkel-Kreuz aus Diopter-Linealen, die sich in der Mitte unter rechten, halben rechten Winkeln, u. s. w., kreuzen, und auf einander befestigt sind. Die Aufstellung des Instruments ist die nemliche; wie vorhin. Da auf dem Diopter-Lineal die Visire weiter von einander gerückt werden können, als in den Wänden eines Cylinders, indem die Lineale, ohne daſs das Instrument viel schwerer würde, füglich länger seyn können als der Durchmesser des Cylinders, nemlich wohl 6 bis 8 Zoll lang, so ist das Winkel-Kreuz mit Dioptern genauer als der Cylinder. Indessen sieht man durch den dunkelen hohlen Cylinder deutlicher als durch die freien Dioptern; auch ist der Cylinder weniger der Beschädigung ausgesetzt, als das Diopter-Kreuz, und auch leichter zu transportiren, weshalb derselbe den Vorzug hat. Statt der gewöhnlichen Dioptern Fernröhre anzubringen, wäre unnöthig, weil das Instrument in der Regel nur gebraucht wird, wo die Winkel-Schenkel nicht lang sind, und mit dem bloſsen Auge deutlich genug übersehen werden können.

41.

Um ein Winkel-Kreuz zu prüfen, stellt man es auf einem ebenen horizontalen Felde irgend wo auf, visirt durch zwei in einem Durchmesser liegende Dioptern *d* und *b* (Fig. 24. Taf. 1.), von *d* nach *b* und von *b* nach *d*, und läſst in die Visir-Ebene zwei Stäbe *B* und *D* senkrecht einstecken. Darauf visirt man durch zwei Dioptern *e* und *c*, deren Visir-Ebene die der vorigen Dioptern unter einem rechten Winkel *bac* schneidet, von *e* nach *c* und von *c* nach *e*, und läſst zwei Stäbe *C* und *E* senkrecht einstecken. Nun dreht man das Werkzeug, auf seinem senkrechten Statif, um einen rechten Winkel, bis die Linie *ec* in die Linie *bd* fällt, und bis man die Stäbe *B* und *D* nunmehr durch die Dioptern *c* und *e* erblickt. Alsdann müssen die in die Linie *CE* gekommenen Dioptern *b* und *d* genau die Stäbe *E* und *C* decken. Giebt das Werkzeug auch halbe rechte und zwei Drittheile vom rechten Winkel, $baf = fac$ u. s. w., und $bag = gah = had$, u. s. w., an, so läſst man auf gleiche Weise noch Stäbe *F, I; N, M; G, K; H, L* ausstecken, dreht den Cylinder um einen halben rechten, oder um zwei Drittheile eines rechten Winkels, und sieht auf dieselbe Weise nach, ob auch die Theile des rechten Winkels im Instrumente gleich groſs sind.

Bestehet das Werkzeug diese Probe nicht, so muſs es durch einen Mechanicus berichtigt werden.

42.

Um mit einem auf die beschriebene Art geprüften Winkel-Kreuz einen rechten Winkel, oder überhaupt einen Winkel, den das Instrument angiebt,

1) gegen eine gegebene Linie *AB* (Fig. 25. Taf. 1.) aus einem *in ihr* liegenden Punct *C* abzustecken,

stellt man das Werkzeug in den gegebenen Punct *C* senkrecht auf, und dreht es so, bis man durch eine seiner Visirlinien die Puncte *A* und *B* erblickt. Darauf läſst man in die Richtung derjenigen anderen Visirlinie im Instrument, welche mit der vorigen den bestimmten Winkel macht, einen Stab *D* einsetzen, so ist der Winkel *DCB* der verlangte.

2) Um aus einem gegebenen Punct *D auſserhalb* einer gegebenen Linie *AB*, unter einem Winkel *DCB*, den das Winkel-Kreuz angiebt, eine gerade Linie *DC* abzustecken, die mit der gegebenen Linie *AB* den besagten Winkel macht,

läſst man den Stab des Winkel-Kreuzes in irgend einen Punct der Linie *AB*, von welchem nach dem Augenmaaſs zu vermuthen, daſs in demselben die gesuchte Linie die gegebene *AB* schneiden werde, z. B. in *F*, von einem Gehülfen, der aus *A* nach dem Puncte *B* visirt, einrichten, und steckt mit dem Winkel-Kreuz nach (1) die Linie *EF* unter dem verlangten Winkel ab. Trifft die Linie *EF* den gegebenen Punct *D* nicht, so miſst man aus *D* rechtwinklig auf *DF* die Länge *DG*, bis an die Linie *EF*, und steckt die nemliche Länge rechtwinklig auf *FD* nach *FH* ab. Die rechten Winkel *FDG* und *DFH* zu finden, kann man sich, wenn es auf groſse Genauigkeit ankommt, wieder des Winkel-Kreuzes bedienen. Hierauf läſst man durch gleichzeitiges Visiren von *H* nach *D*, und von *A* nach *B* einen Stab in den Punct *C* einrichten, in welchem sich die geraden Linien *HD* und *AB* schneiden. Dieser Punct ist der gesuchte, und die gerade Linie *DC* macht mit *AB* den verlangten Winkel. Denn da in den rechtwinkligen Dreiecken *GDF* und *HFD*, $DF = DF$ und $DG = HF$, so ist $DFG = FDH$, folglich *DC* mit *EF* parallel und $DCB = EFB$.

Kürzer erreicht man den Zweck, wenn man die Stelle des Winkel-Kreuzes durch Versuchsweises Visiren so lange verändert, bis man durch eine seiner Visirlinien die Puncte *A* und *B*, und durch eine andere, die mit der vorigen den verlangten Winkel macht, den gegebenen Punct *D* erblickt.

Das Winkel-Kreuz dient vorzüglich, rechte, oder halbe rechte Winkel, u. s. w. auf dem Felde abzustecken, weniger, Winkel von beliebiger Gröſse zu messen. Es ist wegen seiner groſsen Einfachheit und wegen seiner Festigkeit und Unveränderlichkeit zu empfehlen, und, wie sich unten noch weiter zeigen wird, ein sehr nützliches Werkzeug.

II. Werkzeuge, welche die Neigungen beliebiger gerader Linien gegen eine gerade Linie von bestimmter Richtung messen.

43.

Ein Stab von Magnet (einem Eisenerz), oder ein Stab von Eisen oder Stahl, dem durch Bestreichen mit einem Magnet die magnetische Kraft gegeben worden, besitzt die Eigenschaft, daſs er, wenn man ihn in horizontaler Lage in seinem Schwerpunct aufhängt, oder auf einer freien Spitze ruhen läſst, so daſs er sich in einer wagerechten Ebene frei umher bewegen kann, an allen Orten, die nicht zu weit, nemlich nicht um viele Meilen von einander entfernt sind, von selbst, bis auf kleine Abweichungen, immer nach einer und derselben Weltgegend, und zwar ungefähr nach Norden dreht, und in dieser Richtung stehen bleibt. Nähert man einem seiner Enden ein Stück Eisen, so wird der Stab dadurch, ohne noch von dem Eisen berührt zu werden, aus seiner Richtung gelenkt, kehrt aber in dieselbe zurück, so wie man das Eisen wieder entfernt. Die Ursache dieser Erscheinungen ist noch nicht vollständig erklärt, aber die Erscheinungen selbst sind seit vielen Jahrhunderten bekannt.

Der magnetische oder magnetisirte Stab hat also die Eigenschaft, wenn er sich frei um seinen Schwerpunct horizontal bewegen kann, an beliebigen Orten eine bestimmte Richtung, welche magnetische Meridian-Linie heiſst, und folglich gerade Linien anzugeben, welche alle mit einander parallel sind. Hierauf gründet sich ein Instrument, welches auch in der Feldmeſskunst, um Winkel zu messen, gebraucht wird. In der Schiffahrt hat man sich desselben etwa seit dem 13ten Jahrhundert bedient. Es heiſst

Boussole oder Compaſs.

44.

Die Boussole oder der Compaſs befindet sich in einer cylindrischen, im Grundriſs kreisrunden Büchse *CD* (Fig. 9. *a*, *b*, *c*. Taf. 4.), deren Boden und Seitenwände von Messing sind, und welche 3, 4, 6 bis 8 Zoll im Durchmesser hat, und $\frac{3}{4}$ bis 1 Zoll hoch ist. Auf dem Boden, genau im Mittelpuncte, steht ein Stift *a* fest, welcher oben eine sehr feine, gestählte Spitze hat. Auf diese Spitze ist eine magnetisirte Nadel *bc* in ihrem Schwerpunct, und so aufgelegt, daſs sie horizontal schwebt, und sich auf der Spitze frei herum bewegen kann. Die Gestalt der Nadel, welche Magnetnadel heiſst, macht man verschieden; die beste ist die eines schmalen und dünnen parallelepipedischen Lineals, wie in der Figur, von etwa $\frac{1}{2}$ bis 1 Linie breit, und $\frac{1}{10}$ bis $\frac{1}{8}$ Linie dick, dessen breite Fläche horizontal liegt. Da wo die Nadel auf der Spitze liegt, ist sie durchbohrt, und in die Oeffnung ist ein Hütchen *d* eingelöthet, welches nach oben etwas vorsteht, inwendig die Gestalt eines abgekürzten Kegels hat, und an der Oberfläche des Kegels oben halbkugelförmig ist, so daſs nun die Nadel in der Mitte dieses halbkugelförmigen Deckels des Hütchens auf der Spitze ruht, und die Fläche der Nadel etwas tiefer schwebt, als die Spitze des Stifts emporragt. Der halbkugelförmige Deckel des Hütchens ist von Achat, oder einem anderen sehr harten Steine, damit die Spitze darin keinen Eindruck mache, und die Nadel keine Hindernisse in ihrer Bewegung finde. Das sorgfältige Aufhängen der Nadel ist nothwendig, weil die unsichtbare Kraft, welche die Nadel nach der magnetischen Richtung hinzieht, nur schwach ist, und durch ein geringes Hinderniſs schon gehemmt werden würde. In gleicher Höhe mit der horizontalen Ebene, in welcher sich die Magnetnadel herum bewegt, ist an den Wänden der cylindrischen Büchse inwendig herum ein Kreisrand *ef* befestigt, welcher in Grade, halbe und Viertel-

Grade, in sofern letztere nach der Gröſse der Büchse noch sichtbar sind, eingetheilt ist. Die Nadel ist gerade so lang, daſs sie, bis auf einen kleinen Zwischenraum, den Limbus erreicht, und also mit ihren Enden überall nahe daran hinstreicht. Da die Nadel in der Form eines Lineals eine gewisse Breite hat, so ist in der Mitte der Breite, durch einen Strich an jedem Ende, die grade Linie bemerkt, welche genau durch den Mittelpunct geht, und also ein Durchmesser zugleich vom Limbus ist. Auſserdem ist dasjenige Ende der Nadel, welches nach Mitternacht zeigt, durch *N* (Nord), und das andere Ende, welches sich nach Mittag kehrt, durch *S* (Süd) bezeichnet. Nahe über dem Limbus und dem Hütchen der Nadel ist die Büchse mit einem dünnen, auf beiden Seiten eben geschliffenen Glase *gh* sehr dicht verschlossen, durch welches die Nadel und ihre Bewegung, sammt dem Limbus und seiner Theilung, sichtbar sind. Um die Nadel in Ruhe zu bringen, ist ein kleiner Hebel *k* am Boden der Büchse befestigt, der durch einen Schieber von Auſsen in Bewegung gesetzt wird, und durch welchen sich die Nadel von der Spitze ab, und in die Höhe heben, und mit dem oberen Theile ihres Hütchens an den gläsernen Deckel der Büchse drücken läſst, so daſs sie dann in dieser Richtung festgehalten wird, welche Einrichtung Arretirung der Nadel heiſst. Entweder unmittelbar auf dem Rande der messingenen Büchse, also um den Durchmesser der Büchse von einander entfernt, oder besser, auf den Enden zweier Verlängerungen *V*, *V* des Bodens der Büchse, von 2 bis 3 Zoll auf jeder Seite, also um 4 bis 6 Zoll weiter von einander entfernt, stehen zwei gewöhnliche Dioptern (§. 22.), die meistens durch Charniere *hh* auf den gläsernen Deckel niedergelegt werden können. Die Dioptern stehen allemal so, daſs ihre Visire und die durch Null und 180 Grad bezeichneten Puncte der Theilung des Limbus in einer und derselben Ebene liegen, oder vielmehr: der Limbus ist mit seiner Theilung danach in die Büchse eingesetzt.

45.

Beim Gebrauche setzt man die Boussole gewöhnlich auf ein Gestell, wie es (§. 36. und 37.) beschrieben ist. Um den Limbus und die Ebene, in welcher sich die Nadel bewegt, horizontal zu stellen, kann man sich einer kleinen Dosen-Libelle bedienen, die man auf den gläsernen Deckel der Boussolen-Büchse setzt. Gewöhnlich aber nimmt man schon die Horizontal-Stellung als geschehen an, wenn die Nadel bei ihrer Bewegung in der Ebene des sie umgebenden Limbus bleibt. Ist nun das Instrument auf dem Felde in einer ausgesteckten geraden Linie, deren Neigung gegen die magnetische Linie gemessen werden soll, auf- und horizontal gestellt worden, so richtet man die Dioptern in die ausgesteckte Linie. Darauf löset man die Arretirung der Nadel, welche sich zu bewegen anfangen wird, sobald nicht die ausgesteckte Linie etwa gerade die Richtung der magnetischen selbst hat. Sie wird sich über die magnetische Linie hinausbewegen, hierauf zurückkehren, abermals über ihre Ruhe-Linie, aber schon weniger, hinausgehen, und so durch Schwankungen zuletzt in die Richtung des magnetischen Meridians kommen, und darin stehen bleiben. Um diese Schwankungen der Nadel, durch welche der Stift und das Hütchen, worauf sie ruhet, unnöthig angegriffen werden würden, zu mäfsigen, hebt man die Nadel, ungefähr in der Mitte des Bogens ihrer ersten Schwankung, abermals vermittelst der Arretirung von dem Hütchen etwas ab, läfst sie in derselben Richtung, die dann ihrer Ruhe-Linie schon nahe kommen wird, sanft wieder nieder und darauf ihre noch übrigen kleinen Schwankungen vollenden. Sobald die Nadel in Ruhe gekommen ist, sieht man nach, auf welchen Punct des Limbus der an dem Nord-Ende der Nadel bezeichnete Punct die Richtung des Durchmessers zeigt. Die bei diesem Punct stehende Gradzahl giebt in Graden die Gröfse des Winkels, welchen die gegebene ausgesteckte Linie mit dem festen magnetischen Meridian macht. Sobald der Winkel abgelesen und aufgeschrieben ist, mufs die Nadel wieder gänzlich arretirt, nemlich ganz in die Höhe gehoben und an den gläsernen Deckel der Büchse angedrückt werden. Denn wollte man, ohne die Nadel zu arretiren, die Boussole vom Statif nehmen, so könnte durch die heftige Bewegung und Schwankung der Nadel der Stift in der Büchse leicht beschädigt werden.

Wenn das Instrument nicht gebraucht, sondern längere Zeit bei Seite gesetzt wird, so ist es nicht gleichgültig, wo und wie es geschiehet. Eine Nadel, die nicht in der Richtung der magnetischen Linie ruht, oder die sich in der Nähe von Eisen oder Magnet, oder an einem feuchten Orte befindet, so daſs sie rosten kann, verliert bald ihre Kraft. Man darf also eine Boussole nur an einem trockenen Orte, mehrere Fuſs entfernt von allem Eisen oder Magnet, aufbewahren. Man muſs sie in ihrer Kiste horizontal stellen, darauf die Nadel frei machen, in ihre natürliche magnetische Richtung sich in Ruhe setzen lassen, und erst dann arretiren.

46.

Hat eine Nadel ihre magnetische Kraft verloren, so giebt man ihr dieselbe durch Bestreichen mit magnetischen Stäben wieder. Es giebt verschiedene Arten des Streichens. Das einfachste ist folgendes:

Die magnetischen Stäbe haben, auſser der in (§. 43.) beschriebenen auch noch die Eigenschaft, daſs ihre Enden entgegengesetzte Kräfte besitzen. Man nennt die Enden Pole, und dasjenige Ende, welches der Stab ungefähr nach Norden kehrt, wenn er sich im Kreise horizontal auf einer Spitze frei bewegen kann, heiſst Nord-Pol, das andere Ende Süd-Pol. Nähert man einander die Nord-Pole oder die Süd-Pole zweier magnetischer Stäbe, also auch eines Stabes und der Boussolen-Nadel, so stoſsen sie sich ab. Nähert man den Nord-Pol des einen Stabes dem Süd-Pole des anderen, oder umgekehrt, so ziehen sie sich an.

Soll nun eine Boussolen-Nadel magnetisirt werden, so legt man sie, das Hütchen nach unten gekehrt, auf ein Brett, in welchem sich eine Vertiefung für das Hütchen befindet, und bestreicht mit dem Süd-Pol eines 4 bis 6 Zoll langen magnetischen Stabes die Nadel von der Mitte ab nach ihrem Nord-Pol, führt den Stab darüber weit hinaus, darauf, in einem Bogen, nach der Mitte der Nadel zurück, und wiederholt so das Streichen mehreremal. Eben so bestreicht man mit dem Nord-Pol des magnetischen Stabes die Nadel aus der Mitte nach ihrem Süd-Pol hin, mehreremal. Durch ein solches Bestreichen bekömmt die Nadel ihre magnetische Kraft wieder.

Der magnetische Stab zum Bestreichen wird eben wie die Nadel aufbewahrt: in einer horizontalen Lage, mit dem Nord-Pol nach dem magnetischen Norden gekehrt.

47.

Die Güte einer Boussole prüft man, wie folgt:

I. Man läfst die Nadel, nachdem sie in einer von der Magnet-Linie bedeutend abweichenden Richtung arretirt gewesen, und die Boussole auf eine wagerechte Ebene gestellt ist, frei, und beobachtet ihre Schwankungen. Erfolgen dieselben gleichförmig, nehmen sie regelmäfsig ab, und hören noch nicht auf, wenn sie auch nur noch ganz kleine Bogen von einem Grad, und weniger, machen, so ist die Spitze und das Hütchen gut. Sind dagegen die Schwankungen nicht regelmäfsig, oder die Nadel macht die ganz kleinen Schwankungen gar nicht, sondern setzt sich zuletzt plötzlich in Ruhe, so ist die Spitze stumpf, oder sie hat sich in das Hütchen eingebohrt. Man sagt dann, die Nadel sey träge, und Stift und Hütchen müssen vom Mechanicus verbessert werden. Man kann auch die Beweglichkeit einer Nadel dadurch untersuchen, dafs man einem ihrer Enden, in senkrechter Richtung auf die Nadel, ein Stückchen Eisen oder einen Magnet aus der Ferne nähert. Aus je gröfserer Ferne sie dadurch in Bewegung gesetzt wird, je beweglicher und empfindlicher ist sie.

II. Die messingene Compafs-Büchse kann Eisentheile enthalten. Dieses findet man, wenn man, nachdem sich die frei gemachte Nadel der horizontal gestellten Boussole ganz zur Ruhe gesetzt hat, die Büchse sanft um ihren Mittelpunct dreht. Bleibt die Nadel, wie unabhängig von der Büchse, unverändert in ihrer Lage, sowohl vertical, als horizontal, so ist die Büchse von Eisen frei. Bleibt dagegen die Nadel an irgend einer Stelle gleichsam hängen und reifst sie sich beim Weiterdrehen plötzlich los, so hat die Büchse im Rande Eisentheile. Neigt sich hier oder dort die Nadel gegen den Boden, so befinden sich die Eisentheile im Boden. In beiden Fällen ist die Büchse untauglich, und mufs durch eine andere von reinem Messing ersetzt werden.

III. Ob der Ruhepunct der Nadel genau im Mittelpunct des Limbus stehe, erfährt man, wenn man beim Umdrehen der horizontal gestellten Büchse um ihre Axe, die Grade beobachtet, welche beide Enden der Nadel am Limbus zeigen. Betragen die Unterschiede der Gradzahlen überall genau 180°, so steht der Ruhepunct am richtigen Orte. Finden sich dagegen Abweichungen von

180, die regelmäſsig ab- und zunehmen, und nur in einer Richtung am gröſsten, in einem rechten Winkel gegen dieselbe aber Null sind, so ist die Boussole excentrisch, und der Ruhepunct der Nadel muſs durch einen Mechanicus in die Mitte gebracht werden.

IV. Nehmen die Abweichungen von 180 (III.) nicht regelmäſsig ab und zu, sondern sind sie bald gröſser, bald kleiner, so ist die Theilung des Limbus unrichtig, und der Limbus muſs durch einen richtigeren ersetzt werden.

48.

Ein Nonius läſst sich an der Boussole nicht gut anbringen, sondern man muſs mit so kleinen Theilen der Winkel zufrieden seyn, als unmittelbar auf dem Limbus noch sichtbar sind. Man hat zwar Nonien auf die Weise anzubringen gesucht, daſs man auf die Nadel ein feines, kreisrundes Kartenblatt befestigte, welches sich mit der Nadel umher bewegt, und als Nonius gegen den Limbus dient; allein das Blatt bleibt nicht ganz eben, belastet die Nadel, und gewährt also diejenige Genauigkeit nicht, die man davon erwartet.

Man hat auch statt der Dioptern Fernröhre zum Visiren angebracht. Aber diese Vermehrung der Genauigkeit steht mit der Schärfe des Instruments selbst, die in der Nadel liegt, nicht in Verhältniſs. Die Fernröhre an der Boussole sind nur nützlich, wenn sie den Zweck haben, die Augen zu schonen.

49.

Ueber den Nutzen der Boussole in der Feldmeſskunst, sind die Meinungen sehr getheilt. Daſs das Werkzeug zu manchem anderen Gebrauche, besonders in der Schifffahrt, ungemein nützlich ist, ist bekannt. Viele verwerfen die Boussole zum Feldmessen ganz. Andere dagegen, besonders in manchen Gegenden die ausübenden Feldmesser, bedienen sich ihrer, weil sie damit schneller zu messen glauben, fast ausschlieſslich. Das Rechte scheint auch hier, wie gewöhnlich, in der Mitte zu liegen. Das Werkzeug hat unstreitig groſse Mängel. Es giebt die Winkel nur bis auf sehr grobe Theile an, höchstens bis auf Achtel-Grade, die sich allenfalls auf dem Limbus groſser 8zölliger Boussolen noch genau sehen lassen. Und, was schlimmer ist: es ist unzuverläſsig. Denn der magnetische Meridian, das heiſst, die Richtung, nach welcher die Magnetnadel zeigt, bleibt keinesweges immerfort dieselbe, noch ist sie die nemliche an verschiedenen Orten. Sie ist vielfältigen Veränderungen unterworfen. Ihre Abweichung von der wahren Mittags-Linie oder von einer unveränderlichen, geraden, horizontalen Linie, welche in der Ebene des Erdmeridians liegt, ändert sich periodisch und sogar täglich. Sie ist ferner den Einflüssen der Electricität, der Wärme und Kälte, des Wetters, so wie naher Eisenmassen unterworfen. An verschiedenen Orten der Erde ist sie verschieden, und das Alles nicht etwa um Kleinigkeiten, sondern sehr bedeutend. Im Jahre 1700 betrug die Abweichung der Nadel zu Paris 8 Grad nach Westen, im Jahre 1800, 22 Grad. Sie änderte sich also jährlich, aber nicht regelmäſsig, um 6 bis 12 Minuten. Sie ändert sich fast überall täglich um 7 bis 8 Minuten: des Nachmittags, etwa um 2 Uhr, zeigt die Magnetnadel um so viel weiter nach Westen, als des Morgens und Abends. Die Electricität, wenn sie sich stark in der Luft anhäuft, kann die Nadel wohl um noch mehr aus ihrer Richtung bringen: eben so die Wärme und Kälte, und eine plötzliche Veränderung der Witterung, noch mehr eine nahe Eisenmasse, z. B. in Wiesen, die Sumpf-Eisenerz enthalten, oder in Gebirgen mit Eisenerz. Die Verschiedenheit des Orts auf der Erde hat nicht geringeren Einfluſs auf die Richtung der Nadel. Es giebt Orte auf der Erde, wo die Nadel beinahe genau nach Norden zeigt, und andere, wo sie 50 bis 60 Grad von der Mittags-Linie abweicht; auch hat die nemliche Nadel, welche hier vielleicht horizontal steht, an einem anderen Ort eine Neigung von 40, 50 und mehreren Graden gegen den Horizont. Und alle diese Veränderungen, welche die Einflüsse der Electricität, der Wärme und Kälte, der Witterung, naher Eisenmassen u. s. w., so wie die täglichen Schwankungen hervorbringen, geschehen unbemerkt. Also ist man mit der Nadel selbst vor groben Fehlern keinesweges sicher. Die Boussole ist also in der That zu Messungen von irgend einem gröſseren Umfange, worunter schon die von einzelnen Feldfluren, die sich auf eine Quadrat-Meile, und noch weniger, erstrecken, gerechnet werden müssen, insofern es auch nur auf ganz mittelmäſsige Genauigkeit ankommt, wie wenn es z. B. das Eigenthum der Grundbesitzer gilt, so wie bei plötzlichen Veränderungen der Witterung, besonders durch die Electricität, desgleichen auf eisenhaltigem Boden, in Wiesen und Gebirgen, in der That ganz unbrauchbar. Dagegen zu Messungen, bei welchen es auf keine bedeutende Genauigkeit ankommt, z. B. beim Aufnehmen von Straſsen, und kleinen Flüssen, bei militairischen und anderen schnellen Messungen, ist kaum ein anderes Instrument expeditiver. Auch hat es selbst kein Bedenken, ganz kleine Flächen von etwa 100 Morgen, also das Detail einer Flur-Aufnahme damit auszumessen, besonders wenn die rechte Methode beobachtet wird. Auch zum sogenannten Orientiren ist die Boussole sehr nützlich. Nicht oft genug kann indessen wiederholt werden, daſs der gewöhnliche Gebrauch der Boussole zur Ausmessung gröſserer Flächen, zumal nach der unsichern Methode des Messens aus dem Umfange durchaus, auch nicht einmal gegen ganz grobe Fehler von 10 und mehreren Minuten, die sich ganz unbemerkt einschleichen können, sicher ist. Es wäre wohl zu wünschen, daſs der Gebrauch dieses, auſserdem in vielen anderen Fällen so nützlichen Instruments durch bestimmte Gesetze geregelt würde. Die Gesetze haben für die Sicherheit des Eigenthums zu sorgen; und durch den Miſsbrauch dieses Instruments kann in vielen Fällen das Eigenthum unbemerkt wirklich bedeutend gefährdet werden.

50.

I. Wenn man die Abweichung der Magnetnadel von der Mittagslinie für einen bestimmten Ort und für eine bestimmte Zeit kennt: so kann man vermittelst der Boussole die Mittagslinie oder die Richtung des Erdmeridians unmittelbar finden, welches nöthig ist, weil die Lage einer Flur gegen die Himmelsgegenden auf den Werth und die Benutzung des Bodens Einfluſs hat, weshalb auch die Mittagslinie allemal in den Carten gezogen werden muſs, welches gewöhnlich schon dadurch geschieht, daſs man die Seiten der Carten gerade mit der Mittagslinie parallel laufen läſst, und Norden oben, Süden unten nimmt. Weiſs man z. B. daſs die Nadel 17 Grad westlich abweicht, so zeichnet man die Carte so, daſs die Winkel, welche die Linien auf derselben, nach der linken Hand zu mit der Nordlinie oder mit den östlichen und nördlichen Rändern der Carte machen, um 17 Grad gröſser sind, als die Winkel, welche die nemlichen Linien auf dem Felde mit der Magnetlinie einschlieſsen.

II. Kennt man dagegen die Abweichung der Magnetnadel von der Mittags-Linie nicht, so muſs man die Mittagslinie, unabhängig von der Boussole, suchen, und kann dann daraus auch umgekehrt die Abweichung der Nadel finden. Am gewöhnlichsten findet man die Mittagslinie unabhängig auf folgende Weise: Man ziehet auf einer Ebene *ABCD* (Fig. 26. Taf. 1.), z. B. einer geschliffenen messingenen Platte von etwa 1 Fuſs im Durchmesser, um den Mittelpunct mehrere concentrische Kreise von 9, 10, 11 bis 12 Zoll Durchmesser. Im Mittelpunct der Kreise, *M*, schraubt man einen senkrechten Stift auf, von 4 bis 6 Zoll lang, der sich oben in eine scharfe Spitze endigt. Nun stellt man die Ebene mit dem Stift an einen Ort, der von Morgen bis Abend von der Sonne beschienen wird, und zwar vermittelst einer Dosen-Libelle, genau horizontal, und beobachtet den Schatten des Stifts. Die Schatten der Gegenstände sind bekanntlich Morgens und Abends am längsten, und zwar in gleichen Zeit-Entfernungen vom Mittage gleich lang, genau um Mittag aber am kürzesten, weil um Mittag die Sonne am höchsten steht, und am Himmel scheinbar einen auf dem Horizont aufstehenden Kreisbogen beschreibt. Der Schatten des Stifts wird also beim Aufgang der Sonne vielleicht noch so lang seyn, daſs er über die Ebene hinausfällt. Er wird sich aber verkürzen, so wie die Sonne höher steigt, und bald nur so lang seyn, daſs er genau bis an den äuſsersten Kreis auf der Platte reicht. In dem Augenblick, wo solches der Fall ist, bemerke man den Punct *E*, wo er den äuſsersten Kreis schneidet. Der Schatten des Stifts wird sich nun, so wie die Sonne weiter rückt, ferner verkürzen. Man bemerke den Punct *F*, wo er den zweiten Kreis trifft, eben so die Puncte *G* und *H*, wo er den dritten und vierten Kreis schneidet, und so weiter, wenn mehrere Kreise vorhanden sind. Nachmittags beobachte man den Schatten ebenfalls, und bemerke die Puncte *I*, *K*, *L*, *N*, wo von ihnen wiederum die nemlichen Kreise geschnitten werden: so sind die Richtungen *MH* und *MI*, *MG* und *MK*, *MF* und *ML*, *ME* und *MN* nothwendig gleich weit von der Mittagslinie entfernt, weil der Schatten in diesen Richtungen Vor- und Nachmittags gleich lang war. Die Mittagslinie mufs also genau mitten zwischen jenen Richtungen liegen, und man findet sie, wenn man die Winkel *HMI*, *GMK*, *FML*, *EMN* halbirt. Eine und dieselbe gerade Linie *MP* mufs alle die Winkel halbiren, und diese gerade Linie ist die Mittagslinie. Hat man sie auf diese Weise gefunden, so nimmt man den Stift ab, während die Ebene fest stehen bleibt, und setzt die Boussole auf die Ebene, so dafs ihr Mittelpunct auf den Mittelpunct der Ebene, und die Diopter-Visirlinie gerade in die gefundene Mittagslinie fällt, läfst die Nadel frei, und sieht zu, wieviel Grade sie, in Ruhe gekommen, zeigt. Dieser Bogen ist die Abweichung der Nadel. Auch kann man auf die Ebene ein Diopter-Lineal an die gefundene Mittagslinie legen, durch die Dioptern die Linie auf dem Felde abstecken, darauf die Boussole in die abgesteckte Linie setzen, und so die Abweichung abnehmen.

Streng genommen, giebt zwar das beschriebene Verfahren die Mittagslinie, wenn man auch davon abstrahirt, dafs sich die Durchschnitte des Stift-Schattens mit den Kreisen nicht sehr scharf beobachten lassen, selbst nach den Gründen, worauf es beruht, nicht ganz genau, weil die Sonne keinesweges an jedem Tage im Jahre in gleichen Zeit-Entfernungen von Mittag ganz gleich hoch steht, sondern nur genauer am längsten und am kürzesten Tage, indessen ist es zu dem Zweck, den es in der Feldmessung hat, hinreichend. Je näher der Tag, an welchem man auf die beschriebene Weise die Mittagslinie sucht, dem längsten oder kürzesten Tage liegt: desto genauer findet man sie.

Eine zweite kürzere Art, die Mittags-Linie vermittelst des Astrolabiums zu finden, wird weiter unten vorkommen.

III. Da die Abweichung der Magnetnadel von der Mittagslinie veränderlich ist (§. 49.), so mufs man, besonders bei plötzlichen Witterungs-Veränderungen, und auch wenn eine Messung länger dauert, nothwendig untersuchen, ob und wieviel sich etwa die Abweichung der Nadel verändert hat. Dies geschieht, wenn man mit der Boussole vor dem Anfange der Messung die Neigung irgend einer festen geraden Linie auf dem Felde gegen die Magnetlinie mifst. In dieselbe Linie und auf dieselbe Stelle setzt man von Zeit zu

Zeit die Boussole wieder, und untersucht, ob die Neigung der Linie noch die nemliche ist, oder ob sie sich verändert hat. So viel sie sich verändert hat, um so viel hat sich auch die Abweichung der Magnetnadel von der Nordlinie verändert.

III. Werkzeuge, welche beliebige Winkel unmittelbar zu Papier bringen.

Der Meſstisch.

51.

Der Meſstisch besteht aus einem hölzernen Blatte, welche mit Papier bespannt wird, und auf dem Felde über beliebige Puncte, so hoch als das Auge über dem Boden, horizontal aufgestellt werden kann. Will man einen Winkel damit messen, so stellt man den Meſstisch über den Scheitelpunct des Winkels, legt ein Lineal, welches Dioptern an den Enden oder eine Kippregel trägt, auf den Tisch, bringt die Dioptern erst in die eine ausgesteckte Schenkel-Linie des Winkels und dann in die andere, und ziehet an dem Lineal feine Linien. Da diese Linien in der Horizontal-Ebene des Tisches und zugleich in der verticalen Ebene liegen, in welcher sich die ausgesteckten Winkel-Schenkel befinden, so machen sie auf dem Blatt des Meſstisches den nemlichen Winkel, welchen die ausgesteckten Linien im Felde, auf den Horizont reducirt, einschlieſsen. Der Meſstisch ist also ein Instrument, welches beliebige Winkel, und zwar auf den Horizont reducirt, unmittelbar zu Papier bringt. Der Tisch muſs auf dem Felde fest und unbeweglich aufgestellt werden können, damit er durch das Zeichnen nicht seine Lage verändere. Er muſs horizontal gestellt werden können, damit man die gemessene Figur auf eine horizontale Ebene bekomme. Er muſs horizontal um seine verticale Axe gedreht werden können, damit Linien, welche schon darauf gezeichnet sind, mit denjenigen im Felde, welche sie vorstellen, in eine parallele Lage gebracht werden können. Er muſs eine Einrichtung haben, diese parallele Lage zu erkennen. Er muſs endlich mit jedem Puncte auf dem Papier gerade über denjenigen Punct im Felde gestellt werden können, welchen der Punct auf dem Papier vorstellt.

Der Meſstisch ist vor etwa 200 Jahren von **Prätorius**, Professor der Mathematik zu Altorf erfunden, und man hat ihm seitdem sehr mannigfaltige Veränderungen gegeben. Der **Marinonische** Meſstisch konnte noch auf dem Statif zur Seite verschoben werden. Der **Branderische** maſs die horizontalen Winkel zugleich in Graden. In der neuesten Zeit haben sich die Abänderungen noch mehr vervielfältigt. Eine Einrichtung die, der Zusammengesetztheit und den Kosten nach, mit der Genauigkeit und Zuverlässigkeit, deren das Instrument fähig ist, gut in Verhältniſs stehet, ist folgende.

52.

I. Das Meſstisch-Blatt *AB* (Fig. 27. *a*. Taf. 5.) ist quadratförmig, nicht leicht kleiner als 1 Fuſs und nicht leicht gröſser, als 2 Fuſs lang und breit, gewöhnlich von Linden- oder Pappelnholz, und so leicht, also so dünn, als möglich. Damit sich das Blatt nicht werfe, muſs es aus recht trocknem, fein aderigem Holze gemacht und in einen Rahmen, der es einfaſst, wie ein Reiſsbrett eingeleimt werden. Zuweilen werden auch dünne Blätter in dem Rahmen, doppelt, kreuzweise, nemlich so, daſs sich die Holzadern kreuzen, auch wohl bloſs ohne Rahmen über einander geleimt; zuweilen wird in den äuſseren Rahmen noch ein Kreuz gesetzt, und dann der Rahmen oben und unten mit dünnen Brettern beleimt, so daſs die beiden dünnen Bretter zwischen sich eine Höhlung lassen, so hoch als der Rahmen dick. Wenn das Brett nicht hohl ist, so lassen sich die feinen Nadeln, welche bei dem Gebrauch in die Puncte gesteckt werden, welche man in der Zeichnung markiren will, und die, wenn sie abbrechen, nicht anders heraus zu bekommen sind, als daſs man sie durch das Brett hindurch drückt, weniger gut weggeschaffen, als durch die dünnere Decke der Höhlung. Dagegen ist aber das kreuzweise verdoppelte Brett fester, und verwirft sich weniger. Das hohle Brett ist nur dann besser, wenn dazu vorzüglich trockenes und gutes Holz genommen wird.

II. Das Aufspannen des Papiers auf das Meſstisch-Blatt, geschieht wie auf ein Reiſsbrett. Gewöhnlich befeuchtet man einen Bogen Rojal- oder besser Velin-Papier, welcher nach allen Seiten um so viel gröſser seyn muſs, als das Brett dick ist, so weit, daſs der befeuchtete Theil gerade die Fläche des Brettes deckt, auf einer Seite, vermittelst eines Schwammes, mit Wasser. Der übrige Rand bleibt trocken. Die befeuchtete Seite des Papiers legt man auf die obere Fläche des Brettes, zieht die Ränder scharf an, und leimt sie mit Mundleim an die Seitenflächen des Meſstich-Brettes fest. Nachdem das Papier wieder getrocknet ist, findet man es überall straff und gerade ausgespannt. Da sich aber das Papier, nachdem man es nach vollendeter Zeichnung vom Meſstisch losgeschnitten, leicht stark zusammenzieht, oder uneben wird, weil es beim Aufspannen stärker, als es seine Textur mit sich bringt, angespannt wurde, auch wohl schon während des Gebrauches, da es nicht an dem Brette festklebt, in sehr feuchter Luft Blasen wirft, wodurch die Genauigkeit der Zeichnung leidet, so ist es besser, das Papier ganz aufzukleben und dabei nicht zu stark anzuspannen. Dieses Aufkleben geschieht mit Eiweiſs. Man schlägt in einem Gefäſse Eiweiſs zu Schaum, und läſst den Schaum sich setzen, gieſst die obere klare Flüssigkeit von dem Bodensatz behutsam ab, bestreicht das Papier, auf einer Seite, mit dieser klaren Flüssigkeit, legt es mit der bestrichenen Seite auf das Meſstisch-Blatt, streicht es mit zwei geballten Tüchern, von der Mitte nach den Rändern hin, so daſs es überall ohne Blasen an dem Brette festklebt, und leimt dann die Ränder an die Seitenflächen des Tisches mit Mundleim fest. Nachdem das Papier gebraucht und die Zeichnung abgeschnitten ist, muſs man das Eiweiſs von dem Brette abwaschen.

III. Das Horizontal-Stellen des Meſstisch-Blatts geschieht mit einer justirten Dosen-Libelle (§. 34.), die man mit ihrem abgeschliffenen Boden mitten auf den Meſstisch setzt. Der Tisch steht wagerecht, wenn sich die Luftblase des Niveaus unter dem, durch die concentrischen Kreise bezeichneten, höchsten Punct im Deckel befindet.

IV. Um einen bestimmten Punct der Zeichnung auf dem Meſstisch-Blatt über den Punct am Boden zu stellen, welchen er vorstellt, kann man sich einer sogenannten E i n l o t h - Z a n g e (Fig. 28. Taf. 4.) bedienen. Sie hat die Form einer zweispitzigen Gabel ohne Stiel. Ihre gleich langen Spitzen *ab* und *cd*, welche in platten, parallelepipedischen Armen bestehen, sind so lang, daſs sie von jedem Puncte des Randes, jeden beliebigen Punct auf dem Tisch erreichen, also so lang, als die halbe

Diagonale des Tisches, und stehen soweit von einander, als das Meſstisch-Blatt dick ist, so daſs man sie auf das Meſstisch-Blatt schieben kann, welches dann zwischen den beiden Spitzen liegt. Die eine Spalte ist am Ende zugespitzt, und von dem Ende der anderen, gleich langen Spalte, kann ein Loth *ce* herabgehängt werden. Schiebt man die Gabel über den Tisch, und bringt das zugespitzte Ende der einen Spalte gerade auf den Punct, der auf den Erdboden abgelothet werden soll, so hängt das Loth, an der anderen Spalte der Gabel, unter dem Tisch, gerade unter dem gegebenen Punct, und das Loth zeigt auf der Erde den Punct an, welcher genau lothrecht unter dem auf dem Meſstische gegebenen Puncte liegt. Da es aber auf eine solche Genauigkeit selten ankommt, indem es in den meisten Fällen nur einen nnmerklicheu Unterschied macht, wenn der Punct auf dem Meſstische s e l b s t u m e i n e n F u ſ s seitwärts über dem zugehörigen Punct am Boden liegt, so ist die Einlothzange eigentlich in der Regel nicht nöthig, und ihr Gebrauch verursacht nur Aufenthalt. Sie ist, wenn der Feldmesser einige Uebung besitzt, um so mehr entbehrlich; denn ein einigermaſsen gutes Augenmaaſs entscheidet sicher genug, bis auf Zolle, wo das Statif hingestellt werden muſs, damit der Punct in der Zeichnung gerade über dem zugehörigen Punct am Boden liege.

V. Um auf dem Felde ausgesteckte Linien und Winkel auf das auf dem Meſstisch ausgespannte Papier zu bringen, bedient man sich, wie in (§. 51.) gesagt, eines Lineals, auf welches entweder feste Dioptern, oder eine Kippregel mit Dioptern, oder mit einem Fernrohre, befestigt sind, wie es in (§. 22. 23. u. s. w.) beschrieben ist. Da vorausgesetzt wird, daſs das Diopter-Lineal, oder die Kippregel, justirt sind, und daſs also die Visir-Ebene desselben genau auf der Boden-Ebene des Lineals senkrecht steht: so steht die Visir-Ebene, wenn man das Lineal mit seinem Boden auf den Tisch legt, auch auf der Ebene des Meſstisches senkrecht. Man kann den verticalen Stand der Visir-Ebene, wenn das Lineal Dioptern hat, auch dadurch prüfen, daſs man, nachdem der Meſstisch mit der Dosen-Libelle horizontal gestellt worden, erst mit aufrecht stehenden Dioptern nach irgend einem Ziele visirt, eine Linie an das Lineal zieht, darauf das Lineal verkehrt auf den Tisch legt, nemlich so, das jetzt nicht die untere, sondern die obere Fläche des Lineals auf dem Tisch aufliegt, und die Dioptern nach unten hängen, das Lineal mit seiner Schärfe an die gegebene Linie legt, und nun wiedernm nach dem nemlichen Ziele visirt. Decken die Haare der Dioptern das Ziel, wie vorher, so ist die Visir-Ebene vertical, in sofern man versichert seyn kann, daſs die beiden Flächen des Lineals, die untere und die obere, parallel sind.

Das Lineal muſs in allen Fällen so lang seyn, daſs daran die längsten Linien gezogen werden können, die auf dem Tische vorkommen, also noch etwas länger als die Diagonal des Tisches. Die Schärfe des Lineals, woran die Linien gezogen werden, muſs in der Visir-Ebene liegen. Die Dioptern, sie mögen fest oder beweglich seyn, oder das Fernrohr, wenn ein solches statt der Dioptern vorhanden, müssen also mit ihrer Sehe-Axe nicht auf der Mitte des Lineals stehen, sondern um so viel zur Seite, daſs, wie gesagt, die Visir-Ebene gerade durch die Schärfe des Lineals geht. Die untere Fläche des Lineals muſs mit einem feinen Lack überzogen seyn, weil das bloſse Messing das Papier beschmutzt. Fig. 29. *a. b. c.* Taf. 4. stellen ein Diopter-Lineal mit Fernrohr vor.

In denjenigen Punct auf dem Meſstische, der den Punct auf dem Felde bezeichnet, über welchem der Meſstisch steht, oder wenn die Visir-Linie durch einen gegebenen entfernten Pnnct gehen soll, in denjenigen auf dem Meſstische, welcher den entfernten Punct vorstellt, steckt man eine sehr feine Punctir-Nadel, legt an sie das eine Ende der Schärfe des Diopter-Lineals, und dreht das andere so lange, bis die Dioptern oder das Fernrohr genau das Ziel decken. Alsdann zieht man an der Schärfe des Lineals $\alpha\beta$ (Fig. 29. *b.* Taf. 4) auf dem Meſstisch, eine sehr feine Linie, und zwar mit Tusch und Reiſsfeder, nicht mit Blei, weil die Reiſsfeder-Linien schärfer gezogen werden können, und nicht verlöschen, wie die Bleilinien. Diese Linie befindet sich alsdann in der Visir-Ebene der Dioptern, und stellt folglich die im Felde ausgesteckte Linie, und zwar auf den Horizont reducirt, das heiſst, diejenige gerade Linie vor, welche in einer horizontalen Fläche gerade unter der ausgesteckten Linie im Felde liegt. In sehr ebenen Gegenden, und wenn man nicht Höhen-Winkel messen will, ist die Kippregel nicht unbedingt nöthig, sondern es sind auch feste Dioptern auf dem Ende des Lineals hinreichend. Indessen ist wenigstens ein Fernrohr besser, schon deshalb, weil das angestrengte Sehen nach entfernten Gegenständen die Augen ungemein angreift, und also ein Fernrohr das Auge schont.

Selbst die Dosen-Libelle zum Horizontal-Stellen des Meſstisches ist in sehr ebenen Gegenden entbehrlich, und das Augenmaaſs ersetzt sie nach einiger Uebung; doch ist sie zur Sicherheit immer besser, und es ist um so weniger gut, sie wegzulassen, da der Gebrauch dieses Werkzeuges wenig aufhält.

VI. Um den Meſstisch, nachdem derselbe horizontal gestellt worden, in der horizontalen Ebene so zu richten, daſs die auf demselben bereits vorhandenen geraden Linien mit denen im Felde, welche sie vorstellen, parallel laufen, wie es allemal, ehe man die Zeichnung fortsetzt, geschehen muſs, damit die Linien auf dem Meſstisch unter einander dieselbe Lage bekommen, die sie auf dem Felde haben, thut eine Bousole gute Dienste. Die Zeichnung auf dem über den Meſstisch ausgespannten Papier wird nemlich wie die jeder Carte (§. 50. I.) allemal so gemacht, daſs Norden oben, Süden unten, Osten rechts, und Westen links ist, oder daſs die Seitenwände des Meſstisches gerade die Richtung der Mittagslinie (§. 50.) haben. In der Voraussetzung nun, daſs die Magnetnadel einer Boussole immer in derselben Richtung gegen die Mittagslinie steht, muſs auch ihre Richtung gegen die Ränder des Tisches, wenn man darauf eine Boussole, in einer bestimmten Lage gegen die Ränder, setzt, wo sich auch der Meſstisch befinden mag, immer die nemliche seyn, und ist folglich alsdann auch gegen alle Linien der Zeichnung eben die, wie gegen die nemlichen Linien im Felde. Ist also der Meſstisch gleich von Anfang an, ehe die ersten Linien darauf gezogen wurden, vermittelst der Boussole so gestellt worden, daſs seine Seitenränder gerade die Richtung der Mittagslinie haben, welches dadurch geschieht, daſs man die Boussole mit einem derjenigen Ränder ihrer Bodenplatte, die parallel mit dem Durchmesser durch Null sind (§. 44.), an den Rand des Meſstisches oder an eine auf ihn mit dem Rande genau parallel gezogene Linie legt, und den Meſstisch horizontal so lange dreht, bis die Nadel den Winkel der Abweichung des magnetischen Meridians von der Mittagslinie zeigt, und dann erst die ersten visirten Linien ziehet, so darf man, nachdem man sich aus dieser Linie entfernt hat, an jedem anderen Orte den Meſstisch nur wieder eben so, nemlich mit seinen Seitenrändern in die Mittagslinie stellen, so sind offenbar die auf ihm gezogenen Linien alle mit den Linien im Felde, die sie vorstellen, parallel. Diese Stellung des Mefstisches nennt man, denselben orientiren, und die Boussole, durch welche solches geschieht, Orientir-Boussole. Die Genauigkeit des Orientirens hängt von der Genauigkeit der Boussole ab.

VII. Zum Statif eines Mefstisches nimmt man am besten das in (§. 37.) beschriebene mit drei Füfsen, die sich unten, in Ebenen, welche durch die Axe gehen, aus einander stellen lassen; denn es ist einfach, leicht, und hat einen festen Stand.

VIII. Alles bisher Beschriebene ist bei allen Mefstischen, wie verschieden auch ihre Einrichtung seyn mag, auf eine oder die andere Weise, das Nemliche. Die Verschiedenheit liegt vorzüglich in der Art, wie der Tisch vertical und horizontal bewegt werden kann, also in seiner Aufstellung auf das Statif.

Der Mefstisch mufs um nicht zu kleine Winkel, in allen Richtungen auf und nieder, oder nach allen Seiten aus einer abhängigen in die horizontale Lage gebracht und horizontal, rund um seine Axe gedrehet werden können. Beide Bewegungen müssen mit der Hand leicht und schnell geschehen können, dann aber, wenn der Tisch schon beinahe die horizontale Lage erreicht hat, mufs er allmählig und sanft (nicht ruckweise) in die ganz genaue Lage versetzt werden können.

Die verticale Bewegung, gleichsam aus dem Groben, kann um eine Nufs geschehen. Ohne Nufs, so dafs die Lage des Tisches, senkrecht auf die verticale Axe des Statifs, unveränderlich fest ist, geschiehet sie blofs durch Auseinanderrücken oder Zusammenziehen der Füfse des Statifs. Die feine Horizontal-Stellung des Tisches fehlt alsdann. Ist aber die Nufs vorhanden, so dafs sich der Tisch, wenn das Statif fest steht, noch heben und neigen läfst, so kann man die feine Horizontal-Stellung, wie in (Fig. 27. *a. b. c.* Taf. 5.), vermittelst dreier Schrauben *D, D, D* machen, die in gleichen Entfernungen von einander, oder in den Ecken eines gleichseitigen Dreiecks, durch den Statif-Kopf *CC* gehen und mit ihren abgerundeten Köpfen *d, d, d* auf eine, durch den hohlen Cylinder *mm*, mit der Nufs *N* verbundenes Blatt *αα* wirken, auf welches sich ein anderes Blatt *ββ*, um den in dem hohlen Cylinder *mm* sich bewegenden Zapfen *γ* herumdrehen läfst, welches Blatt vermittelst des Gestelles δ und der messingenen Scheibe $\varkappa\varkappa$ das Meſstischblatt *AB* trägt. Mittelst dieser Einrichtung kann man das Tischblatt auf folgende Weise genau horizontal stellen. Das Blatt sey nemlich schon ungefähr in die horizontale Lage gebracht, und werde von den drei Schrauben *D*, *D*, *D* auf die Weise getragen, daſs dieselben, wenn man sie weiter anzöge, einander entgegen zu wirken anfangen würden, so setze man die Dosen-Libelle auf die Mitte des Tisches. Die Luftblase wird vielleicht noch nicht in dem Kreise stehen, der die vollkommen horizontale Stellung anzeigt. Alsdann drehe man mit der einen Hand diejenige von den drei Schrauben, die der Seite, nach welcher die Luftblase sich aus der Mitte gezogen hat, am geradesten entgegengesetzt ist, rechts, und zugleich, mit der andern Hand, diejenige von den andern beiden Schrauben, welche am nächsten nach der Seite selbst liegt, links. Dadurch wird sich das Tischblatt an der Stelle, welche die rechts gedrehte Schraube drückt, heben, und an der Stelle, welche die links gedrehte Schraube trifft, senken, und folglich die Luftblase nach jener Richtung hinziehen. So ändert man mittelst der drei Schrauben, indem man *immer* zwei zugleich, eine rechts die andere links dreht, die Lage des Tischblatts so lange, bis die Luftblase anzeigt, daſs das Tischblatt horizontal steht. Man darf nie eine Schraube allein anziehen, oder rechts drehen; denn die beiden übrigen Schrauben und die Nuſs zusammen sind schon drei feste Puncte, welche die Lage der Ebene des Tisches fest bestimmen, und folglich kann die dritte Schraube, in einen vierten Punct, auf diese Ebene nur wirken, wenn eine von den beiden andern Schrauben zurückgedreht wird.

Die horizontale Bewegung des Tisches um seine senkrechte Axe geschiehet um den Zapfen γ. Rückt man die Schraube ohne Ende *ss* ab, so daſs sie nicht in die gezahnte Scheibe $\beta\beta$ eingreift, so läſst sich der Meſstisch um den Zapfen γ, nach Belieben, mit der Hand rund um drehen. Die feine horizontale Bewegung geschieht durch die Schraube ohne Ende *ss*, wenn sie an die gezahnte Scheibe $\beta\beta$ angerückt wird. Die Schraube ohne Ende *ss* ist an die untere, auf den drei Stellschrauben *D*, *D*, *D* ruhende Scheibe $\alpha\alpha$ befestigt.

Auf diese Weise läſst sich der Meſstisch sowohl aus dem Groben, als genau horizontal stellen, und in einer horizontalen Ebene, sowohl rund um drehen, als g e n a u nach einer beliebigen Richtung stellen.

Die Verschiedenheit der Einrichtung der Meſstische bestehet nun darin, daſs eines oder das andere von den beschriebenen Stellungs-Mitteln fehlt. Die gewöhnlichsten Abweichungen sind, daſs man entweder

1) die feine Umdrehung im Horizont, also die Schraube ohne Ende *ss* wegläſst, und bloſs die Nuſs mit den drei Stell-Schrauben *D*, *D*, *D* macht, oder daſs man

2) die Stell-Schrauben *D*, *D*, *D* wegläſst, wie (Fig. 30. Taf. 4.), oder daſs man

3) die Nuſs wegläſst, und dagegen die Schraube ohne Ende zur genauen Horizontal-Stellung beibehält, in welchem Falle die Stell-Schrauben ebenfalls wegfallen, weil alsdann der Meſstisch nur durch die Statif-Füſse horizontal gestellt werden kann. Auch läſst man

4) wohl gar auch noch die Schraube ohne Ende weg. Alsdann kann der Tisch nur durch die Statif-Füſse horizontal gestellt, und in der Horizontal-Ebene, mit der Hand, um den unmittelbar auf den Statif-Kopf aufgeschraubten Zapfen rund um gedrehet werden, muſs aber dann wenigstens eine Klemm-Schraube haben, um ihn, sobald er in die wagerechte Richtung gestellt ist, darin fest zu halten.

Die am wenigsten nachtheilige Weglassung, wenn zur Verminderung der Kosten des Werkzeuges etwas weg bleiben soll, ist die der Nuſs, wogegen die Schraube ohne Ende bleibt, nach der Einrichtung No. 3. Die Nuſs mit den Stell-Schrauben ist deshalb am meisten entbehrlich, weil es in der That nur auf eine u n g e f ä h r e Horizontal-Stellung des Tisches ankommt, die durch die Stellung der Füſse des Statifs schon genau genug geschehen kann. Denn kleine Abweichungen der Lage des Tisches von der horizontalen Ebene verändern die Winkel auf dem Tisch und die Zeichnung auf demselben nur u n m e r k l i c h. Auf die genaue Stellung der R i c h t u n g der Linien auf dem Tisch, in der horizontalen Ebene, kommt es dagegen viel mehr an, und daher geht es viel eher an, daſs die Nuſs wegbleibe, als daſs man die Schraube ohne Ende spare, und zwar noch um so mehr, da die F e s t i g k e i t der Stellung des Tisches durch Weglassung der Nuſs eher gewinnt, als verliert. Einige Uebung im Setzen der Statif-Füſse ersetzt die Dienste der Nuſs hinreichend.

Besser ist es indessen allerdings, wenn keins von den beschriebenen Mitteln, den Tisch genau zu stellen, fehlt. Sind sie alle vorhanden, so ist die Operation, den Tisch in eine Horizontal-Ebene und so zu stellen, daſs die auf demselben gezeichneten Linien mit den Linien im Felde, welche sie vorstellen, parallel laufen, zusammen genommen, folgende:

Man stellt den Tisch über den Punct im Felde, bis zu welchem man gelangte, und der schon auf der Zeichnung angedeutet ist, entweder mittelst der Einlothzange (IV), oder nach dem Augenmaaſse, senkrecht auf, setzt die Dosen-Libelle auf den Tisch und stellt ihn, durch Rücken der Füſse, ungefähr horizontal. Hierauf rückt man die Schraube ohne Ende ab, legt das Diopter-Lineal auf den Tisch, an den Punct, in welchem man sich befindet, und an einen zweiten, welcher ebenfalls schon auf den Tisch gezeichnet ist, und dreht den Tisch um seine verticale Axe, bis die Sehe-Linie der Diopter oder des Fernrohrs auch durch den zweiten Punct auf dem Felde gehet. Man rückt die Schraube ohne Ende wieder an, und stellt den Tisch, nach der Dosen-Libelle, mittelst der Stell-Schrauben, die durch die Stell-Arme gehen, genau horizontal. Hat jetzt die Sehe-Linie der Diopter oder des Fernrohrs nicht mehr die erste Richtung, so führt man sie in dieselbe mittelst der Schraube ohne Ende. Alsdann steht der Tisch horizontal und in der gehörigen Richtung. Man kann nun die Zeichnung auf demselben fortsetzen. Befindet man sich mit dem Tisch über einen Punct im Felde, welcher noch nicht auf der Zeichnung anzutreffen, so geschiehet die Stellung des Tisches, in horizontaler Richtung um seine Axe, im Allgemeinen mittelst der Orientir-Boussole (VI). Wie derselbe genau in die zugehörige Richtung zu stellen, kommt weiter unten bei den einzelnen Fällen vor.

IV. Werkzeuge, welche die Winkel zwischen beliebigen geraden Linien in Graden, Minuten u. s. w. messen.

53.

Solche Werkzeuge heiſsen im Allgemeinen Astrolabien. Sie bestehen aus einem eingetheilten Limbus, entweder mit vier Dioptern, wovon zwei fest sind und in dem einen Schenkel des Winkels, den man messen will, gestellt werden, und zwei auf einer um die Axe bewegliche Alhidade sich befinden, die in die Richtung des andern Winkel-Schenkels gebracht werden kann, oder auch nur mit zwei beweglichen Dioptern, die dann erst in den einen, hernach, während der Limbus fest stehen bleibt, in den andern Winkel-Schenkel gestellt werden. Der Limbus zeigt die Gröſse des Winkels zwischen den beiden Sehe-Axen in Graden und Minuten. Das Instrument wird auf ein dreibeiniges Statif gestellt. Der Limbus kann entweder ein halber oder ein ganzer Kreis seyn. Der halbe Kreis ist schon, weil er sich nicht zuverläſsig prüfen läſst (§. 32.) so gänzlich untauglich, daſs er keine weitere Rücksicht und Beschreibung verdient. Es kommt nur auf Astrolabien mit Vollkreisen an.

Ferner kann man sich des Astrolabiums sowohl zur Ausmessung von Winkeln bedienen, die im Horizonte liegen, als solcher, deren Schenkel nicht horizontal sind. Desgleichen kann man es, wenn man den Limbus horizontal stellen will, so einrichten, daſs die nicht horizontal liegenden Winkel sogleich durch das Instrument auf den Horizont reducirt werden, oder mit anderen Worten, daſs das Instrument nicht bloſs die Gröſse der schief liegenden Winkel selbst, sondern vielmehr unmittelbar die Gröſse von Winkeln, deren Schenkel in einer horizontalen Fläche, gerade senkrecht unter den Schenkeln der schrägen Winkel liegen, und zugleich, wenn man sie verlangt, die Neigung der schrägen Schenkel gegen den Horizont, angiebt. Da es bei dem Feldmessen gerade auf das Letztere, und sogar nur allein auf die horizontale Projection der Winkel im Felde ankommt, so ist die dritte Einrichtung für die Feldmessung gerade die rechte und die nothwendige. In flachen Gegenden kann man zwar die schrägen Winkel im Felde, wegen ihrer geringen Abweichung vom Horizont, als horizontal annehmen, und es ist weder eine Reduction der Winkel auf den Horizont durch das Instrument, noch durch Rechnung oder andere Mittel nöthig. Allein in Bergen ist es anders. Dort weicht die Lage der Winkel-Schenkel von der horizontalen Richtung öfters um 20, 30 und mehr Grade, und folglich so bedeutend ab, daſs die schrägen Winkel nicht ohne grobe Fehler, statt der horizontalen Winkel, auf welche es ankommt, genommen werden können. In Bergen also ist die Reduction auf den Horizont unumgänglich nöthig. Diese Reduction geschieht aber allemal besser und kürzer unmittelbar durch das Instrument selbst, als durch andere Mittel, z. B. durch Rechnung. Denn die Reduction durch Rechnung, selbst wenn man Reductions-Tabellen zu Hülfe nimmt, ist allemal weitläufig, und nicht anders möglich, als wenn man, aufser dem schrägen Winkel, auch noch die Neigungen der beiden Winkel-Schenkel gegen den Horizont, also statt eines Winkels drei mifst. Reducirt dagegen das Instrument selbst die Winkel, so braucht man die Höhen-Winkel, wenn man sie sonst nicht etwa verlangt, der Reduction wegen, gar nicht einmal zu beobachten. Man mifst nur einen Winkel, wie wenn der verlangte Winkel horizontal läge, und das Instrument selbst giebt den reducirten Winkel, ohne weitere Mühe, unmittelbar an. Da nun ein solches Instrument in Bergen unumgänglich nöthig ist, in der Ebene aber wenigstens einem anderen, dessen Limbus etwa nicht horizontal gestellt werden kann, nicht nachsteht, indem sich damit weder schwieriger oder langsamer messen läfst, noch die Kosten des Instruments durch die Horizontal-Stellung bedeutend erhöhet werden, so ist es offenbar besser, sich in allen Fällen nur eines Limbus zu bedienen, der sich zugleich horizontal stellen läfst. Es kann daher nur die Rede seyn von

Astrolabien mit Vollkreisen, welche sich horizontal stellen lassen.

54.

I. Man kann entweder bei der blofsen Theilung des Limbus stehen bleiben, und die Alhidade blofs einfacherweise die gemessenen Winkel abschneiden lassen, oder man kann Nonien mit der Alhidade verbinden. Im ersten Falle aber mufs, um wenigstens Viertheil-Grade noch zuverlässig und deutlich abnehmen zu können, welches wohl die geringste Genauigkeit ist, die verlangt wird, der Durchmesser des Limbus wenigstens 9 Zoll, besser ein Fufs seyn. Im zweiten Falle dagegen sind 6 Zoll äufserer Durchmesser völlig hinreichend. Da nun auf diese Weise das Instrument mit Nonien sogar kleiner und compendieuser, ja selbst *wohlfeiler* gemacht werden kann, als ohne Nonien, auf der anderen Seite aber die Nonien, wenn man auch selbst die gröfsere Genauigkeit, welche sie gewähren, gar nicht verlangen sollte, schon zur zuverläfsigen Prüfung der Theilung des Instruments so nützlich und nothwendig sind (§. 32.): so ist es in jedem Betracht besser, dem Kreise Nonien zu geben, und ihn dagegen kleiner zu machen, als die Nonien wegzulassen und den Kreis zu vergröfsern.

II. Man kann der Alhidade die Form eines Lineals geben, oder man kann sie kreisförmig machen und genau inwendig in den Kreis des Limbus passen lassen. Da beides ungefähr gleichviel kostet, die kreisförmige Alhidade aber zur Prüfung des Instruments geschickter ist (§. 32.) und die Nonien sich dann besser anbringen lassen, so ist die kreisförmige Alhidade besser.

III. Man kann dem Instrumente, wie im Eingange des vorigen Paragraphes gesagt, entweder vier Dioptern geben, oder zwei. Da aber zwei Dioptern offenbar weniger kosten als vier, und, wenn sonst das Instrument recht fest aufgestellt ist, dieselben Dienste thun, so ist es besser, nur die beiden, mit der Alhidade sich herumbewegenden Dioptern zu machen. Sie müssen dann so weit als möglich und wenigstens 12 Zoll auseinander gesetzt werden; also mufs die kreisförmige Alhidade, wenn der Limbus nur 6 Zoll im Durchmesser hat, in der Richtung des Durchmessers, zwei linealförmige Ansätze haben, die über den Limbus hinausreichen, und auf deren Enden die Dioptern stehen. Die feststehenden Dioptern sind aber überhaupt nur dann zureichend, wenn die Visir-Linien auf dem Felde nicht weit vom Horizont abweichen (§. 23.). Will man also, dafs das Instrument auch in unebenem Terrain nicht unbrauchbar sey, so mufs man statt der festen Dioptern eine Kippregel von etwa 12 Zoll lang auf die Alhidade setzen (§. 23.). Diese hat noch, wenn sich, wie gewöhnlich, ein kleiner Höhen-Kreis an ihrer Axe befindet, den Vortheil, dafs auch Höhen-Winkel damit gemessen werden können. Vier Dioptern und zwei Kippregeln wären nicht einmal gut anzubringen, weil die Kippregeln einander hindern würden. Also bekömmt das Instrument zu den Sehe-Linien am besten zwei Dioptern auf einer Kippregel, die auf der Alhidade fest steht.

IV. Man kann zu den Absehen entweder gewöhnliche Dioptern, oder ein Fernrohr nehmen. Letzteres erfordert schon an sich selbst eine Kippregel, weil man, damit, wenn es an dem Instrument fest wäre, und dieses nun horizontal gestellt wird, gar nicht anders als horizontal würde sehen können (§. 26.). Das Fernrohr ist besser, und erhöhet die Kosten nicht bedeutend. Die mehrere Genauigkeit ist es nicht allein, weshalb es vor gewöhnlichen Dioptern den Vorzug hat. Man sieht dadurch auch in gröſserer Ferne noch deutlich und ist also nicht an kurze Stationen gebunden. Aber, was wichtiger ist: es schont die Augen, die durch das angestrengte Sehen über die Dioptern mit der Zeit ungemein leiden. Erst dann, gezwungen ein Fernrohr zu brauchen, wenn das Auge gelitten hat, wäre zu spät: besser ist es, das Gesicht durch die Erleichterung des Sehens von Anfang an zu schonen und zu erhalten.

55.

Ein gutes Astrolabium für Feldmesser besteht also, nach der Auseinandersetzung im vorigen Paragraph, aus einem vollkreisförmigen Limbus, der sich horizontal stellen läſst, mit kreisförmiger Alhidade, die sich darin herumbewegt und einer Kippregel darauf, mit Fernrohr. Ein solches Instrument stellt (Fig. 10. *a. b. c.* Taf. 2.) vor. Der Limbus ist groſs genug, wenn sein äuſserer Durchmesser 6 Zoll beträgt. Die Breite des Limbus-Randes braucht nicht voll einen halben Zoll zu seyn. Es bleibt also etwa $5\frac{1}{4}$ Zoll für den Durchmesser der kreisförmigen Alhidade. Der Limbus wird in Grade getheilt, und Drittheil-Grade sind bei dem Durchmesser von 6 Zoll noch gut sichtbar, so daſs also jeder Grad auch noch in drei gleiche Theile getheilt wird. Die Alhidade erhält zwei Nonien *v*, *v*, einander im Durchmesser gerade gegenüber. Jeder Nonius kann einen Umfang von 13 Grad haben, wie (Fig. 18. Taf. 2.). Alsdann giebt er nach der Auseinandersetzung in (§. 31.) halbe Minuten an. An den beiden Stellen der Alhidade, wo sich die Nonien befinden, werden auf diese Alhidade kleine, schief gestellte messingene Rähmchen *r*, *r* (Fig. 10. *a. b. c.* Taf. 2.) befestigt, mit weiſsem Taffent bespannt, welche das Licht auf die Nonien werfen, wodurch die Theilung durch die Loupen *α*, *α* noch deutlicher sichtbar gemacht wird. Die Loupen sind an den Enden eines messingenen Stäbchens *xx* befestigt, welches quer über die Alhidade reicht, und sich in dem Umfang des Nonius, um den Mittelpunct des Instruments bewegen läfst, so dafs man die Loupen über die Nonien hin- und herführen und die Theilung der letzteren dadurch überall deutlich sehen kann. Auf der Alhidade steht, auf zwei senkrechten Säulen *pq*, *pq*, die Kippregel. Die Säulen tragen eine wagerechte Axe *ab*, die gerade über den Mittelpunct des Limbus hinweggehet; diese Axe hat in der Mitte die Form eines Ringes *dc*, durch welchen das Fernrohr *MN* gesteckt ist. Das Fernrohr ist, ausgezogen, etwa 9 Zoll lang, und hat gewöhnlich drei achromatische Gläser (§. 29. Drittens.). Die Röhre desselben ist von Messing. Die kreisförmige Alhidade kann mit der Hand in dem Limbus rund herum geführt werden. Um sie aber genau zu stellen, bewegt sich um den äufsersten Rand des Limbus ein ihn umfassendes, oben in einer kleinen Rinne laufendes Stück Messing *z* umher, welches gespalten ist, und mittelst einer Schraube *s* zusammen und an den Limbus-Rand angedrückt werden kann. Diese Klemme dient einer etwa 2 Zoll langen, enggängigen Stellschraube *t* zum Stützpunct. Das andere Ende der Schraube bewegt sich in einer Mutter, die sich an dem Ende eines an der Alhidade befestigten messingenen Vorsprungs *v* befindet. Macht man die Klemme mittelst der Klemm-Schraube los, so bewegt sich das Ganze mit der Alhidade um den ganzen Limbus herum. Macht man dagegen die Klemme fest, so kann die Alhidade nicht weiter mit der Hand, sondern nur mittelst der Stell-Schraube ein wenig bewegt werden, und man kann dann mittelst dieser Schraube die Sehe-Axe des Rohrs auf einen Gegenstand g e n a u stellen.

Das Statif und die übrigen Stellmittel des Werkzeuges sind, so wie sie sich in (§. 36. und 37.) beschrieben und in (Fig. 20. *a*. *b*. Taf. 2.) und (Fig. 21. *a*. *b*. *c*. *d*. Taf. 2.) abgebildet finden, eingerichtet. Das Instrument kann vermittelst einer Dosen-Libelle, die auf die kreisförmige Alhidade gesetzt, oder auch darauf befestigt wird, um eine Nufs, horizontal, und im Horizont, um einen Zapfen, erst mit der Hand, dann vermittelst einer Schraube ohne Ende in seine Richtung gestellt werden.

Zuweilen bringt man an dem Instrument auch noch ein zweites Fernrohr M_1N_1, und zwar u n t e r dem Limbus, zwischen dem Limbus und der Nufs an, welches V e r s i c h e r u n g s - R o h r heifst. Es dient zur Ueberzeugung, dafs, wenn man die Alhidade gedrehet hat, das Instrument mit dem Limbus unbeweglich stehen geblieben ist. Man richtet es nemlich, ehe man das Fernrohr der Alhidade in die Ebene des ersten Winkel-Schenkels bringt, auf irgend einen festen Gegenstand. Auf diesen Gegenstand mufs es noch zeigen, nachdem man die Alhidade mit ihrem Rohr in den zweiten Winkel-Schenkel gedrehet hat. Ein solches Rohr pflegt man auch wohl zu einem ähnlichen Zweck an den Mefstisch anzubringen. Allein es ist in beiden Fällen, wenn man sonst behutsam verfährt, füglich entbehrlich, und man kann die Kosten desselben sparen. Steht das Instrument auf einem guten, festen Statif, und man vergifst nur nicht, die Klemme der Alhidade ganz frei zu machen und hütet sich vor dem geringsten Anstofsen an das Instrument, so bleibt es unbeweglich genug stehen, wie man auch die Alhidade drehen mag.

Man pflegt auch noch auf die Alhidade eine Boussole zu setzen; allein dieselbe ist nicht, wie beim Mefstische zum Orientiren, nothwendig, sondern kann entbehrt werden, weil sich auf dem Limbus keine gezeichneten Linien befinden, die etwa mit den Linien im Felde, die sie vorstellen, parallel zu stellen wären.

56.

Will man nun mit dem Astrolabio im Felde einen Winkel messen, so stellt man es senkrecht über den Scheitelpunct des Winkels, fest auf. Man löset die Nufs, stellt den Limbus, nach der Dosen-Libelle auf demselben, horizontal und klemmt die Nufs wieder fest. Hierauf löset man die Alhidaden-Klemme, stellt die Alhidade im Limbus auf Null und 180 Grad und befestigt die Alhidade wieder. Nunmehr rückt man die Schraube ohne Ende, die sich unter dem Limbus befindet, ab, und dreht das ganze Instrument mit der Hand soweit herum, dafs das Fernrohr der Alhidade beinahe in die Richtung des ersten Winkel-Schenkels kommt. Man rückt darauf die Schraube ohne Ende wieder an, und stellt damit das Fernrohr genau in diese Richtung. Jetzt löset man die Alhidade, und stellt das Fernrohr ungefähr in die Richtung des zweiten Winkel-Schenkels. Endlich klemmt man die Alhidade an, und stellt mittelst der Stell-Schraube das Fernrohr genau in diese Richtung. Dann zeigt die Alhidade die Gröfse des Winkels, und man kann ihn an den Nonien ablesen. Er ist derjenige, dessen Schenkel in einer horizontalen Fläche, senkrecht unter den Schenkeln des schiefen Winkels auf dem Felde, liegen, so schräg auch die Schenkel seyn mögen, weil die Ebene des Limbus horizontal steht, und die Kippregel sich in einer darauf perpendiculairen, also in einer verticalen Ebene bewegt. Das Instrument macht also von selbst die nothwendige Reduction des Winkels auf den Horizont. Das Ablesen mufs allemal an beiden Nonien geschehen, damit im Ablesen kein Irrthum Statt finde. Der Winkel, den der eine Nonius zeigt, ist natürlich um 180 Grad gröfser, als der andere, und da das Instrument vorher geprüft seyn mufs, so müssen beide Nonien das Nemliche zeigen. In dieser Controlle besteht noch ein neuer Vortheil zweier Nonien gegen einen. Will man zugleich die Höhen- und Tiefen-Winkel, oder die Neigungs-Winkel der schrägen Schenkel des Winkels im Felde gegen den Horizont wissen, so darf man sie nur an dem kleinen Höhen-Kreise *fg* (Fig. 10. *c.*), der sich an der Axe des Rohres befindet, ablesen. Eine neue Stellung, oder sonst eine Berechnung ist, dazu weiter nicht nöthig.

57.

Man sieht leicht, dafs das Fernrohr beim Anfange der Ausmessung eines Winkels blofs deshalb gerade auf Null und 180 Grad gestellt wird, um den Winkel unmittelbar auf dem Limbus ablesen zu können. Sonst kann die Alhidade auch eben sowohl auf jedem andern Puncte des Limbus stehen, als auf Null. Der gemessene Winkel läfst sich alsdann blofs nicht unmittelbar ablesen, sondern er ist der Differenz der Zahlen gleich, welche die Alhidade in ihren beiden Stellungen zeigte. Der gemessene Winkel sey z. B. 119 Grad und 28 Minuten, so findet man, wenn die Alhidade in der ersten Stellung auf Null und 180 Grad zeigt, bei der zweiten, an den Nonien unmittelbar 119°, 28′ und 119°, 28′ + 180° = 299°, 28′. Zeigt dagegen die Alhidade bei der ersten Stellung nicht auf Null, sondern z. B. auf 37 Grad und 11 Minuten und 180 + 37°, 11′ = 217°, 11′, so wird sie bei der zweiten 156°, 39′ und 336°, 39′ zeigen, und man mufs, um den gemessenen Winkel zu finden, 37° 11′ von 156°, 39′ abziehen, welches 156°, 39′ — 37°, 11′ = 119° 28′ giebt. Will man sich diese kleine

Substraction nicht verdriefsen lassen, so braucht das Instrument gar nicht um seine Axe gedreht werden zu können, sondern kann auf dem Statif fest seyn. Die gezahnte Hülse mit der Schraube ohne Ende unter dem Limbus kann also alsdann noch wegfallen, und das Werkzeug kann noch um so viel einfacher seyn.

Folgendes Bedenken gegen diese Vereinfachung darf aber nicht übergangen werden.

Es kommt nemlich häufig vor, dafs man aus einem und demselben Standpuncte, nicht sowohl einen einzelnen Winkel, sondern mehrere Winkel, rund um denselben Punct, wie *BMA*, *CMB*, *DMC* etc. (Fig. 31. Taf. 3.), zu messen hat, welches einen Horizont messen heifst, in der Ausübung vortheilhaft ist und überall, wo sich ein bestimmter Zweck damit verbinden läfst, nicht unterlassen werden darf. In solchen Fällen mifst man die Winkel, wie folgt: Man stellt den Limbus, wenn er, wie gewöhnlich bewegt werden kann, so, dafs die Alhidade, wenn sie z. B. zuerst in der Richtung *MA* steht, auf dem Limbus Null und 180 Grad zeigt. So kann man, nachdem die Alhidade über dem festgestellten Limbus nunmehr in die Richtung *BM* gebracht worden, den Winkel *BMA* auf dem Limbus unmittelbar ablesen. Man geht nun mit der Alhidade, nicht etwa den Limbus fest stehen lassend, weiter, nach der Richtung *CM*, sondern man dreht erst den Limbus so weit, dafs die Alhidade, wenn sie in der Richtung *BM* steht, von Neuem auf dem Limbus Null und 180 Grad zeigt. So kann man, nachdem nunmehr die Alhidade über dem von Neuem festgestellten Limbus in die Richtung *CM* gebracht worden, den Winkel *CMB* unmittelbar ablesen. Eben so verfährt man mit den übrigen Winkeln. Dafs man den Limbus nicht unbeweglich stehen läfst, hat den Zweck, die Messung zu prüfen; denn die einzelnen, unmittelbar abgelesenen Winkel müssen, wenn man sie zusammenrechnet, nothwendig genau 360 Grade ausmachen. Diese Prüfung würde wegfallen, wenn man wegen der obigen Vereinfachung des Insrtuments den Limbus nicht drehen könnte, denn alsdann bekäme man Zahlen, die von selbst wieder in die ersten zurücklaufen, und in sofern scheint also die Vereinfachung nachtheilig seyn. Die Prüfung ist indessen nicht sehr bedeutend, weil die Summirung einzelner Theile nur eine sehr unsichere Probe der Richtigkeit der Theile ist. In der That ist es, wenn man in einzelnen Theilen

eines

eines Ganzen fehlet, nicht wahrscheinlich, dafs man immer zu viel oder immer zu wenig genommen haben werde, sondern es ist vielmehr wahrscheinlich, dafs man einmal zu viel und einmal zu wenig genommen habe, und so können die Fehler sich leicht ganz, oder doch beinahe heben. Die Wahrscheinlichkeit einer mehreren oder minderen Ausgleichung der Fehler ist sogar sehr grofs. Heben sich nun die Fehler ganz: so bemerkt man sie gar nicht, und man hält für richtig, was falsch ist. Heben sie sich beinahe: so untersucht man vielleicht den ersten oder ein Paar erste Winkel, und es kann nun wieder leicht seyn, dafs sich selbst schon in dem ersten Winkel ein Fehler findet, der dem beinahe gleich ist, welchen die Summirung zeigte. Man verbessert ihn, und hält nun das Uebrige für richtig, obgleich darin sehr wohl noch bedeutende Fehler stecken können. (Wir werden weiter unten Gelegenheit finden, noch in anderen Fällen auf die Unsicherheit der Proben durch Summen zurück zu kommen.) Die beabsichtigte Prüfung ist also schon an sich schwach; allein es ist daran noch weniger verloren, sobald sich nur zwei Nonien an der Alhidade befinden; nicht blofs einer. Dieselben dienen durch die gegenüberstehenden Winkel zu einer so sicheren Probe, dafs die Summirung der Winkel sie nur wenig verstärket.

Hierin liegt also gerade kein Grund gegen die oben beschriebene Vereinfachung des Instruments. Ist der Limbus unbeweglich, so hat man blofs die Grade und Minuten aufzuschreiben, welche die Alhidade zeigt, wenn sie der Reihe nach in den Richtungen *MA*, *MB*, *MC* u. s. w. (Fig. 31. Taf. 3.) steht, und erspart noch die wiederholte Stellung des Limbus obendrein. Man mufs blofs zuletzt mit der Stellung der Alhidade in den ersten Schenkel *FM* des letzten Winkels *FMA* nicht aufhören, sondern sie auch noch wieder in die erste Stellung *MA* bringen, um zu sehen, ob der Limbus noch unbeweglich stehet. Die Gröfse der gemessenen Winkel *BMA*, *CMA* u. s. w. findet man der Reihe nach durch Abziehen der Zahlen, welche die Richtungen *MA*, *MB*, *MC* u. s. w. geben, jeder von der nächsten, welches nicht auf dem Felde geschehen darf, sondern zu Hause verrichtet werden kann. Das Messen eines einzelnen Winkels mit unbeweglichem Limbus ist allerdings etwas mühsamer, als wenn sich der Limbus drehen läfst, aber mehrere Winkel um einen und denselben Punct werden im ersten Falle sogar leichter gemessen, weil es nicht nöthig ist, den Limbus wiederholt genau zu stellen. Das Aufschreiben der Grade für die einzelnen Richtungen geschiehet, wie bei dem Messen mit der Boussole, a n d e n L i n i e n.

58.

Auch die Nufs läfst sich, wenn man will, ersparen, und man kann das Instrument auf das Statif, wie in (§. 38.) beschrieben, auf 3 Stellschrauben, welche durch drei feste Arme gehen, wie (Fig. 19. Taf. 3.) stellen. Alsdann stellt man durch Versetzen der Füfse des Statifs den Limbus erst u n g e f ä h r, und hernach, mittelst der Stellschrauben, nach Anzeige der Dosen-Libelle, g e n a u horizontal. Will man die Bewegung des Limbus im Horizont beibehalten: so gehen die drei Arme von dem festen Stück aus, in welches die an den Limbus befestigte Hülse greift, welche mit dem Limbus erst im Allgemeinen mit der Hand, und dann um kleinere Bogen, durch die Schraube ohne Ende, herumgeführt werden kann. Will man nach (§. 57.) zugleich die Bewegung im Horizont weglassen, so können die drei Arme an den Limbus unmittelbar befestigt seyn. Durch Weglassung der Nufs wird das Werkzeug noch bedeutender vereinfacht, als durch Weglassung der horizontalen Bewegung, und die Kosten betragen alsdann einen ansehnlichen Theil weniger; denn die Nufs macht dem Verfertiger viel Mühe. Die Vergröfserung des Statifs, welche nöthig ist, wenn man das Instrument mit 3 Armen aufstellt (§. 38.), erhöhet gegenseitig die Kosten nicht bedeutend. Man mufs nur, wenn das Instrument auf diese Weise aufgestellt wird, etwas behutsamer damit verfahren, und sich noch um so mehr vor allem Anstofsen an das Statif hüten, weil alsdann das Werkzeug nicht, wie wenn es eine Nufs hat, mit dem Statif fest verbunden ist. Ein Astrolabium ohne Nufs, und vollends ohne horizontale Bewegung, ist in der That ein sehr einfaches Instrument: es besteht aus gar nichts weiter mehr, als aus einem Limbus, mit seiner Alhidade, und einer Kippregel darauf, und wird auf ein einfaches Statif mit drei Füfsen aufgestellt.

59.

Man pflegt auch ein vollkreisiges, horizontal-stellbares Astrolabium, wie es in (§. 55.) beschrieben, gleich einem ähnlichen astronomischen Instrumente, Theodolit zu nennen. Es ist aber besser, diese Benennung, welche obendrein willkürlich und keinesweges ihren Gegenstand bezeichnend zusammengesetzt ist, zu vermeiden; denn die an ältere, schlechtere Astrolabien, oder an Boussolen gewöhnten Feldmesser, pflegen, wie die Erfahrung lehrt, leicht an dem fremdartigen Wort Anstofs zu nehmen, und aus der Benennung zu vermuthen, man verlange von ihnen astronomische Genauigkeit. Da ihnen nun schon die mäfsige Genauigkeit, welche für die gewöhnlichen Fälle durch die Gesetze vorgeschrieben zu seyn pflegt, sowohl wegen ihrer alten schlechten Instrumente, als wegen unvortheilhafter Methoden, z. B. des Messens aus dem Umfange, viel zu schaffen macht, so halten sie leicht Empfehlungen besserer Instrumente für unpractische Speculationen, und die Folge ist, dafs sie bei ihren gewohnten schlechten Instrumenten bleiben, obgleich sie zuweilen, wie z. B. das halbkreisförmige Astrolabium, kaum noch den Namen von Mefsinstrumenten verdienen. Der Feldmesser würde, wenn man von ihm wirklich mehr Genauigkeit verlangte, als zu welcher seine Vorschriften ihn verpflichten, in Rücksicht auf sein Interesse, in der That Recht haben, das Verlangen zurückzuweisen, weil er von seinem Gewerbe lebt, und es ihm also zunächst nur darauf anzukommen pflegt, mit der geringsten Mühe, und so schnell als möglich, recht viel Geld zu erwerben. Aber es ist weder wahr, dafs man, durch die Empfehlung besserer Instrumente, nur will, er solle sich einer Genauigkeit befleifsigen, die gröfser ist als sie das Gesetz verlangt, noch ist es wahr, dafs man ihm Instrumente aufreden will, mit denen er langsamer und beschwerlicher mifst. Es wäre in der That seltsam, von einem Feldmesser zu verlangen, dafs er z. B. die Winkel bis auf Secunden genau messen solle, während jede Linie, die er auf das Papier ziehet, wenn sie den Schenkel eines Winkels vorstellt, vielleicht eine Minute dick ist. Eben so wäre es unrecht, ihm Werkzeuge und Methoden zu empfehlen, die ihm seine Arbeit, statt zu erleichtern, erschweren. Aber das Gesetz verlangt die vorgeschriebene sehr mäfsige Genauigkeit unbedingt: es verlangt, dafs keine groben Fehler vorfallen. Nun aber ist der Feldmesser mit schlechten Instrumenten und unsichern Methoden selbst vor groben Fehlern nicht sicher, und es ist Zufall, wenn er sie hie und da nicht macht. Die besseren Instrumente, sammt den besseren Methoden, werden ihm also nicht etwa unverhältnifsmäfsiger Genauigkeit wegen empfohlen, sondern damit er diejenige Genauigkeit, welche vorgeschrieben ist, sicher und zuverläfsig erreiche. Und da nun die besseren Instrumente und besseren Methoden zugleich in der Ausübung, selbst die einmalige Arbeit eher erleichtern, als erschweren, so wird ihm das Bessere nicht zur Erschwerung, sondern umgekehrt gerade zur wirklichen Erleichterung, und folglich zur Erhöhung seines Erwerbes angepriesen; denn wer sicher und zuverläfsig mifst, erspart ja schon, wenn er auch aufserdem eine gröfsere Schnelligkeit nicht rechnet, oder bezweifelt, Correcturen und Wiederholungen einer unrichtigen Arbeit, die doch wohl, wie Jeder weifs, oft genug vorkommen. In den Preufsischen Rhein-Provinzen sind bei den Feldmessungen für das Cataster die besseren Instrumente schon ziemlich allgemein in Gebrauch, und die Geometer, welche damit messen, stehen sich wohl dabei und verdienen viel Geld, während diejenigen, welche noch an den alten Werkzeugen und Methoden hängen, viel weniger erwerben. Wer also unter diesen Umständen, und ohne Rücksicht auf alle diese Gründe, dennoch die älteren schlechten Instrumente vorzieht, obgleich er die besseren für das nemliche Geld haben kann, handelt offenbar gegen seinen eigenen Vortheil, ungefähr wie Jemand, der z. B. für gleiche Preise zwei Winkelmesser kaufen könnte, wovon der eine richtig, der andere unrichtig getheilt wäre, den unrichtig getheilten wählte.

Da nun die obige Benennung Theodolit, der Erfahrung zufolge, wirklich ihrerseits beiträgt, dergleichen Vorurtheilen Vorschub zu geben und sie zu nähren, so wäre es in der That besser, man nähme dem Astrolabio jene Benennung ganz, und nennete das in (§. 55. etc.) beschriebene Instrument, nach wie vor, Astrolabium. Deutsch könnte man es, recht genau bezeichnend, wagerechter Vollkreis oder blofs wagerechter Kreis nennen, denn es ist im eigentlichsten Sinne wirklich ein wagerechter Kreis, womit im Felde Winkel gemessen werden.

60.

Man kann auch mit einem horizontalen Astrolabio oder wagerechten Vollkreise, wenn es ein Fernrohr hat, leicht die Mittagslinie finden. Dieses ist das in (§. 50. II.) am Schlufs erwähnte Verfahren. Man stellt das Astrolabium vermittelst der Dosen-Libelle recht genau horizontal und fest an einem Orte auf, aus welchem man die Sonne wenigstens 3 bis 4 Stunden Vor- und 3 bis 4 Stunden Nachmittags sehen kann. Man richtet das Fernrohr, nachdem man vor die Gläser ein an einer Lampe oder Kerze geschwärztes Glas geschoben, um die Augen nicht zu blenden, Vormittags zu verschiedenen Stunden auf die Sonne, so dafs das Fadenkreuz im Rohre den Mittelpunct der Sonnenscheibe oder auch den untersten oder obersten Punct ihres Randes trifft. Kann man einen Einsatz in das Rohr setzen, in welchem sich zwei Fadenkreuze befinden, die zwischen sich ein Quadrat bilden, in welches gerade die Sonnenscheibe pafst, so ist es um so besser. Jedesmal, wenn man das Rohr auf die Sonne gerichtet hat, merkt man genau die Grade und Minuten, welche die Alhidade auf dem Limbus zeigt, und zugleich die Winkel, welche der Höhen-Kreis an der Axe des Rohres zeigt, und schreibt diese Winkel auf. Nun verfolgt man des Nachmittags mit dem Fernrohr die Sonne, und giebt auf den Augenblick Acht, wenn das Rohr genau wiederum unter den nemlichen Höhen-Winkeln steht, wie Vormittags, und merket die Winkel, welche die Alhidade alsdann am Limbus zeigt. Der Limbus bleibt während aller dieser Beobachtungen immer unbeweglich stehen. Die Winkel am Limbus, welche zu gleichen Höhen-Winkeln Vor- und Nachmittags gehören, addirt man, und nimmt davon die Hälfte. Dieses mufs für alle gleiche Höhen-Winkel das Nemliche geben. Von kleinen Differenzen nimmt man das Mittel. Stellt man nun das Rohr so, dafs der Winkel am Limbus jenen berechneten Hälften gleich ist, so steht es in der Mittagslinie, und man kann dieselbe danach ausstecken. Dies Verfahren giebt die Mittagslinie, eben wie das mit dem Schatten eines Stiftes (§. 50. II.), am genauesten um die Zeit des längsten und des kürzesten Tages.

61.

Um mit einem Astrolabio einen Winkel noch genauer zu messen, als ihn der Nonius giebt, verfährt man, wie folgt. Wenn z. B. der Winkel *ACB* (Fig. 32. Taf. 3.) gemessen werden soll, so stellt man das Astrolabium in *C* wagerecht auf, stellt die Alhidade auf Null, und richtet sie, den Limbus mitdrehend, auf *A*. Nun stellt man den Limbus fest, löset die Alhidade und drehet sie, bis sie auf *B* zielt, gerade als wenn man auf die gewöhnliche Weise den Winkel *ACB* messen wollte. Darauf stellt man die Alhidade am Limbus fest, und drehet diesen, mit sammt der festen Alhidade, so weit zurück, bis die Alhidade wieder auf *A* trifft. Der Nullpunct des Limbus wird dadurch natürlich um den Winkel α zurückgedrehet, folglich jetzt in der Richtung *DC* liegen, wenn $DCA = \alpha$ ist. Man stellt von Neuem den Limbus fest, löset die Alhidade und drehet sie vorwärts, bis sie wieder *B* trifft. Sie zeigt alsdann auf dem Limbus offenbar einen Bogen, der dem doppelten Winkel α, nemlich dem Winkel *BCD* zukommt. Man stellt sie abermals am Limbus fest, und dreht denselben sammt der Alhidade zurück, bis die Alhidade wieder auf *A* trifft. Der Nullpunct des Limbus ist dadurch abermals um den Winkel α weiter zurückgedrehet worden, und liegt jetzt in der Richtung *EC*, wenn $ECD = \alpha$ ist. Löset man also die Alhidade von Neuem und drehet sie, während der Limbus stehen bleibt, wieder nach *B*, so zeigt sie auf dem Limbus einen Bogen, der dem dreifachen Winkel α, nemlich dem Winkel *ECB* zukommt. So kann man fortfahren, so oft man will, und folglich den Winkel α soviel Mal, als man will, vervielfältigen. Lieset man zuletzt den vielfachen Winkel auf dem Limbus ab, so darf man denselben nur durch die Zahl der Wiederholungen der Operationen, die Statt fanden, dividiren, um den zu messenden Winkel *ACB* zu finden. Dieses Verfahren giebt offenbar den Winkel *ACB* um soviel Mal genauer gegen die gewöhnliche einfache Messung, als man die Operation wiederholt hat; denn von dem Fehler, welcher etwa bei dem zuletzt gemessenen vielfachen Winkel gemacht wird, kommt nur der eben sovielte Theil auf den gesuchten einfachen Winkel. Man nennt dieses Verfahren Winkel zu messen, Messung durch Repetition. Es kommt in der gewöhnlichen Feldmefskunst nicht vor, sondern ist hier nur im Vorbeigehen, besonders deshalb, erwähnt worden, weil man, wenn man davon reden hört, zuweilen mit der Idee davon das Vorurtheil verbunden findet, der Theodolit oder das horizontale Astrolabium sey insbesondere dazu bestimmt, Winkel zu repetiren, welches, wie man siehet, nicht der Fall ist.

Es giebt auch noch eine andere Art von Repetition der Winkel, nemlich die doppelte (Bordaïsche). Die vorhin beschriebene ist die einfache (Mayersche). Zu der doppelten gehört nothwendig ein Versicherungs-Fernrohr, zu der einfachen nicht unbedingt, und zwar mufs das Versicherungsrohr ebenfalls um eine verticale Axe beweglich seyn. Dieses Verfahren giebt der Reihe nach nicht sowohl, wie die einfache Repetition, die 1, 2, 3, 4fachen u. s. w., sondern die 2, 4, 6, 8fachen u. s. w. Winkel. Da es beim gewöhnlichen Feldmessen noch weniger vorkommt, wie die einfache Repetition, schon weil das Astrolabium dazu nicht eingerichtet ist, so ist seine nähere Beschreibung nicht weiter nöthig.

Von noch anderen Werkzeugen.

62.

Es giebt noch eine grofse Menge anderer Mefs-Werkzeuge, theils ältere, theils neuere.

Man verbindet z. B. die verschiedenen Werkzeuge, eines mit dem andern, vorzüglich die Boussole mit den übrigen. Die Verbindung der Boussole mit dem Winkelkreuz, indem man auf die obere Fläche desselben einen kleinen Compafs setzt, hat keinen Nutzen, sondern vertheuert nur dieses sonst so einfache, und eben dadurch vorzüglich nützliche Werkzeug. Die Verbindung mit dem Astrolabio kann eher einigen Nutzen haben, in sofern man von den Winkeln, die man mit dem Astrolabio mifst, die ungefähre Lage der Schenkel gegen die Magnetlinie, oder gegen die Mittagslinie wissen will; und um Linien zu orientiren. Die Vermehrung der Kosten des Instruments durch die Boussole ist aber so bedeutend, dafs der Nutzen damit nicht im Verhältnifs steht. Die Verbindung der Boussole mit dem Mefstisch allein, ist nicht blofs nützlich, sondern sogar nothwendig, wie aus (§. 52. VI.) zu sehen. Die Boussole gehört wesentlich zum Meſstisch. Man bringt ferner an der Boussole ein, oder sogar, zum Rückwärts-Visiren, zwei Fernröhre an. Allein die gröſsere Genauigkeit durch die Fernröhre steht mit der sonstigen geringen Zuverlässigkeit und Genauigkeit des Werkzeuges nicht im Verhältniſs, vertheuert es und benimmt ihm die Einfachheit, durch welche es zu kleinen oder zu ungefähren und flüchtigen Ausmessungen nützlich ist. Eher kann umgekehrt die sogenannte Patent-Boussole mit gewöhnlichen Dioptern einige Anwendung finden. Sie ist so eingerichtet, daſs man durch die Dioptern den Gegenstand und die Grade des Winkels, letztere auf einer von der Magnetnadel mit herumgeführten eingetheilten papiernen Scheibe, in einem vor den Diopteru in einem gläsernen Prisma angebrachten kleinen Spiegel zugleich sieht, so daſs man allenfalls das Instrument bloſs in der Hand halten kann, und es auf kein Statif zu stellen braucht. Dieses Instrument ist aber, schon weil die papierne Scheibe auf der Nadel sich leicht verbiegt, dehnt und zusammenzieht, auch durch ihre Last die Nadel träge macht, so sehr ungenau, daſs es auch zu den kleinsten Messungen, wo es auf das Eigenthum von Landbesitzern ankommt, nicht taugt, sondern nur zu flüchtigen und ungefähren Aufnahmen.

Man hat auch Instrumente, welche die Winkel, ohne daſs gerade die ganze auszumessende Figur, wie beim Meſstisch, gezeichnet würde, gleich zu Papier bringen. Es ist nemlich auf einer Art runden Meſstisches, der mit Papier bespannt wird, eine Alhidade um einen festen Mittelpunct beweglich. An der Alhidade, welche linealförmige Verlängerungen hat, zeichnet man die Linien auf dem Papier, die mit einander um den Mittelpunct die gemessenen Winkel machen, welche hernach beim Aufzeichnen der Carte aufgetragen werden. Auf der Alhidade ist zugleich eine Boussole befestigt, um die Winkel zu orientiren. Diese Art Instrumente sind etwas besser als die Boussole, indem sie die Winkel etwas genauer in die Carte bringen; allein sie sind immer weniger genau und zuverläſsig, als ein gutes Astrolabium. Sie sind eine Art von Meſstisch, der aber nicht den Dienst dieses Instruments thut, sogleich die ganze aufzumessende Figur zu Papier zu bringen.

Der Verschiedenheiten der Einrichtung des Meſstisches ist schon oben im Allgemeinen erwähnt.

Das Astrolabium bekommt nicht minder verschiedene Einrichtungen. Die Abweichungen haben hier insbesondere noch eine gröfsere Genauigkeit zum Zweck So z. B. ist der Bordaïsche Kreis, welcher nicht horizontal gestellt wird, insbesondere zum doppelten Repetiren der Winkel eingerichtet, die hernach durch Rechnung auf den Horizont reducirt werden, was aber in der gewöhnlichen Feldmefskunst nicht vorkommt.

Sodann giebt es noch eine eigene zahlreiche Classe von Mefs-Werkzeugen, welche, wie das Astrolabium, die Winkel in Graden und Minuten angeben, aber auf einem eigenthümlichen Princip, der Gleichheit des Einfalls- und Ausgangs-Winkels der Lichtstrahlen von einer sie zurückwerfenden Fläche, beruhen, nemlich Spiegel-Werkzeuge, von welchen der Sextant das gewöhnlichste ist. Sie geben die Winkel mittelst zweier Spiegel, von welchen der eine auf dem Instrument fest, der andere auf dem Drehpunct einer beweglichen Alhidade steht, und welche, wenn man die Diopteru oder das Fernrohr in den einen Winkel-Schenkel richtet, das Bild des Gegenstandes im andern Winkel-Schenkel so werfen, dafs er ebenfalls in dem Fernrohr gesehen wird, und dafs also beide Ziele an einem und demselben Ort erscheinen und sich decken. Die Winkel, welche die Alhidade auf dem Limbus angiebt, der beim Sextant den sechsten Theil eines Vollkreises fafst, betragen immer die Hälfte des zu messenden Winkels. Diese Instrumente haben den Vorzug, dafs man sie nicht nothwendig auf ein festes Statif zu stellen braucht, und also allenfalls frei in der Hand halten kann, so dafs man damit auf hohe Thürme, oder auf Bäume, oder hohe Gerüste steigen kann, von welchen man eine weite Aussicht hat. Insbesondere sind sie dem Schiffer nützlich, weil sich damit, selbst auf dem schwankenden Schiffe, Winkel messen lassen. Dagegen haben sie die Schwierigkeit, dafs sie die Winkel nicht auf den Horizont reduciren, sondern dafs man, wenn man, wie in der Feldmessung, die reducirten Winkel verlangt, erst noch die Höhen-Winkel besonders messen, und danach die reducirten Winkel berechnen mufs, welches in der gewöhnlichen Feldmessung viel zu weitläufig ist. Die Spiegel-Instrumente sind daher auch nur allenfalls bei der Landmessung im Grofsen gebräuchlich. In der gewöhnlichen Feldmefskunst kommen sie nicht vor. Aber auch bei gröfseren Messungen haben sie, wegen der vielen Correctionen, die nöthig sind, nur in einzelnen besonderen Fällen vor dem Astrolabio Vorzüge.

Noch eine andere Art von Instrument darf wenigstens nicht ungenannt bleiben, obgleich der Verfasser selbst es zuerst für die Feldmeſskunst vorgeschlagen hat. Das Werkzeug tritt an die Stelle der Astrolabien, und miſst die Winkel, statt durch die zugehörigen Bogen, durch ihre Sinus und Cosinus. Das Princip des Werkzeugs ist so alt, wie der Gebrauch der goniometrischen Linien; aber die Aufgabe bestand darin, die kleineren Theile der Winkel zu messen, wozu hier der Nonius nicht anzuwenden ist. Es geschieht durch einen zweiten Kreis, der an der Alhihade fest ist, und durch welchen diese Art von Instrumenten eigentlich erst entsteht. Der Verfasser hat das Werkzeug Cathetometer genannt. Man kann sich darüber und über seine Vorzüge aus der kleinen Schrift: „Vom Cathetometer, einem neuen Winkel-Meſs-Instrumente u. s. w., Berlin bei Maurer 1817." unterrichten.

Von den bis jetzt allgemeiner bekannten Instrumenten kommen in der gewöhnlichen Feldmessung nur die oben beschriebenen, nemlich das Winkelkreuz, der Compaſs, der Meſstisch und das Astrolabium, nemlich der wagerechte Vollkreis, in Betracht, und man kann sich an die oben beschriebenen Zusammensetzungen dieser Instrumente halten.

D. Werkzeuge um die auf dem Felde ausgemessenen Figuren im Kleinen auf das Papier zu bringen.

63.

Diese Werkzeuge sind die sogenannten Reiſs- oder Zeichen-Instrumente, von welchen eine Sammlung oder Besteck auch Reiſszeug heiſst.

I. Puncte auf dem Papiere zu bezeichnen, oder auch von einem Papier auf das andere zu bringen, dienen die Copir-Nadeln, welche man aus ganz feinen englischen Nähnadeln selbst verfertigen kann, indem man um den Kopf oder das Oehr der Nadeln Knöpfchen von Siegellack, von der Gröſse einer Erbse, schmilzt.

Je feiner die Nähnadeln, je besser sind sie. Einzelne, mit sehr feinen Nadeln gestochene Puncte vermerkt man auf dem Papier, um sie leichter wiederzufinden, durch einen ganz kleinen, mit Bleistift herumgezogenen Ring.

II. Gerade Linien zieht man mit Bleifedern oder mit Tusch. Die Bleifedern müssen hart seyn, aber die Linien müssen sich doch mit Federharz (gummi elasticum, Caoutchouc) wieder verlöschen lassen. Mit kegelförmig zugespitzten Bleistiften lassen sich Linien feiner, sicherer und bestimmter zeichnen, als mit breit- oder meifselförmig geschärften Bleifedern. Die Reifsfedern müssen ebenfalls zugespitzt, nicht unten abgerundet seyn. Die Lineale sind entweder von Messing oder von Stahl. Die hölzernen sind zum Zeichnen nach dem Maafs nicht genau genug. Die Seitenflächen der metallenen Lineale müssen auf das Papier senkrecht stehen, und sowohl Bleistift als Reifsfeder hält man, wenn man eine Linie an dem Lineal entlang zieht, so, dafs die Spitze unten fest und scharf anliegt. Ein Lineal prüft man dadurch, dafs man eine recht scharfe Linie auf dem Papiere zieht, das Lineal, wenn es unter der Linie lag, jetzt über die Linie legt, und nachsieht, ob die Linie nirgend davon absteht, oder von dem Lineal bedeckt wird. Hat man zwei Lineale, so kann man sie beide zugleich prüfen, wenn man sie mit den Seitenflächen auf einander legt und gegen das Sonnenlicht hält. Scheint das Licht nicht durch, so können die Lineale nur gerade seyn, oder wenigstens nur eine und dieselbe Linie machen, deren etwanige Abweichung von der geraden schon durch Entlang-Visiren bemerkt wird.

III. Die Längen gerader Linien in demselben Verhältnifs auf das Papier zu bringen, welches sie auf dem Felde haben, dienen verjüngte Maafsstäbe, oder Maafsstäbe mit Transversalen. Man sehe wegen ihrer Einrichtung (Geometrie §. 402. Zweitens.). Die verjüngten Maafsstäbe werden so genommen, dafs die Länge auf dem Papier ein gerade aufgehender, leicht zu merkender Theil der Länge im Felde ist; z. B. der 1000te, 2000te, 2500te, 3000te, 4000te, 5000te, 10,000te, 100,000te Theil u. s. w. Im ersten Falle stellt also eine Länge von einem Decimal-Zoll auf dem Papier eine Länge von 10 Ruthen auf dem Felde, im zweiten eine Länge von 20, im dritten von 25, im vierten von 30, im fünften von 40, im sechsten von 50, im siebenten von 100, im achten von 1000 Ruthen u. s. w. vor. An einigen Orten nennt man auch, in der Gewerbe-Sprache, den Maafsstab im ersten Falle Zehner, im zweiten Zwanziger, im dritten Fünfundzwanziger Maafsstab u. s. w., oder man spricht: die Carte sey nach einem Maafsstabe von zehn Ruthen, zwanzig Ruthen, dreifsig Ruthen auf den Decimal-Zoll u. s. w. gezeichnet. Deutlicher und natürlicher ist es aber, zu sagen, die Carte sey nach einem Maafsstabe von einem Tausendtheil, einem Zweitausendtheil, einem Zweitausendfünfhunderttheil u. s. w. der wirklichen Länge gezeichnet. Dieser Ausdruck ist von dem willkührlichen Begriff von Ruthen, Fufsen und Zollen unabhängig und überall gleich verständlich, ohne erst zu wissen, welche Ruthen, Fufse und Zolle gemeint sind.

Die verjüngten Maafsstäbe sind gewöhnlich auf den messingenen oder stählernen Linealen, die sich ihrer Länge wegen gut dazu eignen, mit sehr feinen Linien geätzt. Wegen des Gebrauches dieser metallenen Maafsstäbe ist aber eine für die Richtigkeit der Zeichnung sehr wichtige Regel zu merken. Man mufs nemlich, wenn man eine Carte zeichnet, durchaus nicht die einzelnen Maafse von diesen Maafsstäben abnehmen, sondern man mufs nach denselben erst einen verjüngten Maafsstab auf dem Papiere selbst, worauf die Carte gezeichnet wird, abreifsen, und von diesem papiernen Maafstaabe die einzelnen Maafse abnehmen, nie von dem metallenen. Denn das Papier dehnt sich während des Zeichnens in der Kälte und Feuchtigkeit aus, und zieht sich in der Wärme und in trockner Luft zusammen, und beides bedeutend anders, wie der metallene Maafsstab, besonders auf dem Felde, wenn man z B. auf den Mefstisch zeichnet. Nähme man also die einzelnen Maafse von einem metallenen Maafsstab ab, so würden die einzelnen Längen ein bedeutend anderes Verhältnifs unter einander bekommen, als sie in der Wirklichkeit haben, und die Carte würde merklich unrichtig werden. Der papierne Maafsstab dagegen, auf demselben Blatt, auf welchem man zeichnet, dehnt sich mit der Zeichnung weit mehr in gleichem Verhältnifs aus, und zieht sich in gleichem Verhältnifs, wie die Zeichnung selbst, zusammen, so dafs der Rifs viel richtiger geräth, wenn man die Maafse von ihm selbst abnimmt. Die metallenen Maafsstäbe sind allerdings nöthig, damit die Gröfse der Zeichnung ein bestimmtes gegebenes Verhältnifs zu der Gröfse der Figur im Felde bekomme, weiter aber, als dafs man die papiernen Maafsstäbe ein für allemal davon abnimmt, darf man sich ihrer nicht bedienen. Der Fehler, wenn man die einzelnen Längen von metallenen Maafsstäben abnimmt, kann 2 bis 3 Procent der Länge, und mehr, betragen, welches weit über jeden, irgendwo erlaubten Fehler hinausgeht.

IV. Gegebene Längen von dem verjüngten Maafsstabe abzunehmen, und auf das Papier zu übertragen, dienen, wenn die Längen nicht grofs, z. B. nicht über 8 bis 9 Duodec. Zoll lang sind, Hand-Zirkel oder auch Federzirkel, für gröfsere Längen Stangen-Zirkel oder Zirkel mit Spitzen, die sich an ein Lineal entlang schieben lassen. Die Einrichtung dieser Werkzeuge ist bekannt genug. Die Spitzen müssen nicht schnell aus dem dicken Fufse des Zirkels zusammenlaufen, sondern mehr die Form einer schlanken Pyramide haben, oder eher nadelförmig seyn, damit sie keine grofse Löcher in das Papier machen. Die Seiten nach innen müssen aber allemal Ebenen bis oben zu bilden, die zusammenfallen, wenn der Zirkel nicht geöffnet ist. Beim Gebrauche mufs man den Zirkel so stellen, dafs die Ebene des gleichschenkligen Dreiecks, welches der Hand-Zirkel mit seinen beiden Spitzen und dem Kopfe macht, so wie die Ebene des Parallelogramms, welches die Spitzen des Stangen-Zirkels und sein Lineal bilden, allemal senkrecht auf der Ebene des Papiers stehen.

V. Um Kreisbogen auf dem Papier zu zeichnen, welches auch beim Zeichnen der Flur-Carten häufig vorkommt, wenn man z. B. über einer gegebenen Grundlinie, mit zwei anderen gegebenen Seiten, ein Dreieck zeichnen will, hat man Einsätze in einen Fufs des Hand-Zirkels, die dann verlängert und verkürzt werden können, und in welche ein Bleistift oder eine Reifsfeder gespannt wird. Doch zieht man auch die Bogen mit den Zirkelspitzen, oder blind. Wird ein Einsatz eingespannt, so mufs derselbe allemal länger seyn, als der andere Zirkelfufs, und zwar um soviel, dafs der feste Fufs, der im Mittelpuncte des Kreises stehen bleibt, auf das Papier senkrecht gesetzt werden kann.

VI. Krumme Linien anderer Art, wie sie durch Abscissen und Ordinaten gefunden werden (§. 6.), zeichnet man aus freier Hand, mit scharf zugespitzten und wenig gespaltenen Raben-Federkielen, oder auch mit gut gehärteten Gänse-Federkielen. Es kommt auf einige Uebung an, die Linien sehr fein und überall gleich dick zu ziehen, so dafs sie nicht, wie es sonst, wenn man die Feder nicht immer gleich stark andrückte, durch die Spalte geschehen würde, Drucke wie in einer Handschrift bekommen.

VII. Rechte Winkel, so wie auch Parallelen, auf dem Papiere zu zeichnen, hat man rechtwinklige Dreiecke, am besten von Ebenholz, 3 bis 6 Zoll breit, 6 bis 12 Zoll hoch, die mit einer der Catheten, gewöhnlich mit der kleineren, oder auch mit der Hypothenuse an ein Lineal entlang geschoben werden können. In beiden Fällen kann man mit Bleistift oder mit der Reifsfeder an den beiden freien Seiten Parallelen ziehen; im ersten Falle giebt das Werkzeug, gegen die gerade Linie, die am Lineal entlang gezogen ist, rechte Winkel.

VIII. Winkel von beliebiger Gröfse bringt man entweder dadurch auf das Papier, dafs man mit 3 Seiten ein Dreieck zeichnet, in welchem ein Winkel so grofs ist, als der gegebene, oder man bedient sich dazu der Transporteurs. Beides kommt besonders vor, wenn mit der Boussole oder dem Astrolabio gemessen wurde.

A. Sind die 3 Seiten des Dreiecks, welches den gegebenen Winkel enthält, nicht auf dem Felde selbst gemessen, sondern ist vielmehr der Winkel in Graden und Minuten gemessen worden, und man will ihn ohne Transporteur auf das Papier bringen, so kann man die übrige Gestalt des Dreiecks willkürlich annnehmen, wenn es nur den gegebenen Winkel enthält. Da es nun am einfachsten ist, die Seiten, welche den gegebenen Winkel einschliefsen, gleich lang zu machen, so legt man den Winkel in ein gleichschenkliges Dreieck mit Schenkeln von willkürlicher Länge, z. B. von 10, 20, 30 Ruthen lang, oder einer andern Zahl von Ruthen, mit welcher sich leicht rechnen läfst. Die dritte Seite des Dreiecks ist dann die Sehne des Winkels für einen Halbmesser, der so lang ist, als die angenommenen gleichen Schenkel, die den Winkel einschliefsen. Man hat eigene Sehnen-Tafeln, in welchen die Sehnen der Winkel von 0 bis 90 Grad von 10 zu 10 Minuten oder selbst von Minute zu Minute, für den Halbmesser 1, berechnet sind. Man darf also nur die Sehne des gegebenen Winkels für den Halbmesser 1 aus den Tafeln nehmen, und mit der angenommenen Länge der Schenkel multipliciren: so findet man die Länge der dritten Seite des Dreiecks, und kann dasselbe also alsdann aufzeichnen. Hat man keine Sehnen-Tafel, so nimmt man aus den Sinus-Tafeln den doppelten Sinus des halben Winkels, welcher der Sehne gleich ist, und multiplicirt ihn ebenfalls mit der Länge der gleichen Schenkel. Es sey z. B. der Winkel 37° 18′ durch ein Dreieck auf das Papier zu bringen, und *AB* (Fig. 33. Taf. 3.) sey der eine gegebene Schenkel, *A* der Scheitel, so nehme man aus den Tafeln die Sehne von 37° 18′. Dieselbe ist 0,6395726 für den Halbmesser 1. Nun nehme man *AB* willkürlich, z. B. wenn die Längen in der Zeichnung $\frac{1}{2500}$ der Längen im Felde sind, 100 Ruthen lang an, welches auf dem Papier 4 Zoll ausmacht, und ziehe aus dem Mittelpunct *A* mit der Zirkelspitze den Kreisbogen *BC*, so dafs $AC = AB$, so mufs man in dem Dreieck *CAB* die Seite *BC*, 100 mal 0,6395726, also nach dem Maafsstabe 63,95726 Ruthen lang machen. Man setzt also diese Länge, als Sehne, in den Kreisbogen *CB*, und zieht *CA*, so hat der Winkel *CAB* die verlangte Gröfse. Diese Art, in Graden und Minuten gegebene Winkel auf das Papier zu übertragen, ist recht genau, und man kann die Genauigkeit durch Vergröfserung der Länge der Seiten des Dreiecks nach Belieben steigern; allein sie ist weitläufig. Kürzer und schneller zeichnet man Winkel durch den Transporteur.

B. Es giebt halbkreisige und vollkreisige Transporteurs, mit und ohne Nonien. Ihre Tauglichkeit ist so verschieden, und ihre Genauigkeit verhält sich ungefähr so, wie die der halb- und vollkreisigen Astrolabien, mit und ohne Nonien. Die halbkreisförmigen Transporteurs ohne Nonius, sind eben so unbrauchbar, wie das halbkreisförmige Astrolabium; denn sie können fast gar nicht geprüft werden, und geben die Winkel höchstens bis auf Achtel-Grade sicher, wenn auch ihr Durchmesser 6 Zoll und darüber beträgt. Die vollkreisigen Transporteurs ohne Nonius sind schon besser, weil sie durch die Alhidade wenigstens geprüft werden können, aber sie geben die Winkel auch nur bis auf Achtel-Grade. Hat ein Transportenr keine bewegliche Alhidade, so steckt man die Winkel gewöhnlich mit einer Punctir-Nadel am Rande ab, was aber die Ungenauigkeit wieder vermehrt. Besser schon sind die halbkreisigen Transporteurs mit Nonius und beweglicher Alhidade. Die Figur 34. Taf. 4. giebt davon eine Vorstellung, welche ohne weitere Erklärung deutlich seyn wird. Den Durchmesser des Halbkreises legt man an den einen gegebenen Winkel-Schenkel, den Mittelpunct über den Scheitel, stellt die Alhidade auf den verlangten Winkel, und zieht daran den anderen Schenkel. Diese Transporteurs können schon durch den Nonius scharf geprüft werden, sowohl ob sie centrisch sind, als ob der Limbus richtig getheilt ist, und der Fehler des Absteckens mit der Punctir-Nadel am Rande findet nicht Statt. Noch besser sind die ganzkreisigen Transporteurs. Sie können vollständig geprüft werden, und der zweite Winkel-Schenkel wird abgesteckt. Die Figur 35. Taf. 4. giebt davon eine Vorstellung. Man legt zwei, am Rande des Limbus bemerkte Puncte *a*, *a* oder *b*, *b*, die auf Null und 180 Grad, oder auf 90 und 270 Grad der Theilung zutreffen, an den einen Schenkel des Winkels, stellt die Alhidade auf den verlangten Winkel, und steckt mit den Punctir-Nadeln *c*, *c* an den Enden der Alhidade, die durch Federn von dem Papier entfernt gehalten werden, und sich niederdrücken lassen, zwei Puncte *a*, *b*, durch welche man, nachdem der Transporteur weggenommen worden, den anderen Schenkel des Winkels ziehen kann.

Der Transporteur ist für die Carte meistens ein eben so wichtiges Instrument, als das Winkel-Instrument im Felde. Denn obgleich man beim Auftragen den Gebrauch des Transporteurs sehr beschränken kann, so ist er doch nicht gut ganz zu entbehren, und es würde meistens wenig helfen, die Winkel im Felde noch so genau und sicher zu messen, wenn man sie nicht eben so genau und sicher zu Papier bringen könnte. Man darf daher eines gewöhnlichen schlechten halbkreisigen Transporteurs ohne Nonius sich nicht bedienen, wenn man nicht Gefahr laufen will, grobe Fehler zu begehen.

IX. Es giebt noch mehrere künstliche Instrumente zum Zeichnen, als: Proportional-Zirkel, dreifüfsige Zirkel u. s. w., die man aber füglich entbehren kann. Von einigen anderen, die bei der Berechnung des Inhalts der Figuren, beim Copiren und Reduciren, eine Art practischen Nutzen haben, wird weiter unten die Rede seyn.

64.

64.

Nachdem jetzt das Nöthigste von Werkzeugen zum gewöhnlichen Feldmessen abgehandelt ist, läfst sich zur Beschreibung des Messens, Cartirens und Berechnens der Felder übergehen. Das Messen folgt zuerst, und es wird gut seyn, das Abstecken und Ausmessen *einzelner Linien und Winkel*, besonders in den Fällen, wo das Terrain Schwierigkeiten macht, zuerst abzuhandeln, damit das Verfahren in solchen Fällen als bekannt vorausgesetzt werden könne, und die Uebersicht der Regeln für das Ausmessen der Fluren überhaupt hernach nicht unterbrochen werde.

Der Abschnitt vom Messen zerfällt also in zwei Theile, wie folgt:

Dritter Abschnitt.

Vom Ausmessen der Felder.

I. Vom Ausmessen und Abstecken einzelner Linien und Winkel, besonders wenn im Terrain Hindernisse sind.

65.

I. Zwischen zwei durch Stäbe bezeichnete Puncte auf dem Felde einen oder mehrere Stäbe in eine gerade Linie oder vielmehr in eine Vertical-Ebene zu setzen, hat, wenn man in die gegebenen Puncte gelangen, und einen aus dem anderen sehen kann, keine Schwierigkeit. Man setzt erst ungefähr in die Mitte der ganzen Länge einen Stab, halbirt darauf die Hälfte u. s. w., und sieht immer nach, dafs alle Stäbe sich decken. Man verfährt beim Visiren nach (§. 11.).

II. Eine gerade Linie *AB* (Fig. 36. Taf. 5.) zu verlängern, setzt man erst ungefähr auf die doppelte Länge in *C* einen Stab, richtet hierauf nach *A* und *C*, wiederum um etwa die einfache Länge *AB* weiter, einen Stab *D* ein u. s. w.: jedoch darf die gegebene Linie *AB* nicht zu kurz, und die Stäbe *A* und *B* müssen dünn und gerade seyn. Auch mufs man von *C* aus nachsehen, ob *B* den Stab *A* deckt, von *B* aus, ob *C* den Stab *D*, und von *D*, ob *C* die Stäbe *B* und *A* deckt, u. s. w.

66.

I. Ist entweder die Entfernung zweier Puncte *A* und *B* (Fig. 37. Taf. 5.), zwischen welche andere in eine gerade Linie gesetzt werden sollen, so grofs, dafs man einen aus dem anderen nicht deutlich genug sehen kann, oder liegt zwischen *A* und *B* irgend ein Hindernifs des Sehens von *A* nach *B* und von *B* nach *A*, z. B. ein Hügel, von welchem man nur etwa in dem Umfange *IDCK*, sowohl *A* als *B* sehen kann, oder sind die Puncte *A* und *B* unzugänglich, so nehmen zwei Beobachter, jeder einen Stab, begeben sich damit ungefähr in die Linie, und der eine, z. B. in *C*, richtet den anderen in *D* auf *A* ein. Findet der Beobachter in *D*, dafs der erste in *C* nicht in der geraden Linie *DB* steht, so richtet er ihn in dieselbe ein, etwa in *E*. Findet jetzt der Beobachter in *E*, dafs der andere in *D* nicht in der geraden Linie *EA* steht, so richtet er ihn in dieselbe ein, etwa in *F*. Dieses Verfahren wiederholt man, bis man zu zwei Puncten *I* und *K* gelangt ist, die so liegen, dafs sich *I* in der geraden Linie *AK*, und *K* in der geraden Linie *IB* befindet. Alsdann ist die ganze Linie *AIKB* gerade, und man kann, nach (§. 65.), zwischen *I* und *A*, *K* und *B* nach Belieben mehrere Stäbe in eine gerade Linie setzen. Um die Operation nicht zu oft wiederholen zu müssen, bis man in die gerade Linie gelangt, richtet gleich nach der ersten Operation, welche zeigt, auf welcher Seite von *AB*, *C* und *D* sich befinden, z. B. *D* den anderen Beobachter etwas aufserhalb der geraden Linie *DB* weiter nach *AB* zu ein; eben so *E* den ersten Beobachter etwas weiter über *EA* hinaus, nach *AB* zu, u. s. w. So gelangt man bald in die gesuchte gerade Linie.

II. Befinden sich zwischen *A* und *B* (Fig. 38. Taf. 5.) mehrere Hügel, z. B. bei *C*, *D* und *E*, so dafs man nirgend zwischen *A* und *B* die beiden Puncte *A* und *B* zugleich sehen kann, wie wenn die Linie über Berg und Thal hinwegginge, so mufs man erst mehrere Puncte *C*, *D*, *E* u. s. w. in der Linie *AB* ungefähr und zwar so annehmen, dafs man von *C*, *A* und *D*, von *D*, *C* und *E*, von *E*, *D* und *B* sehen kann. Alsdann richtet man nach (I.) erst C_1 zwischen *A* und *D*, und E_1 zwischen *D* und *B*, hierauf D_1 zwischen C_1 und E_1, sodann C_2 zwischen D_1 und *A*, und E_2 zwischen D_1 und *B* ein, u. s. w. So fährt man fort, bis alle Puncte in der geraden Linie *AB* liegen.

III. Hat man ein Winkel-Instrument, oder ein Winkel-Kreuz, oder ein fest aufzustellendes Lineal mit Diopteren, oder mit einem durchschlagenden

Fernrohr, oder mit zwei Fernröhren zum Rück- und Vorwärts-Visiren, so kann man das Verfahren (I.), und folglich auch das Verfahren (II.), welches eine Zusammensetzung oder Wiederholung von (I.) ist, abkürzen. Man stellt, um einen Stab *P* (Fig. 37. Taf. 5.) in die gerade Linie zwischen zwei gegebene unzugängliche Stäbe, wie z. B. *A* und *B*, zu setzen, das Instrument so, und verändert seinen Ort so lange, bis man beim Rück- und Vorwärts-Visiren die Stäbe *A* und *B* aus einem und demselben Orte *P* erblickt. Dieser Punct liegt dann nothwendig in der geraden Linie *AB*.

Besonders das Winkelkreuz ist dazu, weil es sich leicht von einem Orte zum anderen bringen und aufstellen läfst, geschickt. Das Instrument wird sich aber immer, weil die Diopter nur eine kurze Linie bezeichnen, etwas aus der Linie nach *Q* und *R* rücken lassen. Von *Q* bis *R* werden die Diopter noch immer die Stäbe *A* und *B* zu decken scheinen. Diese Differenz *QR* mufs man halbiren, und den Stab, mitten zwischen *Q* und *R*, in *P* setzen. Man mufs aber auch noch, im Fall es auf Genauigkeit ankommt, nachdem der Ort *P* gefunden ist, in die geraden Linien *PA* und *PB* Stäbe *I* und *K* setzen, so weit als möglich aus einander, jedoch so, dafs man von *I* aus nach *B* und von *K* aus nach *A* sehen kann, und dann nachsehen, ob auch *I* in der geraden Linie *AK* und *K* in der geraden Linie *IB* steht. Ist es etwa nicht der Fall, so ist die Berichtigung leicht.

67.

Sind zwei Puncte, zwischen welchen man eine gerade Linie abstecken soll, nicht allein einer aus dem anderen nicht sichtbar, sondern auch der Hindernisse dazwischen so viele, dafs man selbst aus keinem Punct in gerader Linie zwischen den beiden gegebenen Puncten dieselben sehen kann, wie z. B., wenn zwei Puncte auf der äufseren Grenze eines Waldes lägen, und man sollte eine gerade Linie zwischen ihnen abstecken und vielleicht durch den Wald aushauen lassen, so kann man unter den verschiedenen Umständen, wie folgt, verfahren.

I. Ist der Wald nicht allzu grofs, oder sind wenigstens die gegebenen Puncte *A* und *B* (Fig. 39. Taf. 5.) so weit von der Grenze des Waldes entfernt, oder hoch genug (z. B. Thürme), dafs sie aufserhalb, von der Seite, aus einem und mehreren Puncten, wie *C*, beide zugleich gesehen werden können, so steckt man:

α) erst einen Stab *C*, aus welchem man *A* und *B* sehen kann, willkürlich, darauf in der Verlängerung der geraden Linie *BC*, in hinreichender Entfernung, zwei Stäbe, *D* und *G*, hierauf in der Verlängerung der geraden Linie *AC* einen Stab *E*, nicht allzuweit von *C* entfernt, so dafs der Winkel *CGE* nicht zu grofs ist; ferner in den Durchschnittspunct der geraden Linien *AD* und *EG* einen Stab *F*, sodann in den Durchschnittspunct der geraden Linien *DE* und *CF* einen Stab *H*, ferner in den Durchschnittspunct der geraden Linien *BF* und *HG* einen Stab *I*, und endlich in den Durchschnittspunct der geraden Linien *EG* und *DI* einen Stab *X*: so befindet sich *X* in der geraden Linie *AB*, und man kann *XB* durch den Wald verlängern und aushauen lassen, und zwar erst in einem ganz schmalen Streifen, um die Linie noch berichtigen zu können.

Der Beweis des Satzes, dafs, wenn sich 3 gerade Linien *XA*, *EA* und *FA* in einem und demselben Puncte *A* schneiden, und von zwei anderen geraden Linien *BG* und *XG* geschnitten werden, dafs dann die Durchschnittspuncte *I* und *H* der Diagonalen *XD*, *BF* und *CF*, *ED* der Vierecke *BDFX* und *CDFE*, mit dem Durchschnittspuncte *G* der schneidenden Linien *BG* und *XG*, in einer geraden Linie *IHG* liegen, und umgekehrt; worauf, wie leicht zu sehen ist, das obige Verfahren gegründet ist, beruhet auf den Eigenschaften der Transversalen. (Man sehe Geometrie §. 218.) Der Wald kann selbst zwischen den gegebenen Puncten *A* und *B* und zwischen *B*, *C*, *E*, *X* noch hindurch gehen, wenn nur *A* aus *E* und *F*, *B* aus *D*, *F*, *G*, und *X* aus *D* und *G* sichtbar sind. Die Verlängerung der geraden Linie *AB* wird durch dieses Verfahren blofs durch Visiren über Stäbe gefunden.

β) Hat man ein Winkel-Kreuz zur Hand, und der Wald tritt nicht sehr weit vor die gerade Linie *AB* (Fig. 40. Taf. 5.) heraus, so kann man auch, wie folgt, verfahren. Man setzt in einer willkürlich angenommenen geraden Linie *PQR*, die sich aber ganz übersehen lassen mufs, das Winkel-Kreuz in *P* und *Q* so auf, *APQ* und *BQP* rechte Winkel sind, und mifst mit dafs der Kette die Linien *AP*, *BQ* und *PQ*. Alsdann verlängert man *PQ* um ein willkürliches Stück *QR*, z. B.

von 20 bis 30 Ruthen, und steckt mit dem Winkel-Kreuz, rechtwinklig auf PQR, die gerade Linie RX ab. Wegen Aehnlichkeit der Dreiecke XVB und XUA, wenn XU eine Parallele mit PQR durch X vorstellt, ist

$$\frac{BV}{XV} = \frac{AU}{XU}.$$

Daraus folgt $BV = \frac{XV \cdot AU}{XU}$, oder weil

$XV = QR$, $AU = AP - XR$, $XU = PR$ und $BV = QB - XR$,

$$QB - XR = \frac{QR(AP - XR)}{PR};$$

also $XR = QB - \frac{QR(AP - XR)}{PR}$,

oder $PR \cdot XR = QB \cdot PR - QR \cdot AP + QR \cdot XR$,

oder weil $PR - QR = PQ$:

$$XR = \frac{QB \cdot PR - PA \cdot QR}{PQ}.$$

Da nun QB, PA, PR, QR und PQ bekannt sind: so läfst sich XR berechnen, und wenn man dieser Linie die gefundene Länge giebt, so liegt X in der Verlängerung der Linie AB, und man kann, wie oben, XB durch den Wald nach A hin verlängern.

II. Wenn die gegebenen Puncte A und B (Fig. 41. Taf. 5.), welche durch eine gerade Linie verbunden werden sollen, beide auf keine Weise von der Seite sichtbar sind, einer der beiden Puncte aber, z. B. B, durch hohe Stangen oder andere Mittel (§. 9.) wenigstens ungefähr so bezeichnet werden kann, dafs man ihn von der Gegend bei A sieht: so setzt man erst, in einer Entfernung von etwa 30 bis 50 Ruthen rückwärts, einen Stab C in die gerade Linie AB, und verlängert nun die Linie CA allmälig bis nach B zu. War das Merkmal des Punctes B nicht ganz deutlich sichtbar, und der Wald ist nicht sehr dicht verwachsen: so verlängert man die Linie CA erst, so genau es angeht, zwischen die Bäume hindurch, ohne die Bäume zu fällen, mifst die Länge der verlängerten Linie, und bezeichnet sie von 10 zu 10 oder von 20 zu 20 Ruthen durch kleine, in die Erde getriebene Pflöcke, die auf irgend eine Weise kenntlich gemacht werden, um sie wiederzufinden. Trifft man nun mit der verlängerten Linie den gegebenen Punct B nicht genau, sondern kommt z. B. in D, neben B, heraus: so mifst man den Abstand DB, senkrecht auf AD, und berechnet aus den ähnlichen

Dreiecken AF_1E_1, AF_2E_2, ... ADB, um wieviel, nach Verhältnifs des Abstandes DB, die abgesteckte Linie $AF_1F_2 \ldots D$ von der richtigen Linie $AE_1E_2 \ldots B$, in den Puncten F_1, F_2 . . . . abweicht. Diese Abweichungen setzt man rechtwinklig auf AD in F_1E_1, F_2E_2 u. s. w., und findet nun die gerade Linie $AE_1E_2 \ldots B$ genauer. Man läfst nunmehr die Bäume, aber wieder erst in einem schmalen Streifen A, $E_1E_2 \ldots B$ fällen, so dafs man nur erst von A nach B ganz hindurch sehen kann. Alsdann lassen sich die Puncte $E_1, E_2 \ldots$, wenn sie noch immer nicht genau zwischen A und B in gerader Linie liegen sollten, durch blofses Visiren vollends berichtigen. Ist der Wald nicht ganz dicht verwachsen, so ist es immer rathsam, auf die eben beschriebene Weise zu verfahren, nemlich erst die Linie zwischen die Bäume hindurch auszustecken, ohne die Bäume zu fällen, und dann die Linie zu berichtigen. Nur wenn der Wald ganz dicht verwachsen ist, mufs man gleich beim ersten Ausstecken das Gebüsch wegräumen lassen; jedoch immer anfänglich nur in einem ganz schmalen Streifen, der erst, nachdem die Linie völlig berichtigt ist, verbreitet wird.

III. Lassen sich die Puncte A und B (Fig. 42. Taf. 5.), keiner aus dem anderen auf irgend eine Weise sichtbar machen, vielleicht weil zwischen A und B eine zu bedeutende Anhöhe liegt, oder sind wohl gar A und B selbst noch von Wald umgeben: so bleibt nichts Anderes übrig, als auf irgend eine Weise einen Umweg von A nach B, das heifst, irgend ein Vieleck $ACDEFGHIB$ auszumessen, davon entweder eine genaue Zeichnung zu machen, und daraus einen der Winkel CAB oder IBA abzunehmen, oder die Gröfse eines dieser Winkel zu berechnen (wovon weiter unten). Nachdem dieses geschehen, steckt man rückwärts in die Verlängerung von AB, z. B. unter dem Winkel CAK eine gerade Linie AK ab (man sehe §. 70.), die man dann nach (II.) durch den Wald verlängern kann.

68.

Soll eine gerade Linie nicht sowohl über ein Hindernifs hinweg, z. B. durch einen Wald hindurch, als vielmehr jenseits desselben verlängert werden, ohne sie im Walde auszuhauen, z. B. die gegebene gerade Linie XB (Fig. 39. Taf. 5.) jenseits des Waldes nach *AZ*, so kann man unter den verschiedenen Umständen, wie folgt, verfahren.

I. Ist der Wald nicht allzugrofs, und giebt es eine Gegend *CDEF* neben dem Walde, aus welcher man irgend zwei Puncte *X*, *B* der zu verlängernden Linie *XB*, so wie die Gegend ihrer Verlängerung *AZ* sehen kann, so setzt man

α) erst einen Stab *G*, aus welchem man *X* und *B* sehen kann, willkürlich, und in die geraden Linien *BG* und *XG* zwei andere *D* und *F*, hierauf in den Durchschnitt der geraden Linien *BF* und *DX* einen Stab *I*, ferner irgendwo in die gerade Linie *GI*, etwa zwischen *I* und *DF* einen Stab *H*; ferner in die Durchschnitte der geraden Linien *HF*, *BG* und *HD*, *XG* Stäbe *C* und *E*, endlich aber in die Durchschnitte der geraden Linien *DF* und *CE* einen Stab *A*: so steht dieser Stab *A* in der Verlängerung der Linie *XB*, jenseits des Waldes. Sucht man auf gleiche Weise einen zweiten Punct *Z* in der Verlängerung von *XB*, so hat man zwei Puncte *A* und *Z*, durch welche sich die Linie *XB* jenseit des Waldes nach Belieben verlängern läfst. Das Verfahren beruhet auf denselben Gründen wie (§. 67. I.). Es ist dazu ebenfalls kein Mefs-Werkzeug nöthig, sondern nur das Visiren über Stäbe.

β) Hat man ein Winkel-Kreuz, und der Wald tritt nicht allzuweit vor die Linie *AB* (Fig. 40. Taf. 5.) heraus, so stelle man das Winkel-Kreuz in *B* auf, und stecke mittelst desselben *BS* von solcher Länge rechtwinklig auf *BX* ab, dafs man an dem Walde, ungefähr in paralleler Richtung mit *BX*, vorbei sehen kann. Man stelle jetzt das Winkel-Kreuz in *S* auf, und stecke, rechtwinklig auf *BS* die gerade Linie *ST*, so lang ab, dafs man ungefähr in paralleler Richtung mit *BS* in die Linie *AZ* gelangen kann. Man stelle ferner das Winkel-Kreuz in *T* auf, stecke *TA* rechtwinklig auf *TS* ab, und mache *TA* gleich *BS*. Alsdann befindet sig *A*, weil *BSTA* ein Rechteck ist, in der Verlängerung der geraden Linie *XB*. Stellt man nun endlich das Winkel-Kreuz in *A* auf, und steckt *AZ* rechtwinklich auf *AT* ab, so ist *AZ* die Verlängerung der gegebenen Linie *XB*, jenseits des Waldes.

γ) Hat man ein Winkel-Instrument, so messe man die Winkel *CXB* und *CBX* nebst der Linie *BX* (Fig. 43. Taf. 5.). Steckt man alsdann unter einem willkürlichen Winkel *ACX*, die Länge

$$AC = BX \frac{\sin CBX \, . \, \sin CXB}{\sin BCX \sin (CXB + ACX)}$$

ab, so liegt A in der Verlängerung von XB. Denn

$$CX = BX . \frac{\sin CBX}{\sin BCX} \text{ und } AC = CX . \frac{\sin CXB}{\sin XAC}$$

$$= CX . \frac{\sin CXB}{\sin (CXB + ACX)}, \text{ also}$$

$$AC = BX . \frac{\sin CBX \sin CXB}{\sin BCX \sin (CXB + ACX)};$$

wie oben. Läſst sich der Punct C so annehmen, daſs ACX ein rechter Winkel ist, so ist $\sin (CXB + ACX) = \cos CXB$, also kürzer: $AC = BX \operatorname{tang} CXB . \frac{\sin CBX}{\sin BCX}$. Lieſse sich auch $CX = BX$, also $CBX = BCX$ machen, so ist noch kürzer $AC = BX \operatorname{tang} CXB$.

II. Tritt der Wald zu weit vor, als daſs man X, B und A (Fig. 40. Taf. 5.) von der Seite sehen könnte, so lassen sich vielleicht noch die Puncte X und B durch irgend ein Mittel nach (§. 9.) von A und Z aus sichtbar machen. Man richtet alsdann zwei Puncte A und Z in die gerade Linie BX ein. AZ ist alsdann die Verlängerung von XB.

III. Lassen sich X und B auf keine Weise von A aus sichtbar machen, so muſs man nach (§. 67. III.) verfahren, und die Verlängerung AZ durch Ausmessung eines Umweges suchen.

69.

I. *Perpendikel* auf eine gegebene Linie aus einem gegebenen Puncte derselben, steckt man im Felde am besten und leichtesten mit dem **Winkel-Kreuz** ab, nach (§. 42. I.). Kommt es aber auf besondere Genauigkeit an, oder sind die abzusteckenden Linien sehr lang, so prüft und berichtigt man einen mit dem Winkel-Kreuz ausgesteckten rechten Winkel, wie folgt:

Gesetzt, BCK (Fig. 44. Taf. 5.) sey die gegebene Linie, DC das auf dieselbe, mittelst des Winkel-Kreuzes abgesteckte Perpendikel, so messe man auf der gegebenen Linie BCK aus dem gegebenen Fuſs des Perpendikels rechts oder links ein Stück CB von bedeutender Länge, z. B. 30 Ruthen lang, genau ab. Hierauf messe man in dem ausgesteckten Perpendikel, ebenfalls von C aus, nach D genau 40 Ruthen ab: so muſs BD, wenn das Perpendikel richtig ist, genau 50 Ruthen seyn. Denn wenn das Dreieck *BCD* rechtwinklig ist, so ist nach dem Pythagorischen Lehrsatze $BC^2 + CD^2 = BD^2$, und $BC = 30$, $CD = 40$, giebt $30^2 + 40^2 = 900 + 1600 = 2500$, also *BD* gleich 50 Ruthen. Man messe nun in der geraden Linie *BD*, von *B* aus, 50 Ruthen ab. Ist das Perpendikel richtig, so werden die 50 Ruthen gerade bis *D* reichen. Gesetzt, der Winkel *BCD* wäre aber nicht genau ein rechter, sondern z. B. etwas stumpf, so wird *BD* länger seyn als 50 Ruthen, folglich werden die abgemessenen 50 Ruthen nicht bis *D*, sondern etwa nur bis *E* reichen. Um nun das Perpendikel auf *BK* genauer zu finden, ohne das ganze Verfahren zu wiederholen, setze man in *E* auf *BE* das kurze Perpendikel *AE*, und eben so in *D*, wohin $DC = 40$ Ruthen reichten, auf *DC* das kurze Perpendikel *AD*. Der Punct *A*, in welchem sich diese beiden kurzen Perpendikel schneiden, wird schon sehr genau das wahre Perpendikel *AC* geben, in sofern der Fehler *ACD* des Winkels nicht grofs war. Diese Berichtigung beruhet darauf, dafs, wenn *AE* auf *BE* und *AD* auf *DC* senkrecht sind, und die Winkel *ACD* und *ABD* nur klein sind, dafs dann die Hypothenusen *AB* und *AC* der rechtwinkligen Dreiecke *BEA* und *CDA* nur unmerklich länger sind, als die Seiten *BE* und *CD*. Will man die Genauigkeit noch weiter treiben, so darf man das Verfahren mit dem ersten Perpendikel *DC* nur mit dem neuen *AC* wiederholen. Wäre der Anfangs ausgesteckte Winkel spitz gewesen, wie *DCK*: so wird, wenn man *CK* 30 Ruthen und *CD* 40 Ruthen lang macht, eine Länge von 50 Ruthen, in der Richtung *KD*, etwas über *D* hinausreichen, etwa bis *F*. Setzt man alsdann *FA* in *F* auf *KF* und *AD* in *D* auf *DC* senkrecht, so giebt der Durchschnittspunct *A* der kurzen Perpendikel *FA* und *DA* das gesuchte Perpendikel *AC* auf *BCK* genauer.

II. Hat man kein Winkel-Kreuz zur Hand, so kann man auch das Perpendikel blofs mit der Kette, wie folgt, abstecken.

a) Man misset aus *C* (Fig. 44. Taf. 5.) rechts und links in der gegebenen Linie *BCK* gleiche Längen, z. B. rechts $1\frac{1}{2}$ Ruthen nach *CH* und links $1\frac{1}{2}$ Ruthen nach *CG*, steckt die Ketten-Pfähle in *G* und *H* fest, und führt die Mitte der Kette nach *I* hin, bis die Kette ganz angespannt ist. Alsdann ist *CI* auf *GH* perpendiculair; denn das Dreieck *GIH* ist gleichschenklig und *GC* ist gleich *HC* gemacht. Diese Art, ein Perpendikel abzustecken, ist aber so ungewifs, dafs sie ohne Probe nur gelten kann, wenn das Perpendikel sehr kurz ist, und es auf keine Genauigkeit ankommt.

β) Verlangt man das Perpendikel, ohne Probe, genauer, so stecke man aus dem gegebenen Puncte C der gegebenen Linie BK (Fig. 45. Taf. 5.) in willkürlicher Richtung CE, unter einem Winkel ECK von etwa 60 Graden gegen BK, eine gerade Linie CE aus, so lang als CK, und mache in der Richtung KE,

$$KD = \frac{2CK^2}{EK},$$

so ist DC auf BK, im Puncte C, perpendiculair; denn wegen $CE = CK$ ist $FK = \frac{1}{2}EK$, wenn CF ein Perpendikel auf EK ist. Nun sind die rechtwinkligen Dreiecke CFK und DCK ähnlich, und es ist folglich $\frac{KD}{CK} = \frac{CK}{FK}$ $= \frac{CK}{\frac{1}{2}EK} = \frac{2CK}{EK}$, also $KD = \frac{2CK^2}{EK}$; wie oben.

Wenn man die Hülfslinien beliebig lang machen kann, so läfst sich auf diese Weise das Perpendikel sehr genau ausstecken.

III. Mit dem Astrolabio steckt man einen rechten Winkel auf eine gegebene gerade Linie BK (Fig. 44. Taf. 5.), aus einem gegebenen Punct derselben, C, ab wenn man das Instrument in dem gegebenen Puncte C aufstellt, das Visir erst auf B richtet, darauf den Limbus fest stellt, die Alhidade um 90 Grad weiter drehet, und nun in ihre Richtung den Stab A setzen läfst.

IV. Hat man eine Boussole, so stellt man sie in C (Fig. 44. Taf. 5.) auf, richtet das Visir nach CB, läfst die Nadel, frei und bis sie zur Ruhe gelangt, spielen, und siehet nach, welchen Winkel CB mit dem magnetischen Meridian macht. Darauf drehet man das Visir so weit herum, bis die Nadel einen um 90 Grad von dem vorigen verschiedenen Winkel zeigt, und setzt in die Richtung des Visirs den Stab A.

V. Hat man einen Mefstisch, so stellt man ihn in dem gegebenen Puncte C (Fig. 44. Taf. 5.) auf, legt das Visir über die Mitte des Tisches in die Richtung CB, und ziehet an dem Visir-Lineal, auf dem Mefstisch, eine scharfe Linie. Auf diese ziehet man in der Mitte des Tisches ein Perpendikel, legt in die Richtung desselben das Diopter-Lineal und läfst nach der Richtung des Visirs den Stab A stecken.

Nur der mit dem Astrolabio, mit Nonius und Fernrohr, oder mit der Kette nach (II. β) abgesteckte Winkel ist, wenn es auf Genauigkeit ankommt, oder das Perpendikel sehr lang ist, ohne Probe als richtig anzunehmen. Jede andere Absteckung mufs auf die in (I) beschriebene Art geprüft werden. Ist dagegen das Perpendikel nicht lang, z. B. nicht über 5 bis 10 Ruthen lang, und es kommt nicht auf besondere Genauigkeit an, welches der gewöhnliche Fall bei den Ordinaten ist, durch welche man Krümmungen in den Grund legt (§. 6.), so ist die Absteckung mit dem Winkel-Kreuz ohne Proben zulänglich und von allen die kürzeste und beste.

70.

Unter einem beliebigem Winkel, gegen eine gegebene gerade Linie, aus einem gegebenen Puncte derselben, steckt man im Felde eine andere, am kürzesten mit irgend einem Winkel-Instrument, oder mit dem Mefstische ab. Das Verfahren ist das nemliche wie (§. 69. III. IV. V.) beim rechten Winkel. Man nimmt blofs statt 90 Grad den gegebenen Winkel.

Auch des Winkel-Kreuzes kann man sich bedienen. Es sey z. B. *ACB* (Fig. 46. Taf. 5.) der abzusteckende Winkel, so sucht man für einen beliebigen Abstand *CB* vom Scheitel das zugehörige Perpendikel *AB*. Ist der verlangte Winkel auf dem Papier gezeichnet, so findet man *AB* aus der Zeichnung: ist der Winkel in Graden und Minuten gegeben, so findet man *AB*, wenn man in den Tafeln die Tangente des gegebenen Winkels aufsucht und mit *CB* multiplicirt. Nun mifst man auf dem Felde, in der gegebenen Linie, aus dem gegebenen Puncte *C* die willkürlich angenommene Länge *CB*, stellt in *B* das Winkel-Kreuz auf, steckt *AB* senkrecht auf *CB* aus, und giebt *AB* die berechnete, oder aus der Zeichnung gefundene Länge der Ordinate. Alsdann ist *ACB* der verlangte Winkel. Ist derselbe gröfser als 45 Grad, so steckt man erst *CD* senkrecht auf *CB* ab, nimmt *CD* willkürlich an, berechnet *AD* als Tangente des Complements des gegebenen Winkels, und setzt es in *D* senkrecht auf *CD*. Ist der Winkel gröfser als 90 und kleiner als 135 Grad, so verfährt man wie im zweiten Falle mit dem Ueberschufs des Winkels über 90 Grad, und ist der Winkel gröfser als

135 Grad und kleiner als 180 Grad, so verfährt man wie im ersten Falle, mit dem Supplement des Winkels.

Auch selbst blofs mit der Kette kann man einen beliebigen Winkel, wie den rechten, wenigstens ungefähr abstecken. Man multiplicirt den Cosinus des gegebenen Winkels, in sofern er kleiner als 45 Grad, und die Kette 5 Ruthen lang ist, mit 5. Das Product giebt eine Zahl in Ruthen, die man in der gegebenen Linie, aus dem Scheitel des Winkels, z. B. nach *CF* (Fig. 46. Taf. 5.) abstecken mufs. Man setzt in *C* und *F* die Kettenstäbe fest, und führt die Mitte der Kette in die Höhe bis nach *E*, so dafs die Linien *CE* und *EF*, jede $2\frac{1}{2}$ Ruthen lang sind. Alsdann ist *ECF* der verlangte Winkel. Denn weil $EC = EF$, so ist, wie leicht zu sehen, $CF = 2EC \cdot \cos ECF$, und weil $EC = 2\frac{1}{2}$ Ruthen, $CF = 5 \cos ECF$, in Ruthen. Liegt der abzustekkende Winkel zwischen 45 und 135 Grad, so steckt man erst *CD* auf *CB* senkrecht, und dann das Complement des verlangten Winkels auf *CD* ab, rechts oder links, wie vorhin auf *CB* den Winkel selbst. Liegt der Winkel zwischen 135° und 180°, so steckt man das Supplement des Winkels links auf *CB* ab.

Die Prüfung und Berichtigung des abgesteckten Winkels, welche, wenn man blofs eine Kette hatte, immer nöthig seyn wird, und, im Fall es auf Genauigkeit ankommt, oder die Schenkel des abgesteckten Winkels sehr lang sind, nur dann unterbleiben kann, wenn der Winkel durch ein Astrolabium mit Nonius und Fernrohr abgestecht worden, geschiehet auf eine ähnliche Art, wie die des rechten Winkels (§. 69. I.). Man misset auf jedem Schenkel des abgesteckten Winkels eine etwas bedeutende, gleiche Länge von 20 bis 30 und mehreren Ruthen ab. Die Entfernung der Endpuncte dieser Länge von einander, mufs alsdann gleich dem Product der abgemessenen Länge in den doppelten Cosinus des halben Winkels seyn; denn wenn z. B. $AC = GC$ (Fig. 46. Taf. 5.), so ist, wie leicht zu sehen, $AG = 2GC \cos \frac{1}{2}ACG$. Gesetzt nun, der Winkel wäre etwas unrichtig abgesteckt worden, und der abgestekte Schenkel liege in *CH* statt in *CA*, so würde, wenn man $CH = GC$ abgemessen hat, die dritte Seite des Dreiecks, nemlich $2GC \cos \frac{1}{2}ACG$ nicht bis an den Punct *H*, sondern nur etwa bis *I* reichen. Man setzt alsdann die kurzen Perpendikel *AH* auf *HC*, und *AI* auf *IG*. Der Punct *A*, in welchem sich dieselben schneiden, liegt schon viel genauer in dem Schenkel AC des richtigen Winkels; denn die Hypothenusen AC und AG der rechtwinkligen Dreiecke AHC und AIG sind nur sehr wenig von den Catheten HC und IG an Länge verschieden.

71.

Parallelen zu einer gegebenen geraden Linie durch einen gegebenen Punct kann man, wie folgt, abstecken.

I. Mit der Kette und mit Stäben.

α) Wenn man an zwei Stellen in die gegebene gerade Linie kommen kann, selbst wenn sich die Linie sonst nicht übersehen läfst.

1) Es sey MN (Fig. 47. Taf. 5.) die gegebene gerade Linie, C der gegebene Punct, durch welchen CE mit MN parallel gelegt werden soll, A und B mögen die Puncte seyn, wo man in die gegebene Linie kommen kann. Man mifst AC, verlängert AC willkürlich bis D, mifst CD und DB, und macht $DE = \frac{DC}{AD} . DB$. Alsdann ist CE mit AB parallel. Denn die Dreiecke DCE und DAB sind alsdann ähnlich.

2) Ist die gegebene Linie in ihrer ganzen Länge zugänglich, so mifst man in derselben zwei willkürliche gleiche Längen $AF = FB$ (Fig. 47. Taf. 5.) ab, nimmt D in der Richtung AC willkürlich, setzt in den Durchschnitt von DF und BC einen Stab G, und in den Durchschnitt von AG und DB einen Stab E, so ist ebenfalls CE mit AB parallel. Denn da in dem Dreiecke ABD, DF, AE und BC drei Scheitellinien sind, die sich in einem und demselben Puncte G schneiden, so ist $DC . AF . BE = CA . FB . DE$ (Geometrie §. 213.). Da nun $AF = FB$ gemacht worden, so ist $DC.BE = CA.DE$, oder $\frac{DC}{DE} = \frac{CA}{BE}$, woraus folgt, dafs CE und AB parallel sind. Dieses Verfahren erfordert weniger beschwerliche Längenmessung mit der Kette, als das vorige, und hat also den Vorzug, wenn die gegebene Linie überall zugänglich ist.

β) Wenn man in die gegebene gerade Linie nicht kommen kann.

1) Es sey *MN* (Fig. 48. Taf. 5.) die gegebene gerade Linie und *C* der gegebene Punct, durch welchen *CK* mit *MN* parallel gelegt werden soll, so nehme man zwei Puncte *A* und *B*, welche auch *M* und *N* selbst seyn können, in der gegebenen Linie willkürlich an, setze in willkürliche Verlängerung von *AC* ein Stab *D*, und willkürlich in die gerade Linie *DB* einen Stab *E*. Ferner nehme man willkürlich in der geraden Linie *CE* einen Punct *F*, und setze in die Durchschnitte der geraden Linien *BF*, *AD* und *AF*, *BD* Stäbe *G* und *H*. Alsdann messe man in dem Dreiecke *DCE* die Längen *DG*, *GC*, *CF*, *FE*, *EH*, *HD* und *GF*, *HF*, so sind die Seiten der drei Dreiecke *DCE*, *GCF* und *HFE* bekannt. Also kann man nach (Geometrie §. 360. Aufgabe IX. S. 414.) die Winkel *ADB*, *CGF* und *FHE* berechnen, und findet folglich auch in den Dreiecken *ADH* und *BGD* die Winkel *ADB*, *AHD* und *BGD*, nebst den Seiten *GD* und *DH*. Man kann also nach (Geometrie § 360. Aufgabe I. S. 383.) die Seiten *AD* und *BD* berechnen. Nun ist, wenn *CK* mit *AB* parallel seyn soll, $\frac{AD}{BD} = \frac{CD}{KD}$, also $KD = CD \cdot \frac{BD}{AD}$. Man findet also *KD*, und wenn man es von *D* aus in *BD* absteckt, so ist *CK* mit *AB* parallel.

2) Sind zwei mit einander parallele, unzugängliche gerade Linien gegeben, so kann man ohne Längen-Messung, blofs durch Stäbe, eine dritte und mehrere Parallelen, wie folgt, abstecken:

Es mögen *AB* und *CD* (Fig. 49. Taf. 6.) die beiden gegebenen Parallelen, und *E* mag der gegebene Punct seyn, durch welchen *EF* parallel mit jenen beiden gelegt werden soll, so lege man durch *E* eine beliebige gerade Linie *ACEG*, welche die beiden gegebenen Parallelen in *A* und *C* schneidet, nehme in dieser geraden Linie willkürlich einen Punct *G*, und lege durch *G* eine zweite willkürliche gerade Linie *GDB*. Man setze in den Durchschnitt von *AD* und *CB* einen Stab *H*, in den Durchschnitt von *HG* und *ED* einen Stab *K* und in den Durchschnitt von *BG* und *CK* einen Stab *F*, so ist *EF* mit *AB* und *CD* parallel. Das Verfahren beruhet auf dem Satze (Geometrie §. 218.). Die dortigen Linien *ML*, ML_1 sind hier Parallelen, das heifst der dortige Punct *M* ist hier unendlich weit entfernt. Die abzusteckende Parallele kann auch zwischen den gegebenen Parallelen *AB* und *CD* liegen. Das Verfahren bleibt das nemliche.

II. Mit Hülfe des Winkel-Kreuzes.

α) Wenn man überall in die gegebene gerade Linie kommen kann.

Es sey *AB* (Fig. 50. Taf. 6.) die gegebene gerade Linie, *C* der gegebene Punct, durch welchen *CD* mit *AB* parallel gelegt werden soll, so stecke man nach (§. 42. 2.) ein Perpendikel *EC* auf *AB*, welches durch *C* geht, und aus *C* ein Perpendikel *CD* auf *EC* ab, so ist *CD* mit *AB* parallel, weil die Winkel *BEC* und *ECD* rechte sind.

β) Wenn man in die gegebene gerade Linie nicht kommen kann, und selbst nur zwei, nicht zu weit von einander entfernte Puncte derselben, *A* und *B*, sichtbar sind.

1) Man stecke mittelst des Winkel-Kreuzes eine gerade Linie *CF* (Fig. 50.) ab, die mit *CA* einen Winkel *ACF* von 45 Graden macht, und fälle, wiederum mittelst des Winkel-Kreuzes, nach (§. 42. 2.) auf *CF* ein Perpendikel *AF*, welcher durch *A* geht, ferner auf *FB* ein Perpendikel *FG*. In diesem Perpendikel *FG* gehe man mit dem Winkel-Kreuz so weit nach *G*, bis der Winkel *FGB* 45 Grade beträgt. Endlich fälle man vermittelst des Winkel-Kreuzes auf *CG* das Perpendikel *CD*, so ist *CD* mit *AB* parallel. Denn wegen $AFC = \varrho$ und $ACF = \frac{1}{2}\varrho$ ist $FC = AF$, und eben so wegen $BFG = \varrho$ und $FGB = \frac{1}{2}\varrho$; $FG = FB$; desgleichen wegen $AFC = BFG = \varrho$, $AFB = CFG$; also sind die Dreiecke *AFB* und *CFG* einander gleich, folglich ist $ABF = FGC$. Nun ist in dem Dreieck *EGB*, wenn *E* in gerader Linie mit *GC* liegt, der äufsere Winkel $AEG = EBG + EGB = ABF + FBG + EGB$, also ist, weil $ABF = FGE$ war, $AEG = FGE + EGB + FBG = FGB + FBG = \frac{1}{2}\varrho + \frac{1}{2}\varrho = \varrho$; und folglich ist *GC* auf *AB* senkrecht, mithin *CD* mit *AB* parallel.

2) Auch mit dem rechten Winkel allein kann man eine Parallele *CH* (Fig. 51. Taf. 6.) mit *AB* durch einen gegebenen Punct *C* noch kürzer, wie folgt, abstecken:

Erste Art. Man gehe in den Richtungen *AC* und *BC* mit dem Winkel-Kreuz soweit nach *F* und *D*, bis *AFB* und *BDA* rechte Winkel sind. Alsdann setze man in den Durchschnitt *G* der Linien *AD* und *BF* ei-

nen

nen Stab G, so ist die gerade Linie ECG, die durch G und C gehet, auf AB senkreht. Denn AF und BD sind in dem Dreieck ABG zwei Scheitel-Linien, die auf den den Scheitel gegenüberliegenden Seiten senkrecht stehen: also ist auch die dritte Scheitel-Linie GE auf der gegenüberliegenden Seite AB senkrecht (Geometrie §. 214. I.). Man darf also nur noch CH auf CE senkrecht setzen, so ist CH mit AB parallel.

Zweite Art. Es sey mit AB durch C (Fig. 52. 53. Taf. 6.) eine Parallele CD abzustecken, so nehme man E in der Richtung AC willkürlich, suche mit dem Winkel-Kreuze die Perpendikel AG auf BE und BF auf AE, und mache

$$ED = EC \cdot \frac{EF}{EG},$$

so ist CD mit AB parallel. Denn da die vier Puncte A, F, G, B, wegen der rechten Winkel bei F und G, in einem Kreise liegen, dessen Durchmesser AB ist, also AF und BG Sehnen sind, die sich in E schneiden, so ist $BE \cdot EG = AE \cdot EF$ (Geometrie §. 276), oder $\frac{BE}{AE} = \frac{EF}{EG}$, folglich mufs, weil wegen der Parallelen AB und DC, $\frac{BE}{AE} = \frac{ED}{EC}$ seyn soll, $\frac{ED}{EC} = \frac{EF}{EG}$ seyn, woraus

$$ED = EC \cdot \frac{EF}{EG} \text{ folgt.}$$

Bei allen diesen Operationen darf übrigens der gegebene Punct, durch welchen eine Parallele mit der gegebenen geraden Linie abgesteckt werden soll, nicht zu weit von ihr entfernt seyn, und die Gegend mufs eine freie Aussicht haben.

III. Mit dem Astrolabio.

α) Wenn man irgend wo in die gegebene Linie kommen kann.

Es sey AB (Fig. 54. Taf. 6.) die gegebene gerade Linie, C der gegebene Punct, durch welchen CD mit AB parallel gelegt werden soll, so stelle man das Astrolabium in der Linie AB, da wo man in dieselbe kommen kann, auf, z. B. in E, und messe den Winkel AEC. Hierauf stelle man das Astrolabium in C auf, und lege an CE einen gleich grofsen Winkel $ECD = AEC$, so ist

CD mit *AB* parallel, weil die Wechselwinkel *AEC* und *ECD* gleich gemacht sind.

β) Wenn man in die gegebene gerade Linie *AB* (Fig. 54. Taf. 6.) nicht kommen, sondern nur zwei Puncte derselben, z. B. *A* und *B*, sehen kann.

1) Man lege durch den gegebenen Punct *C* willkürlich eine gerade Linie *CF*, und messe ihre Länge. Darauf stelle man das Astrolabium erst in *C* und dann in *F* auf, und messe die Winkel *ACB*, *BCF*, *AFC* und *BFA*, so sind in den Dreiecken *ACF* und *BCF* eine Seite mit den beiden anliegenden Winkeln bekannt. Man kann also nach (Geometrie §. 360. I. Aufgabe. S. 383.) die Seiten *AC* und *BC* finden. Alsdann sind in dem Dreiecke *ACB* die beiden Seiten *AC* und *BC* nebst dem eingeschlossenen Winkel bekannt. Man kann also nach (Geometrie §. 360. Aufgabe IV. S. 386.) den Winkel *CAB* finden. Das Supplement dieses Winkels steckt man aus *C* gegen *AC* in *CD* ab, so ist *CD* mit *AB* parallel.

2) Auch ohne Längen-Messung kann man die Parallele, wie folgt, abstecken:

Man nehme in der gegebenen Linie die beiden Puncte *A* und *B* (Fig. 55. Taf. 6.), wo möglich so, dafs in dem gegebenen Puncte *C*, durch welchen die Parallele *CT* gehen soll, der Winkel *ACB* entweder stumpf oder wenigstens nicht viel kleiner sey, als ein rechter. Man messe den Winkel *ACB*. Ist derselbe stumpf, so verlängere man *AC* und *BC* willkürlich, nach *E* und *D*, messe die Winkel *ADC* und *BEC*, und stecke in *D* und *E* zugleich, so grofs als der Ueberschufs des Winkels *ACB* über einen rechten, die Winkel *LDC* und *MEC* ab, so dafs *DL* auf *AE* und *EM* auf *BD* senkrecht stehen. Man gehe nach *C* zurück und stecke daselbst die Complemente *NCD* und *OCE* der Winkel *ADC* und *BEC* ab, so dafs *NC* auf *AD* und *OC* auf *BE* senkrecht sind. Alsdann ist in dem Dreieck *ACD* die durch den Durchschnitt *P* der senkrechten Scheitel-Linien *NC* und *DL* gehende Scheitel-Linie *APH* auf *CD* oder *CB*, und eben so *BQH* auf *CE* oder *CA* senkrecht (Geometrie §. 214. I.). Aus denselben Gründen ist in dem Dreieck *AHB* die durch *C* und durch den Durchschnitt *H* von *AF* und *BG* gehende gerade Linie *HCK* auf *AB* senkrecht. Man darf also nur *CT* unter einem rechten Winkel gegen *CH* abstecken, so ist *CT* mit *AB* parallel.

IV. Mit der Boussole.

α) Wenn man in die gegebene Linie kommen und sie übersehen kann.

Man mifst die Neigung derselben gegen die Magnet-Linie und steckt in eben der Neigung aus dem gegebenen Puncte die Parallele ab.

β) Wenn man in die gegebene Linie nicht kommen kann, so mufs man dieselbe Operation machen, wie (III. *β*). Die Winkel werden aus den Unterschieden der Neigungen der Schenkel gegen die Magnet-Linie gefunden.

V. Mit dem Mefstische.

α) Wenn man in die gegebene Linie kommen und sie übersehen kann.

Alsdann stellt man den Mefstisch in derselben, z. B. über *E* (Fig. 54. Taf. 5.), auf, richtet das Diopter-Lineal auf *A* und ziehet daran, in der Richtung *AE*, eine Linie, welche durch *ae* bezeichnet werden mag *). Darauf richtet man das Diopter-Lineal auf *C*, und zeichnet *ce* in der Richtung *CE*. Nunmehr stellt man den Mefstisch mit dem Punct *c* über *C* auf, legt das Diopter-Lineal an die darauf gezogene Linie *ce*, und dreht den Tisch, bis das Visir den Punct *E* trifft. Man zieht auf den Mefstisch eine Parallele *cd* mit *ab*, legt an dieselbe das Diopter-Lineal und steckt den Punct *D* aus. Alsdann ist *CD* mit *AB* parallel.

β) Wenn man in die gegebene Linie nicht kommen kann.

Alsdann stellt man in irgend einem Puncte *F* aufserhalb *C* (Fig. 54.) den Mefstisch auf, visirt nach *C* und nach *A* und *B*, und zieht auf dem Mefstisch, in den Richtungen *FC*, *FA* und *FB* Linien *fc*, *fa* und *fb*. Darauf mifst man die Länge der Linie *FC*, und trägt sie nach dem Maafsstabe auf den Mefstisch in *fc*. Hierauf stellt man den Mefstisch mit dem Punct *c* über *C*, legt das Diopter-Lineal an die auf den Tisch gezogene Linie *cf*, und dreht den Tisch, bis das Visir den Punct *F* trifft. Man visirt jetzt nach *B* und *A*, und ziehet auf dem Mefstisch, in den Richtungen *CB* und *CA*, durch *c* Linien *cb* und *ca*, so werden dieselben mit *fb* und *fa*

*) Es sollen hinfort, wenn vom Mefstische die Rede ist, die Linien auf demselben mit den nemlichen Buchstaben aus dem kleinen Alphabet benannt werden, durch welche aus dem grofsen Alphabet die Linien auf dem Felde, die sie vorstellen, bezeichnet sind.

auf dem Meſstische, Puncte *a* und *b* abschneiden, welche die Linie *ab* geben. Man zieht nunmehr auf dem Meſstisch, während derselbe unbeweglich stehen bleibt, mit der Linie *ab* durch *c* eine Parallele, legt an dieselbe das Diopter-Lineal, und steckt in der Richtung des Visirs einen Stab *D* aus, so ist *CD* mit *AB* parallel.

Ist etwa die gegebene Linie *AB*, nebst dem gegebenen Puncte *C*, schon auf dem Meſstisch gezeichnet, so kann man die Parallele *CD* auch kürzer durch die Orientir-Boussole finden. Da nemlich die Zeichnung auf dem Meſstisch immer so gemacht wird, daſs die Seiten des Tisches mit dem Meridian parallel laufen (§. 52. VI.), so darf man den Meſstisch nur mit dem Puncte *c* über *C* so aufstellen, daſs auch in *c* die Orientir-Boussole gegen die Seitenlinien des Meſstisches, die Abweichung der Magnetnadel von der Nordlinie zeigt. Alsdann ist die auf dem Tisch gezeichnete Linie *ab* mit der Linie *AB* im Felde parallel. Zieht man also auf dem Tisch mit *ab* eine Parallele *cd*, so darf man nur das Diopter-Lineal an *cd* legen, und in der Richtung des Visirs den Stab *D* ausstecken. Alsdann ist *CD* mit *AB* parallel.

VI. Will man eine ausgesteckte Parallele prüfen und berichtigen, welches nöthig seyn wird, in sofern groſse Genauigkeit verlangt wird, und die Parallele nicht mit einem Winkel-Instrument mit Nonius und Fernrohr gefunden wurde, so kann es, in sofern die gegebene Linie z u g ä n g l i c h ist, wie folgt, geschehen. Man miſst in der ausgesteckten Parallele *CD* (Fig. 56. Taf. 6.) eine willkürliche Länge *CD* z. B. von 20, 30 oder mehreren Ruthen ab, hierauf von *C* in willkürlicher Richtung *CF* nach der gegebenen Linie *AB* hinüber; ferner in *AB* eine Länge *FE*, die der *CD* gleich ist, endlich von *E* nach *D* hinüber. Findet sich, daſs *ED* gleich *FC* ist, so ist die ausgesteckte Parallele *CD* richtig, weil alsdann *CDEF* ein Parallelogram ist. Trifft hingegen die Länge *CF* nicht nach *D*, sondern vielleicht nach *H*, so setzt man auf *CD* und *EH* die kurzen Perpendikel *DG* und *HG*. Die gerade Linie *CG* durch *C* und den Durchschnittspunct *G* der beiden kurzen Perpendikel, ist alsdann g e n a u e r mit *AB* parallel, als *CD*.

Ist die gegebene Linie u n z u g ä n g l i c h, so kann man zur Prüfung nur das Verfahren, durch welches die Parallele gefunden wurde, in anderer Lage der dazu genommenen willkürlichen Linien, wiederholen.

72.

Perpendikel aus einem gegebenen Puncte auf eine gegebene gerade Linie steckt man, wie folgt, ab:

I. Mit der Kette und mit Stäben.

α) Wenn die gegebene Linie nebst dem gegebenen Puncte zugänglich sind.

Es sey AB (Fig. 57. Taf. 6.) die gegebene gerade Linie, C der gegebene Punct, so nimmt man in der gegebenen Linie willkürlich einen Punct A, mifst AC, macht AB gleich AC, und mifst CB. Alsdann ist

$$DB = \frac{CB^2}{2AB}.$$

Denn das Dreieck CAB ist gleichschenklig über BC; also ist $EB = \frac{1}{2}CB$, wenn AE ein Perperdikel auf CB ist. Alsdann aber sind auch die rechtwinkligen Dreiecke CDB und AEB, wegen des gemeinschaftlichen Winkels bei B, ähnlich, also ist $\frac{DB}{CB} = \frac{EB}{AB} = \frac{CB}{2AB}$, woraus $DB = \frac{CB^2}{2AB}$ folgt. Man darf also nur die Länge DB von B nach D abstecken, so ist CD auf AB perpendiculär.

Läfst sich etwa Hindernisse wegen AB nicht gleich AC machen, so kann man auch AF willkürlich annehmen, und nebst FC messen. Alsdann ist

$$AD = \frac{AC^2 - FC^2}{2AF} + \frac{1}{2}AF.$$

Denn es ist $AC^2 - AD^2 = FC^2 - DF^2 = FC^2 - (AF - AD^2)$ $= FC^2 - AF^2 + 2AF.AD - AD^2$, oder $AC^2 = FC^2 - AF^2$ $+ 2AF.AD$; woraus $AD = \frac{AC^2 - FC^2}{2AF} + \frac{1}{2}AF$ folgt.

β) Wenn man in die gegebene Linie nicht kommen kann. Alsdann kann man nach (§. 71. I. β.) eine Parallele durch den gegebenen Punct mit der gegebenen Linie suchen, und auf diese nach (§. 69. β.) in dem gegebenen Punct ein Perpendikel errichten, welcher auch auf der gegebenen Linie senkrecht seyn wird. Die Prüfung und Berichtigung des Perpendikels kann auf der, der gegebenen Linie entgegengesetzten Seite der Parallele geschehen.

II. Mit dem Winkel-Kreuze.

α) Wenn man in die gegebene Linie kommen kann, so verfährt man nach (§. 42. 2.).

β) Wenn man in die gegebene Linie nicht kommen kann, so findet man das durch den gegebenen Punct *C* (Fig. 50. u. 51. Taf. 6.) gehende Perpendikel *GCE* auf *AB* nach (§. 71. II. β. 1 u. 2).

III. Mit dem Astrolabio.

α) Wenn man in einen Punct der gegebenen Linie und in den gegebenen Punct kommen und die Linie entlang sehen kann.

Man stellt in einem willkürlichen Punct *A* der gegebenen Linie *AB* (Fig. 57. Taf. 6.) den Winkelmesser auf, und mifst, wenn *C* der gegebene Punct ist, durch welchen das Perpendikel gehen soll, den Winkel *CAB*. Darauf stellt man das Instrument in dem gegebenen Punct *C* auf, und steckt gegen *CA* das Complement *ACD* von *CAB* ab. Alsdann ist, wie leicht zu sehen, *CD* auf *AB* senkrecht.

β) Wenn man wohl in die gegebene Linie, aber nicht in den gegebenen Punct kommen kann.

Alsdann findet man das Perpendikel, wie z. B. die Perpendikel *AF* und *BG* auf *CD* und *CE* (Fig. 55. Taf. 6.) in (§. 71. III. β. 2.).

γ) Wenn man in den gegebenen Punct, aber nicht in die gegebene Linie kommen kann.

Alsdann findet man das Perpendikel nach (§. 71. III. β. 1.), wenn man, wie dort, den Winkel *CAB* (Fig. 54. Taf. 6.) berechnet, und das Complement desselben, *ACK* aus *C* gegen *AC* absteckt, oder nach (§. 71. III. β. 2.), wie *HK* (Fig. 55.).

IV. Mit der Boussole ist das Verfahren dem mit dem Astrolabio gleich, nur dafs die Gröfse der Winkel nicht unmittelbar gefunden wird, sondern der Unterschied der Abweichung der Schenkel von der Magnet-Linie ist.

V. Mit dem Mefstisch.

α) Wenn man in die gegebene Linie *AB* (Fig. 50. Taf. 6.) und auch in den gegebenen Punct *C* kommen kann.

Man stellt den Mefstisch in einem willkürlichen Punct *A* von *AB* auf, zieht auf dem Tisch eine gerade Linie *ab*, in der Richtung *AB*, und eine andere *ac* in der Richtung *AC* und *ec*, durch einen beliebigen Punct *c*, auf *ab* senkrecht. Man bringt den Tisch nach *C*, stellt ihn mit *c* über *C* so auf, dafs *ca* in die Richtung *CA* fällt, und steckt, in der Richtung *ce* auf dem Mefstisch, die Linie *CE* auf dem Felde ab, so ist *CE* auf *AB* senkrecht.

β) Wenn man in die gegebene Linie *AB* (Fig. 58. Taf. 6.), aber nicht in den gegebenen Punct *C* kommen, und die Linie entlang sehen kann.

Alsdann stellt man den Meſstisch erst in einen willkürlichen Punct *A* von *AB* auf, der aber so liegt, daſs der Winkel *CAB* nicht viel von einem rechten Winkel abweicht, zieht auf dem Tisch *ab* und *ac* in den Richtungen *AB* und *AC*. Hierauf stellt man den Meſstisch in einem willkürlichen, zweiten, nicht weit von *A* entfernten Punct *B* der Linie *AB*, mit einem willkürlichen Punct *b* von *ab*, über *B* auf, richtet ihn so, daſs *ab* in *AB* trifft, und ziehet auf den Tisch *bc* in der Richtung *BC*. Nun zieht man auf den Tisch *be* auf *ac* und *af* auf *bc* senkrecht, steckt zugleich *BE* in der Richtung *be*, und dann von *A* aus *AF* in der Richtung *af* aus, und setzt in den Durchschnitt *G* von *AF* und *BE* einen Stab *G*. Alsdann ist die gerade Linie *CGD* auf *AB* senkrecht (Geometrie §. 214.).

γ) Wenn man in den gegebenen Punet *C* (Fig. 55. Taf. 6.), aber nicht in die gegebene Linie *AB* kommen kann.

Alsdann nimmt man zwei Puncte *A* und *B* in der gegebenen Linie, wo möglich so, an, daſs der Winkel *ACB* stumpf, oder doch nicht viel kleiner als ein rechter ist. Man sucht die Perpendikel *AF* und *BG* auf *CD* und *CE* nach (*β*.), und setzt in ihren Durchschnitt *H* einen Stab. Alsdann ist die gerade Linie *HCK* auf *AB* senkrecht (Geometrie §. 214. 1.).

73.

Unter einem *beliebigen* Winkel *λ* steckt man eine gerade Linie *CL* (Fig. 59. Taf. 6.) aus einem gegebenen Punct *C* gegen eine gegebene gerade Linie *AB*, wie folgt ab:

I. Mit der Kette und mit Stäben.

α) Wenn man in die gegebene Linie überall, so wie in den gegebenen Punct kommen kann.

Man nimmt in der gegebenen Linie zwei Puncte *A* und *B* willkürlich an und miſst

$$BC = a,\; CA = b \text{ und } AB = c,$$

so ist das Perpendikel *DC*, welches durch *p* bezeichnet

werden mag, gleich dem Inhalte des Dreiecks ABC, dividirt durch $\frac{1}{2}c$, also wie bekannt:

$$p = \frac{\sqrt{((a+b+c)(a+b-c)(a-b+c)(b+c-a))}}{2c}.$$

Daraus findet man

$$LD = p \cot \lambda.$$

Ferner ist AD, welches q seyn mag, nach (§. 72. I. α.)

$$q = \frac{b^2 - a^2 + c^2}{2c},$$

und $AL = AD - LD$, also

$$AL = q - p \cot. \lambda;$$

welches die Entfernung des Puncts L von A giebt, in welchem die gesuchte Linie CL die gegebene AB schneidet.

Läſst sich das willkürliche $AB = AC$, also $c = b$ machen, so ist kürzer

$$p = \frac{\sqrt{((a+2b)a \cdot a(2b-a))}}{2b}, \text{ oder}$$

$$p = \frac{a}{2b}\sqrt{((2b+a)(2b-a))} \text{ und}$$

$$q = b - \frac{a^2}{2b}, \text{ also}$$

$$AL = b - \frac{a}{2b}[a + \cot \lambda \sqrt{((2b+a)(2b-a))}].$$

β) **Wenn man in die gegebene Linie nicht kommen kann.**

Alsdann kann man nach (§. 71. I. β.) eine Parallele mit ihr, die durch den gegebenen Punct geht, suchen, und auf diese nach (§. 70.) durch den gegebenen Punct eine gerade Linie unter dem verlangten Winkel legen. Dieselbe wird auch mit der gegebenen Linie den nemlichen Winkel machen.

II. Mit dem Winkel-Kreuz.

Man kann mit demselben erst nach (§. 72.) unter den verschiedenen Umständen ein Perpendikel auf die gegebene Linie suchen, und dann gegen dasselbe, in dem gegebenen Punct, eine Linie unter dem Complement des Winkels λ legen. Diese Linie wird die gegebene Linie unter dem Winkel λ schneiden.

III. Mit dem Astrolabio oder der Boussole.

α) **Wenn man nur in zwei Puncte der gegebenen Linie kommen, und von da die Linie entlang sehen kann.**

Wenn die beiden Puncte A und B (Fig. 59. Taf. 6.) sind, so messe man die Winkel α und β, stecke den Winkel $MAB = \varkappa$ von willkürlicher Gröfse, den Winkel $NBC = \mu$ aber so ab, dafs

$$\cot \mu = \cot \beta + \frac{\sin \varkappa \sin (\lambda - \alpha)}{\sin (\alpha - \varkappa) \sin (\lambda + \beta) \sin \beta}$$

ist, so gehet die gesuchte Linie CL, welche mit AB den bestimmten Winkel λ macht, durch C und durch den Durchschnittspunct P der anderen Schenkel AM und BN der Winkel $\varkappa$ und μ. Denn für die drei Scheitel-Linien AM, BN und CL, welche sich in einem und demselben Puncte schneiden, ist

$$\sin \varkappa \sin \mu \sin \nu = \sin (\alpha - \varkappa) \sin (\beta - \mu) \sin (\gamma - \nu).$$

(Man sehe die kleine Schrift des Verfassers: „Ueber einige Eigenschaften des geradlinigen Dreiecks etc. Berlin, 1816. bei Maurer, §. 9. II.).

Daraus folgt

$$\frac{\sin (\beta - \mu)}{\sin \mu} = \frac{\sin \varkappa \,.\, \sin \nu}{\sin (\alpha - \varkappa) \sin (\gamma - \nu)},$$

und da

$$\frac{\sin(\beta - \mu)}{\sin \mu} = \frac{\sin \beta \cos \mu - \cos \beta \sin \mu}{\sin \mu} = \sin \beta \cot \mu - \cos \beta,$$

$$\cot \mu = \cot \beta + \frac{\sin \varkappa \sin \nu}{\sin \beta \sin (\alpha - \varkappa) \sin (\gamma - \nu)}.$$

Nun ist $\nu = \lambda - \alpha$ und $\gamma - \nu = 2\varrho - (\lambda + \beta)$; also ist

$$\cot \mu = \cot \beta + \frac{\sin \varkappa \sin (\lambda - \alpha)}{\sin (\alpha - \varkappa) \sin (\lambda + \beta) \sin \beta};$$

wie oben. Man kann auch den Winkel $\varkappa$ auf der anderen Seite der Linie AB abstecken. Alsdann ist $\varkappa$ negativ.

β) Wenn man in die gegebene Linie nicht kommen kann.

Alsdann kann man erst das Perpendikel auf die gegebene Linie, welches durch den gegebenen Punct geht, nach (§. 72. III.) suchen, und gegen dasselbe das Complement des Winkels λ abstecken. Der abgesteckte Schenkel dieses Complements macht mit der gegebenen Linie den Winkel λ.

IV. Mit dem Mefstisch.

α) Wenn man in die gegebene Linie und auch in den gegebenen Punct kommen kann.

Man stellt den Mefstisch in einem beliebigen Punct A (Fig. 59. Taf. 6.) der gegebenen Linie auf, ziehet auf demselben ab in der Richtung AB, ac in der Richtung

AC, und auf dem Tisch, durch einen beliebigen Punct *c* in *ac*, eine gerade Linie *cl* unter dem Winkel $clb = \lambda$ gegen *ab*. Darauf bringt man den Meſstisch nach *C*, stellt *c* über *C* und steckt *CL* in der Richtung *cl* aus. Alsdann ist $CLB = \lambda$.

β) Wenn man nur in zwei Puncte *A* und *B* der gegebenen Linie kommen und von da die Linie entlang sehen kann.

Man stellt dem Meſstisch in der gegebenen Linie in *A* auf, zieht auf dem Tisch, *ab* in der Richtung *AB*, *ac* in der Richtung *AC*, *am* unter einem beliebigen Winkel $\varkappa$, gegen *ab*, und steckt *AM* in der Richtung *am* aus. Alsdann bringt man den Meſstisch nach *B*, stellt ihn mit einem beliebigen Puncte *b* der Linie *ab* über *B* auf, richtet ihn so, daſs *ba* in die Richtung *BA* fällt und zieht *bc*. Man miſst auf dem Tisch die Winkel $cab = \alpha$, $cba = \beta$ und $bam = \varkappa$, und zieht nun gegen *bc* eine Linie *bn* unter dem Winkel μ so, daſs

$$\cot\mu = \cot\beta + \frac{\sin\varkappa \,.\, \sin(\lambda-\alpha)}{\sin(\alpha-\varkappa)\sin(\lambda+\beta)\sin\beta}.$$

In der Richtung dieser Linie steckt man *BN* aus, und setzt in den Durchschnitt von *AM* und *BN* einen Stab *P*. Alsdann begegnet die Linie *CP* der gegebenen *AB* unter dem Winkel $CLB = \lambda$, und ist also die gesuchte. Der Beweis ist dem in (III. α.) gleich. Man kann auch *M* und *N* auf die andere Seite von *AB*, etwa in M_1 und N_1 legen, so daſs *P* auf die andere Seite von *AB* fällt, etwa in P_1. Alsdann ist $\varkappa$ negativ und μ gröſser als β.

γ) Wenn man nur in den gegebenen Punct, aber nicht in die gegebene Linie kommen kann.

Alsdann sucht man erst nach (§. 72. V. γ.) das Perpendikel durch den gegebenen Punct auf die gegebene Linie, und steckt gegen dasselbe unter dem Complement *LCD* des Winkels λ (Fig. 59. Taf. 6.) die gesuchte Linie *CL* aus.

Die Länge von Linien im Felde *mittelbar* zu messen.

74.

Die Länge einer geraden Linie, oder die Entfernung zweier Puncte von einander, läſst sich im Felde, Hindernisse wegen, häufig **nicht unmittelbar** messen. Zuweilen kann man noch von einem Punct nach dem andern wenistens **sehen**, zuweilen aber auch das nicht. Oder man kann entweder von der Seite her noch in beide, oder wenigstens in einen der Endpuncte kommen, und seitwärts nach den Endpuncten hin messen. Oder die Linie ist auch wohl ganz unzugänglich, und man kann die Endpuncte von der Seite her blofs noch sehen; alsdann mufs man die Länge der Linie durch Dreiecke von der Seite her zu finden suchen.

Die Fälle sind sehr mannigfaltig. Einige der gewöhnlichsten, nach den gebräuchlichsten Instrumenten geordnet, sind folgende:

75.

Die Länge einer geraden Linie im Felde *mittelbar durch Kette und Stäbe* zu messen.

I. Wenn die Endpuncte A und B der zu messenden Linie AB (Fig. 60. Taf. 6.) nicht einer aus dem anderen, beide aber aus irgend einem Punct C, von der Seite her, sichtbar und zugänglich sind, so messe man AC und BC, nehme DC oder D_1C von willkürlicher Länge, mache $EC = \frac{BC}{AC}.DC$ oder $E_1C = \frac{BC}{AC}.DC_1$, und messe DE oder D_1E_1. Alsdann ist.

$$AB = \frac{AC}{DC}.DE = \frac{AC}{D_1C}.D_1E_1.$$

Denn die Dreiecke DCE, D_1CE_1 und ACB sind **ähnlich**. Kann man D_1C **gleich** AC machen, so ist, auch ohne Rechnung, $AB = D_1E_1$, denn die Dreiecke D_1CE_1 und ACB sind alsdann einander **gleich**.

II. Die Länge der Linien AB (Fig. 61. Taf. 6.) mit Kette und Stäben zu finden, ist selbst dann wenigstens nicht **unmöglich**, wenn man auch aus keinem Puncte zur Seite die beiden Endpuncte A und B der Linie zugleich sehen, sondern nur auf Umwegen von A nach B gelangen kann. Man mufs alsdann eine Kette von Dreiecken, ungefähr wie die (Fig. 61.) zeigt, von A nach B legen, und die Seiten dieser Dreiecke messen. Aus den Seiten lassen sich die Winkel, und folglich auch die inneren Winkel des Vielecks $ACDEFGHB$ finden, und aus diesen und den gemessenen Seiten des Vielecks läfst sich AB nach (Geometrie §. 376. Aufgabe 1.) berechnen. Das

Verfahren ist aber wegen der vielen Längenmessungen weitläufig, und die Aufgabe wird mit Winkel-Instrumenten leichter gelöset.

III. Wenn nur ein Endpunct *B* der auszumessenden Linie *AB* (Fig. 62. Taf. 6.) unzugänglich, aber aus dem anderen Endpuncte A, desgleichen nebst diesem von der Seite her, z. B. aus *C*, sichtbar ist, so setze man, in willkürlichen Verlängerungen der geraden Linien *AC* und *AB*, Stäbe *D* und *E*, hierauf in den Durchschnitt von *ED* und *BC* einen Stab *F*, ferner in den Durchschnitt von *AF* und *EC* einen Stab *G*, endlich in den Durchschnitt von *DG* und *AB* einen Stab *K*, und messe *AK* und *EK*, so ist

$$AB = AK \cdot \frac{EK + AK}{EK - AK},$$

denn nach (Geometrie §. 217. Gleichung 3.) ist $\frac{AB}{EB} = \frac{AK}{EK}$, oder $\frac{EB}{AB} = \frac{EK}{AK}$, oder $\frac{AE + AB}{AB} = \frac{EK}{AK}$, oder $\frac{AE}{AB} + 1 = \frac{EK}{AK}$, oder $\frac{AE}{AB} = \frac{EK - AK}{AK}$, also $AB = \frac{AK \cdot AE}{EK - AK}$, oder $AB = AK \cdot \frac{EK + AK}{EK - AK}$; wie oben

Dieser Fall kommt oft vor, und die Aufgabe läfst sich auf vielerlei Arten auflösen. Das eben beschriebene Verfahren ist eines von denen, welches die wenigste Längenmessung mit der Kette erfordert, und daher eines der bequemsten.

Man kann auch die Hülfs-Puncte und Hülfs-Linien, wenn es etwa nach Beschaffenheit des Terrains leichter ist, statt auf eine, auf beide Seiten der auszumessenden Linie legen, wie (Fig. 63. Taf. 6.). Man legt alsdann zu beiden Seiten der auszumessenden Linie *AB* zwei gerade Linien *DB* und *CB* willkürlich. In der Verlängerung der einen *AD* nimmt man einen Punct *F* willkürlich an, der auch unzugänglich seyn kann, desgleichen in der anderen *BG* einen Punct *C*, willkürlich neben *A*. Man setzt in den Durchschnitt von *BF* und *CA* einen Stab *D*, in den Durchschnitt von *FC* und *AB* einen Stab *K*, in den Durchschnitt von *GF* und *AB* einen Stab *E*, und mifst *AK* und *EK*: so ist

$$AB = AK \cdot \frac{EK + AK}{EK - AK}.$$

Denn nach (Geometrie §. 217. Gleichung 1.) ist $\frac{AB}{AK}=\frac{EB}{EK}$, oder $\frac{AB}{AK}=\frac{AB+AK+EK}{EK}=\frac{AB+AK}{EK}+1$, also $\frac{AB-AK}{AK}=\frac{AB+AK}{EK}$, oder $AB.EK-AK.EK$ $=AB.AK+AK^2$ oder $AB=AK.\frac{EK+AK}{EK-AK}$.

IV. Wenn die Endpuncte der auszumessenden Linie, so wie die Linie selbst, unzugänglich sind, und blofs von der Seite her gesehen werden können, so darf man nur

α) das Verfahren (III.) auf die Schenkel eines der auszumessenden Linie gegenüberliegenden Winkels anwenden, und die Gröfse des Winkels nach (I.) in Anschlag bringen, wie folgt:

Die auszumessende Linie sey *Bb* (Fig. 64. Taf. 6.) und *A* ein Punct, aus welchem *B* und *b* gesehen werden können, so verlängere man *BA* und *bA* willkürlich, bis *D* und *d*, und nehme in der geraden Linie *Dd* irgend einen Punct *F*, aus welchem man *B* und *b* ebenfalls sehen kann. Man setze in den Durchschnitt von *bD* und *FB* einen Stab *C*, und in den Durchschnitt von *Bd* und *Fb* einen Stab *c*, ferner in den Durchschnitt von *dC* und *AF* einen Stab *G* und in den Durchschnitt von *Dc* und *AF* einen Stab *g*, endlich in den Durchschnitt von *DG* und *Bd* einen Stab *K* und in den Durchschnitt von *dg* und *bD* einen Stab *k* und messe $AK=a$, $KE=b$, $Ak=\alpha$, $ke=\beta$, mache

$$AP=(\beta+\alpha).\frac{\alpha}{a}.\frac{b-a}{\beta-\alpha},$$

und messe $EP=p$: so ist

$$Bb=\frac{ap}{b-a}.$$

Denn in der Figur *BAEFDC*, welche ganz die nemliche ist, wie (Fig. 62. Taf. 6.) mit den nemlichen Buchstaben in den nemlichen Puncten, ist zufolge (III.) $AB=AK.\frac{EK+AK}{EK-AK}$, also $AB=a.\frac{b+a}{b-a}$. Die Figur *bAeFdc* ist ebenfalls die ähnliche wie (Fig. 62.) mit ähnlichen Buchstaben in den ähnlichen Puncten, nur in umgekehrter Lage. Also ist $Ab=Ak.\frac{ek+Ak}{ek-Ak}$, oder

$Ab = \alpha \cdot \frac{\beta + \alpha}{\beta - \alpha}$. Nun werde EP so gelegt, daſs es mit bB parallel ist, damit die Dreiecke AEP und AbB ähnlich sind, so muſs seyn $\frac{AE}{AP} = \frac{AB}{Ab}$, also

$$AP = \frac{AE \cdot Ab}{AB} = (b+a) \cdot \frac{\alpha}{a} \cdot \frac{\beta + \alpha}{b + a} \cdot \frac{b - a}{\beta - \alpha} = (\beta + \alpha) \frac{\alpha}{a} \cdot \frac{b - a}{\beta - \alpha},$$

wie oben, und wenn nun $EP = p$, so ist $\frac{EP}{AE} = \frac{Bb}{AB}$, also $Bb = \frac{AB \cdot EP}{AE} = \frac{a(b+a)}{b-a} \cdot \frac{p}{b+a} = \frac{ap}{b-a}$; ebenfalls wie oben.

Dieses Verfahren erfordert, wie man siehet, eine leichte Rechnung, aber vielleicht von allen die wenigste Linien-Messung, welche immer das Beschwerlichste ist; auch wenig Raum, denn man kommt mit dem Messen nicht über das Dreieck ADE hinaus, welches man von willkürlicher Gröſse und Gestalt annehmen kann.

Es giebt noch eine Menge anderer Mittel die Länge unzugänglicher gerader Linien zu messen. Eines der einfachsten ist folgendes:

β) Es sey Bb (Fig. 65. Taf. 6.) die zu messende Linie, C ein Punct, aus welchem man die Endpuncte B und b sehen kann, so lege man durch C eine willkürliche gerade Linie DCd und mache $dC = DC$. Man nehme in BD willkürlich einen Punct E, setze e in die Richtung BC, und mache $eC = EC$. Man nehme ferner in bd einen willkürlichen Punct f, setze F in die Richtung fC, und mache $FC = fC$. Alsdann setze man g in den Durchschnitt von de und BC, und G in den Durchschnitt von DF und bc, so ist Gg gleich Bb, und kann statt Bb gemessen werden. Denn wegen $DC = dC$, $EC = eC$ und $ECD = eCd$ ist $\triangle ECD = \triangle eCd$, also $BDC = gdC$, und folglich $gC = BC$. Eben so folgt, daſs $GC = bc$ ist, folglich ist wegen $GCg = BCb$, $\triangle GCg = \triangle BCb$ und mithin $Gg = Bb$.

Dies Verfahren erfordert gar keine Rechnung, aber viel Längenmessung nnd auch viel Raum. Man kann es noch etwas erleichtern, wenn man, anstatt die abgesteckten Linien gleich lang zu machen, vielmehr zum Theil nur bestimmte Theile davon nimmt, z. B. auſser $dC = DC$, $d_1C = D_1C = n \cdot DC$, und eben so $e_1C = nEC$ und $F_1C = n \cdot fC$ macht. Alsdann ist $G_1g_1 = n \cdot Bb$.

γ) Hierher gehört auch folgendes einfache Verfahren, ein ganzes Dreieck XYZ (Fig. 66. Taf. 6.), dessen Seiten unzugänglich sind, und von welchem im Innern nur die Endpuncte gesehen werden können, mit Kette und Stäben auszumessen:

Man nehme im Innern des Dreiecks einen Punct A willkürlich an, setze in der Richtung AY, in willkürlicher Entfernung von A einen Stab B, und in den Durchschnitt von BZ und XA einen Stab C; ferner in den Durchschnitt von XB und ZA einen Stab D, in den Durchschnitt von XB und YC einen Stab E, und in den Durchschnitt von YC und ZA einen Stab F, so daſs D, B, E; E, C, F und F, A, D in geraden Linien liegen, und also DEF ein neues Dreieck ist. Alsdann messe man die Neun Linien DB, BE, EC, CF, FA, AD, AB, BC, CA, welche aber sämmtlich nicht sehr lang seyn dürfen, so ist leicht zu sehen, daſs sich daraus die Länge der unzugänglichen Linien XY, YZ und ZX finden läſst. Berechnet man nemlich aus den gemessenen Seiten der Dreiecke ABD, BCE und CAF je einen von den beiden an AB, BC und CA liegenden Winkeln, welches durch Logarithmen nach (Geometrie §. 360. Aufgabe IX. S. 414.) leicht ist, so findet man die anderen, an AB, BC und CA liegenden Winkel durch Gleichungen, wie $\frac{AF}{AC} = \frac{\sin ACF}{\sin CAF}$ u. s. w.; und sind die sechs Winkel gefunden, so bekommt man leicht durch Addition und Subtraction alle übrigen Winkel der vier Dreiecke ABD, BCE, CAF und ABC. Hierauf findet man leicht, z. B. aus AC und den Winkeln CAZ und ACZ die Linie CZ, nemlich $CZ = AC \cdot \frac{\sin CAZ}{\sin(CAZ + ACZ)}$ und eben so AX und EY; dann aber z. B. aus $XC = AX + AC$, aus CZ und dem eingeschlossenen Winkel bei C die dritte Seite XZ, und eben so XY und YZ. Die gesammte Rechnung ist nicht sehr mühsam und das Verfahren kann zuweilen nützlich seyn. Will man es auf eine einzelne Linie anwenden, z. B. nur XZ suchen, so braucht man zwei Dreiecks-Seiten, z. B. AD und DB, nicht zu messen.

76.

Die Länge einer geraden Linie im Felde mittelbar, mit Hülfe des *Winkel-Kreuzes* zu messen.

I. Wenn beide Endpuncte *A* und *B* der zu messenden Linie *AB* (Fig. 67. Taf. 7.) zugänglich sind.

α) Man stecke mit dem Winkel-Kreuz die rechten Winkel *BAC* und *ABD*, und in einem willkürlichen Punct *C* der Linie *AC*, *CD* auf *AC* rechtwinklig ab, so ist

$$AB = CD,$$

und *CD* kann statt *AB* gemessen werden; denn *ABCD* ist alsdann ein Parallelogramm.

β) Man nehme, wenn das vorige Verfahren Hindernisse findet, *C* willkürlich an, lege gegen *AC* die gerade Linie *CD* unter irgend einem Winkel $ACD = \alpha$, den das Winkel-Kreuz mifst, suche in der Linie *CD* einen Punct *D*, in welchem der Winkel $CDB = \beta$ ebenfalls durch das Winkel-Kreuz gemessen werden kann, und messe *AC*, *CD* und *DB*, so ist

$$AB = \sqrt{[AC^2 + CD^2 + DB^2 - 2AC . DC . \cos\alpha - 2CD . BD . \cos\beta + 2AC . BD . \cos(\alpha+\beta)]}$$

(Geometrie. §. 376. Aufgabe 1.).

γ) Man kann auch ein Vieleck von mehreren Seiten, z. B. wie *ACEDB*, machen, und die Winkel *C*, *E*, *D* nebst den Seiten *AC*, *CE*, *ED* und *DB*, die sie einschliefsen, messen. Man findet *AB* immer wie in (Geometrie §. 376. Aufgabe 1.).

δ) Wenn *A* und *B* beide aus einem und demselben Puncte *E* sichtbar und zugänglich sind, und der Winkel *AEB* durch das Winkel-Kreuz gemessen wird, so ist

$$AB = \sqrt{(AE^2 + EB^2 - 2AE . EB . \cos AEB)}.$$

Für $AEB = \varrho$ ist blofs

$$AB = \sqrt{(AE^2 + EB^2)}.$$

ε) Wenn etwa der eine Punct *B* aus *E* blofs sichtbar, aber nicht zugänglich ist, so mache man $BEF = BEA$ und $EF = AE$, so ist

$$BF = AB,$$

und kann statt *AB* gemessen werden; denn in den Dreiecken *BEF* und *BEA* ist alsdann $BEF = BEA$, $BE = BE$ und $EF = AE$, also sind die Dreiecke einander gleich, und folglich ist $BF = AB$.

Wenn $BEA = \varrho$, so ist *AEF* eine gerade Linie, und folglich *EF* die Verlängerung von *AE*.

I. Wenn nur ein Endpunct *A* der Linie *AB* (Fig. 68. Taf. 7.) zugänglich ist.

α) Man stecke aus dem zugänglichen Endpunct *A* gegen die zu messende Linie *AB* irgend einen Winkel

BAC

BAC ab, den das Winkel-Kreuz angiebt, suche in der Linie *AC* den Punct *C*, in welchem der Winkel *ACB* ebenfalls durch das Winkel-Kreuz gemessen werden kann, und messe *AC*, so läfst sich in dem Dreieck *ABC* aus den beiden Winkeln bei *A* und *C* und der dazwischen liegenden Seite *AC* die gesuchte Seite *AB* finden; nemlich:

$$AB = AC \cdot \frac{\sin ACB}{\sin(BAC + BCA)};$$

wonach sich mit Logarithmen leicht rechnen läfst.

Hat das Winkel-Kreuz, aufser dem rechten Winkel, Hälften und zwei Drittheile vom rechten Winkel, wie (Fig. 23. Taf. 4.), so dafs es alle Winkel von $\frac{1}{6}\varrho$ zu $\frac{1}{6}\varrho$ angiebt (§. 39.), so kann man, wenn man die Winkel *BAC* und *ACB* nach Belieben annimmt, insofern sie nur zusammen nicht mehr als zwei rechte betragen, die 11 Winkel: $\frac{1}{6}\varrho$, $\frac{2}{6}\varrho$, $\frac{3}{6}\varrho \dots \frac{11}{6}\varrho$, jeden mit den übrigen, verbinden, also z. B.

den Winkel $\frac{1}{6}\varrho$ mit den 10 Winkeln $\frac{1}{6}\varrho$, $\frac{2}{6}\varrho$, $\frac{3}{6}\varrho \dots \frac{10}{6}\varrho$,
den Winkel $\frac{2}{6}\varrho$ mit den 9 Winkeln $\frac{1}{6}\varrho$, $\frac{2}{6}\varrho$, $\frac{3}{6}\varrho \dots \frac{9}{6}\varrho$,
den Winkel $\frac{3}{6}\varrho$ mit den 8 Winkeln $\frac{1}{6}\varrho$, $\frac{2}{6}\varrho$, $\frac{3}{6}\varrho \dots \frac{8}{6}\varrho$,
u. s. w., welches, wie leicht zu sehen, 55 verschiedene Auflösungen giebt, worunter man diejenigen wählen kann, welche für das Terrain am besten passen.

Der einfachste Fall ist $BAC = \varrho$ und $BCA = \frac{1}{2}\varrho$. Alsdann ist, wie leicht zu sehen,

$$AB = AC.$$

β) Man stecke aus dem zugänglichen Endpunct *A* (Fig. 68. Taf. 7.) gegen die zu messende Linie *AB* irgend einen Winkel *BAC* ab, den das Winkel-Kreuz angiebt, und aus einem beliebigen Punct *C* der Linie *AC* gegen *BC* den nemlichen Winkel $BCD = BAC$.

Alsdann messe man *AC*, *CD* und *DA*: so ist

$$AB = AD \cdot \frac{AC^2}{DC^2 - AC^2},$$

denn wegen $BCD = BAC$ und $DBC = CBA$ sind die Dreiecke *ABC* und *CBD* ähnlich; also ist $\frac{AB}{BC} = \frac{BC}{BD}$, woraus $AB = \frac{BC^2}{BD}$ folgt. Desgleichen ist $\frac{AB}{AC} = \frac{BC}{DC}$, woraus $BC = \frac{AB \cdot DC}{AC}$ folgt. Also ist vorhin $AB = \frac{AB^2 \cdot DC^2}{AC^2 \cdot BD}$, welches $AB = \frac{AC^2 \cdot BD}{DC^2}$ giebt. Da aber

$BD = AB + AD$, so ist $AB = \frac{AC^2}{DC^2}(AB + AD)$, oder $AB = \frac{AC^2}{DC^2} \cdot AD : \left(1 - \frac{AC^2}{DC^2}\right)$, oder $AB = AD \cdot \frac{AC^2}{DC^2 - AC^2}$; wie oben.

Da man wieder alle die verschiedenen Winkel nehmen kann, welche das Winkel-Kreuz angiebt, so giebt es auch hier eine Menge Fälle. Der einfachste ist, wenn

$$BCD = BAC = \varrho.$$

Alsdann ist $DC^2 - AC^2 = AD^2$, also

$$AB = \frac{AC^2}{AD}.$$

γ) Man stecke aus dem zugänglichen Endpunct A, (Fig. 68. Taf. 7.), gegen die zu messende Linie AB irgend einen Winkel BAC ab, welchen das Winkel-Kreuz angiebt; und aus einem beliebigen Punct E in der Verlängerung von AB den nemlichen Winkel $BEF = BAC$, ebenfalls gegen AB, und messe AC, EF und AE, so ist $AB = AC \cdot \frac{AE}{FE - AC}$; denn, wenn GC mit AB parallel ist, so sind die Dreiecke FGC und CAB ähnlich, also ist $\frac{AB}{AC} = \frac{GC}{GF}$. Aber GC ist gleich AE und $GF = FE - AC$, also $\frac{AB}{AC} = \frac{AE}{FE - AC}$, woraus $AB = AC \cdot \frac{AE}{FE - AC}$ folgt.

III. Wenn *beide* Endpuncte der auszumessenden Linie unzugänglich sind.

α) Man nehme in einer willkürlichen geraden Linie CD (Fig. 69. Taf. 7.), aus welcher die Endpuncte der zu messenden Linie AB gesehen werden können, beliebige Winkel α, β, γ, δ, die sich mit dem Winkel-Kreuz messen lassen, und messe CF, ED und CD, so läſst sich in dem Dreieck ACF, aus den beiden Winkeln α und δ und der zwischen liegenden Seite CF, die Seite CA, und in dem Dreieck BED, aus den beiden Winkeln β und γ und der zwischen liegenden Seite ED, die Seite BD berechnen. Also sind in dem Viereck $ABCD$ die Seiten AC, CD und DB nebst den eingeschlossenen Winkeln α und β bekannt, folglich findet man AB nach (Geometrie §. 376. 1. Aufgabe).

Kann man $\alpha = \beta = \varrho$ und $\gamma = \delta = \frac{1}{2}\varrho$ machen, so ist $AC = CF$, $BD = ED$, und wenn AG mit CD parallel, $BG = BD - AC = ED - CF$ und $AGB = \varrho$, also AB

$= \sqrt{(AG^2 + BG^2)} = \sqrt{(CD^2 + (ED - CF)^2)}$, oder auch, weil $ED - CF = FD - CE$,

$$AB = \sqrt{(CD^2 + (FD - CE)^2)}.$$

β) Man nehme einen Punct C (Fig. 70. Taf. 7.), aus welchem A und B sichtbar sind, so an, dafs ACB ein rechter Winkel ist, und in den Verlängerungen von AC und BC, E und D so, dafs CEB und CDA halbe rechte Winkel sind, so ist

$$DE = AB$$

und DE kann statt AB gemessen werden. Denn wegen $CEB = \frac{1}{2}\varrho$ und $BCE = \varrho$, ist $CBE = \frac{1}{2}\varrho$, also $CE = BC$. Eben so ist $DC = AC$; also ist, wegen der gleichen Scheitel-Winkel bei C, $\triangle DCE = \triangle ACB$, und folglich $DE = AB$.

γ) Man nehme einen Punct C (Fig. 71. Taf. 7.), aus welchem A und B sichtbar sind, willkürlich an, und mache $ACD = \varrho$, $CDA = \frac{1}{2}\varrho$ und $BCE = \varrho$, $BEC = \frac{1}{2}\varrho$, so ist

$$DE = AB,$$

und DE kann statt AB gemessen werden; denn wie in (β.) ist $DC = AC$, $EC = CB$ und $DCE = \varrho - BCD = ACB$, also $\triangle DCE = \triangle ACB$, und folglich $DE = AB$.

δ) Man nehme einen Punct C (Fig. 71. Taf. 7.), aus welchem A und B sichtbar sind, willkürlich an, und suche mit dem Winkel-Kreuz die Puncte F und H, wo Perpendikel aus B und A die Linien AC und BC schneiden, und messe FH, HC, FC, so ist

$$1.\quad AB = \frac{2 . FH . HC . CF}{FC^2 + CH^2 - FH^2}.$$

Kann der Winkel $ACB = \gamma$ mit dem Winkel-Kreuz gemessen werden, so braucht man blofs die eine Linie FH zu messen, und es ist noch kürzer;

$$2.\quad AB = FH . \sec\gamma.$$

Ist $\gamma = \frac{2}{3}\varrho$, so ist

$$3.\quad AB = 2FH.$$

Da nemlich bei F und H rechte Winkel seyn sollen, so ist $AH = CH\ \mathrm{tang}\,\gamma$, $BC = FC\ \sec\gamma$, also $BH = FC . \sec\gamma - CH$, und weil $AB^2 = AH^2 + BH^2$,

$$AB^2 = CH^2\,\mathrm{tg}\,\gamma^2 + FC^2 \sec\gamma^2 - 2FC . CH \sec\gamma + CH^2,$$
$$= (CH^2 + FC^2) \sec\gamma^2 - 2FC . CH . \sec\gamma,$$
$$= (CH^2 + FC^2 - 2FC . CH . \cos\gamma) \sec\gamma^2.$$

Aber in dem Dreieck FCH ist $FH^2 = CH^2 + FC^2 - 2FC . CH . \cos\gamma$; also ist $AB^2 = FH^2 \sec\gamma^2$, oder $AB = FH . \sec\gamma$, welches der Ausdruck (2.) ist. Ferner ist in dem Dreieck FCH, $\cos\gamma = \frac{FC^2 + CH^2 - FH^2}{2CF.FH}$, also $\sec\gamma = \frac{2CF.FH}{FC^2 + CH^2 - FH^2}$, welches in (2.) gesetzt, den Ausdruck (1.) giebt. Für $\gamma = \frac{2}{3}\varrho$ ist $\cos\gamma = \frac{1}{2}$, also $\sec.\gamma = 2$, welches vermöge (2.) den Ausdruck (3.) giebt.

Die Ausdrücke (1. und 2.) bleiben die nemlichen, wenn auch der Winkel γ stumpf statt spitz ist, wie z. B. wenn der angenommene Punct G statt C wäre, nur dafs dann FH negativ genommen werden mufs. Es ist alsdann

$$AB = \frac{2FH.HG.GF}{FH^2 - GF^2 - HG^2} = -FH.\sec G,$$

und für $G = \frac{4}{3}\varrho$, wieder $AB = 2FH$.

ε) Man nehme willkürlich 3 Puncte C, D, E (Fig. 72. Taf. 7.) an, aus welchen die Visir-Linien nach A und B mit einander gleiche Winkel α machen, die das Winkel-Kreuz angiebt, also so, dafs

$$ACB = ADB = AEB = \alpha,$$

messe CD, DE und das Perpendikel DF aus D auf CE, so ist

$$AB = \frac{DC.DE}{DF}.\sin\alpha,$$

denn da ACB, ADB und AEB gleiche Winkel sind, so liegen C, D, E in einem Kreise, von welchem AB eine Sehne ist. Nun kann der Inhalt eines Dreiecks ausgedrückt werden durch das Product der drei Seiten, dividirt durch den vierfachen Halbmesser des umschriebenen Kreises (Geometrie §. 175. Gleichung 1.). Also ist der Inhalt des Dreiecks CDE gleich $\frac{DC.DE.CE}{4r}$, wenn der Halbmesser des Kreises um das Dreieck CDE durch r bezeichnet wird. Der Inhalt dieses Dreiecks ist aber auch $\frac{CE.DF}{2}$; also ist $\frac{DC.DE.CE}{4r} = \frac{CE.DF}{2}$, woraus $2r = \frac{DC.DE}{DF}$ folgt. Der Winkel am Mittelpunct ist aber doppelt so grofs als der Winkel α am Umfange über der Sehne AB; also ist die Sehne $AB = 2(r\sin\alpha) = 2r\sin\alpha$. Also ist, weil $2r = \frac{DC.DE}{DF}$ war,

$$AB = \frac{DC.DE}{DF}.\sin\alpha, \text{ wie oben.}$$

Kann man in C, D, E rechte Winkel nehmen, so dafs $\alpha = \varrho$, so ist $\sin\alpha = 1$, also blofs

$$AB = \frac{DC.DE}{DF}.$$

Nimmt man $\alpha = \frac{1}{3}\varrho$, so ist $\sin\alpha = \frac{1}{2}$, also

$$AB = \frac{DC.DE}{2.DF}.$$

Nimmt man $\alpha = \frac{1}{2}\varrho$, so ist $\sin\alpha = \frac{1}{\sqrt{2}}$, also

$$AB = \frac{DC.DE}{DF.\sqrt{.2}}.$$

Nimmt man $\alpha = \frac{2}{3}\varrho$, so ist $\sin\alpha = \frac{\sqrt{3}}{2}$, also

$$AB = \frac{DC.DE\sqrt{3}}{2DF},$$

u. s. w.

77.

Die Länge einer geraden Linie im Felde, mittelbar, mit Hülfe eines *Winkel-Instruments* zu messen.

I. **Wenn die Endpuncte der Linie, A und B (Fig. 73. Taf. 7.), zugänglich sind, die Linie übersichtlich ist, und theilweise an den Enden gemessen oder verlängert werden kann.**

Man messe $CA = a$, $BD = b$ und die Winkel $CEA = \alpha$, $AEB = \gamma$ und $BED = \beta$, so ist x oder

$$AB = \sqrt{\left[\tfrac{1}{4}(a-b)^2 + ab\frac{\sin(\alpha+\gamma)\sin(\beta+\gamma)}{\sin\alpha\sin\beta}\right]} - \tfrac{1}{2}(a+b).$$

Denn es ist

$$\frac{a+x}{\sin(\alpha+\gamma)} = \frac{u}{\sin\psi}, \quad \frac{\sin\beta}{b} = \frac{\sin\psi}{v}, \quad \frac{b+x}{\sin(\beta+\gamma)} = \frac{v}{\sin\varphi} \quad \text{und}$$

$$\frac{\sin\alpha}{a} = \frac{\sin\varphi}{u}.$$

Man findet, wenn man diese vier Gleichungen mit einander multiplicirt,

$$\frac{(a+x)\sin\beta(b+x)\sin\alpha}{\sin(\alpha+\gamma)\,b\,\sin(\beta+\gamma)\,a} = 1, \text{ oder } (a+x)(b+x)$$

$$= ab.\frac{\sin(\alpha+\gamma)\sin(\beta+\gamma)}{\sin\alpha\sin\beta} = x^2 + (a+b)x + ab.$$

Daraus folgt

$$x = -\tfrac{1}{2}(a+b) \pm \sqrt{\left[\tfrac{1}{4}(a+b)^2 - ab + ab\frac{\sin(\alpha+\gamma)\sin(\beta+\gamma)}{\sin\alpha\sin\beta}\right]},$$

oder

$$x = -\tfrac{1}{2}(a+b) \pm \sqrt{\left[\tfrac{1}{4}(a-b)^2 + ab\frac{\sin(\alpha+\gamma)\sin(\beta+\gamma)}{\sin\alpha\sin\beta}\right]};$$

wie oben.

Da das untere Zeichen der Wurzel-Gröſse ein ganz negatives x giebt, so paſst auf die vorausgesetzte Lage der Linien a und b, nemlich mit einem Zwischenraume x, nur das obere Zeichen.

Kann man $a = b$ machen, so ist

$$AB = a\left[\sqrt{\left(\frac{\sin(\alpha+\gamma)\sin(\beta+\gamma)}{\sin\alpha\sin\beta}\right)} - 1\right].$$

Kann man $\alpha = \beta$ machen, so ist

$$AB = \sqrt{\left[\tfrac{1}{4}(a-b)^2 + a\left(\frac{\sin(\alpha+\gamma)}{\sin\alpha}\right)^2\right]} - \tfrac{1}{2}(a+b).$$

II. Wenn nur ein Endpunct der auszumessenden Linie AB (Fig. 68. Taf. 7.) zugänglich ist, von demselben aber seitwärts hin, nach AC gemessen werden kann, auch die Linie sich übersehen läſst, so darf man nur die beiden Winkel $BAC = \alpha$ und $BCA = \gamma$, nebst der Linie $AC = a$ messen. Daraus findet man, weil

$$\frac{a}{\sin(\alpha+\gamma)} = \frac{x}{\sin\gamma},$$

$$x = a \cdot \frac{\sin\gamma}{\sin(\alpha+\gamma)}.$$

III. Wenn die auszumessende Linie AB (Fig. 74. Taf. 7.) ganz unzugänglich ist, und ihre Endpuncte nur von der Seite her, etwa aus C und D, gesehen werden können, so messe man die Linie $CD = a$ und die Winkel $ACB = \alpha$, $BCD = \beta$, $ADC = \gamma$ und $BDA = \delta$. Alsdann ist

$$x = a\sqrt{\left[\frac{\sin(\alpha+\beta)^2}{\sin(\alpha+\beta+\gamma)^2} + \frac{\sin\beta^2}{\sin(\beta+\gamma+\delta)^2} - \frac{2\sin(\alpha+\beta)\sin\beta}{\sin(\alpha+\beta+\gamma)\sin(\beta+\gamma+\delta)}\right]};$$

denn es ist

$$AD = a \cdot \frac{\sin(\alpha+\beta)}{\sin(\alpha+\beta+\gamma)} \text{ und } BD = a \cdot \frac{\sin\beta}{\sin(\beta+\gamma+\delta)},$$

woraus der obige Ausdruck von x folgt.

IV. Ist etwa die auszumessende Linie AB (Fig. 74. Taf. 7.) an den Endpuncten zugänglich, kann aber weder verlängert, noch kann zu ihr hingemessen werden, so nehme man, entfernt von der Linie zwei Puncte C und D, und messe $CD = a$ nebst den Winkeln $CAD = \alpha_1$, $DAB = \beta_1$, $CBA = \gamma_1$ und $DBC = \delta_1$, so ist, zufolge (III.):

$$a = x \sqrt{\left[\frac{\sin(\alpha_1+\beta_1)^2}{\sin(\alpha_1+\beta_1+\gamma_1)^2} + \frac{\sin\beta_1^2}{\sin(\beta_1+\gamma_1+\delta_1)^2} - \frac{2.\sin(\alpha_1+\beta_1)\sin\beta_1}{\sin(\alpha_1+\beta_1+\gamma_1)\sin(\beta_1+\gamma_1+\delta_1)}\right]},$$

also

$$x = a : \sqrt{\left[\frac{\sin(\alpha_1+\beta_1)^2}{\sin(\alpha_1+\beta_1+\gamma_1)^2} + \frac{\sin\beta_1^2}{\sin(\beta_1+\gamma_1+\delta_1)^2} - \frac{2.(\alpha_1+\beta_1)\sin\beta_1}{\sin(\alpha_1+\beta_1+\gamma_1)\sin(\beta_1+\gamma_1+\delta_1)}\right]}.$$

Hat man ein Astrolabium, so kann man die Winkel unmittelbar messen. Mit der Boussole findet man sie aus dem Unterschiede der Neigungen der Winkel-Schenkel gegen die Magnet-Linie. Jedoch ist die Boussole wegen ihrer geringen Genauigkeit und ihrer Unzuverlässigkeit zu solchen Messungen, wenn es auf irgend einige Genauigkeit ankommt, oder die mittelbar zu messenden Linien etwas lang sind, wenig geschickt.

78.

Die Länge einer geraden Linie im Felde, mittelbar, mit Hülfe eines *Meſstisches* zu messen.

I. Wenn die Endpuncte der Linie AB (Fig. 73. Taf. 7.) wie (§. 77. I.) zugänglich sind, und die Linie übersichtlich ist, und theilweise an den Enden gemessen oder verlängert werden kann, z. B. wenn sich $AC = a$ und $BD = b$, in der Richtung der Linie $AB = x$, messen lassen, so stelle man den Meſstisch zur Seite, z. B. über E auf, und zwar so, daſs neben dem Punct e auf dem Meſstisch, der über E liegt, Raum genug bleibt, um die Figur zu zeichnen. Man lege das Diopter-Lineal an den Punct e, visire nach A und nach B, und ziehe auf dem Tische die geraden Linien ea und eb, welche also den Winkel γ einschlieſsen. Hierauf ziehe man, in beliebigen Entfernungen von e, die geraden Linien ac und bd mit be und ae parallel, so daſs auch $cae = ebd = \gamma$ ist. Nun trage man aus a nach c, und aus b nach d die Längen der Linien AC und BD nach dem Maaſsstabe der Zeichnung, lege das Diopter-Lineal an c in die Richtung cC und an d in die Richtung dD, und ziehe die geraden Linien Cce_1 und Dde_2. Die Winkel Ae_1C und Be_2D, unter welchen Cce_1 und Dde_2 die vorhin gezogenen ea und eb in e_1 und e_2 schneiden, werden zwar, strenge genommen, den Winkeln $CEA = \alpha$ und BED

$=\beta$, nicht gleich seyn, aber weil die Entfernungen ee_1 und ee_2 in der Zeichnung auf dem Tische gegen die Linien im Felde nur sehr klein sind, so werden sie dafür angenommen werden können. Also wird man setzen können $ae_1c=\alpha$ und $be_2d=\beta$. Nun verlängere man ae_1 um, $e_1f=be_2$, halbire af in h, ziehe aus h, als Mittelpunct den Halbkreis agf, ziehe e_1g durch e_1 auf af senkrecht, mache in dem Durchmesser af, e_1k gleich dem halben Unterschiede von ac und bd, ziehe kg, und mache in kg, mg gleich der halben Summe von ac und bd, so ist km die Länge der gesuchten Linie $AB=x$ nach dem Maafsstabe der Zeichnung.

Da nemlich in dem Dreieck ace_1 die Winkel $cae_1=\gamma$ und $ce_1a=\alpha$ sind, und die Linie ca nach dem Maafsstabe der Zeichnung gleich a ist, so ist $ae_1=a.\frac{\sin(\alpha+\gamma)}{\sin\alpha}$. Auf dieselbe Weise ist $be_2=b.\frac{\sin(\beta+\gamma)}{\sin\beta}$. Nun wurde in dem Halbkreise agf, $e_1f=be_2$ gemacht, also ist für das Perpendikel e_1g, $e_1g^2=ae_1 . be_2$ $=ab.\frac{\sin(\alpha+\gamma)\sin(\beta+\gamma)}{\sin\alpha\sin\beta}$. Ferner wurde $e_1k=\frac{1}{2}(a-b)$ gemacht, also ist in dem rechtwinkligen Dreieck e_1kg,

$$kg=\sqrt{\left[\tfrac{1}{4}(a-b)^2+ab\frac{\sin(\alpha+\gamma)\sin(\beta+\gamma)}{\sin\alpha\sin\beta}\right]}.$$

Endlich wurde mg gleich $\frac{1}{2}(a+b)$ gemacht, also ist

$$km=\sqrt{\left[\tfrac{1}{4}(a-b)^2+ab.\frac{\sin(\alpha+\gamma)\sin(\beta+\gamma)}{\sin\alpha\sin\beta}\right]}-\tfrac{1}{2}(a+b).$$

Dieses ist der Ausdruck von $AB=x$ (77. I.): also ist $km=AB=x$, nach dem Maafsstabe der Zeichnung.

II. Wenn nur ein Endpunct A der auszumessenden Linie AB (Fig. 68. Taf. 7.) zugänglich ist, von der Linie aber seitwärts hin, nach AC zu, gemessen werden kann, auch die Linie sich übersehen läfst, so setze man den Mefstisch in A, ziehe darauf ab und ac in den Richtungen AB und AC, messe AC, mache ac auf dem Tisch gleich AC nach dem Maafsstabe der Zeichnung, bringe den Tisch nach C, stelle ihn mit c über C, so dafs ca in die Richtung CA fällt, und ziehe auf den Tisch cb in der Richtung CB, so ist die Länge ab, welche cb auf dem Tisch von der Linie ab abschneidet, nach dem Maafsstabe der Zeichnung, gleich der Länge der Linie AB im Felde.

III. Wenn die auszumessende Linie *AB* (Fig. 74. Taf. 7.) ganz unzugänglich ist, und ihre Endpuncte nur von der Seite her, etwa aus *C* und *D* gesehen werden können, so stelle man den Mefstisch z. B. in *C* auf, ziehe auf demselben *ca*, *cb*, *cd* in den Richtungen *CA*, *CB*, *CD*, messe *CD* im Felde, trage diese Länge nach dem Maafsstabe in *cd* auf den Tisch, bringe den Mefstisch nach *D*, stelle ihn mit *d* über *D*, und so auf, dafs *dc* in die Richtung *DC* fällt, und ziehe *da* und *db* in den Richtungen *DA* und *DB*, so ist die Entfernung *ab* der Puncte *a* und *b*, in welchen *da* und *db* die vorhin gezogenen Linien *ca* und *cb* schneiden, nach dem Maafsstabe der Zeichnung, die gesuchte Länge der Linie *AB* im Felde.

Bei allen diesen Messungen müssen die Winkel nicht zu spitz, und die unmittelbar gemessenen Linien gegen die gesuchte nicht zu kurz seyn, weil man sonst die gesuchte Linie nicht genau genug findet.

79.

Von den bisherigen Aufgaben dieses dritten Abschnittes werden allerdings die meisten, wenigstens die verwickelteren, in der gewöhnlichen Ausübung nur selten vorkommen, und es ist unstreitig mehr davon gegeben worden, als zum Feldmessen in den gewöhnlichen Fällen nöthig ist. Dieses ist nicht deshalb geschehen, um etwa der Mathematik Gelegenheit zu Anwendungen zu verschaffen, und ihren Nutzen in Anwendungen zu zeigen. Dieser Nutzen ist nur zweifelhaft, weil dergleichen Fälle nur selten vorkommen, auch sind die Anwendungen der Mathematik auf das gemeine Leben überhaupt die unwichtigeren, und bringen sogar zuweilen, wenn die Vordersätze, physischer Umstände wegen, mehr hypothetisch und nicht sicher sind, grade durch die Unfehlbarkeit der mathematischen Schlüsse um so sicherer Irrthum hervor: der eigentliche Nutzen der Mathematik ist, dafs sie unter allen Wissenschaften am meisten die Denkkraft übt und schärft, und die klare Einsicht der Wahrheit befördert. Die Aufgaben sind mitgetheilt worden, theils weil man sich, wenn die Fälle, obgleich selten, dennoch vorkommen, doch wenigstens zu helfen wissen mufs, theils um Feldmesser, die aus Neigung oder anderen Gründen sich mehr mit der Mathematik, als ihnen unentbehrlich ist, beschäftigen wollen, auf diejenigen Anwendungen aufmerksam zu machen, die ihnen wenigstens am unmittelbarsten in ihrem Gewerbe nützlich sind.

Vom Vorwärts- Seitwärts- und Rückwärts-Einschneiden.

80.

Da es beim Feldmessen auf die Ausmessung von geraden Linien und von Winkeln, die die Linien einschliefsen ankommt, gerade Linien aber durch einzelne Puncte bestimmt werden, so kommt es zunächst auf die Lage von Puncten gegen einander an. Da nun häufig die bestimmenden Puncte, einer aus dem anderen, in gerader Linie, Hindernisse wegen, nicht zugänglich sind, so kommt es häufig vor, dafs die Lage von Puncten gegen andere schon bekannte Puncte gesucht wird, wenn die Puncte, einer aus dem anderen, nicht geradezu zugänglich sind, und also nicht durch gerade Linien mit einander verbunden werden können. Man kann drei Fälle unterscheiden:

1) Wenn der Punct, z. B. X (Fig. 75. Taf. 7.), dessen Lage gesucht wird, aus anderen bekannten Puncten nicht geradezu zugänglich ist. Alsdann mufs der gesuchte Punct aus zwei schon bekannten Puncten A und B sichtbar seyn, und die Entfernung AB mufs gemessen werden können. Das Verfahren, die Lage des gesuchten Puncts daraus zu finden, heifst *Vorwärts-Einschneiden.*

2) Wenn der gesuchte Punct X (Fig. 76. Taf. 7.) zwar zugänglich ist, man aber nur etwa in C, in die *Richtung* zweier anderer bekannter Puncte A und B, kommen kann. Alsdann mufs die Entfernung AB nebst dem Winkel $C = \gamma$ gemessen werden können, und aus X müssen die 3 Puncte A, B und C sichtbar seyn. Das Verfahren, die Lage des gesuchten Puncts daraus zu finden, heifst *Seitwärts-Einschneiden.*

3) Wenn zwar der gesuchte Punct X (Fig. 77. I. II. III. Taf. 7.), aber kein anderer bekannter Punct, oder die Richtung durch zwei bekannte Puncte, zugänglich ist. Alsdann müssen drei schon bekannte Puncte A, B und C aus X sicht-

bar seyn, und ihre Entfernungen *AB*, *BC*, *CA* von einander, müssen gemessen werden können. Das Verfahren, die Lage des gesuchten Puncts daraus zu finden, heifst *Rückwärts-Einschneiden.*

In allen drei Fällen wird aus dem, was gegeben ist, der gesuchte Punct blofs durch Messen von Winkeln gefunden. Die Aufgaben werden daher am kürzesten durch Winkel-Instrumente oder durch den Mefstisch gelöset, wie folgt:

81.

Vom Vorwärts-Einschneiden.

A. I. Mit einem Winkel-Instrument.

Man mifst die Winkel α und β und die Linie *AB* $= a$ (Fig. 75. Taf. 7.). Alsdann ist

der dritte Winkel $X = 2\varrho - \alpha - \beta$,

die Linie $AX = a . \frac{\sin\beta}{\sin(\alpha+\beta)}$,

die Linie $BX = a . \frac{\sin\alpha}{\sin(\alpha+\beta)}$;

wodurch der Punct *X* bestimmt ist.

Will man ihn nach dieser Ausmessung zu Papier bringen, so kann es auch blofs durch die gemessenen Winkel α und β mit dem Transporteur geschehen. Man zieht die Linie *AB* auf dem Papier, giebt ihr nach dem Maafsstabe der Zeichnung ihre Länge *a*, legt den Transporteur an *AB*, und mit seinem Mittelpunct an *A*, und ziehet unter dem gemessenen Winkel α die gerade Linie *AX*; ferner an *BA*, und mit dem Mittelpunct an *B*, und ziehet unter dem Winkel β die gerade Linie *BX*. Wo sich *AX* und *BX* schneiden, ist der Punct *X*. Besser aber ist es, erst nach dem obigen Ausdruck die Länge von *AX* und *BX* zu berechnen, was durch Logarithmen leicht ist, sodann *AX* mit dem Hand-Zirkel, oder, wenn die Linie in der Zeichnung sehr lang ist, mit dem Stangen-Zirkel zu fassen, den einen Zirkelfufs in *A* zu setzen, mit dem anderen Fufs einen Bogen zu schlagen, sodann, eben so, *BX* in den Zirkel zu fassen, den einen Fufs desselben in *B* zu setzen, und mit dem anderen einen Bogen zu schlagen, der den vorigen aus *A*, schneidet. Der Durchschnittspunct der beiden Bogen ist der Punct *X*, und dieses Verfahren ist deshalb besser, weil man die Länge von Linien leichter genau zeichnen kann, als Winkel mit dem Transporteur, besonders, wenn die Linien lang sind. Bei dem Zeichnen von Winkeln mit dem Transporteur, hängt man von der Genauigkeit des Werkzeugs ab, welche, wenn der Transporteur keinen Nonius hat, sehr geringe ist: Maafsstäbe hingegen kann man sich selbst auf dem Papier, auf welchem man zeichnet, so genau machen, als man will. Noch eine andere Methode, die Puncte einer Carte, sowohl die mittelbar als unmittelbar gemessenen, auf das Papier zu tragen, durch Coordinaten, welche besonders bei einer Menge von Puncten besser ist, wird weiter unten vorkommen.

II. Mit dem Mefstisch.

Man setzt den Mefstisch mit einem schicklichen Punct *a* der Zeichnung über den Punct *A* im Felde (Fig. 75. Taf. 7.), legt das Diopter-Lineal an *a*, visirt nach *B* und *X* und ziehet auf dem Tisch die beiden geraden Linien *ab* und *ax* in den Richtungen *AB* und *AX*, die sich in *a* schneiden. Man mifst *AB* und giebt der Linie *ab* auf dem Tisch ihre Länge nach dem Maafsstabe der Zeichnung. Darauf bringt man den Tisch nach *B*, setzt ihn mit *b* über *B*, richtet ihn so, dafs *ba* in die Richtung *BA* fällt, visirt nach *X* und ziehet *bx*. Wo *bx* die *ax* schneidet, ist in der Zeichnung der gesuchte Punct *X*. Der Vortheil des Mefstisches ist, dafs man weder Transporteur noch Rechnung (wenigstens in Fällen, wie der gegenwärtige) braucht, um das Ausgemessene zu Papier zu bringen. Die Zeichnung entsteht beim Messen selbst. In wiefern dieser Vortheil durch andere Nachtheile aufgewogen wird: davon weiter unten.

B. Das Vorwärts-Einschneiden dient, um aus zwei schon bekannten oder auf der Zeichnung angegebenen Puncten, wie *A* und *B*, die Lage eines dritten unzugänglichen Puncts *X* zu finden. Man bedient sich desselben aber auch häufig dann, wenn selbst der dritte Punct *X* zugänglich ist. Man könnte in solchen Fällen zwar auch statt der Winkel α und β die Seiten *AX* und *BX* des Dreiecks *XAB* messen, wodurch ebenfalls die Lage des Puncts würde gefunden werden. Da es aber viel leichter ist, und viel weniger Mühe und Zeit erfordert, Winkel zu messen, als Linien von irgend einer bedeutenden Länge, und mit guten Instrumenten Winkel selbst so genau gemessen werden können, dafs man die Linien, welche davon abhängen, genauer findet, als durch unmittelbares Ausmessen, so zieht man das Messen der Winkel vor, und bedient sich deshalb auch des Vorwärts-Einschneidens sehr häufig. Linien auf dem Felde zu messen, hat immer, besonders, wenn sie lang sind, mehr oder weniger Schwierigkeiten. Jedes Hindernifs, jeder Graben, Sumpf, Pfuhl, jede Mauer, jede Hecke, jedes Gebüsch und jede Unebenheit des Terrains erschweren die Linien-Messung, und die Hindernisse müssen zum Theil selbst umgangen werden. Einen Winkel dagegen kann man überall, wo sich nur das Instrumant aufstellen läfst, und die Schenkel des Winkels übersehen werden können, mit gleicher Leichtigkeit messen. Im Detail, wenn längs einer Linie Gegenstände liegen, die man im Grundrifs zeichnen soll, müssen freilich Linien gemessen werden, aber die Haupt-Puncte eines Feldes findet man immer am besten und leichtesten durch Winkel. *Ueberall also möglichst Winkel statt der Linien zu messen, ist ein Haupt-Vortheil in der Feldmefskunst.* Freilich gehören dazu gute Instrumente, und die Boussole und das halbkreisförmige Astrolabium sind dazu nicht geeignet: sie sind gar zu grofsen Irrthümern ausgesetzt. Es folgt daraus schon jetzt, wie wichtig und nützlich gute Winkel-Mefswerkzeuge sind, und dafs solche gute Werkzeuge nicht blofs zur Vermehrung der Genauigkeit der Aufnahme, sondern selbst zu einer wahren und zu einer solchen Erleichterung der Arbeit gereichen, die nicht auf Kosten der Zuverläfsigkeit und Richtigkeit gehet.

C. Durch das Vorwärts-Einschneiden findet man die Lage eines Punctes durch zwei Winkel und durch eine Linie. Aber man kann nun auch weiter durch Winkel allein, ohne irgend eine Linie zu messen, die Lage von noch so vielen Puncten finden, als man will. Man findet z. B. aus der Linie a und den Winkeln α und β (Fig. 75. Taf. 7.), dem Obigen zufolge, durch Rechnung, oder auf dem Mefstisch, durch Zeichnung, die Seiten AX und BX. Dieses ist so gut, als wenn diese Seiten unmittelbar wären gemessen worden. Man kann also nun die Seiten AX und BX von Neuem als Grundlinien (Basen) betrachten, und daraus die Lage neuer Puncte Y, U etc.

finden, indem man die Winkel *YXB*, *YBX*; *UXA*, *UAX* etc. mifst, und daraus, wie oben, die Seiten *XY*, *BY*, *UA*, *UX* berechnet. Hieraus kann man von Neuem, wie vorhin, die Lage neuer Puncte, wie z. B. *Z*, finden, und so immer fort, alles blofs durch Winkel, ohne irgend eine Linie weiter unmittelbar zu messen. Eine solche Zusammensetzung von Dreiecken *AXB*, *XYB*, *XZY*, *AUX* u. s. w. heifst Dreiecks-Netz. Man kann dadurch so viele Haupt-Puncte eines Feldes, als man will, blofs durch Winkel und durch eine einzige Linie *AB*, welche Grund-Linie oder Basis heifst, messen, und es ist leicht zu sehen, wie grofs die Ersparung an Zeit und Mühe seyn wird, wenn man blofs die Winkel mifst, statt alle die vielen Linien *AX*, *BX*, *XY*, *BY*, *XZ*, *ZY*, *AU*, *UX* etc. unmittelbar zu messen.

Da eigentlich keine Ausmessung ohne Probe oder ohne Kennzeichen der Richtigkeit oder möglicher Fehler seyn sollte, so ist wohl zu merken, dafs man, im Fall z. B. der Punct *X* zugänglich ist, und *AX*, *BX* zu Grundlinien neuer Dreiecke genommen werden sollen, niemals unterlassen darf, auch noch den dritten Winkel *AXB* zu messen, und dadurch die beiden ersten α und β zu prüfen. Hat man ein Winkel-Instrument, so mifst man damit den Winkel *AXB* unmittelbar. Die Probe ist dann, dafs

$$AXB = 2\varrho - \alpha - \beta$$

seyn mufs. Trifft dieses nicht zu, so mufs in den Winkeln α und β ein Versehen seyn, und sie müssen noch einmal gemessen werden. Wie noch mehrere und bessere Proben eines ganzen Dreieck-Netzes zu machen, wird weiter unten vorkommen. Hat man einen Mefstisch, so mufs man, nachdem der Tisch nach *X* gebracht worden, um die Puncte *Y* und *U* vorwärts-einzuschneiden, nicht blofs z. B. die auf dem Tisch gezogene Linie *xb* in die Richtung *XB* stellen, sondern man mufs auch noch nach *A* visiren, und nachsehen, ob auch die auf dem Tisch gezogene Linie *xa* in die Richtung *XA* trifft, welches, wie leicht zu sehen, die Stelle der obigen Probe durch die Summirung der mit einem Winkel-Instrument gemessenen Winkel vertritt. Diese Probe mufs man bei jedem neuen Dreieckspunct *Y*, *Z*, *U* etc. machen.

82.

Vom Seitwärts-Einschneiden.

A. I. Mit einem Winkel-Instrument.

Man mifst die Winkel $\varkappa$, λ und γ, und die Linie $AB = a$ (Fig. 76. Taf. 7.). Alsdann ist

der Winkel $XBA = \gamma + \lambda$

und der Winkel $XAB = 2\varrho - \varkappa - \gamma - \lambda$,

also die Linie $AX = a \cdot \frac{\sin(\gamma + \lambda)}{\sin \varkappa}$

und die Linie $BX = a \cdot \frac{\sin(\gamma + \varkappa + \lambda)}{\sin \varkappa}$,

wodurch der Punct X bestimmt wird.

Das Aufzeichnen geschieht, indem man entweder mit dem Transporteur die Winkel $\gamma + \lambda$ und $2\varrho - \gamma - \varkappa - \lambda$ an die Linie a trägt, oder mit den berechneten Linien AX und BX aus A und B Kreisbogen schlägt, die sich in X schneiden; wie in (§. 81. *A.* I.).

Kann man etwa nicht blofs in die Richtung von AB nach C, sondern nach einem der Puncte A und B, z. B. nach B selbst kommen, so ist γ gleich XBA und $\lambda = 0$; also ist alsdann

$$XBA = \gamma, \quad XAB = 2\varrho - \gamma - \varkappa,$$

$$\text{und } AX = a \cdot \frac{\sin \gamma}{\sin \varkappa}, \quad BX = \frac{a \cdot \sin(\gamma + \varkappa)}{\sin \varkappa}.$$

Das Aufzeichnen ist das nemliche.

II. Mit dem Mefstisch.

Man stellt den Tisch mit einem schicklichen Punct c über C, zieht in der Richtung ABC auf demselben eine gerade Linie $a_1 b c_1$, legt das Diopter-Lineal an c_1, visirt nach X, und ziehet auf dem Mefstisch, an dem Lineal, eine gerade Linie $c_1 x_1$ von unbestimmter Länge. Diese Linie $c_1 x_1$ wird auf dem Tisch mit $c_1 a_1$ den nemlichen Winkel γ machen, wie auf dem Felde CX mit CA. Nun bringt man den Mefstisch auf dem Felde nach X, stellt ihn mit einem willkürlichen Punct x_1, der nach dem Maafsstabe ungefähr so weit von c entfernt ist, als im Felde X von C, über X auf, und richtet den Tisch so, dafs $x_1 c_1$ in die Richtung XC fällt, und dafs also die auf dem Mefstisch gezogene Linie $c_1 b a_1$ mit der Linie CBA im Felde parallel ist. Man legt das Diopter-Lineal an x_1, visirt nach B und A, und ziehet auf dem Tisch durch x_1 die geraden Linien $x_1 b$ und $x_1 a_1$. Die auf diese Weise auf dem Tisch entstandene

Figur $x_1c_1ba_1$ wird der Figur $XCBA$ im Felde ähnlich seyn. Die Länge a_1b aber wird vielleicht nach dem Maafsstabe der Zeichnung nicht genau die Länge von AB im Felde haben. Ist dieses der Fall, so setzt man nach dem Maafsstabe von b aus, in der Linie ba_1, die Länge ba ab, welche BA vorstellt, zieht ax mit a_1x_1, und aus x, wo ax die bx_1 schneidet, xc mit x_1c_1 parallel, so ist die Figur $xabc$ auf dem Tische, wegen der Parallelen, wiederum der Figur $XABC$ auf dem Felde ähnlich. Da aber jetzt ab nach dem Maafsstabe die Länge von AB hat, so werden auch xa und xb, so wie xc, die rechte Länge von XA, XB und XC haben, und folglich wird der Punct x in der Zeichnung auf dem Tisch den Punct X auf dem Felde nach dem Maafsstabe vorstellen, und folglich gefunden seyn.

Auch wenn etwa die Linie AB auf dem Tisch vorher schon nach dem Mafsstabe gezeichnet war, verfährt man noch, wie vorhin, nur dafs man den Punct c_1 gerade in der Richtung der Linie a_2b_2, die AB vorstellt, auf dem Tisch annimmt. Man zieht auf dem Tisch x_1c_1 in der Richtung XC, stellt den Tisch mit x_1 über X, mit x_1c_1 in die Richtung XC, visirt nach A und B, und ziehet x_1a_1 und x_1b. Hatte man alsdann anfänglich den willkürlichen Punct c_1 in der Entfernung c_1b_2 von a_2b_2 angenommen, so ziehe man a_2x_2 mit a_1x_1, b_2x_2 mit bx_1 und durch x_2, x_2c_2 mit x_1c_1 parallel, so ist die Figur $x_2a_2b_2c_2$ wiederum der Figur $XABC$ im Felde ähnlich, aber da a_2b_2 auf dem Tische die richtige Länge hat, so werden auch x_2a_2, x_2b_2 und x_2c_2 die rechte Länge haben, und folglich wird in der Zeichnung x_2 den Punct X auf dem Felde vorstellen.

Strenge genommen, sind zwar die Puncte x und x_2 in der Zeichnung, welche man zuletzt für den Punct X im Felde findet, nicht ganz richtig, weil sie nicht, wie der Punct x_1, über X liegen, aber da die Entfernungen der Puncte x_2 und x von x_1 in der Zeichnung, gegen die Länge der Linien im Felde nur sehr klein sind, so können sie ohne merklichen Fehler für die richtigen Puncte angenommen werden.

Das Verfahren bleibt im Ganzen das nemliche, wenn man nicht blofs in der Richtung von AB nach C, sondern in einen der beiden gegebenen Puncte A und B, z. B. nach B selbst kommen kann. Man stellt den Mefstisch mit dem Punct b über B, und mit ba in der Richtung BA auf, zieht bx_1 in der Richtung BX, nimmt in

dieser

dieser Richtung x_1 willkürlich, bringt den Mefstisch nach X, stellt ihn mit x_1 über X, und mit $x_1 b$ in der Richtung XB auf, ziehet $x_1 a_1$ in der Richtung XA, giebt ba nach dem Maafsstabe der Zeichnung die Länge von BA, wenn ba_1 sie nicht hat, verlängert bx_1, und ziehet ax mit $a_1 x_1$ parallel, so ist der Durchschnittspunct x von ax und bx der gesuchte Punct, welcher in der Zeichnung den Punct X auf dem Felde vorstellt.

B. Das Seitwärts-Einschneiden kommt vor, wenn die beiden Puncte A und B, deren Entfernung von einander bekannt ist, nicht zugänglich sind, und man nur irgend wo in die durch dieselben gehende gerade Linie ABC, oder allenfalls nur in einen der beiden Puncte A und B kommen kann, und die Lage eines dritten zugänglichen Puncts X gegen die beiden gegebenen gesucht wird. Ein solcher Fall kann oft Statt finden, denn die Entfernung zweier Puncte A und B kann sehr wohl auf irgend eine Weise durch Rechnung oder durch Zeichnung bekannt seyn, ohne dafs man gerade in den Puncten selbst das Winkel-Instrument aufstellen könnte, wie z. B. wenn A oder B weit sichtbare Thürme oder hohe Bäume sind, auf welche man das Instrument nicht gut stellen kann.

Das Verfahren ist eben sowohl wie das Vorwärts-Einschneiden zum Anfange oder zur Fortsetzung eines Dreieck-Netzes, also um die Hauptpuncte eines Feldes in den Grund zu legen, nützlich. Wenn z. B. in (Fig. 75. Taf. 7.) die Puncte A und B, deren Entfernung von einander bekannt ist, von der Art sind, dafs man in denselben das Instrument nicht füglich aufstellen kann, sondern nur in der Verlängerung der Linie AB, etwa in C, und man will die Lage eines zugänglichen Puncts X gegen A und B wissen; oder wenn die neue Basis AX etwa durch Vorwärts-Einschneiden aus A und B gefunden ist, in X aber das Instrument nicht gut aufgestellt werden kann, sondern nur etwa in der Richtung AX, z. B. in D, und man nun die Lage eines neuen zugänglichen Puncts V gegen A und X sucht, so wird man auf die beschriebene Weise verfahren.

83.

Vom Rückwärts-Einschneiden.

A. I. Mit einem Astrolabio.

Man mifst die Winkel $AXC = \alpha$ und $BXC = \beta$ (Fig. 77. I. II. III. Taf. 7.). Da die Lage der drei Puncte

A, *B*, *C*, also das Dreieck *ABC* als gegeben vorausgesetzt wird, so kann man die Länge der Linien $AC = a$, $BC = b$ und den Winkel $ACB = \gamma$, den sie einschliefsen, als bekannt voraussetzen. Sind etwa die drei Seiten a, b, c des Dreiecks *ABC* gegeben, so berechnet man daraus, nach (Geometrie §. 360. Aufgabe IX. S. 414.), den Winkel γ. Alsdann ist zufolge (Geometrie §. 380.)

$$1.\quad \cot\varphi = -\left(\frac{b \,.\, \sin\alpha}{a \,.\, \sin\beta \sin(\alpha+\beta+\gamma)} + \cot(\alpha+\beta+\gamma)\right)$$

$$2.\quad \psi = 4\varrho - (\alpha+\beta+\gamma+\varphi),$$

oder

$$3.\quad \tang \tfrac{1}{2}(\psi-\varphi) = \frac{\tang \tfrac{1}{2}(\alpha+\beta+\gamma)}{\tang(\tfrac{1}{2}\varrho+\lambda)}, \text{ wo } \tang\lambda = \frac{b \sin\alpha}{a \sin\beta}$$

$$4.\quad \text{und } \tfrac{1}{2}(\psi+\varphi) = 2\varrho - \tfrac{1}{2}(\alpha+\beta+\gamma),$$

woraus ferner folgt:

$$5.\quad AX = \frac{a \sin(\alpha+\psi)}{\sin\alpha},$$

$$6.\quad BX = \frac{b \sin(\beta+\varphi)}{\sin\beta},$$

$$6.\quad CX = \frac{a \sin\psi}{\sin\alpha} = \frac{b \sin\varphi}{\sin\beta}.$$

Aus (1. und 2.) oder aus (3. und 4.) findet man die Winkel φ und ψ, und darauf aus (5. 6. und 7.) *AX*, *BX* und *CX*, also vollständig die Lage des Puncts *X* gegen die gegebenen Puncte *A*, *B*, *C*.

Die obigen Ausdrücke und die Rechnung nach denselben bleiben immer die nemlichen, wie auch der Punct *X* gegen *A*, *B*, *C* liegen mag, ob wie in (Fig. 77. I.), oder (Fig. 77. II.), oder (Fig. 77. III.).

II. Mit der Boussole.

α) Ist die Lage der Linien *AB*, *BC*, *AC* gegen die Magnetlinie nicht bekannt, so mufs man ganz wie in (I.) verfahren. Man mifst die Abweichungen der Visirlinien *XA*, *XB*, *XC* von der Magnetlinie. Ihre Unterschiede geben die Winkel α und β, woraus man dann das Gesuchte wie in (I.) berechnet.

β) Sind aber die Abweichungen der Linien *AB*, *BC*, *AC* von der Magnetlinie schon bekannt, so sind nicht drei gegebene Puncte *A*, *B*, *C* und drei Linien, welche sie verbinden, sondern nur zwei gegebene Puncte und die Länge der einen geraden Linie, welche sie verbindet, nothwendig. Es sey z. B. die Länge der einen Linie AB bekannt nebst dem Winkel PAB, welchen sie mit der Magnetlinie PQ macht. Mifst man nun mit der Boussole, in X, die Winkel AXS und BXS, welche die Visirlinien XA und XB mit der Magnetlinie RS machen, so findet man daraus die Winkel des Dreiecks AXB bei A und B. Denn da RS mit PQ und $P_1 Q_1$ parallel ist, so ist

$$XAB = PAB - AXS \text{ und}$$
$$XBA = P_1BA - BXS.$$

Also sind nunmehr in dem Dreieck AXB die Winkel XAB und XBA nebst der dazwischen liegenden Seite bekannt, und man kann folglich die andern beiden Seiten XA und XB, und folglich die Lage des Puncts X gegen A und B nach (Geometrie §. 360. *I.*) finden. Es ist nemlich

$$AX = \frac{AB \cdot \sin XBA}{\sin(XAB + XBA)} \text{ und}$$
$$BX = \frac{AB \sin XAB}{\sin(XAB + XBA)}.$$

III. Mit dem Mefstisch.

Da das Dreieck, dessen Ecken die Puncte A, B, C (Fig. 77. I. II. III.) im Felde sind, gegeben ist, so wird selbiges schon nach dem Maafsstabe auf dem Mefstisch im Kleinen gezeichnet seyn. Ist es noch nicht gezeichnet, so zeichne man es. Es sey abc, so dafs also das Dreieck abc auf dem Mefstisch dem Dreieck ABC auf dem Felde ähnlich ist. Alsdann stelle man den Mefstisch mit irgend einem Puncte x, der gegen die Zeichnung abc ungefähr so liegt, wie der Punct X gegen ABC im Felde, über den Punct X, dessen Lage gegen ABC gefunden und auf dem Tisch gezeichnet werden soll. Man ziehe auf dem Mefstisch ax_1 auf ac, und bx_2 auf bc senkrecht. Alsdann drehe man den Mefstisch, mit der darauf gezeichneten Figur, so, dafs x_1a in die Richtung XA kommt, lege das Diopter-Lineal an c, visire nach C, und ziehe cx_1, welche die ax_1 in x_1 schneiden wird, und zwar, weil x_1a die Richtung XA, x_1c die Richtung XC hat, so, dafs der Winkel $ax_1c = AXC = \alpha$ ist, nemlich in (Fig. 77. I. und III.), wo der gesuchte Punct x aufserhalb des gegebenen Dreiecks abc liegt. In (Fig. 77. II.), wo x innerhalb abc liegt, wird das Supplement des Winkels ax_1c, nemlich der Winkel $a_1x_1c = AXC = \alpha$ seyn. Man drehe ferner auf dieselbe Weise den Mefstisch mit seiner Figur so, dafs x_2b in die Richtung XB kommt, lege das Diopter-Lineal an c, visire nach C, und ziehe cx_2, welche die bx_2 in x_2 schneiden wird, und zwar, weil x_2b die Richtung XB, x_2c die Richtung XC hat, so dafs in (Fig. 77. I. und III.) der Winkel $bx_2c = BXC = \beta$, und in (Fig. 77. II.) $b_1x_2c = BXC = \beta$ ist. Nun halbire man die auf dem Mefstisch gezogenen Linien x_1c und x_2c in p und q, und ziehe aus p und q mit den Halbmessern pc und qc zwei Kreise. Dieselben werden sich, wie jede zwei Kreise, die sich schneiden können, in zwei Puncten schneiden. Der eine Durchschnittspunct ist nothwendig c, der andere Durchschnittspunct x wird der gesuchte Punct seyn, welcher auf dem Mefstisch gegen abc eben so liegt, wie der Punct X, über welchem man mit dem Mefstische stehet, gegen das gegebene Dreieck ABC im Felde. Denn x_1ac und x_1bc sind rechte Winkel, weil x_1a und x_2b auf ac und bc senkrecht gezogen wurden; also sind x_1c und x_2c Durchmesser der Kreise, in deren Umfange die Winkel $ax_1c = \alpha$ und $bx_2c = \beta$ liegen. Auf den nemlichen Bogen ac und bc in (Fig. 77. I. u. III.) und auf der Ergänzung derselben zum ganzen Umfange in (Fig. 77. II.) stehen die Winkel axc und bxc. Also ist $axc = ax_1c = \alpha$ und $bxc = bx_2c = \beta$ in (Fig. 77. I. u. III.), und $axc = a_1x_1c = \alpha$ und $bxc = b_1x_2c = \beta$ in (Fig. 77. II.). Folglich ist auch $axc = AXC$ und $bxc = BXC$, in allen drei Figuren, und folglich ist die auf dem Mefstisch gezeichnete Figur $abcx$ der Figur $ABCX$ auf dem Felde ähnlich, und mithin liegt der Punct x in der Zeichnung auf dem Mefstisch gegen die Puncte a, b, c eben so, wie der Punct X im Felde gegen die gegebenen Puncte A, B, C. Mithin ist x der gesuchte Punct, welcher in der Zeichnung den Punct X im Felde vorstellt, über welchem man mit den Mefstisch stehet, und dessen Lage gezeichnet werden sollte.

Strenge genommen, findet man zwar auf diese Weise den Punct x auf dem Mefstisch wieder nicht ganz genau, weil die Puncte x_1 und x_2, welche unmittelbar durch Visiren gefunden wurden, nicht beide zugleich über dem Punct X im Felde liegen können, indem der Ort des Mefstisches nicht verändert wird; indessen ist die Entfernung x_1x_2 gegen die Länge der Linien im Felde so geringe, dafs man sie nebst dem Fehler, der daraus entstehet, als Null betrachten kann.

Es giebt noch eine Menge anderer Arten, den Punct x zu finden, der den Punct X vorstellt, über welchem der Mefstisch stehet, selbst blofs durch Probiren. Das oben beschriebene Verfahren scheint aber eines der einfachsten und leichtesten zu seyn.

B. Das Rückwärts-Einschneiden kommt vor, wenn entweder drei Puncte, deren Lage bekannt ist, und gegen welche die Lage eines vierten, zugänglichen Puncts gefunden werden soll, nicht zugänglich sind, oder wenn sich wenigstens in denselben nicht gut ein Instrument aufstellen läfst, um aus ihnen einen vierten Punct auf andere Weise, z. B. durch Vorwärts- oder Seitwärts-Einschneiden zu finden. Das letzte besonders kann häufig der Fall seyn, wenn z. B. *A, B, C* drei hohe Thürme oder Bäume sind, deren Entfernung von einander schon auf andere Weise gefunden ist, auf welche sich aber nicht gut ein Winkelmesser setzen läfst. In solchen Fällen läfst sich dann ein Dreiecks-Netz durch Rückwärts-Einscheiden fortsetzen. Wenn z. B. in (Fig. 75. Taf. 7.) *A, B* und *X* drei Puncte wären, deren Lage schon durch Vorwärts- oder Seitwärts-Einschneiden gefunden ist, in welchen sich aber nicht gut ein Winkelmesser aufstellen läfst, so kann man aus denselben durch Rückwärts-Einschneiden einen vierten zugänglichen Punct, z. B. *V*, auf die obige Weise, blofs dadurch finden, dafs man in *V* selbst den Winkelmesser aufstellt, und die beiden Winkel *AVB* und *XVB* mifst.

C. Das Rückwärts-Einschneiden, dessen Erfindung gewöhnlich *Pothenot*, einem Geometer aus dem Anfange des vorigen Jahrhunderts zugeschrieben wird, wahrscheinlich aber älter ist, hat in der Feldmefskunst eine Art von Berühmtheit erlangt, und gilt für eine der schwierigsten Aufgaben derselben, selbst für allzu schwierig für die gewöhnliche Ausübung, wahrscheinlich deshalb, weil das Verfahren ohne einige Kenntnisse der Geometrie nicht wohl ausgeübt werden kann. Einfach und nicht künstlicher behandelt, als es ist, und vorzüglich, deutlich verstanden, ist es aber keinesweges schwierig. Mehrere andere Aufgaben, z. B. hier weiter oben, sind in der That viel verwickelter. Es ist also für die gewöhnliche Auflösung wohl geeignet, und verdient, seiner Nützlichkeit wegen, unter die Operationen der Feldmefskunst, selbst in den gewöhnlichsten Fällen, aufgenommen zu werden.

Man mufs indessen bei der Anwendung dieses Verfahrens vorsichtig seyn, und weder die geometrische

Erinnerung (Geometrie §. 380. Anmerkung I.), dafs, wenn die Winkel α, β und γ zusammen zwei rechte ausmachen, der Punct X auf diese Weise blofs durch die Winkel α und β nicht gefunden werden könne, noch hier in der Ausübung, den Umstand übersehen, dafs das Verfahren auch schon dann, wenn nur die Summe der Winkel α, β und γ zwei rechten nahe kommt, wenig oder gar nicht anwendbar ist. Beträgt nemlich $\alpha + \beta + \gamma$ soviel als 2ϱ, so liegen die vier Puncte A, B, C und X (Fig. 78. Taf. 7.) offenbar in dem Umfange eines Kreises, und der Punct X kann eben sowohl in X, als in X_1, X_2, oder sonst irgend wo in dem Umfange des Kreises liegen. Die Winkel AXC, AX_1C, AX_2C etc. sind alle gleich α, und die Winkel BXC, BX_1C, BX_2C etc. sind alle gleich β, weil sie alle auf denselben Bogen AC und BC stehen. Der Punct X kann also alsdann aus den beiden Winkeln α und β allein nicht gefunden werden. Sind aber α, β und γ zusammen beinahe gleich zwei rechten, so fallen, wie am besten aus (Fig. 77. I. Taf. 7.) zu sehen, die geraden Linien cx_1 und cx_2, und folglich die Mittelpuncte p und q der beiden Kreise, deren zweiter Durchschnittspunct, aufser c, den gesuchten Punct x giebt, so nahe zusammen, dafs das Dreieck pxq bei x ungemein spitz, also der Punct x sehr unsicher ist. Man kann also auch schon in diesem Falle den vierten Punct, durch die Winkel α und β allein, wenigstens nicht mit Sicherheit finden. In solchen Fällen ist also das Verfahren nicht anwendbar. Ob die Unsicherheit vorhanden sei, zeigt sich leicht, man mag mit einem Winkelmesser oder mit dem Mefstisch messen. Mifst man die Winkel in Graden, so mufs man zusehen, ob $\alpha + \beta + \gamma$ zwei rechten nahe kommt, oder zwei rechten gleich ist. Mifst man mit dem Mefstisch, so sieht man in der Zeichnung die Unsicherheit schon von selbst, an dem flachen und unbestimmten Durchschnitte der beiden Kreise, die den gesuchten Punct geben. Es bestehet hierin ein Vortheil des oben für den Mefstisch beschriebenen Verfahrens. In beiden Fällen findet das Rückwärts-Einschneiden nicht Statt. Das Verfahren ist immer gut, und mit völliger Sicherheit anwendbar, wenn der gesuchte Punct im Innern des Dreiecks liegt, dessen Ecken die drei gegebenen Puncte sind, wie (Fig. 77. II.), oder wenn zwischen dem gesuchten Punct und der geraden Linie AB, deren scheinbare Gröfse aus X,

$\alpha+\beta$ ist, ein dritter gegebener Punct liegt, wie (Fig. 77. III.). Liegt dagegen der dritte Punct nicht zwischen dem gesuchten Punct und der Linie *AB*, sondern jenseit desselben, wie (Fig. 77. I.), so ist das Verfahren unsicher, und erfordert die vorhin beschriebene Vorsicht.

Vom Centriren der Winkel.

84.

Es kommt häufig vor, dafs man den Winkelmesser nicht genau in dem Scheitel des Winkels, den man messen will, aufstellen kann. Z. B. wenn die Mittellinie eines Thurmes der weithin sichtbare Punct ist, nach welchem man von anderen Orten des Feldes visirt, und man will nun gegenseits aus diesem Punct Winkel zwischen geraden Linien aus dem Thurm nach anderen Gegenständen hin messen, so kann man vielleicht den Winkelmesser nicht gerade in der Mitte des Thurms, sondern vielleicht nur auf einer Gallerie desselben aufstellen, oder gar nur neben dem Thurm; oder wenn man eine hohe Signalstange gesetzt hat, und man will von dem Punct aus, welchen sie bezeichnet, Winkel messen, so kann man vielleicht das Instrument nur in einiger Entfernung von dem Signal aufstellen, u. s. w. In solchem Falle ist der Winkel *BDC* (Fig. 79. I. II. III. Taf. 7.), den man statt des gesuchten Winkels *BAC* nimmt, welcher sich nicht unmittelbar messen liefs, weil das Instrument nicht in *A*, sondern nur in *D* aufgestellt werden konnte, von dem Winkel *BAC* verschieden, in sofern nicht etwa die vier Puncte *B*, *A*, *D*, *C* in dem Umfange eines und desselben Kreises liegen, welches nicht nothwendig der Fall ist, und welches man auch im Voraus nicht wissen kann. Man mufs also alsdann aus dem gemessenen Winkel *BDC* den verlangten Winkel *BAC* auf irgend eine Weise berechnen. Dieses Verfahren heifst: den gemessenen Winkel centriren. Es geschieht auf verschiedene Weise:

I. Es ist in (Fig. 79. I.), $\varkappa+\varphi=\mu$ und $\lambda+\alpha=\mu$, also $\varkappa+\varphi=\lambda+\alpha$, folglich

$$\varphi=\alpha+\lambda-\varkappa.$$

Ist nun die Entfernung des Puncts *D*, wo man den Winkelmesser aufgestellt hat, von dem Scheitel des gesuchten Winkels A gegen die Entfernungen AC und AB nur sehr klein, so steckt man mit dem in D aufgestellten Instrument die Perpendikel DF auf DC und DG auf DB ab, und mifst sie nebst den Entfernungen AF und AG. Alsdann findet man, wegen $FC \sin\lambda = FD$ und $BG \sin\varkappa = GD$,

$$\sin\lambda = \frac{FD}{FC} \text{ und } \sin\varkappa = \frac{GD}{GB},$$

woraus sich λ und $\varkappa$, und hernach, aus $\varphi = \alpha + \lambda - \varkappa$, φ berechnen läfst. Man kann auch aus A auf BD und CD Perpendikel AH und AK, nach dem Augenmaafs oder mit dem Winkelkreuz, fällen und dieselben messen. Alsdann ist $AC \sin\lambda = AK$ und $AB \sin\varkappa = AH$, also

$$\sin\lambda = \frac{AK}{AC} \text{ und } \sin\varkappa = \frac{AH}{AB}.$$

Diese Ausdrücke geben die Winkel λ und $\varkappa$, wie gewöhnlich, mit Hülfe der Sinus-Tafeln und der Logarithmen. Man kann aber auch, weil nach der Voraussetzung AD gegen AB und AC sehr klein ist, und folglich auch die Winkel λ nnd $\varkappa$ sehr klein sein werden, diese Winkel ohne die Sinus-Tafeln finden. Man kann nemlich die Bogen statt der Sinus nehmen, welches bei sehr kleinen Winkeln angeht, weil die Bogen solcher Winkel von ihren Sinus nur unmerklich verschieden sind. Man kann also blofs setzen

$$\lambda = \frac{FD}{DC} \text{ und } \varkappa = \frac{GD}{GB}.$$

Nun hat ein Bogen von 206265 Secunden die Länge des Halbmessers, also sind für den Halbmesser 1, für welchen alle goniometrischen Linien genommen werden,

$$206265 \text{ Sec.} = 1,$$

folglich ist

$$\text{die Zahl von Secunden im Winkel } \lambda = \frac{FD}{DC} \cdot 206265,$$

$$\text{und die Zahl von Secunden im Winkel } \varkappa = \frac{GD}{GB} \cdot 206265,$$

woraus man unmittelbar λ und $\varkappa$ in Secunden findet. Man darf also alsdann nur die Zahl von Secunden, welche $\lambda - \varkappa$ enthält, zu α addiren, so findet man φ.

Das Verfahren bleibt immer das nemliche, wo auch der Punct D gegen A liegen mag, ob zur Seite des Puncts A, wie (Fig. 79. I. Taf. 7.), oder hinter dem Punct A, wie (Fig. 79. II.), oder vor dem Punct A, wie (Fig. 79.

III.), oder in einer der Linien *AB* und *AC*. Man mufs nur Acht haben, dafs man den Winkeln $\varkappa$ und λ ihr richtiges Zeichen giebt. In (Fig. 79. II.) ist λ positiv und $\varkappa$ negativ, in (Fig. 79. III.) ist $\varkappa$ positiv und λ negativ.

Bei diesem Centriren müssen die Entfernungen *AB* und *AC* bekannt seyn. Die Längen *AB* und *AC* sind aber, wenn *AD* gegen *AB* und *AC* sehr klein ist, nicht mit besonderer Genauigkeit nöthig, und man kann sie allenfalls sogar schätzen. Jedoch gehet alsdann auch wieder die Genauigkeit verloren, und man kann dann eben sowohl, in sofern man in der Nähe von *A* die Wahl hat, wo man das Instrument aufstellen will, einen Ort *D* in der Nähe von *A* schätzen, für welchen *BDC* gleich *BAC* ist. Sind aber die Entfernungen *AB* und *AC* einigermafsen genau bekannt, so ist das Verfahren practicabel, in sofern sich die Perpendikel *AH*, *AK* oder *DF*, *DG* messen lassen.

II. Läfst sich der Winkelmesser irgendwo in den Linien *AB* und *AC* aufstellen: so kann man den Winkel *BAC* (Fig. 80. Taf. 7.) mittelbar, ohne Längenmessung genau finden.

Der Feldmesser nimmt einen Stab *D*, ein Gehülfe einen Stab *E*. Sie stellen ihre Stäbe ungefähr in die Linie *AB*. Darauf richten sie einander so lange ein, bis *DEB* und *EDA* gerade Linien sind. Alsdann stehen beide Stäbe *D* und *E* in der geraden Linie *AB*. Eben so setzt man zwei Stäbe *F* und *G* in die gerade Linie *AC*. Nun nimmt man den Stab *D* weg, setzt über den Ort desselben den Winkelmesser *D* und mifst den Winkel *BDF*. Man nimmt den Stab *F* weg, setzt über den Ort desselben den Winkelmesser, und mifst den Winkel *CFD*. Aus diesen beiden Winkeln findet man $BAC = BDF + CFD - 2\varrho$, denn da $BDF + ADF = 2\varrho$, $CFD + AFD = 2\varrho$ und $ADF + AFD + BAC = 2\varrho$ ist, so ist $BDF + CFD - BAC = 2\varrho$, woraus $BAC = BDF + CFD - 2\varrho$ folgt.

III. Läfst sich der Winkelmesser auch nicht in den Schenkeln des zu messenden Winkels *BAC* (Fig. 81. Taf. 7.) aufstellen, so kann man den Winkel mittelbar ohne Längenmessung und genau, auf folgende Weise, finden.

Man stelle den Winkelmesser irgend wo neben *A* in *E* und in *D* auf, und messe die Winkel α, β, γ, δ, ε, τ. Es ist

$$1.\ \frac{AB}{\sin(\varepsilon-\alpha)}=\frac{EB}{\sin\varkappa};\quad 2.\ \frac{AB}{\sin(\delta-\beta)}=\frac{DB}{\sin(\varphi+\lambda)};$$

$$3.\ \frac{AC}{\sin(\tau-\beta)}=\frac{DC}{\sin\lambda};\quad 4.\ \frac{AC}{\sin(\gamma-\alpha)}=\frac{EC}{\sin(\varphi+\varkappa)}$$

Man dividire (1.) durch (2.) und (3.) durch (4.), so findet man

$$5.\ \frac{\sin(\delta-\beta)}{\sin(\varepsilon-\alpha)}=\frac{EB}{DB}\cdot\frac{\sin(\varphi+\lambda)}{\sin\varkappa}$$

und $$6.\ \frac{\sin(\gamma-\alpha)}{\sin(\tau-\beta)}=\frac{DC}{EC}\cdot\frac{\sin(\varphi+\varkappa)}{\sin\lambda}.$$

Nun ist $\frac{EB}{DB}=\frac{\sin\delta}{\sin\varepsilon}$ und $\frac{DC}{EC}=\frac{\sin\gamma}{\sin\tau}$, also

$$7.\ \frac{\sin(\delta-\beta)}{\sin(\varepsilon-\alpha)}=\frac{\sin\delta}{\sin\varepsilon}\cdot\frac{\sin(\varphi+\lambda)}{\sin\varkappa}$$

und $$8.\ \frac{\sin(\gamma-\alpha)}{\sin(\tau-\beta)}=\frac{\sin\gamma}{\sin\tau}\cdot\frac{\sin(\varphi+\varkappa)}{\sin\lambda}.$$

Aber $\varphi+\lambda=4\varrho-\varkappa-\mu=4\varrho-\varkappa-2\varrho+\alpha+\beta=2\varrho-\varkappa+\alpha+\beta$ und $\sin(\varphi+\lambda)=\sin(\varkappa-\alpha-\beta)$. Ebenso $\varphi+\varkappa=4\varrho-\lambda-\mu=4\varrho-\lambda-2\varrho+\alpha+\beta=2\varrho-\lambda+\alpha+\beta$ und $\sin(\varphi+\varkappa)=\sin(\lambda-\alpha-\beta)$, also aus (7. und 8.)

$$\frac{\sin(\delta-\beta)\sin\varepsilon}{\sin(\varepsilon-\alpha)\sin\delta}=\frac{\sin(\varkappa-\alpha-\beta)}{\sin\varkappa}=\cos(\alpha+\beta)-\sin(\alpha+\beta)\cot\varkappa,$$

$$\frac{\sin(\gamma-\alpha)\sin\tau}{\sin(\tau-\beta)\sin\gamma}=\frac{\sin(\lambda-\alpha-\beta)}{\sin\lambda}=\cos(\alpha+\beta)-\sin(\alpha+\beta)\cot\lambda,$$

und hieraus

$$9.\ \cot\varkappa=\cot(\alpha+\beta)-\frac{\sin(\delta-\beta)\sin\varepsilon}{\sin(\varepsilon-\alpha)\sin\delta\sin(\alpha+\beta)}$$

$$10.\ \cot\lambda=\cot(\alpha+\beta)-\frac{\sin(\gamma-\alpha)\sin\tau}{\sin(\tau-\beta)\sin\gamma\sin(\alpha+\beta)}.$$

Aus diesen Ausdrücken findet man die Winkel $\varkappa$ und λ und aus $\varphi=4\varrho-\varkappa-\lambda-\mu=4\varrho-\varkappa-\lambda-2\varrho+\alpha+\beta$, oder aus

$$11.\ \varphi=2\varrho-\varkappa-\lambda+\alpha+\beta$$

den gesuchten Winkel $BAC=\varphi$. Die Berechnung ist mit Hülfe der Logarithmen nicht schwierig oder weitläufig. Die Ausdrücke bleiben die nemlichen, wenn die angenommenen Puncte E und D auf irgend eine Art auch anders gegen A liegen, als in der Zeichnung. Man mufs nur immer den Winkeln ihr richtiges Zeichen geben. Z. B. wenn ED zwischen A und BC liegt, so sind die Winkel α und β negativ; alles Uebrige bleibt. Liegt A zwischen BC und ED, wie in der Figur, aber

AB nicht zwischen *EB* und *DC*, sondern links von *EB*, so ist γ gröfser als ε, u. s. w.

Das Centriren der Winkel wird übrigens bei der Ausmessung kleiner Flächen, also in den gewöhnlichen Fällen, nur selten vorkommen. Man kann in der Regel die Winkel-Scheitelpuncte immer so nehmen, dafs sich das Instrument darin aufstellen läfst, und wenn dieses nicht der Fall ist, so hilft man sich durch Vorwärts- oder Seitwärts-Einschneiden.

Wahl der Winkel.

85.

Man mufs die Scheitelpuncte der Winkel, die man mifst, immer möglichst so nehmen, dafs die Figuren, die durch die gemessenen Winkel entstehen, keine gar zu spitzen oder gar zu stumpfen Winkel, das heifst, keine Winkel bekommen, die nur sehr wenig von Null oder von zwei rechten abweichen. Denn da sich bekanntlich die goniometrischen Linien nicht in demselben Verhältnifs ändern, wie die Bogen oder die Winkel, welchen sie angehören, besonders dann in ganz anderem Verhältnisse zu- oder abnehmen, wenn die Winkel sehr spitz oder sehr stumpf sind, und die Seiten einer Figur, also auch der Inhalt, oder die Lage ihrer Ecken durch die goniometrischen Linien gefunden werden, so kann durch einen geringen Fehler in den Winkeln, wenn dieselben sehr spitz oder sehr stumpf sind, ein sehr grofser Fehler in der Figur entstehen; weshalb man die sehr spitzen oder sehr stumpfen Winkel möglichst vermeiden mufs. Wenn z. B. in dem Dreieck *ABC* (Fig. 82. Taf. 7.) die Winkel β und γ nebst der Seite a gemessen sind, so ist $AB = a\,\frac{\sin\gamma}{\sin(\alpha+\beta)}$, folglich das Perpendikel *AD* aus *A* auf *BC* gleich $a\,\frac{\sin\beta\sin\gamma}{\sin(\alpha+\beta)}$, mithin der Inhalt des Dreiecks $\frac{1}{2}a^2\,\frac{\sin\beta\,.\,\sin\gamma}{\sin(\alpha+\beta)}$. Gesetzt, der Winkel β wäre sehr spitz, der Winkel γ sehr stumpf, z. B $\beta = 1°, 50'$, $\gamma = 178°, 5'$, und β sey nur 10 Minuten zu grofs, γ nur 15 Minuten zu klein, also $\beta = 2°$, $\gamma = 177°, 50'$ gemessen worden, welches mit unvollkommenen Instrumenten sehr wohl der Fall sein kann, so ist der Inhalt des Dreiecks nach der Ausmessung =

$$\frac{\frac{1}{2}a^2}{sin(\alpha+\beta)} sin\,2^\circ \,.\, sin\,177^\circ, 50' = \frac{\frac{1}{2}a^2}{sin(\alpha+\beta)} \,.\, 0{,}00123.$$

Wirklich aber ist der Inhalt

$$= \frac{\frac{1}{2}a^2}{sin(\alpha+\beta)} \,.\, sin\,1^\circ, 50' \,.\, sin\,178^\circ, 5' = \frac{\frac{1}{2}a^2}{sin(\alpha+\beta)} \,.\, 0{,}00107,$$

also der ausgemessene Inhalt um etwa 23 Procent zu grofs; welches gewifs jeden, irgendwo erlaubten Fehler übersteigt.

Es sind weder mehrere Beispiele noch künstliche Rechnungen über den Einflufs der Fehler der Winkel-Messung, wozu man wohl gar die sogenannte Differential-Rechnung anzuwenden pflegt, nöthig, blofs um einzusehen, wie nachtheilig zu spitze oder zu stumpfe Winkel sind. Man findet es schon von selbst beim Aufzeichnen der Figuren; denn jeder Zeichner weifs, dafs der Schnitt zweier gerader Linien, die sich unter einem sehr spitzen oder sehr stumpfen Winkel schneiden, so äufserst unbestimmt ist, dafs man ihn um ein Merkliches verschieden, hier oder dort annehmen kann. Ueberall wo geschlossene Dreiecke beim Messen Statt finden, welches bei der richtigen Methode wirklich überall der Fall seyn mufs, haben die Winkel dann die beste Gröfse, wenn sie von denen des gleichseitigen Dreiecks, also von $\frac{2}{3}$ rechten, nicht weit abweichen. Es läfst sich freilich ohne andere Unbequemlichkeit nicht vermeiden, dafs man nicht auch Winkel, die von 0 oder 180° nur um 30, selbst nur um 20 und 15 Graden und noch weniger, verschieden sind, sollte messen müssen. Aber ist der Unterschied geringer, so ist die Messung schon sehr unsicher. Wenigstens mufs man dann in jedem Fall, wenn so kleine Winkel unvermeidlich sind, um so gröfsere Vorsicht bei der Ausmessung anwenden.

II. Vom Ausmessen ganzer Figuren oder Fluren im Felde.

86.

Die Verfahren, ganze Figuren und Fluren im Felde auszumessen, sind theils nach dem Zwecke der Ausmessung, theils nach der Gröfse der Figur, theils nach dem

Terrain, theils nach den Instrumenten, die man zur Hand hat, theils auch wohl nach Gewohnheit und Einsicht der Messenden, verschieden.

Von den verschiedenen Zwecken des Feldmessens setzt diese Anweisung in's Besondere diejenigen voraus, wo es auf das Eigenthum von Landbesitzern ankommt. Danach richtet sich die zu verlangende Genauigkeit. Sie ist gewöhnlich landesüblich oder durch besondere Gesetze bestimmt. Die Ausmessungs-Methoden müssen also vor Allem von der Art seyn, dafs sich der verlangte Grad der Genauigkeit mit Zuverlässigkeit erreichen läfst.

Die Gröfse der Flur hat auf die Ausmessungs-Methode wesentlichen Einflufs. Die nemliche Methode, welche für kleinere Figuren gut, zuverläfsig und hinreichend genau ist, ist es vielleicht nicht mehr für gröfsere, weil die Fehler, die aus der Unvollkommenheit der Instrumente oder der menschlichen Sinne entstehen, bei kleinen Figuren gleichsam nur einfach vorkommen, bei gröfseren Figuren aber sich vervielfältigen. Auch darf nicht einmal der Fehler im Verhältnifs der Gröfse der Figur zunehmen, und gröfsere Figuren erfordern genauere Methoden. Man kann z. B. schon nicht annehmen, dafs, wenn auf eine Landfläche von 100 Morgen 1 Morgen gefehlt werden darf, auf 1000 Mal 100 Morgen 1000 Morgen gefehlt werden dürfen, weil sonst einzelne Besitzer, die in den etwa zu wenig gemessenen Theil fallen, vielleicht gar nichts bekommen könnten. Der gestattete Fehler mufs also mit der Gröfse der Fläche verhältnifsmäfsig abnehmen. Nun kann aber die Ausmessungs-Methode, mit welcher man bei einer Fläche von 100 Morgen nicht leicht mehr als einen Morgen fehlt, bei einer 1000 Mal gröfseren Fläche nicht blofs dem 1000fachen, sondern einem noch viel gröfseren Fehler ausgesetzt seyn, weil sich die Fehler in viel stärkerem, vielleicht im quadratischen Verhältnifs vervielfachen. Also kann die nemliche Methode, die für kleinere Flächen gut ist, für gröfsere es nicht mehr seyn.

Nach dem Terrain richtet sich die Ausmessungs-Methode ebenfalls. In einer Gegend, die eben und flach ist, und wo man überall eine freie Aussicht hat, kann man längere Linien ausstecken, und nach allen Seiten Winkel messen; in Bergen und auf bewachsenem Boden weniger. In ebenen Gegenden kann man die gemessenen Linien und Winkel ohne Weiteres als horizontal annehmen, in bergigen Gegenden nicht. Dieses ändert die Ausmessungs-Methode ebenfalls.

Nach den Instrumenten, die man zur Hand hat, richtet sich das Verfahren, weil man mit diesem oder jenem Instrumente Linien oder Winkel leichter oder beschwerlicher mifst und auf den Horizont reducirt, und also die Ausmessung von Linien oder Winkeln in diesem oder jenem Falle vorziehen mufs.

Dafs endlich die Ausmessungs-Methoden nach Gewohnheit und Einsicht der Ausübenden verschieden sind, ist bekannt, denn man findet an verschiedenen Orten und zu verschiedenen Zeiten zu ganz gleichen Zwecken ganz verschiedene Methoden. Da indessen die Gewohnheit des Ausübenden ihm wenigstens nicht über sein eigenes Interesse gehen sollte, welches, wie er am Ende selbst, und zwar wiederum in Rücksicht auf das Interesse, finden wird, in Erreichung der bedungenen Genauigkeit und Zuverläfsigkeit liegt, der Umfang der Einsicht aber nicht willkürlich ist, sondern so grofs seyn mufs, als es die Pflicht-Erfüllung, oder, was dasselbe ist, das eigene Interesse erfordert, so kommt die aus Gewohnheit und gröfserer oder geringerer Einsicht des Ausübenden entstehende Verschiedenheit der Ausmessungs-Methoden nicht weiter in Betracht, sondern es kann nur von denjenigen Verschiedenheiten der Methode die Rede seyn, die aus der Verschiedenheit der Gröfse der Fluren, aus der Beschaffenheit des Terrains und aus der Art der Instrumente, die man zur Hand hat, entsteht. Giebt es unter gleichen Umständen verschiedene Methoden von gleicher Genauigkeit und Zuverläfsigkeit, so ist offenbar diejenige die beste, deren Ausübung am wenigsten Zeit und Mühe erfordert.

87.

Es sind also zu unterscheiden: gröfsere und kleinere Landflächen, und es ist anzuzeigen, welche Ausmessungs-Methoden nach der verschiedenen Beschaffenheit des Terrains, und mit diesen oder jenen Instrumenten, die man zur Hand hat, die bedungene Genauigkeit und Zuverläfsigkeit gewähren, und welche von verschiedenen, unter gleichen Umständen anwendbaren Methoden die leichtesten und besten sind.

Die gröfsesten Fluren, von deren Ausmessung in dem gegenwärtigen Schriftchen die Rede seyn sollte, sollen sich, nach der Einleitung, auf nicht weiter als höchstens einige Quadratmeilen, also etwa auf 40 bis 50 Tausend Morgen erstrecken. Was unter kleinere Fluren zu verstehen, läfst sich nicht gut allgemein sagen, sondern hängt vom Terrain, und vorzüglich von den Mefs-Werkzeugen ab; denn mit besseren Instrumenten kann die nemliche Methode für gröfsere Flächen noch hinreichend genau und zuverläfsig seyn, die es mit schlechteren Instrumenten nicht mehr ist. Der Umfang von Fluren, die unter kleine zu verstehen, kann also nur in einzelnen Fällen näher angegeben werden. In der Regel wird man unter kleine Fluren Landflächen von weniger als 500 bis 600 Morgen verstehen können.

Uebrigens kommt es, wie in der Einleitung erinnert, in allen Fällen nur auf die Ausmessung eines Netzes oder Gewebes von Linien an, welche theils für die äufseren Grenzen einer Flur, theils für die inneren Grenzen ihrer Abtheilungen angenommen werden, und zwar stellt man sich das Linien-Gewebe auf eine horizontale Fläche projicirt vor; auch ist nur von geradlinigen Grenzen die gegenseitige Lage zu suchen, denn wenn die Grenzen krumm sind, so darf man sie nur durch Coordinaten von den geradlinigen Grenzen abmessen, wie solches Alles (§. 1. bis 6.) auseinander gesetzt ist. Die Aufgabe ist also am Ende immer: ein von geraden Linien umschlossenes Vieleck, oder ein aus mehreren solchen Vielecken zusammengesetztes Vieleck, dessen Eckpuncte auf dem Felde gewöhnlich nicht in einer Ebene liegen, auf eine horizontale Fläche projicirt, auszumessen.

In der Regel kommt es nur auf die Projection des Terrains auf die horizontale Fläche allein an, und es wird nach der Unebenheit des Terrains nicht weiter gefragt, oder wenigstens nicht das Maafs derselben verlangt. In diesem Falle ist die Ausmessung beendigt, wenn man die Projection der Flur auf eine horizontale Fläche gefunden hat. Zuweilen aber kommt es auch auf die Unebenheiten des Landes an, das heifst: auf die Höhe der Hügel und Berge und die Tiefe der Thäler, überhaupt auf die Gestalt und den Abhang der Berge und Thäler, also auf die Gestalt der ganzen auszumessenden Erdfläche. Die Ausmessung der Projection bleibt, wie sich zeigen wird, die nemliche, das Land mag eben oder bergig seyn. Es ist also nur nöthig, im zweiten Falle, auch noch die Unebenheit des Terrains über der gefundenen Projection auszumessen. * Die Anweisung hierzu macht daher nur eine zusätzliche zweite Abtheilung dieses Abschnitts aus.

Erste Abtheilung.

Von Ausmessung der Projection der Fluren auf eine horizontale Fläche.

A. Ausmessung kleiner Fluren.

Mit Kette und Stäben.

88.

Wenn man kein Winkel-Instrument hat, oder die Figur im Felde nicht, wie auf den Meſstisch, sogleich im Kleinen zu Papier bringen kann, so muſs man dieselbe als aus Dreiecken zusammengesetzt betrachten, und die Seiten der Dreiecke im Felde messen; denn das Dreieck läſst sich unter allen Figuren allein, nicht verschieben, und ist durch seine Seiten völlig bestimmt. Gesetzt, *ABCD .... K* (Fig. 83. Taf. 8.) sey ein auszumessendes, einzelnes, geradliniges Vieleck, so miſst man die Seiten *AB, BC, CD* etc. nebst den Diagonalen *AC, CE, EG* etc., die mit den Seiten zusammen Dreiecke einschlieſsen. Dadurch bekommt man die Figur vollständig, weil nun die Seiten aller einzelnen Dreiecke bekannt sind, und jedesmal mit 3 Seiten nur ein Dreieck möglich ist. Man muſs aber zur Prüfung auch noch einige Diagonalen, wie *AE, EH, AH*, die unter sich wiederum Dreiecke einschlieſsen, quer über messen.

Eben so verfährt man, wenn eine Flur (Fig. 84. Taf. 8.) aus mehreren einzelnen Vielecken zusammengesetzt ist, mit den einzelnen Vielecken, wie in der Zeichnung angedeutet ist, z. B. mit den Vielecken *ABCMQYXA, YQMUVSKNPLY* etc. Jedoch sucht man, soviel möglich, groſse Dreiecke abzusondern. Die krummen Grenzen, wie zwischen *X* und *A*, *A* und *B*, oder wenn, wie bei *T, O, U, S*, die geraden Linien die Richtung eines gekrümmten Flusses, oder bei *A, Q, R, S* etc. die Richtung eines gekrümmten Weges im Ganzen bezeichnen, findet man nach (§. 6.) durch Coordinaten.

Lie-

Liegen viele lange und schmale Vielecke neben einander, wie z. B. lange und schmale Ackerstücke in dem Raum *YRIPL*, so braucht man sie nicht einzeln aus Dreiecken zusammenzusetzen, sondern kann gerade Linien M_1N_1, M_2N_2 quer übermessen, welche die auf einander folgenden, neben einander hin laufenden Grenzen schneiden. Auf diesen geraden Linien, deren Abstände LM_1, LM_2 und PN_1, PN_2 von den nächsten Dreieckspuncten gemessen werden, mifst man die Puncte P_1, P_2, P_3 etc., in welchen sie von den Ackergrenzen geschnitten werden, so werden dadurch diese Ackergrenzen ebenfalls gefunden; jedoch müssen die Linien, woran sich die Querlinien M_1N_1, M_2N_2 anschliefsen, festliegende Dreiecks-Seiten seyn. Die Querlinien M_1N_1, M_2N_2 werden so nahe aneinander genommen, dafs entweder die Ackergrenze P_1P_3, von einer zur anderen, als gerade betrachtet, oder ihre Abweichung von der geraden Linie durch blofses Absehen der geraden Linie P_1P_3 gefunden werden kann. Läfst sich die Flur ganz oder theilweise nicht übersehen, wie z. B. wenn der Theil *CDEFWVU* ein Wald oder Gebüsch wäre, so mufs man, wenn wenigstens aufsen die Aussicht frei ist, eine Kette von Dreiecken *BCD*, *BD*α, $\alpha D\beta$ etc. um die Figur herum legen und die Seiten dieser Dreiecke messen. Ist aber auch die Aussicht aufsen nicht frei, sondern man müfste z. B. die Grenzlinien *CD*, *DE*, *EF*, etc. im dichten Gebüsch erst aushauen lassen, so läfst sich in solchem Falle mit Kette und Stäben allein nicht mit Sicherheit messen. Auch ist diese Art zu messen in Fällen, wo die Aussicht nach vielen Richtungen beschränkt ist, und man nicht wohl Dreiecke legen kann, z. B. wenn man ein Dorf oder eine Stadt mit engen Strafsen zeichnen soll, wo sich nicht gut aneinander hängende Dreiecke abstecken lassen, nur mit Schwierigkeit ausführbar, wenigstens fehlt es ihr an Genauigkeit und Zuverlässigkeit, denn man mufs sich in solchen Fällen durch viele und kleine Dreiecke helfen, die vielleicht nicht einmal durch gröfsere verbunden werden können. Je mehr aber der Figuren aneinander gesetzt werden: um so unzuverlässiger ist die zusammengesetzte Figur im Ganzen. Deshalb ist es auch unumgänglich nöthig, dafs man, wie oben erinnert, noch über mehrere Dreiecke, zur Probe, Diagonalen hindurch mifst, wie *AC*, *LU*, u. s. w. Diese Diagonalen müssen wiederum zu gröfseren Dreiecken verbunden werden.

Es ist eine allgemeine Regel beim Feldmessen, dafs wenigstens die Hauptpuncte nicht ohne Probe seyn dürfen, das heifst, dafs ihre Lage wenigstens auf *zwei verschiedenen Wegen* gefunden werden mufs.

Die Coordinaten, durch welche man die Krümmungen der Linien in Grund legt, dürfen, wenn man kein Winkel-Instrument hat, nur so kurz seyn, dafs man die rechten Winkel, ohne grofsen Fehler schätzen kann, also nur etwa 1 bis 2 Ruthen lang, und zwar auch nur da, wo die Krümmung *ACD* (Fig. 85. Taf. 7.) flach ist, und es also wenig Unterschied macht, ob der Punct *C* der Krümmung, deren Abweichung von der geraden Linie *AD* gemessen wird, etwas weiter von *A*, vor oder zurück, in C_1, oder in C_2, oder in *C* liegt. Bezieht sich indessen die Ordinate auf einen Punct, auf dessen Lage es genauer ankommt, z. B. auf eine Hausecke, oder dergleichen, so mufs sie noch kürzer seyn, oder man mufs statt ihrer ein Dreieck legen, um den Punct zu finden. Es dürfen also schon deshalb, wenn krumme Linien auszumessen, oder viele von den geraden Dreiecks-Seiten abweichende Puncte in Grund zu legen sind, die Dreiecke nur klein seyn. Alsdann mufs man um so mehr Diagonalen darüber hinlegen, die unter einander zu gröfseren Dreiecken verbunden sind, wie z. B. *ACX* (Fig. 84. Taf. 8.). Will man das unmittelbare Ausmsssen dieser oder jener Dreiecks-Seite ersparen, oder lassen sich die Seiten, Hindernisse wegen, nicht messen, so mufs man sich in solchen Fällen eines oder des anderen in (§. 75. etc.) beschriebenen Verfahrens bedienen.

89.

Das Messen mit Kette und Stäben erfordert wegen der vielen Linien-Messungen viel Zeit und Mühe, und hat nicht einmal besonders genaue Resultate, schon weil das Messen der Linien beschwerlich ist. Das Terrain mufs auch noch sehr günstig seyn, wenn es überhaupt gut möglich seyn soll. In bergigen Gegenden, wo die Linien, um ihre horizontale Projection zu finden, staffelweise gemessen werden müssen, (§. 18.), oder wo es viele Gebüsche, Gewässer, Sümpfe und andere Hindernisse giebt, ist damit fast gar nicht fortzukommen. Man wird alsdann viele Linien gar nicht einmal gut unmittelbar messen können, wenn man sie auch noch sehen kann, wie z. B. quer über Gewässer; oder man wird sie selbst nicht einmal entlang sehen können, wie in Gebüschen. Man wird also zur mittelbaren künstlichen Ausmessung seine Zuflucht nehmen müssen, was dann das Messen so sehr erschwert, dafs es beinahe nicht mehr ausführbar ist.

Die Methode ist also keinesweges allgemein, und selbst kaum in irgend einem Falle vorzugsweise zu empfehlen. Auf ganz ebenem, offenem Terrain, wie z. B. auf grofsen Wiesen oder Haiden und dergleichen, wo man ohne Weiteres horizontal messen kann, und die Aussicht nirgend behindert wird, ist das Verfahren allenfalls möglich; jedoch müssen die Flächen nicht sehr grofs seyn. In jedem Falle dient es aber nur zur Aushülfe, wenn man kein anderes Mefswerkzeug hat, als Kette und Stäbe.

90.

Das genaue Messen der Länge von Linien im Felde, besonders langer Linien, ist immer der bei weitem beschwerlichste Theil des ganzen Geschäftes. In bergigen Gegenden, vorzüglich wo die Berge steil und felsig sind, ist das Messen langer Linien kaum mehr möglich. Aber auch in ebenen Gegenden, wenn es nicht etwa wenig bewohnte Haiden und Sandsteppen, oder etwa in seltneren Fällen sehr grofse Acker-Flächen und Wiesen sind, ist es sehr beschwerlich. In stärker bewohnten Gegenden finden sich so viele Unterbrechungen grofser Flächen, und Hindernisse aller Art, als Gräben, Mauern, Gehege, Gärten und Gebüsche, Wohnörter, bepflanzte Strafsen, Seen, Gewässer, Deiche u. s. w., dafs schon das blofse Abstecken von geraden Linien, besonders langer Linien, vorzüglich dann, wenn man, wie bei dem Messen mit Kette und Stäben, für die Richtung der Linie nur wenig die Wahl hat, sondern sie dahin legen mufs, wo es nöthig ist, um die Eckpuncte dsr Vielecke zu finden, sehr beschwerlich ist: um so mehr also das genaue Messen ihrer Länge.

Man kann ziemlich allgemein sagen, dafs diejenige Methode zu messen die beschwerlichste, und auch schon der Beschwerde wegen nicht die genaueste, also nicht die beste ist, welche der meisten langen geraden Linien bedarf, dagegen diejenige die förderlichste und zugleich die zuverlässigste, welche mit den wenigsten und kürzesten geraden Linien im Felde auskommt.

Mit Hülfe des Winkel-Kreuzes.

91.

Wenn man ein Winkel-Kreuz hat, welches auch nur rechte Winkel angiebt, so kann man schon eine Menge Linien-Messungen sparen; denn man kann alsdann viel längere rechtwinklige Ordinaten abstecken, und braucht nicht eines jeden einzelnen Puncts wegen ein Dreieck zu legen. Es sey z. B. die überall übersichtliche Figur *ABC....K* (Fig. 86. Taf. 8.) auszumessen, so braucht man, selbst wenn sie mehrere hundert Morgen grofs ist, nicht wie bei der Linien-Methode alle Seiten und Diagonalen zu messen, sondern nur einige gröfsere Dreiecke über die Figur zu legen, und kann von diesen aus, vermittelst des Winkel-Kreuzes, die übrigen Puncte durch Coordinaten finden. Man lege z. B. über die Figur die geraden Linien *AD, AE, AH* und *EH*, und zur Probe *DH*, und messe sie, nebst der Seite *DE*, so ist, wenn man auf den Hauptlinien *AD, AE* etc. noch mit dem Winkel-Kreuze die rechtwinkligen Ordinaten BB_1, CC_1, FF_1, GG_1, II_1, KK_1, auch wohl noch zur Probe KK_2, CC_2, GG_2 etc., desgleichen die Abstände derselben von den nächsten Haupt-Puncten AC_1, AB_1, EG_1, EF_1, AK_2, AC_2 etc. mifst, die Figur ebenfalls gefunden. Gekrümmte Grenzen findet man, wie oben, aber mit dem Winkel-Kreuze sicherer und besser. Wohl zu merken ist aber, dafs die Hauptlinien (*Coordinaten-Axen*), wie z. E. *AD, AE, AH,* immer untereinander Dreiecke, wie *ADE, AEH, ADH, EDH*, einschliefsen müssen, und zwar solche, die zugleich einander prüfen, weil sonst die Figur, die sie bilden, und die gleichsam das Gerippe oder das Netz (*canevas*) der Detail-Messung ist, sich verschieben lassen würde. Wenn es seyn kann, ist es gut, dafs die Haupt-Puncte, das heifst die Durchschnitts-Puncte der Hauptlinien zugleich Grenz-Ecken oder andere bedeutende Puncte der auszumessenden Figur selbst sind, wie *A, D, E, H.* Indessen ist dieses nicht unbedingt nöthig, und man kann die Hauptlinien auch eben sowohl, wenn man etwa verhindert wird, sie durch

Haupt-Puncte zu legen, durch andere willkürliche, feste Puncte gehen lassen. Man könnte z. B. statt der Hauptlinien *AD*, *AE*, *AH*, *EH*, *DE* durch die Grenz-Ecken *A*, *D*, *E*, *H* auch eben sowohl durch andere willkürliche Puncte *P*, *Q*, *R*, *S* Hauptlinien *PQ*, *QS*, *SR*, *RP* und *QR* legen, und dieselben, nebst den Coordinaten der Ecken der Figur PA_3, A_3A; PB_3, B_3B, ... QD_3, D_3D etc. messen. Dadurch würde die Figur ebenfalls gemessen werden. Es ist leicht zu sehen, dafs sich dadurch dem Messen mit dem Winkel-Kreuz eine bedeutende Erleichterung verschaffen läfst; denn es hat auf dem Felde oft grofse Schwierigkeit, zwischen zwei feste bestimmte Puncte, wie z. B. *A* und *D* eine gerade Linie zu legen, während vielleicht dicht dabei, zwischen zwei willkürlichen Puncten *P* und *Q*, die gerade Linie sehr leicht gezogen werden kann. Man mufs sich indessen dieser Aushülfe nur im Nothfalle bedienen, weil es allerdings genauer und sicherer ist, auch Linienmessung spart, und folglich besser ist, wenn die Hauptpuncte oder Durchschnittspuncte der Hauptlinien zugleich Grenzpuncte oder andere bedeutende Puncte der Figur selbst, als wenn sie willkürlich sind.

So wie mit einer einzelnen umschlossenen Figur oder mit einem einzelnen Vieleck, wie (Fig. 86. Taf. 8.), verfährt man auch, wenn eine Figur, wie (Fig. 84. Taf. 8.), aus mehreren Vielecken zusammengesetzt ist. Man mifst die einzelnen Vielecke, welche die zusammengesetzte Figur ausmachen, wie (Fig. 86. Taf. 8.), legt aber immer auch noch über mehrere einzelne Figuren hinweg, wo es dem Terrain nach angeht, andere zu Dreiecken verbundene Hauptlinien. Ist die auszumessende Figur, oder ein Theil derselben, etwa im Innern nicht übersichtlich, wie z. B. das Vieleck *CDEFWVU* (Fig. 84. Taf. 8.), so kann man sie vielleicht wenigstens noch, da sie immer nur von mäfsiger Gröfse vorausgesetzt wird, in eine Figur mit weniger Seiten einschliefsen; z. B. in die Figur $B\varphi\varkappa S$. In sofern diese Figur von weniger Seiten nicht schon durch die umliegenden Dreiecke unverschiebbar bestimmt, oder selbst ein Dreieck ist, mufs man ihre Winkel noch durch Dreiecke, wie *BCD*, $\varphi D\psi$ etc. ausmessen. Auf die Seiten des herumgelegten Polygons mifst man dann diejenigen Coordinaten der Ecken der gegebenen Figur, die nicht in die Seiten selbst fallen, z. B. DE_1, E_1E etc.

92.

Man pflegt auch wohl, wo es das Terrain gestattet, also in flachen offenen Gegenden, Parallelen, wie AL, $\mu\mu_1$, $\nu\nu_1$ etc. (Fig. 84. Taf. 8.), die mittelst der Perpendikel $\alpha_1\mu$, $\mu_1\nu_1$ etc., welche sie verbinden, abgesteckt werden, in schicklichen Richtungen und in schicklichen Entfernungen von einander, über ein aufzunehmendes Feld von mäfsiger Gröfse hinwegzulegen, und mittelst des Winkel-Kreuzes und der Kette die Abstände aller bestimmenden Puncte des aufzumessenden Linien-Gewebes von den Parallelen auszumessen, welches man Parallelen-Methode nennt. Es hat aber keinen besonderen Nutzen, dafs die Hauptlinien gerade mit einander parallel laufen, vielmehr beruhet alsdann die Ausmessung der Lage der Hauptlinien auf der Richtigkeit des Winkel-Kreuzes allein, während, wenn man sie Dreiecke einschliefsen läfst, eine die andere prüft. Auch ist die Absteckung von Parallelen nur in seltenen Fällen, der vielen Terrain-Hindernisse wegen, ohne grofse Beschwer möglich. In den meisten Fällen hat sie, der Hindernisse wegen, grofse Schwierigkeit. In stark bewohnten oder in waldigen oder bergigen Gegenden ist sie fast gar nicht ausführbar. Die Parallelen-Methode ist also keinesweges allgemein zu empfehlen, und hat selbst in den seltenen Fällen, wo sie sich ausführen läfst, keine entschiedenen Vorzüge.

93.

Das Winkel-Kreuz ist nicht allein zum Aufnehmen krummer Linien mittelst der Coordinaten, sondern auch zur Ausmessung des Details einer Flur ungemein nützlich. Die kleineren Theile einer Flur, oder Parcellen, von einem Morgen grofs, und darunter, lassen sich vermittelst dieses Werkzeuges, weil es hier auf keine langen Perpendikel ankommt, und die Lage und Gestalt der Umgrenzungen der Parcellen ganz gleichgültig ist, ungemein leicht, und fast durch kein anderes Instrument eben so bequem aufnehmen. Wenn man kein Winkel-Kreuz hat, hilft man sich gewöhnlich durch blofse Schätzung der rechten Winkel; allein es können daraus Fehler entstehen, die verhältnifsmäfsig sehr bedeutend sind, und daher sollte dem Feldmesser das Winkel-Kreuz nie fehlen. Dieses ist um so mehr zu verlangen, da das Instrument und sein Gebrauch so sehr einfach sind, und es sich so leicht, nemlich mit nicht mehr Beschwerde als ein Stab transportiren läſst. Je verwickelter und zusammengesetzter im Kleinen die aufzumessende Figur ist, um so nützlicher und nothwendiger ist dieses Werkzeug. So z. B. ist mit Hülfe desselben ein unregelmäſsig gebautes Dorf oder eine Stadt leicht in Grund zu legen, was ohne das Winkel-Kreuz ungemein viel Linienmessung und kleine Dreiecke erfordert. Es stelle (Fig. 88.) einen Theil eines unregelmäſsig gebaueten Wohnortes vor, so darf man nur, nachdem durch denselben, durch Dreiecke verbundene Hauptlinien AC, AB, BC, BD, CD, FE gelegt und abgesteckt worden, die in der Figur durch punctirte Linien angedeuteten Coordinaten der Ecken der Gebäude und Gärten messen. Da die Gebäude im Grundriſs meistens rechtwinklig sind, so braucht man in der Regel nur die Coordinaten zweier Ecken eines Gebäudes zu messen. Nur von schiefwinkligen und irregulairen Gebäuden sind die Coordinaten mehrerer Ecken nöthig. Man kann auch auf eine Ordinate wieder andere rechtwinklig setzen, wie z. B. $b_2 b_1$ auf Hb, und wo eine längere Linie krumm ist, wie z. B. $\gamma\beta$, legt man durch ihre Endpuncte eine gerade, miſst die Coordinaten der Endpuncte $B\gamma_1$, $\gamma_1\gamma$, $B\beta_1$, $\beta_1\beta$, und nun an der geraden Linie $\gamma\beta$ durch die Coordinaten auf ihr, die Krümme, und dergleichen. Auch selbst zur Aufmessung regelmäſsig gebaueter Städte ist das Winkel-Kreuz ungemein nützlich. Man legt die Hauptlinien in der Mitte der Straſsen, und nimmt mit dem Winkel-Kreuz die Abstände der einzelnen Häuser, legt gerade Linien, wo es angehet, durch die Häuser hindurch, auf die Höfe, und miſst nun wieder an diesen Linien die Coordinaten der Ecken der Hofgebäude. Es ist aber immer wohl zu merken, daſs die Hauptlinien allezeit und unbedingt (in sofern ihre Lage nicht etwa durch Winkel-Instrumente sicher gefunden worden) Dreiecke einschlieſsen müssen, damit die Figur nicht verschoben werden könne.

Gröſsere Flächen, selbst bis zu mehreren hundert Morgen, lassen sich zwar ebenfalls noch mit dem Winkel-Kreuz und der Kette allein, auf die oben beschriebene Weise ausmessen, und die Ausmessung ist wenigstens noch immer sicherer und leichter als die ohne Winkel-Kreuz, mit der Kette allein und mit Stäben;

indessen hat in solchen Fällen doch auch das Messen mit dem Winkel-Kreuz, weil noch immer viele Linien zu messen sind, sobald das Terrain bedeckt oder coupirt, oder bergig ist, grofse Schwierigkeiten, und über einige hundert Morgen hinaus darf vollends die Gröfse der Fläche nicht gehen, weil sonst die Genauigkeit, die das Winkel-Kreuz gewährt, für längere Coordinaten nicht zureicht. In solchen Fällen ist das Winkel-Kreuz nur eine Aushülfe, und der Mefstisch und Winkel-Instrumente thun bessere Dienste. Für das kleine Detail aber, und für kleine, sehr verwickelte Figuren ist es ganz vorzüglich nützlich, oder vielmehr, wesentlich nöthig.

Hat man für etwas gröfsere Fluren kein anderes Instrument, und es lassen sich Linien zum Schlusse oder zur Verbindung der Hauptlinien zu Dreiecken nicht vermeiden, die nicht unmittelbar gemessen werden können, sondern deren Länge mittelbar gefunden werden mufs, so kann man sich der oben angezeigten Mittel (§. 75. etc.) bedienen. So auch in Fällen, wo Perpendikel oder Parallelen nicht unmittelbar abgesteckt werden können, der Mittel (§. 69. etc.) u. s. w. Auch ist das Winkel-Kreuz noch immer anwendbar, wenn auch das Terrain uneben ist, wenn nur die Abhänge nicht zu stark sind, weil man durch die Dioptern noch immer auf und nieder sehen kann. Bei dem Messen der Linien darf man, wie überall, nie aufser Acht lassen, dafs sie nur horizontal, also auf unebenem Terrain nur Absatz-Weise gemessen werden dürfen.

Mit dem Mefstische.

94.

Da sich durch den Mefstisch, wie durch ein Winkel-Instrument schon beliebige Winkel zu Papier bringen lassen, und man also mit demselben nicht mehr auf Linien allein, oder wie bei dem Winkel-Kreuz, auf den rechten Winkel, oder wenigstens auf bestimmte Winkel beschränkt ist, so läfst sich eine Flur mit dem Mefstisch schon auf sehr mannigfaltige Weise aufnehmen; auch schon kleinere Figuren, von welchen hier vorläufig die Rede ist.

Es sey die ganz oder doch gröfstentheils übersichtliche Figur *ABCD* . . . . *L* (Fig. 89. Taf. 8.) zu messen.

I. Man stelle den Meſstisch irgend wo, in *M*, im Innern oder auch auſserhalb der Figur in einem Punct auf, aus welchem man alle Ecken der Figur sehen, und nach denselben gelangen kann. Man nehme einen Punct *m* auf dem Meſstisch an, gegen welchen die Figur auf dem Papiere Raum hat, lege das Diopter-Lineal an denselben, richte es der Reihe nach auf die Eckpuncte *A*, *B*, *C*, ... *L*, ziehe auf dem Tisch, an dem Lineal, die geraden Linien *am*, *bm*, *cm* .... *lm*, messe mit der Kette, im Felde, die Linien *AM*, *BM*, *CM* .... *LM*, trage ihre Länge nach dem verjüngten Maaſsstabe auf den Tisch, in *am*, *bm*, *cm* .... *lm*, und verbinde die Puncte *a*, *b*, *c* .... *l*, vermittelst gerader Linien *ab*, *bc*, *cd* .... *kl*, so ist die auf dem Meſstisch entstandene Figur *abc* .... *l* der Figur *ABC* .... *L* im Felde, und zwar nach dem angenommenen Maſsstabe, ähnlich, und folglich die Zeichnung ihrer horizontalen Projection. Miſst man alsdann noch die Seiten *AB*, *BC* .... *KL* der Figur im Felde, welches vielleicht schon nöthig ist, um die Krümmen zu finden, die von den geraden Linien *AB*, *BC* etc. abweichen, so müssen sie nach dem Maaſsstabe den schon durch die Zeichnung gefundenen Seiten gleich seyn, welches also zur Probe der Ausmessung dient.

Diese Methode, eine übersichtliche Figur aus einem Standpuncte aufzunehmen, ist, wenn die Figur viele Seiten hat, und nicht ganz klein ist, vielleicht eine der unbequemsten, denn es giebt dabei fast eben so viele und wohl noch mehr Linien zu messen, als wenn man bloſs Kette und Stäbe hätte. Der einzige Vortheil des Verfahrens, daſs man den Meſstisch nur einmal aufzustellen braucht, wird selten die Unbequemlichkeit der vielen Linienmessung aufwiegen.

II. *α*) Wenn es zwei Puncte z. B. *P* und *Q* innerhalb oder auſserhalb der auszumessenden Figur giebt, aus welchen man nach allen Ecken derselben sehen kann, so läſst sich die Figur ganz durch Vorwärts-Einschneiden (§. 81. II.) aufnehmen, und man braucht dann nur die einzige Grundlinie *PQ* zu messen.

Man stellt nemlich den Meſstisch erst in *P* auf, nimmt einen Punct *p* auf dem Tische, neben welchem die Figur auf dem Papiere Raum hat, legt das Diopter-Lineal an *p*, visirt nach *Q*, ziehet auf dem Tisch *pq*, miſst *PQ* im Felde, giebt der Linie *pq* auf dem Tische, nach dem Maaſsstabe, die Länge der Linie *PQ* im Felde, legt das Diopter-Lineal wiederum an *p*, visirt der Reihe nach nach *A, B, C....L*, und zieht an dem Lineal die geraden Linien *pa, pb, pc....pl* von unbestimmter Länge. Darauf bringt man den Meſstisch nach *Q*, stellt ihn mit *q* über *Q* auf, legt das Diopter-Lineal an *q*, visirt der Reihe nach nach *A, B, C....L*, und schneidet auf dem Tische mit den geraden Linien *qa, qb, qc....ql* die Linien *pa, pb, pc....pl*. Die Durchschnittspuncte *a, b, c....l* sind die Ecken einer Figur *abc....l* auf dem Tische, welche, nach dem Maaſsstabe, der Figur *ABC....L* im Felde ähnlich ist. Man braucht also, um die Zeichnung der Figur auf dem Felde zu bekommen, nur die einzige Linie *PQ* zu messen. Miſst man alsdann noch die Seiten *AB, BC, CD....*, vielleicht wegen der von der geraden Linie abweichenden Krümmen, so dienen sie zur Probe, denn sie müssen nach dem Maaſsstabe den wechselseitigen Entfernungen der auf dem Tisch gezeichneten Puncte *a, b, c....l* gleich seyn.

Streng genommen, ist, wie gesagt, nur eine Grundlinie *PQ* nöthig. Da indessen, wenn dieselbe nicht auſserhalb, sondern innerhalb der Figur liegt, wie in (Fig. 89.), und man also von der Grundlinie aus nach allen Richtungen visiren muſs, sehr spitze und sehr stumpfe Winkel vorkommen können, wie z. B. *FPQ* und *FQP*, von deren Schenkeln die Durchschnitte ungewiſs sind, so ist es besser, daſs man, im Fall die Figur von innerhalb aufgemessen werden soll, statt einer Grundlinie *PQ*, deren drei: *PQ, QR* und *PR* nimmt, die, wenn es angeht, ungefähr ein gleichseitiges, nicht zu kleines Dreieck *PQR* einschlieſsen. Alsdann stellt man den Meſstisch dreimal, in *P, Q* und in *R* auf, und schneidet gegen diese oder jene Grundlinie diejenigen Ecken der Figur, nach welchen die Visirlinien mit der Grundlinie nicht zu spitze oder zu stumpfe Winkel machen. Kann man, wie es meistens der Fall seyn wird, eine und dieselbe Ecke aus zwei oder gar aus allen drei Grundlinien sehen und schneiden, so muſs man es thun. Dann dient das zwei oder dreimalige Schneiden eines und desselben Puncts zugleich zur Probe, und es ist, wenn nicht etwa Krümmen auszumessen sind, die von den Seiten der Figur abweichen, nicht einmal mehr nöthig, die Seiten der Figur, selbst der Probe wegen, zu messen. Die drei Grundlinien statt einer sind zwar nicht mehr unbedingt nöthig, wenn man die Figur, weit genug entfernt, von aufsen her, statt aus dem Innern durch Vorwärts-Einschneiden ausmifst, allein sie sind der Probe wegen gut, und man wird sich ihrer bedienen, wenn man das Ausmessen der Seiten selbst sparen darf und will.

Diese Methode, eine übersichtliche Figur auszumessen, ist schon vortheilhafter, wie die vorige, weil man dabei nur von einer oder zwei, höchstens von drei Linien, nemlich den Grundlinien, die Länge recht genau auszumessen braucht, alles Uebrige aber blofs durch Sehen gefunden wird. Sie erfordert indessen, dafs man schon, wenn die Figur einigermafsen grofs ist, Linien von 100 und mehreren Ruthen entlang sehen könne, also nothwendig ein Fernrohr auf dem Diopter-Lineal, weil man sonst die zu schneidenden Puncte nicht genau genug erblickt. Ob das Terrain bergig oder eben ist, macht keinen Unterschied, wenn man nur eine Kippregel hat, wie es der Fall ist, wenn ein Fernrohr mit dem Diopter-Lineal verbunden ist.

β) Das Verfahren ist zuweilen noch einfacher und bequemer, wenn man die Grundlinie *PQ* oder die Grundlinien *PQ*, *QR*, *RP* in eine oder in zwei Seiten und die sie verbindenden Diagonalen der aufzumessenden Figur legen kann, z. B. wenn man den Mefstisch in den Ecken *A*, *B*, *C* aufstellen und aus diesen Fcken alle übrigen Ecken der Figur sehen kann; denn alsdann bekommt man schon nothwendig die Maafse der beiden Seiten *AB* und *BC*, und kann vielleicht auch noch von dem nemlichen Standpuncte aus, andere angrenzende, übersichtliche Polygone ausmessen. Das Verfahren ist im Uebrigen dasselbe, wie vorher.

III. Wenn im Innern oder aufserhalb der auszumessenden Figur, Puncte vorhanden sind, welche aus allen Ecken der Figur gesehen werden können, in welchen sich aber nicht gut der Mefstisch aufstellen läfst, z. B. Thürme oder hohe, unbelaubte Bäume oder dergleichen, so kann man die Figur, ohne weitere Linien-Messung als die der Entfernung der festen Puncte von einander, mit Hülfe des Rückwärts-Einschneidens (§. 83. III.) ausmessen.

α) Es mögen drei Puncte *P*, *Q*, *R* (Fig. 89.) vorhanden seyn, die aus allen Ecken der Figur sichtbar sind. Man messe *PQ*, *QR*, *QP*, und zeichne das Dreieck *PQR* auf dem Mefstisch, und zwar so, dafs die Figur *abc* . . . . *l* daneben Raum hat. Nun stelle man den

Meſstisch zuerst in diejenige Ecke der Figur, deren Lage gegen die drei Puncte *P*, *Q*, *R* sich durch Rückwärts-Einschneiden am besten und sichersten finden läſst. Sie sey *A*. Man suche durch Rückwärts-Einschneiden nach (§. 83. III.) den Punct *a* auf dem Meſstisch, welcher gegen das Dreieck *pqr* so liegt, wie *A* im Felde gegen *PQR*. Hierauf lege man das Diopter-Lineal an *a*, richte es auf die folgenden Ecken *B* und *L*, und ziehe auf dem Meſstisch, an dem Lineal, die geraden Linien *ab* und *al* von unbestimmter Länge. Man bringe den Meſstisch nach *B*, lege das Diopter-Lineal an die auf dem Tisch gezogene Linie *ab*, und drehe den Tisch so, daſs die Gesichts-Linie des Diopter-Lineals die vorige Ecke *A* trifft, so wird *ab* mit *AB*, und folglich auch *pq*, *qr*, *rp* mit *PQ*, *QR* und *RP* parallel, und mithin der Meſstisch orientirt seyn. Man darf also nur das Diopter-Lineal an *p* legen, auf *P* richten, und dann rückwärts *pb* ziehen, so wird die gerade Linie *pb* von der schon auf dem Tisch vorhandenen Linie *ab*, von unbestimmter Länge, in *b* diejenige Länge abschneiden, die nach dem Maaſsstabe, der Länge der Linie *AB* im Felde gleich ist. Folglich findet man den Punct *b* auf dem Tisch, der den Punct *B* auf dem Felde vorstellt. Legt man auch noch zugleich das Diopter-Lineal an *q* und *r*, richtet es auf *Q* und *R*, und zieht daran *qb* und *rb*, so müssen die geraden Linien *qb* und *rb* die Linie *ab* in dem nemlichen Puncte *b* schneiden; welches zur Prüfung dient. So verfährt man in jeder folgenden Ecke *C*, *D* etc., und bekommt dadurch die Zeichnung der ganzen Figur auf dem Tisch, ohne weitere Linienmessung. Miſst man alsdann noch die Seiten *AB*, *BC*, *CD* etc., etwa der davon abweichenden Krümmen wegen, so dienen sie zu einer zweiten Prüfung.

β) Es dürfen auch nur zwei, überall sichtbare Puncte, z. B. *P* und *Q* gegeben seyn, wenn man von irgend einer Ecke *A* nach ihnen hin messen kann. Alsdann liegt der dritte Punct *R* in der Ecke *A* selbst, und diese Ecke findet sich durch das Grundlinien-Dreieck *PQA*. Kann man in ihr den Meſstisch nicht aufstellen, so sucht man die Lage der nächsten Ecke *B* gegen das Dreieck *PQA*, nachdem solches auf dem Meſstisch gezeichnet ist, durch Rückwärts-Einschneiden. Die Lage der folgenden Ecken findet man wie in (*α*.). Kann man dagegen den Meſstisch auch schon in *A* aufstellen, so bedarf es des Rückwärts-Einschneidens nicht. Man bringt alsdann die Dreiecks-Seiten *ap* und *aq* der Zeichnung in die Richtungen *AP* und *AQ* auf dem Felde, legt das Diopter-Lineal an *a*, richtet es auf *B*, ziehet *ab*, von unbestimmter Länge, bringt den Meſstisch nach *B*, legt das Diopter-Lineal an *ba*, drehet den Tisch, bis die Gesichtslinie des Lineals den Punct *A* trifft, legt darauf das Lineal an *p* und *q*, visirt auf *P* und *Q*, und ziehet rückwärts *pb* und *qb*, so schneiden diese beiden Linien, einander zugleich schon zur Probe dienend, von *ab* den Punct *b* ab, welcher die Ecke *B* in der Zeichnung vorstellt. So verfährt man mit jeder folgenden Ecke.

γ) Ist nur ein, aus allen Ecken der Figur sichtbarer Punct, z. B. *P* vorhanden, so nehme man statt der anderen beiden, zwei Ecken der Figur, z. B. *A* und *B*, messe *AB*, *BP* und *PA*, und zeichne das Dreieck *ABP* auf dem Meſstisch, und zwar so, daſs daneben noch die Zeichnung der übrigen Figur Raum hat. Kann man nun den Meſstisch in keiner von den beiden Ecken *A* und *B* aufstellen, so sucht man die nächste Ecke *C* nach (§. 83. III.) durch Rückwärts-Einschneiden, die Lage der folgenden Ecke aber wie in (*α*.). Kann man den Meſstisch in eine der beiden Ecken, z. B. in *B* aufstellen, so findet man *C* und die folgenden Ecken wie im gleichen Falle von (*β*.).

δ) Ist gar kein Punct vorhanden, der aus allen Ecken der auszumessenden Figur zugleich sichtbar wäre, so nehme man diejenigen drei Ecken der Figur, z. B. *A*, *B* und *C*, die aus der nächsten *D* sichtbar sind. Kann man in keiner der Ecken *A*, *B*, *C* den Meſstisch aufstellen, so findet man die nächste Ecke *D* nach (§. 83. III.) durch Rückwärts-Einschneiden, und die folgenden Ecken wie in den vorigen Fällen. Kann man den Meſstisch in einer Ecke, z. B. in *C* aufstellen, so ist das Rückwärts-Einschneiden nicht nöthig, und man findet die folgenden Ecken, wie im gleichen Falle von (*α*. und *β*.). Auch ist es nicht nöthig, daſs die drei Ecken, welche alle drei zugleich aus einer vierten sichtbar seyn müssen, beisammen liegen, desgleichen, darf die vierte nothwendig nicht gerade die darauf folgende seyn. Man setze z. B., nur die drei Ecken *A*, *C* und *G* wären aus einer vierten, und zwar nur aus der Ecke *E* sichtbar, so messe man *AC*, *CG* und *GA*, und zeichne das Dreieck *acg* auf dem Meſstisch, und zwar immer so, daſs die übrige Figur daneben Raum hat. Kann man nun auch den Tisch in keiner der drei Ecken, *A*, *C*, *G* aufstellen, so suche man, nachdem der Meſstisch über *E* aufgestellt worden, auf demselben den Punct *e*, welcher den Punct *E* im Felde vorstellt, durch Rückwärts-Einschneiden. Hierauf lege man das Diopter-Lineal an *e*, visire nach einer der folgenden Ecken, z. B. nach *D*, ziehe an dem Lineal *ed* von unbestimmter Länge, bringe den Tisch nach *D*, drehe ihn so, daſs *de* in die Richtung *DE* fällt, lege das Lineal, der Reihe nach an *a*, *c* und *g*, visire nach *A*, *C* und *G*, und ziehe *ad*, *cd* und *gd*, so werden diese Linien, einander zugleich zur Prüfung dienend, den Punct *d* auf *de* abschneiden, welcher den Punct *D* im Felde vorstellt. Eben so findet man die übrigen Ecken. Kann man den Tisch in einer der drei Ecken *A*, *C* und *G*, z. B. in *C* aufstellen, so ist das Rückwärts-Einschneiden, um den Punct *E* zu finden, nicht nöthig. Man bringt *ca* und *cg* in die Richtungen *CA* und *CG*, visirt nach *E*, zieht *ce*, bringt den Tisch nach *E*, stellt ihn so, daſs *ec* in die Richtung *EC* fällt, legt das Lineal an *a* und *g*, visirt nach *A* und *G*, und schneidet rückwärts von *ce* den Punct *e* ab. Die übrigen Ecken findet man wie oben, in den ähnlichen Fällen.

Bei allen diesen Operationen dient die Ausmessung der Länge der Seiten zur weiteren Prüfung.

Diese Verfahren können unter den verschiedenen, bei jedem einzelnen angegebenen Umständen nützlich seyn. Es sind bei allen n u r e i n i g e w e n i g e L i n i e n g e n a u auszumessen nöthig. Hat man ein Fernrohr auf dem Diopter-Lineal, und folglich eine Kippregel, so macht es auch keinen Unterschied, ob das Terrain eben oder bergig ist.

IV. Wenn man, wie die ersten, mehrere Ecken durch Rückwärts-Einschneiden suchen will, so ist es auch nicht nöthig, den Meſstisch in a l l e n Ecken der Figur aufzustellen, sondern man kann j e e i n e E c k e ü b e r g e h e n, und die beiden in demselben zusammenstoſsenden Seiten, auf dem Papier, in der übergangenen Ecke sich schneiden lassen.

a) Es mögen z. B. die drei Richtpuncte *P*, *Q*, *R* (Fig. 89.) gegeben seyn, so setze man den Meſstisch in die Ecken *A*, *C*, *E* etc., und suche die Lage der Ecken durch Rückwärts-Einschneiden. Zugleich ziehe man, wenn der Meſstisch in *A* steht, indem man das Diopter-

Lineal an *a* legt, und nach *L* und *B* visirt, an demselben die Seiten *al* und *ab*; wenn der Tisch in *C* stehet, indem man das Lineal an *c* legt, und nach *B* und *D* visirt, die Seiten *cb* und *cd*, u. s. w., so findet man die Figur ebenfalls, ohne andere Linien zu messen, als *PQ*, *QR* und *RP*. Miſst man noch die Seiten der Figur, so dienen sie zur Prüfung. Auch können, wie leicht zu sehen, die drei Richtpuncte zum Theil, oder alle, Ecken der Figur selbst seyn.

Das Verfahren kann vortheilhaft seyn, weil man den Meſstisch nicht so oft aufzustellen braucht, auch vielleicht die Aufstellung in dieser oder jener Ecke Hindernisse hat.

β) Man darf selbst nicht einmal die Ecken regelmäſsig, eine um die andere, durch Rückwärts-Einschneiden suchen, sondern nur diejenigen, welche am bequemsten zu finden sind. Die übrigen kann man aus den Puncten, wo der Meſstisch stehet, durch Vorwärts-Einschneiden und dergleichen aufzunehmen suchen.

γ) Auch darf man nicht nothwendig immer nach den nemlichen Richtpuncten *P*, *Q*, *R* visiren, sondern kann sich anderer Puncte zum Rückwärts-Einschneiden bedienen, deren Lage vielleicht erst mit Hülfe jener gefunden wurde. Wenn z. B. die drei Richtpuncte *P*, *Q*, *R* aus der Ecke *A* bequem sichtbar sind, so stelle man den Meſstisch in *A* auf, und suche die Lage des Puncts auf demselben durch Rückwärts-Einschneiden. Zugleich ziehe man auf dem Tische in den Richtungen *AB* und *AD* die Seiten *ab* und *ad* von unbestimmter Länge. Nun bringe man den Tisch nach *C*. Aus diesem Punct sind vielleicht nicht mehr die Richtpuncte *P*, *Q*, *R* alle drei sichtbar; dagegen aber der vorhin gefundene Punct *A*. Alsdann suche man die Lage des Puncts *C* auf dem Meſstisch gegen diejenigen drei von den vier Puncten *P*, *Q*, *R* und *A*, welche aus *C* sichtbar sind, und ziehe zugleich in den Richtungen *BC* und *CD* die Seiten *bc* und *cd*. Man bringe ferner den Tisch nach *E*, suche die Lage dieses Puncts gegen diejenigen drei von den sechs Puncten *P*, *Q*, *R*, *A*, *B* und *C*, welche von da aus am besten sichtbar sind, und ziehe zugleich in den Richtungen *ED* und *EF* die Seiten *ed* und *ef*, u. s. w.: so findet man die zu messende Figur ebenfalls ohne Linienmessung. Die gemessenen Seiten dienen zur Probe.

δ) Kann und will man nicht regelmäſsig eine Ecke um die andere durch Rückwärts-Einschneiden gegen

P, Q, R und die daraus gefundenen Puncte suchen, so bringe man nur durch dieses Mittel beliebige Ecken der Figur zu Papier, und suche aus ihnen die übrigen, wie es nach den Umständen geht, durch Vorwärts-Einschneiden und dergleichen. Immer findet man die Figur ohne weitere Linien-Messung, und die hernach gemessenen Seiten dienen zur Prüfung.

ε) Achtet man noch, indem der Mefstisch in dieser oder jener Ecke, welche durch Rückwärts-Einschneiden gefunden werden soll, aufgestellt ist, sogleich auf diejenigen anderen Ecken, welche von da aus sichtbar sind, so kann man auch für dieselben das Rückwärts-Einschneiden noch ersparen, und braucht in ihnen den Mefstisch, nachdem er dorthin gebracht worden, statt dessen nur zu orientiren.

Gesetzt, die Ecke *A* sey durch Rückwärts-Einschneiden gegen *P, Q, R* gefunden, und der Mefstisch deshalb in *A* aufgestellt worden, man bemerke aber, dafs aus *A* zugleich die Ecken *E* und *G* sichtbar sind, so lege man das Diopter-Lineal an *a*, visire nach *E* und *G*, nnd ziehe an dem Lineal, auf dem Tisch, in den Richtungen *AE* und *AG* gerade Linien *ae* und *ag*, von unbestimmter Länge. Nun bringe man den Tisch nach *E* und *G*, lege das Diopter-Lineal an *ea* und *ga*, und drehe den Tisch, bis das Visir den Punct *A* trifft, so ist dadurch der Tisch orientirt, und man findet, wenn man nun das Diopter-Lineal an die Puncte *p, q, r* legt, nach *P, Q, R* visirt, und rückwärts gerade Linien *pe, qe, re* und *pg, qg, rg* ziehet, vermittelst der Durchschnitte derselben mit den schon vorhandenen Linien *ae* und *ag* auf dem Tische, die Puncte *e* und *g*, welche die Puncte *E* und *G* im Felde vorstellen. Zugleich kann man unmittelbar in den Richtungen *ED, EF, GF* und *GH* die Seiten *ed, ef, gf, gh* ziehen.

So läfst sich das Aufnehmen noch auf mannichfache Art, ohne Linien-Messung zu Hülfe zu nehmen, erleichtern. Man mufs nur immer diejenigen Schnittlinien aussuchen, welche nicht zu spitze oder zu stumpfe Winkel machen, damit man die Durchschnitts-Puncte mit hinreichender Sicherheit bekomme.

95.

Es sey die auszumessende Figur nicht quer über, sondern nur am Rande übersichtlich, so dafs man etwa *α*) von jeder Ecke nur nach der nächsten und nach der darauf folgenden sehen kann, also z. B. (Fig. 90. Taf. 10.) nur von *A* nach *B* und *C*, von *B* nach *C* und *D*, u. s. w. In diesem Falle kann man die Figur mit einer einzelnen, genau gemessenen Linie, wie folgt, auf den Meſstisch bringen:

Man stelle den Meſstisch in *A* auf, nehme auf demselben einen Punct *a* an, neben welchem die Figur Raum hat, lege das Diopterlineal an *a*, visire nach *B* und *C*, und ziehe an dem Lineal *ab* und *ac*, von unbestimmter Länge. Man messe die Seite *AB* genau, und gebe der Linie *ab* auf dem Meſstisch die Länge von *AB* nach dem Maaſsstabe. Nun bringe man den Meſstisch nach *B*, stelle ihn mit *b* über *B* auf, lege das Diopterlineal an *b*, drehe den Tisch so, daſs *ba* in die Richtung *BA* fällt, visire nach *C* und *D*, und ziehe an dem Lineal *bc* und *bd*. Die Linie *bc* wird von der auf dem Tisch schon vorhandenen Linie *ac* den Punct *c* abschneiden, welcher den Punct *C* im Felde vorstellt. Man bringe ferner den Meſstisch nach *C*, stelle ihn mit *c* über *C* auf, lege das Diopterlineal an *cb*, und drehe den Tisch so, daſs *cb* in die Richtung von *CB* fällt, so muſs auch *ca* die Richtung von *CA* haben. Dieses dient zur Prüfung. Nun visire man nach *D* und *E*, und ziehe *cd* und *ce*, so schneidet wieder *cd* von der schon vorhandenen Linie *bd* den Punct *d* ab, welcher den Punct *D* im Felde vorstellt. So fährt man fort, und findet die Ecken der Figur der Reihe nach, ohne daſs weiter eine Linie gemessen würde, und zwar schon mit Probe. Miſst man die Seiten der Figur, etwa der Krümmen wegen, so geben sie eine zweite Probe.

Lassen sich etwa aus dieser oder jener Ecke noch mehrere Ecken sehen, als gerade die beiden nächst folgenden, so muſs man nicht versäumen, dahin zu visiren, und an dem Lineal die Visirlinien zu ziehen. In diesen Linien müssen die auſserdem gefundenen oder noch zu findenden Ecken liegen, was abermals zur Probe dient.

Gleiche Proben muſs man auch bei den Verfahren der vorigen und der folgenden Paragraphen machen; überall, wo es angehet.

β) Ist aus den Ecken der Figur noch jedesmal die vierte Ecke sichtbar, so darf man auch, wenn man will, den Meſstisch nicht in jeder Ecke aufstellen, sondern man kann jedesmal eine Ecke übergehen.

Man stelle z. B. den Mefstisch in *A* (Fig. 90.) auf, ziehe auf demselben in den Richtungen *AB*, *AC* und *AM* gerade Linien *ab*, *ac*, *am*, von unbestimmter Länge, messe *AB*, und gebe der Linie *ab* die Länge von *AB*, nach dem Maafsstabe der Zeichnung. Nun bringe man den Mefstisch nach der dritten Ecke *C*, drehe ihn so, dafs *ca* in die Richtung *CA* fällt, und ziehe aus *b*, in der Richtung *BC*, rückwärts *bc*, so schneidet diese Linie auf dem Tische den Punct *c* ab. Nachdem noch *cd* und *ce* in den Richtungen *CD* und *CE* von unbestimmter Länge gezogen worden, bringe man den Mefstisch nach der fünften Ecke *E*, drehe ihn so, dafs *ec* in die Richtung *EC* fällt, und ziehe durch den Punct *b* in der Richtung *BE* rückwärts die gerade Linie *be*, so schneidet dieselbe von der schon vorhandenen Linie *ce* den Punct *e* ab, und man kann nun durch denselben, in den Richtungen *ED* und *EF*, auch die Seiten *ed* und *ef* ziehen. So fährt man fort, und findet alle Ecken der Figur ohne weitere Längenmessung. Die gemessenen Seiten dienen zur Prüfung.

Diese Verfahren, eine Figur an den Rändern herum aufzumessen, können z. B. in Gebirgen, denen das herabfliefsende Wasser insbesondere ihre Gestalt gab, also in den höheren Theilen der Mittel- und Uebergangsgebirge gut anzuwenden seyn. Solche Berge bilden gewöhnlich nur schmale Wasserscheiden zwischen den Flufsgebieten, mit einzelnen Kuppen besetzt, und die Thäler, welche die Gebirgsbäche ausgespült haben, machen gleichsam ein Geäder, welches sich aus der Tiefe nach den Gipfeln hin in vielfachen Zweigen verläuft. Aus den Thälern quer heraus ist schwer zu messen, weil die Abhänge theils zu hoch und steil, theils gewöhnlich mit Gebüsch und Bäumen bewachsen sind. Allein der Länge nach kann man bequem in den Thälern messen; denn sie sind meistens frei und offen, und gewöhnlich breit genug, dafs man darin eine fortlaufende Kette von Dreiecken, wie der Umfang der (Fig. 90.) vorstellt, legen kann. Man darf also nur den Thälern folgen, bis man oben auf die Wasserscheide kommt, und von dieser sich in andere Thäler wieder hinunter begeben, so kann man, mit Hülfe eines schicklichen Ueberganges über die Bergrücken, vielleicht vermittelst Querthäler, bequem eine Figur einschliefsen, in deren Inneren dann die weniger zugängliche, vielleicht waldige oder felsige Höhe liegt.

96.

Läſst sich die aufzunehmende Figur gar nicht innerhalb übersehen, und der Raum ist nur von auſsen frei, wie z. B. wenn sie einen dicht verwachsenen Wald begrenzte, so verfahre man, wie folgt.

Man stelle den Meſstisch in der ersten Ecke *A* auf (Fig. 91.), nehme auf demselben einen Punct *a*, neben welchem die Figur Raum hat, lege das Diopter-Lineal an *a*, richte es auf *B*, und ziehe *ab*, von unbestimmter Länge, desgleichen richte man das Visir nach irgend einem Puncte *P* auſserhalb der Figur, der so weit entfernt ist, daſs er zugleich aus den beiden folgenden Ecken *B* und *C* gesehen werden kann, und ziehe *ap*, ebenfalls von unbestimmter Länge. Ist kein solcher Punct *P* vorhanden, etwa ein entfernter Thurm oder ein unbelaubter Baum, u. dgl., so muſs man, in hinreichender Entfernung, einen Stab *P* setzen lassen. Nachdem nun die Linie *AB* genau gemessen, und ihre Länge von *a* nach *b* auf dem Meſstisch nach dem Maaſsstabe abgesetzt worden, bringe man den Meſstisch nach *B*, stelle ihn mit *b* über *B*, lege das Diopter-Lineal an *ba*, drehe den Tisch so, daſs *ba* in die Richtung *BA* fällt, visire nach *P*, nach *C* und zugleich nach irgend einem Puncte *Q*, welcher so weit entfernt ist, daſs er auch aus den beiden folgenden Ecken *C* und *D* gesehen werden kann, und ziehe *bp*, *bc* und *bq*, so schneidet *bp* von der schon auf dem Tisch vorhandenen Linie *ap* den Punct *p* ab, welcher den Punct *P* im Felde vorstellt. Hierauf bringe man den Meſstisch nach *C*, lege das Diopter-Lineal an *cb*, und drehe den Tisch so, daſs *cb* in die Richtung *CB* fällt, so werden auch *bp*, *ab* und *ap* auf dem Tisch mit *BP*, *AB* und *AP* auf dem Felde parallel seyn. Legt man also das Diopter-Lineal an *p*, visirt nach *P*, und zieht rückwärts *pc*, so wird diese Linie von der auf dem Tische schon gezeichneten Linie *bc* den Punct *c* abschneiden, welcher den Punct *C* im Felde vorstellt. Visirt man ferner nach *Q* und ziehet *cq*, so wird diese Linie von der schon vorhandenen *bq* den Punct *q* abschneiden, welcher den Punct *Q*, im Felde vorstellt. Man nimmt jetzt einen neuen Punct *R*, welcher zugleich aus *D* und *E* gesehen werden kann, wiederholt die Operation, und fährt so, rund um die Figur, fort. Die Probe erhält man, wenn man auch die Seiten *BC*, *CD* etc., der Krümmen wegen, miſst. Ihre

13*

Länge mufs mit der, durch die Zeichnung schon gefundenen Länge, nach dem Maafsstabe, stimmen.

Kann man Puncte *P, Q, R* etc. finden, welche nicht blofs aus drei, sondern aus mehreren Ecken der auszumessenden Figur zugleich gesehen werden können, so ist es um so besser, und man mufs dann aus allen den Ecken nach den Puncten hinüberschneiden, welche sichtbar sind. Dadurch vermehrt man die Proben und erhöhet die Sicherheit der Messung. Deshalb sind zu den Puncten *P, Q* etc. mäfsig entfernte Thürme besonders geeignet. Allzuweit dürfen sie freilich, wenn man mit dem Mefstisch mifst, nicht entfernt seyn, weil man sonst leicht auf dem Mefstisch nicht Raum genug hat, ihre Stellen zu zeichnen; indessen ist es immer besser, sie etwas entfernt, als zu nahe anzunehmen.

Man könnte auch machen, dafs man den Mefstisch nicht in allen Ecken, sondern nur vielleicht je in der dritten Ecke aufstellen darf. Man müfste nemlich von der ersten gemessenen Linie *AB* aus, statt eines Puncts *P*, deren *drei* vorwärts einschneiden. Darauf könnte man aus diesen drei Puncten die Ecke *C*, in welcher zunächst der Mefstisch aufgestellt würde, durch Rückwärts-Einschneiden finden. Die Seiten *ab* und *cb* würden von *A* und *C* aus gezogen. Aus *A* und *C*, gleichsam über der Grundlinie *AC*, schnitte man wieder drei andere Puncte vorwärts ein, in sofern die vorigen nicht mehr aus *E* sichtbar wären, und fände alsdann die Ecke *E* aus diesen neuen Puncten durch Rückwärts-Einschneiden, u. s. w. Allein die Zunahme der Mühe der Operation würde gröfser seyn, als die Ersparung des Aufstellens des Tisches in den Ecken *B, D* etc.

97.

Man kann freilich, wenn alle Seiten einer Figur gemessen werden, auch ohne Hülfsmittel, wie die obigen, z. B. ohne die aufserhalb angenommenen Puncte *P, Q, R*.... (Fig. 91.) die Figur auf den Mefstisch bringen. Man setzt nemlich den Mefstisch in *A*, visirt nach *B*, zieht *ab*, giebt dieser Linie nach dem Maafsstabe die Länge von *AB*, bringt den Mefstisch nach *B*, stellt ihn mit *b* über *B*, dreht ihn so, dafs *ba* in *BA* fällt, visirt nach *C*, zieht *bc*, giebt dieser Linie nach dem Maafsstabe die Länge von *BC*, u. s. w.

In der That wird öfters wirklich so verfahren, sogar dann, wenn die Figur im Innern übersichtlich ist. Man nennt diese Art zu messen: Perimeter- oder Umfangs-Methode oder Messen aus dem Umfange. Allein sie ist offenbar nicht zu billigen, denn sie hat fast gar keine Proben, und es hängt fast ganz vom Zufall ab, ob man die richtige Figur bekömmt, oder nicht. Die einzige Probe ist, daſs zwei bis drei Stücke (Seiten oder Winkel) mehr gemessen werden, als zur Bestimmung der Figur nöthig sind; denn alle Seiten und *alle* Winkel, wie sie hier zu Papier gebracht werden, sind zwei bis drei Stücke mehr, als die Figur bestimmen (Geometrie §. 96.), so daſs also die Figur, wie man sagt, nicht schlieſst, wenn unrichtig gemessen wurde. Allein die Nothwendigkeit, daſs die Figur nicht schlieſst, wenn man unrichtig maaſs, ist sehr geringe. Die Fehler können sich leicht aufheben, und die Figur kann schlieſsen, obgleich sie unrichtig ist. Oder die Fehler können zum Theil sich aufheben: es kann nur Etwas zum Schluſs fehlen: man geht zurück, man findet einen einzelnen Fehler, der das Fehlende hebt, die Figur schlieſst nun, kann aber dennoch unrichtig seyn, weil noch Fehler übrig blieben, die man nicht entdeckte. Daher ist die sogenannte Perimeter-Methode ohne Probe nicht gut, und sollte nirgend geduldet werden, wo es nicht bloſs auf eine ungefähre Zeichnung, sondern auf das Eigenthum der Landbesitzer ankommt. Beim Feldmessen darf, wie schon oben gesagt, wo es nur irgend möglich ist, kein einziger wichtiger Punct, desgleichen der Eckpunct einer Grenze ist, ohne Probe gemessen werden. Je mehr der Proben sind, desto besser ist es. Mindestens aber muſs der Zusammenhang jedes Puncts mit dem nächsten geprüft seyn, wie es z. B. durch das Verfahren des vorigen Paragraphs geschieht.

98.

Ist der Raum nach auſsen um eine Figur herum nicht frei, wie z. B. wenn A, B, C, D, etc. (Fig. 91.) die Eckpuncte einer Grenze, mitten in einem dicht verwachsenen Walde wären, so daſs erst die geraden Linien AB, BC etc., aus welchen die Grenze bestehet, wenigstens ganz schmal, ausgehauen werden müssen, um nur von einem Puncte zum anderen sehen und messen zu können: dann freilich bleibt nichts übrig, als durch Aufmerksamkeit und sorgfältiges Messen der Linien die Proben zu ersetzen. Aber dennoch darf man, wenn die Fläche irgend von bedeutender Gröfse ist, nicht ganz ohne Proben bleiben. Man mufs nothwendig einige Diagonalen, wie *BE*, *GD* lichten lassen, um sie übersehen und messen zu können. Wege, die etwa durch den Wald gehen, ersetzen diese Diagonalen selten, denn gewöhnlich sind solche Wege schmal und sehr krumm, so dafs man, wenn man ihnen nachmifst, vielleicht noch mehr Stationen nehmen mufs, als im Umfange der Figur selbst. Die Menge der Stationen aber macht eben vorzüglich die Messung unsicher, und daher hilft gewöhnlich das Messen längs solcher Wege wenig oder nichts, wenn es nicht vielleicht deswegen geschehen mufs, um die Wege in die Zeichnung zu bekommen. Man darf solcher Wege wegen die Diagonalen lichten zu lassen, zu messen und zu visiren nicht unterlassen. Nur dann treten Waldwege an ihre Stelle, wenn sie gerade oder sogenannte Gestelle sind. Uebrigens ist das Messen, wenigstens in Hochwäldern, im Winter leichter, wo die Bäume entlaubt sind, weil man dann besser zwischen die Stämme hindurch sehen, und mehr gerade Linien visiren und messen kann, ohne viel wegräumen zu lassen.

99.

Ein ähnliches Verfahren, wie (§. 96.) läfst sich auch gut gebrauchen, wenn ein breiter Flufs gemessen werden soll. Man stelle sich die Grenze *ABC*... *H* (Fig. 91.) nicht in sich wieder zusammenlaufend, sondern längs eines Flusses (Fig. 92.), auf einem Ufer fortgehend vor, so ist leicht zu sehen, wie man durch das in (§. 96.) beschriebene Verfahren mit nur einer, genau gemessenen Linie nicht allein die Gestalt der Linie *ABCD*.... *H*, auf welche weiter das Detail gebaut werden kann, sondern auch die Linie *PQR*.... *U*, auf dem anderen Ufer, bekommt; denn nach (§. 96.) finden sich die Puncte *P*, *Q*, *R*.... *U* durch die Operation selbst. Man braucht also den Mefstisch gar nicht über den Flufs zu transportiren, welches beschwerlich sein würde. Mifst man alsdann noch die Linien *BC*, *CD* etc., desgleichen *PQ*, *RS* etc., so bekömmt man dadurch Proben der Messung. Es ist bei diesem Verfahren selbst nicht unumgänglich nöthig, dafs man gerade von jedem Puncte nach dem nächsten messen könne, sondern man kann auch einzelne Entfernungen übergehen, und andere an deren Stelle nehmen. So z. B., wenn man von Q nach R nicht messen könnte, so mifst man nach einem anderen Puncte Q_1 die Linien QQ_1 und Q_1R und dafür etwa noch PQ_1. Das zusammenhängende Messen der Linien dient immer nur zur Probe. Kann man von den Stationspuncten A, B, C etc. mehrere von den Puncten P, Q, R .... auf dem jenseitigen Ufer zugleich sehen, so mufs man, um die Proben überall, wo es angeht, zu vervielfältigen, dahin visiren, z. B. von C auch noch nach S und T, u. dergl.

100.

Es ist leicht zu sehen, dafs man mit den in den vorigen Paragraphen beschriebenen Verfahren nicht bis in's kleinste Detail zu gehen braucht. Hat eine Flur viel innere Linien, wie z. B. (Fig. 84.): so nimmt man immer nur Polygone von mäfsiger Gröfse, und zwar solche, in deren Umfang die wichtigsten Puncte liegen, z. B. Grenzpuncte zwischen ganzen Feldern, zwischen Wald und Acker, Wiesen und Gärten u. s. w., heraus, und verfährt mit denselben auf eine von den beschriebenen Arten. Das weitere Detail nemlich der Linien, welche wiederum etwa noch im Innern dieser einzelnen Polygone liegen, mifst man blofs mit dem Winkelkreuz und der Kette.

Ueber die ganze Figur hinweg mufs man aber immer noch einige Diagonalen oder Hauptlinien legen, die mit einander Dreiecke einschliefsen, und die der Ausmessung der einzelnen Polygone zur Prüfung dienen; denn das blofse Aneinandersetzen von Polygonen würde nicht zuverläfsig genug seyn.

Mit der Boussole.

101.

Man kann mit der Boussole im Ganzen auf ähnliche Weise messen, wie mit dem Mefstisch, nur mit dem Unterschiede, dafs die Boussole theils durch die Differenz der Neigung zweier Linien gegen die Magnet-Linie den Winkel zwischen diesen Linien in Graden, theils die Lage gerader Linien gegen die feste Magnet-Linie giebt, während man auf dem Meſstisch die Lage der Linien, ohne ihre Neigung gegen einander oder gegen eine feste Linie in Graden zu erfahren, unmittelbar zeichnet.

Es sey *ABCD .... L* (Fig. 89. Taf. 8.) eine ganz oder doch gröſstentheils übersichtliche Flur von mäſsiger Gröſse.

I. Man stelle die Boussole in irgend einem Puncte *M* innerhalb oder auſserhalb der Figur auf, aus welchem man alle Ecken der Figur sehen kann, visire nach denselben, und messe die Abweichungen der Linien *MA*, *MB*, *MC* etc. von der Magnetlinie, desgleichen die Länge dieser Linien, so kennt man von einem jeden der Dreiecke *AMB*, *BMC*, *CMD*, etc. zwei Seiten und den eingeschlossenen Winkel. Die Dreiecke sind also gegeben, und folglich ist die ganze Figur gegeben, und man kann sie aufzeichnen. Miſst man hernach noch die Seiten der Figur *AB*, *BC*, *CD....*, so bekommt man dadurch die Probe der Messung.

II. Man stelle die Boussole nach einander in zwei Puncten *P* und *Q* innerhalb oder auſserhalb der auszumessenden Figur, deren Entfernung von einander genau gemessen wird, und aus welchen man die Ecken der Figur sehen kann, auf, und messe, nächst der Abweichung der Linie *PQ* von der Magnetlinie, z. B. um die Lage der Ecke *A* zu finden, auch die Abweichungen der Linien *PA* und *QA* von der Magnetlinie. Alsdann hat man in dem Dreieck *APQ* die Seite *PQ* und die beiden anliegenden Winkel *APQ* und *AQP*. Das Dreieck ist also gegeben, und man kann folglich die Lage des Puncts *A* gegen *PQ* finden. Die Ecke wird auf diese Weise durch Vorwärts-Einschneiden gefunden. Auf dieselbe Weise findet man die anderen Ecken *B*, *C* etc. und folglich die ganze Figur, und zwar werden, wie man sieht, nicht mehr Linien, als die eine *PQ* gemessen. Miſst man noch die Seiten der Figur, *AB*, *BC*, etc.: so giebt solches die Probe. Um, im Falle die Grundlinie *PQ* im Innern der Figur liegt, allzu spitze oder zu stumpfe Winkel zu vermeiden, ist es besser, daſs man statt einer Grundlinie *PQ*, deren drei, *PQ*, *QR* und *RP*, die ungefähr ein gleichseitiges Dreieck *PQR* einschlieſsen, nimmt und miſst. Alsdann kann man für die verschiedenen Ecken jedesmal diejenige Seite des Dreiecks *PQR* zur Grundlinie nehmen, an welcher die

Winkel der Visirlinien nach den Ecken am wenigsten stumpf oder spitz sind.

Die Puncte *P*, *Q*, *R* können auch, einer, oder zwei, oder alle drei, Ecken der Figur selbst seyn. Das Verfahren ist, wie leicht zu sehen, das nemliche.

III. Sind innerhalb oder aufserhalb der Figur Puncte vorhanden, welche man aus allen Ecken der Figur sehen kann, in welchen sich aber nicht wohl die Boussole aufstellen läfst, wie z. B. Thürme oder hohe Baumstämme u. dergl., so kann man die Figur mit Hülfe des Rükwärts-Einschneidens messen.

a) Lassen sich die Winkel, um welche die geraden Linien zwischen den Richtpuncten von der Magnetlinie abweichen, nicht messen, so sind drei Hauptpuncte nöthig, wie *P*, *Q*, *R*. Man mifst die Länge der Grundlinien *PQ*, *QR* und *RP* entweder unmittelbar oder mittelbar. Sodann sucht man die Lage einer Ecke, z. B. *A*, nach (§. 83. *A*. II.) durch Rückwärts-Einschneiden, und mifst zugleich die Neigung der nächsten Vielecks-Seite *AB* gegen die Magnetlinie. Hierauf stellt man die Boussole in der folgenden Ecke *B* auf, mifst zur Probe die Richtung von *AB* abermals, visirt nach einem der drei Richtpuncte *P*, *Q*, *R*, oder zur Probe besser nach allen dreien, und mifst die Abweichungen der Richtungen nach diesen Puncten von der Magnetlinie. Daraus läfst sich die Lage der Ecke *B* finden, ohne dafs es nöthig wäre, die Seite *AB* zu messen. Denn da die Lage von *A* gegen *P*, *Q*, *R* durch Rückwärts-Einschneiden bekannt ist, so läfst sich z. B. *AR* berechnen. Da nun auch die Richtung von *AR*, eben wie die von *AB* und von *BR* gegen die Magnetlinie gemessen wurde, so sind in dem Dreieck *ABR* die drei Winkel nebst der Seite *AR* bekannt; folglich können die anderen beiden Seiten *AB* und *BR* berechnet werden. Man bringe ferner die Boussole nach der dritten Ecke *C*, und messe die Richtungen der Linien *BC* und *CR*. Die Richtung der ersteren konnte auch schon aus *B* gemessen werden. Dadurch sind wieder in dem Dreieck *BRC* die drei Winkel nebst der Seite *BR* bekannt; also kann auch die Lage der Ecke *C* gefunden werden. So kann man fortfahren, und den Umfang der ganzen Figur finden, ohne dafs es nöthig wäre, die Seiten zu messen, und zwar schon mit Probe, weil die Richtung der Seiten doppelt gemessen wird. Mifst man nun noch die

Seiten, etwa der abweichenden Krümmen wegen, so dienen sie ebenfalls zur Prüfung.

β) Lassen sich die Neigungen der Linien zwischen den Richtpuncten gegen die Magnetlinie messen, welches gewöhnlich der Fall seyn wird, so sind nur zwei Richtpuncte, z. B. *P* und *Q* nöthig (§. 83. *A*. II. *β*.). Denn gesetzt, *PQ* sey der Länge und Lage nach gegeben, so hat man, wenn man in *A* noch die Lage der Linien *AP* und *AQ* gegen die Magnetlinie mifst, von dem Dreieck *APQ* die drei Winkel, nebst der Seite *PQ*, und kann also die Lage des Puncts *A* gegen *P* und *Q* finden. Das Verfahren, die übrigen Ecken der Figur zu finden, ist das nemliche, wie in (*α*.).

Die beiden Richtpuncte *P* und *Q* können, wie leicht zu sehen, auch zwei Ecken der Figur selbst seyn, z. B. *A* und *B*, wenn sie nur aus allen übrigen Ecken sichtbar sind. Man braucht alsdann nur die eine Seite *AB* recht genau zu messen, und verfährt wie vorhin. Die Länge der übrigen Seiten dient schon zur Prüfung.

IV. Wenn man, wie die erste, mehrere Ecken durch Rückwärts-Einschneiden suchen will, so ist es nicht nöthig, die Boussole in allen Ecken der Figur aufzustellen. Es ist hinreichend, wenn man sie in eine um die andere Ecke setzt, denn man kann aus den Stationen sogleich die Richtung der beiden darin zusammenstofsenden Seiten der Figur finden.

α) Es mögen die drei Richtpuncte *P*, *Q*, *R* gegeben seyn, ohne dafs die Richtung der Linien *PQ*, *PR*, *QR* gegen die Magnetlinie bekannt wäre, so setze man die Boussole abwechselnd in eine um die andere Ecke, z. B. in *A*, *C*, *E* etc., suche die Lage dieser Puncte durch Rückwärts-Einschneiden nach (§. 83. *A*. II. *α*.), messe aber zugleich aus *A* die Richtung der Seiten *AB* und *AL*, aus *C* die Richtung der Seiten *CB* und *CD*, aus *E* die Richtung der Seiten *ED* und *EF*, u. s. w.: so findet man die ganze Figur, ohne eine Linie weiter zu messen, als die Grundlinien *PQ*, *QR* und *RP*. Denn die Ecken *B*, *D*, *F* etc. sind die Durchschnittspuncte von *AB*, *CB*, von *ED*, *CD* etc. Mifst man alsdann die Seiten der Figur, so dienen dieselben zur Prüfung.

Die Richtpuncte können natürlich auch eben sowohl, zum Theil oder alle, aneinander liegende oder auch nicht aneinander liegende Eckpuncte der Figur selbst seyn.

β) Das Verfahren ist das nemliche, wenn nur zwei Richtpuncte gegeben sind, und die Richtung der geraden Linie, die sie verbindet, gegen die Magnetlinie bekannt ist. Das Rückwärts-Einschneiden der Eckpuncte, des einen um den anderen, geschieht alsdann nach (§. 83. *A.* II. *β.*).

Auch können die beiden Richtpuncte zwei beliebige Eckpuncte der Figur seyn.

V. Man darf auch nicht immer die nemlichen Richtpuncte nehmen, sondern kann sich dazu der Puncte bedienen, die nach und nach gefunden werden; welches Verfahren dann passend ist, wenn es vielleicht keine Puncte giebt, die aus allen Ecken der Figur zugleich sichtbar sind.

α) Es mögen z. B. die drei Richtpuncte *P*, *Q*, *R* nebst der Länge der Verbindungs-Linien *PQ*, *QR*, *RP* gegeben seyn; die Puncte mögen alle drei, aber nur aus der Ecke *A* sichtbar seyn, so suche man die Lage dieser Ecken durch Rückwärts-Einschneiden, nach (§. 83.), und messe zugleich die Richtung der Seiten *AB* und *AL*. Hierauf stelle man die Boussole in der dritten Ecke *C* auf, aus welcher vielleicht nur noch zwei von den drei Puncten *P*, *Q*, *R*, nebst dem Puncte *A*, sichtbar sind, suche die Lage von *C* durch Rückwärts-Einschneiden, und messe zugleich die Richtung der Seiten *CB* und *CD*. Man stelle ferner die Boussole in der fünften Ecke *E* auf, aus welcher nunmehr nur überhaupt drei von den 6 Puncten *P*, *Q*, *R*, *A*, *B*, *C* sichtbar seyn dürfen, gleich viel, welche, suche die Lage von *E* durch Rückwärts-Einschneiden, und messe zugleich die Richtung der Seiten *ED* und *EF*. So kann man fortfahren, und die ganze Figur finden, ohne die Länge einer Linie weiter zu messen. Die hernach gemessenen Seiten der Figur dienen zur Probe.

β) Das Verfahren ist das nemliche, wenn auch nur zwei Richtpuncte nebst der Neigung ihrer Verbindungslinie gegen die Magnetlinie gegeben sind. Wenn z. B. die beiden Puncte *P* und *R* nur aus *A* sichtbar sind, und die Länge und Richtung von *PR* ist bekannt, so suche man die Lage von *A* nach (§. 83.) durch Rückwärts-Einschneiden, und messe zugleich die Richtung der Seiten *AB* und *AC*. Hierauf stelle man den Compaſs in der dritten Ecke *C* auf, in welcher nur beliebige zwei von den drei Puncten *A*, *P* und *R* sichtbar seyn dürfen, suche die Lage des Puncts *C*, und messe zugleich die Richtung der Seiten *CB* und *CD*. Man stelle ferner den Compaſs in der fünften Ecke *E* auf, in welcher nur noch beliebige zwei von den fünf Puncten, *P*, *R*, *A*, *B* und *C*, sichtbar seyn dürfen, suche die Lage des Puncts *E*, und messe zugleich die Richtung der Seiten *ED* und *EF*. So kann man fortfahren, und die ganze Figur finden, ohne weiter eine Linie zu messen. Die hernach gemessenen Seiten der Figur dienen zur Probe.

VI. Wenn aus den Ecken der Figur nur jedesmal die beiden nächsten Ecken, und aus allen Ecken zugleich nur ein einziger Punct sichtbar sind, so mufs man die Boussole in allen Ecken aufstellen.

Es sey *M* (Fig. 89.) der Punct, welcher aus allen Ecken der Figur *ABC....L* sichtbar ist. Man messe die Länge einer Seite der Figur, z. B. *AB*, und aus *A* und *B* mit der Boussole die Neigung der drei Linien *AB*, *BM* und *AM*, erstere zur Probe doppelt, sowohl in *A* als in *B*, so sind in dem Dreieck *ABM* die drei Winkel, nebst der einen Seite *AB* bekannt. Man kann also die anderen beiden Seiten finden. Nun bringe man den Compafs, nachdem in *B* auch die Richtung der Seite *BC* gemessen worden, nach *C*, und messe die Richtung von *BC* und *MC*: so sind in dem Dreieck *BCM* die drei Winkel nebst der Seite *BM* bekannt. Man kann also *BC* und *CM*, folglich die Lage des Puncts *C* finden. So fährt man fort, und findet der Reihe nach die Lage aller Ecken der Figur *ABC....L*, ohne dafs mehr als die eine Seite *AB* gemessen werden dürfte. Mifst man darauf die übrigen Seiten, so dienen sie zur Prüfung.

Dieses Verfahren ist am häufigsten und am leichtesten ausführbar; denn da der eine Punct *M* liegen kann, wo man will, so nahe oder so entfernt, als man will (in sofern er nur mit dem Gesicht deutlich zu erreichen ist), so wird sich, so lange das Innere der auszumessenden Figur nur übersichtlich ist, meistens ein solcher Punct finden lassen. Ist keiner vorhanden, so darf man nur irgendwo einen hohen Stab setzen, der aus allen Ecken gesehen wird, so findet man immer die Figur, mit vielen Proben, und also sehr sicher.

102.

Wenn die auszumessende Figur nirgend quer über, sondern nur etwa am Rande übersichtlich ist, wie

(Fig. 90. Taf. 10.): so findet man sie aus nicht mehr als einer gemessenen Seite, wie folgt:

α) Man stelle die Boussole der Reihe nach in jeder Ecke auf, und messe die Richtung der Seiten und der, je zwei aneinanderstoſsende Seiten verbindenden Diagonalen. Dieses giebt die Figur, und zwar schon mit Probe, weil die Richtung jeder Linie zweimal gemessen wird. Man stelle zum Beispiel die Boussole erst in *A* und dann in *B* auf, und messe die Richtung der Linien *AB*, *BC* und *AC*, desgleichen *AM* und *BD*: so sind in dem Dreieck *ABC*, nachdem auch noch die Länge der einen Seite *AB* gemessen worden, die drei Winkel, nebst der einen Seite *AB*, bekannt; also kann man *BC* finden. Stellt man daher weiter die Boussole in *C* auf, und miſst nun die Richtung von *CD*, desgleichen von *CD*, *CE* und *CA*, so sind wiederum in dem Dreieck *BCD* die drei Winkel, nebst der Seite *BC* bekannt, und man kann *CD* finden. So kann man fortfahren, und die Lage aller Ecken der Figur finden, und zwar wird, wie leicht zu sehen, die Richtung aller Seiten und Diagonalen zweimal, also mit Probe gemessen. Miſst man darauf die Seiten alle selbst, so dient solches zur ferneren Prüfung.

β) Wenn abwechselnd aus den Ecken der Figur noch die vierte Ecke sichtbar wäre, so dürfte man auch, wenn man will, die Boussole nur in eine um die andere Ecke setzen.

Man setze z. B. die Boussole in *A* (Fig. 90.), und messe die Richtung der Linien *AB*, *AC* und *AM*, desgleichen messe man die Länge von *AB*. Hierauf setze man die Boussole in die dritte Ecke *C*, und messe die Richtung der Diagonal *AC* (zum zweitenmale), ferner die Richtung der Diagonal *CE* und der Seiten *CB* und *CD*, so sind in dem Dreieck *ABC* die Seite *AB* und alle Winkel bekannt, denn es wurde die Neigung aller drei Seiten *AB*, *AC* und *BC* gegen die Magnetlinie gemessen. Folglich kann man die Seite *BC* durch Rechnung finden. Nun setze man die Boussole in die fünfte Ecke *E*, und messe die Richtung der Diagonal *EC* (zum zweitenmale), ferner die Richtung der Diagonalen *EB* und *EG*, und der Seiten *ED* und *EF*, so sind in dem Dreieck *BCE* die Seite *BC* und alle Winkel bekannt, denn es wurde die Neigung aller drei Seiten *BC*, *CE* und *EB* gegen die Magnetlinie gemessen. Man kann also *CE* finden. Dadurch aber ist nun in dem Dreieck

CED die Seite *CE* nebst allen Winkeln bekannt; denn die Richtung von *CD*, *ED* und *CE* wurden gemessen. Also kann man auch *CD* und *DE* finden. Man setze ferner die Boussole in die siebente Ecke *G*, und messe die Richtung von *GE*, *GD*, *GF*, *GI* und *GH*, so findet man in dem Dreieck *GDE* die Seite *GE*, und dann in dem Dreieck *GEF* die Seiten *GF* und *FE*. So kann man fortfahren, und die ganze Figur finden, ohne weiter eine Linie zu messen. Die hernach gemessene Länge der Seiten dient zur Prüfung. Dieses Verfahren ist nichts anderes, als dasjenige (§. 101. V. β.), wenn die beiden Richtpuncte Ecken der Figur sind.

Die Verfahren sind unter denselben Umständen anwendbar, wie dasjenige (§. 95.) mit dem Meſstische.

103.

Läſst sich die aufzunehmende Figur innerhalb gar nicht übersehen, wie (Fig. 91. §. 96.), so muſs man auswärts liegende Puncte zu Hülfe nehmen, und findet die Figur ebenfalls, ohne mehr als eine Seite genau zu messen, und zwar schon mit Probe. Man messe nemlich in den Ecken *A*, *B*, *C* etc. die Richtungen der Linien *AP*, *BP*, *CP*, *BQ*, *CQ*, *DQ* etc: so sind alle Winkel der Dreiecke *ABP*, *CBP*, *BCQ*, *DCQ* etc. bekannt. Miſst man also die eine Seite *AB*, so kann man in dem Dreieck *ABP* die Seite *BP*, also in dem Dreieck *BPC* die Seite *BC*, ferner in dem Dreieck *BCQ* die Seite *CQ*, in dem Dreieck *DCQ* die Seite *CD* finden, u. s. w. Man findet also die Lage aller Ecken, und zwar mit Probe, weil die Richtung der Linien, wie leicht zu sehen, zweimal gemessen wird, und wenn man nun die Seiten noch besonders miſst, so dienen sie ferner zur Prüfung.

Das Verfahren ist unter Umständen anwendbar, wie (§. 96. 99.).

Man könnte auch machen, daſs man die Boussole nur in eine Ecke um die andere setzen darf, wenn man aus den gefundenen Ecken auſserhalb, statt eines einzelnen, zwei Puncte vorwärts einschnitte, und aus diesem wieder die neuen Ecken durch Rückwärts-Einschneiden suchte; auf ähnliche Art, wie beim Meſstisch (§. 96. am Ende). Allein dieses Verfahren würde mehr Mühe machen, als wenn man die Boussole in allen Ecken aufstellte.

104.

Wenn die Figur weder von aufsen, noch von innen übersichtlich ist, so bleibt freilich nichts übrig, als alle ihre Seiten und die Neigungen derselben gegen die Magnetlinie recht genau zu messen, wodurch die Winkel und Seiten der Figur gefunden werden, und folglich die Figur selbst gefunden wird. Indessen darf man alsdann nicht unterlassen, wenn man z. B. einen Wald mifst, wenigstens einige Diagonalen schmal durchhauen zu lassen, um ihre Richtung und Länge, zur Prüfung, zu messen. Krumme Waldwege ersetzen die Stelle solcher Diagonalen nicht (§. 98.).

Bei Zusammensetzung einzelner Polygone ist das Nemliche zu beobachten, wie beim Messen mit dem Mefstisch (§. 100.).

105.

Statt auf eine der oben beschriebenen Arten oder auf ähnliche Art, wodurch das Gemessene zugleich geprüft wird, zu verfahren, pflegen einige Feldmesser nur die Seiten einer Figur und ihre Richtungen gegen die Magnetlinie zu messen. Auch wird wohl die Boussole nicht einmal in allen Ecken, sondern nur in einer um die andere Ecke aufgestellt, und also die Richtung der Seiten der Figur nur einmal gemessen, um die Ersparnifs, dafs man die Boussole nicht in allen Eckpuncten aufstellen darf, zu benutzen. Man begnügt sich bei dieser Umfangs- oder Perimeter-Methode mit dem sogenannten Schliefsen der Figur, als Probe, und höchstens mifst man noch, wenn die Figur im Innern übersichtlich und zugänglich ist, einige Diagonalen. Da aber die Prüfung durch das sogenannte Schliefsen nur ungemein schwach ist (§. 97.): so ist diese Art zu messen, da, wo es auf Eigenthum ankommt, keinesweges zu billigen. Es können die bedeutendsten Fehler unterlaufen, ohne dafs man sie bemerkt. Das Verfahren kann nur gut geheifsen werden, wenn nur eine flüchtige und ungefähre Aufnahme verlangt wird, oder wenn nicht viel daran liegt, ob die Figur im Ganzen genau ihre rechte Gestalt bekomme, oder nicht. In solchen Fällen ist es anwendbar, und hat sogar, wegen Ersparung von Zeit und Mühe, den Vorzug. Ist z. B. ein Weg, eine Chaussée oder ein Flufs aufzumessen, blofs der Situation wegen, so darf man nur darauf oder daran Stationen entlang legen, und mit der Boussole abwechselnd von einer Ecke zur anderen die Richtungen der Seiten des Vielecks gegen die Magnetlinie messen, so bekommt man, wenn man noch an den Stationen hin, durch Coordinaten das Detail aufnimmt, sehr leicht die verlangte Zeichnung. Aber wo es auf Grundeigenthum ankommt, darf man ohne zureichende Proben nicht messen; wie es auch gewöhnlich die Feldmesser-Gesetze gebieten.

Zu bemerken ist, dafs, weil mit der Boussole die Winkel nur wenig genau, nemlich etwa nur bis auf Viertel-Grade gefunden werden, die Fluren, welche auf die obige Weise, selbst mit Probe, gemessen werden, nicht so grofs seyn dürfen, als wenn man ein anderes genaueres und zuverläfsigeres Werkzeug hat. Es läfst sich annehmen, dafs man, zumal wenn das Terrain einigermafsen schwierig, z. B. bergig ist, so dafs man stets auf- und nieder-visiren mufs, nicht leicht mit dem obigen Verfahren, ohne andere weiter unten beschriebene, für gröfsere Fluren nöthige Sicherungs-Mittel, über 200 bis 300 Morgen gehen dürfe.

106.

Hier ist noch folgende, auf die Boussole sich beziehende, aber den Mefstisch betreffende Bemerkung nachzuholen.

Bei jedem neuen Aufstellen des Mefstisches mufs nemlich offenbar der Tisch so gedrehet werden, dafs die auf demselben schon gezeichneten Linien mit den Linien im Felde, welche sie vorstellen, parallel laufen, weil sonst die Fortsetzung der Figur derjenigen im Felde nicht ähnlich werden würde. Also müssen die Seitenflächen des Tisches, in jedem neuen Standpuncte, in eine Richtung gebracht werden, welche parallel ist mit derjenigen, die sie in dem vorigen hatten, folglich immer nach einer und derselben Weltgegend zeigen. Und weil man den Mefstisch gleich beim ersten Aufstellen gewöhnlich so stellt, dafs seine Seiten rechts und links die Richtung von Mittag nach Mitternacht, und die Seiten oben und unten die Richtung von Morgen nach Abend haben, damit in der Zeichnung Mitternacht gerade oben, Mittag unten, Abend links, Morgen rechts ist, so müssen die Seitenflächen des Tisches überall

diese

diese Richtung haben, wodurch sie dann von selbst, in den verschiedenen Stationen, nebst allen Linien, die auf dem Tisch gezeichnet sind, mit einander parallel laufen werden. Man nennt diese Operation beim Aufstellen des Tisches: den Meſstisch orientiren (§. 52. VI.).

Dieses Orientiren des Meſstisches geschieht nun, wie man in allen obigen Beispielen vom Gebrauche des Meſstisches bemerkt haben wird, gewöhnlich dadurch, daſs man den Meſstisch beim neuen Aufstellen in irgend eine gerade Linie auf dem Felde setzt, die auf dem Meſstisch schon, obgleich vielleicht noch von unbestimmter Länge, gezeichnet ist, das Diopter-Lineal an die auf dem Tisch gezeichnete, die Linie im Felde vorstellende Linie legt, und den Tisch so drehet, daſs die Gesichtslinie des Diopters in die Vertical-Ebene der nemlichen Linie auf dem Felde fällt. Dadurch kommen alle auf dem Tisch schon gezeichnete Linien mit denen auf dem Felde, welche sie vorstellen, in eine parallele Lage, und der Tisch bekommt dieselbe Richtung, die er in allen anderen Stationen hatte, nemlich mit den Seiten rechts und links von Mitternacht nach Mittag. Es sey z. B. *BACD....L* (Fig. 93. Taf. 10.) irgend eine Figur im Felde, die auf dem Meſstisch schon gezeichnet ist, das heiſst, von welcher man im Kleinen schon eine ähnliche Figur *bacd....l* auf dem Tisch hat, und *LX* sey eine gerade Linie, in welcher die Figur fortgesetzt werden soll, und deren Richtung, etwa von *L* aus, oder von anderen Puncten auf dem Tisch, ebenfalls schon gezeichnet ist, so stelle man den Meſstisch in irgend einem beliebigen Punct *X* der Linie *LX* auf, wenn auch selbst dieser Punct auf dem Tisch noch nicht gezeichnet, das heiſst, wenn auch die Länge der Linie *LX* noch nicht gemessen wären, lege das Diopter-Lineal an die Linie *xl* auf dem Tisch, und drehe den Tisch, bis die Visirlinie des Diopters den Punct *L* auf dem Felde trifft, folglich in die verticale Ebene der geraden Linie *XL* auf dem Felde fällt, so ist offenbar *xl* auf dem Tisch mit *XL* anf dem Felde parallel, und da *lx* mit *lh, hk,* .... *ba* .... *cd,* u. s. w., überhaupt mit allen übrigen Linien auf dem Tisch eben dieselben Winkel macht, wie *XL* mit den gleichnamigen Linien auf dem Felde, so liegen auch nunmehr alle übrigen Linien auf dem Tisch mit den gleichnamigen im Felde parallel, und der Tisch hat in

X dieselbe Richtung von Mitternacht nach Mittag bekommen, die er in allen anderen Standpuncten hatte. Der Punct *x*, welcher in der Linie *xl* auf dem Tische den Punct *X* im Felde vorstellt, kann nunmehr entweder unmittelbar durch Ausmessung der Länge der Linie *XL*, oder mittelbar, durch Schneiden nach der Seite hin, und dergleichen, gefunden, und die Figur weiter fortgesetzt werden. Kann man aber den Mefstisch nicht in irgend eine Linie setzen, die auf dem Tisch schon gezeichnet ist, so mufs man ihn nach der Lage von wenigstens drei, auf dem Tisch schon gezeichneten Puncten durch Rückwärts-Einschneiden nach (§. 83.) orientiren.

Mit Hülfe der Boussole kann man nun den Mefstisch, und zwar in allen Fällen auf dieselbe Weise, noch auf eine andere Art orientiren. Da nemlich die Seiten des Mefstisches immer die nemliche Richtung von Mitternacht nach Mittag haben müssen, und die Magnetnadel ebenfalls immer den nemlichen Winkel mit der Mittagslinie macht (wenigstens kommen die Abweichungen (§. 49.) beim gewöhnlichen Feldmessen nicht in Betracht), so darf man den Seiten des Mefstisches nur immer die nemliche Richtung gegen die Magnetlinie geben. Dadurch wird der Tisch ebenfalls überall orientirt, ohne erst nach den darauf schon gezeichneten Linien und denen im Felde, welche sie vorstellen, sehen zu dürfen. Die ganze Figur auf dem Tisch kommt dadurch von selbst mit der Figur auf dem Felde in eine parallele Lage. Man verbindet deshalb mit dem Mefstisch allemal eine Boussole, welche Orientir-Boussole heifst (§. 52. VI.), und welche so daran befestiget werden kann, dafs die Magnetnadel gerade nach dem magnetischen Norden zeigt, wenn die Seiten des Mefstisches die Richtung der Mittagslinie haben, oder auch so, dafs in diesem Falle die Magnetnadel die Abweichung der Magnetlinie von der Mittagslinie zeigt.

Wenn man den Mefstisch, um die Zeichnung auf demselben fortzusetzen, wie in dem obigen ersten Falle, in einer schon auf dem Tisch gezeichneten geraden Linie aufstellen kann, so ist die Mühe ziemlich gleich, ob man die Magnetnadel löset, und den Tisch drehet, bis die Magnetnadel, nachdem sie zur Ruhe gekommen, entweder gerade nach Norden steht, oder den Abweichungswinkel der Magnetlinie zeigt, oder ob man nach der obigen Beschreibung das Diopter-Lineal an die auf dem Tisch gezeichnete Linie, in welcher man sich befindet, legt, nach dem nächsten in derselben befindlichen, schon auf dem Tisch gezeichneten Punct zurückvisirt, und den Tisch drehet, bis die Visirlinie den Punct trifft. Kann man hingegen den Tisch, wie in dem zweiten Falle, nicht in einer schon auf dem Tisch gezeichneten Linie aufstellen, so ist es offenbar leichter, den Tisch durch die Boussole zu orientiren, als durch Rückwärts-Einschneiden, denn die Operation des Rückwärts-Einschneidens ist allerdings nicht allein etwas mühsam (§. 83.), sondern wer nicht schon eine gute Uebung darin besitzt, mufs sehr aufmerksam sein, dafs er nicht die Richtung von Linien verwechselt, und den Tisch nicht in eine ganz unrechte Lage bringt. Und da es, wie schon aus den obigen Beispielen (§. 94. bis 100.) zu sehen, sehr häufig geschieht, dafs der Tisch nicht gerade in einer schon auf dem Tisch gezogenen Linie aufgestellt wird, weil es entweder nicht angeht, oder weil es leichter ist, wenn man einen neuen, noch nicht mit der Figur verbundenen Standpunct nimmt, so gewährt die Boussole, wenn man sich ihrer Hülfe bedienen will, beim Orientiren des Mefstisches allerdings eine sehr bedeutende Erleichterung.

Da indessen mit dem Compafs die Richtung einer Linie nur ziemlich ungefähr, nemlich nur etwa bis auf Viertel-Grade, und noch obenein unzuverläfsig gemessen wird (§. 49.), so dafs das blofse Visiren, wenn der Maafsstab nicht zu klein ist, mehr Genauigkeit und in jedem Falle mehr Zuverläfsigkeit gewährt, so ist es keinesweges rathsam, sich beim Orientiren des Mefstisches in irgend einem Falle auf die Boussole allein zu verlassen, und ihre Hülfe dem Orientiren durch Visiren unbedingt vorzuziehen. Nur wo es auf keine Genauigkeit und grofse Zuverläfsigkeit ankommt, wie bei flüchtigen Aufnahmen und den sogenannten blofsen Situations-Zeichnungen, mag es geschehen.

Die Boussole leistet indessen beim Mefstisch dennoch immer sehr gute Dienste, und ist ihm wesentlich nothwendig. Denn da man, wie vorhin bemerkt, besonders beim Rückwärts-Einschneiden, und hier gerade am meisten mit dem Mefstisch, leicht die Richtung von Linien verwechseln, und also sogar bedeutende Fehler machen kann, deren man nicht sogleich gewahr wird, so dient sie zu einer sehr guten und leichten

Probe, ob die Lage des Tisches im Ganzen richtig ist. Man mufs daher den Mefstisch durch Visiren orientiren, mit der Boussole aber, nachdem er orientirt ist, seine Richtung prüfen, besonders beim Rückwärts-Einschneiden.

Mit dem Astrolabio.

107.

Auch mit dem Astrolabio kann man im Ganzen wie mit dem Mefstisch messen, nur mit dem Unterschiede, dafs man die Winkel nicht unmittelbar zu Papier, sondern in Graden, Minuten etc. bekömmt.

Es sey *ABCD*.... (Fig. 89.) eine ganz, oder doch gröfstentheils, übersichtliche Figur, die gemessen werden soll.

I. Man stelle das Astrolabium in irgend einem Punct *M*, innerhalb oder aufserhalb der Figur auf, aus welchem man alle Ecken der Figur sehen und zu ihnen gelangen kann, visire aus *M* nach allen Ecken *A*, *B*, *C* etc., messe die Winkel *AMB*, *BMC*, *CMD* etc. mit dem Astrolabio, und die Länge der Linien *AM*, *BM*, *CM* etc. mit der Kette oder mit Stäben, so sind alsdann in den Dreiecken *AMB*, *BMC*, *CMD* etc. jedesmal zwei Seiten und der eingeschlossene Winkel bekannt, und man kann das Dreieck, und folglich die ganze Figur zeichnen. Mifst man noch die Seiten der Figur, *AB*, *BC*, *CD* etc.: so dienen sie zur Probe.

Diese Methode ist wegen der vielen Linien-Messung sehr beschwerlich und nur selten anwendbar.

II. *α*) Wenn es innerhalb oder aufserhalb der Figur zwei oder mehrere Puncte *P*, *Q*, *R* giebt, aus welchen alle Ecken der Figur sichtbar sind, so kann man die Figur durch Vorwärts-Einschneiden finden, ohne dafs es nöthig wäre, nach den Ecken hin zu messen. Man stelle nemlich das Astrolabium z. B. erst in *P* auf, messe die Winkel *APQ*, *BPQ*, *CPQ* etc., dann in *Q*, und messe die Winkel *AQP*, *BQP*, *CQP* etc., desgleichen messe man die Länge der Grundlinie *PQ*, so sind in den Dreiecken *APQ*, *BPQ*, *CPQ* etc., jedesmal zwei Winkel nebst der dazwischen liegenden Seite bekannt, und man kann also die anderen Seiten ausrechnen, folglich die Lage der Puncte *A*, *B*, *C* etc. finden. Mifst man noch, etwa der abweichenden Krümmen der

Grenzen wegen, die Seiten *AB*, *BC*, *CD* etc.: so dienen sie zur Prüfung. Um zu spitze oder zu stumpfe Winkel, wie *FPQ*, *FQP*, zu vermeiden, welche, im Fall die Puncte *P*, *Q* im Innern der Figur liegen, vorkommen können, ist es gut, daſs man statt zweier Standpuncte *P*, *Q*, deren drei, *P*, *Q*, *R*, nimmt, welche ungefähr in den Ecken eines gleichseitigen Dreiecks liegen. Alsdann schneidet man jedesmal aus den Ecken dieses Dreiecks nur diejenigen Ecken der Figur, welche mit den Dreiecksseiten nicht zu spitze oder zu stumpfe Winkel machen. Da man aber eigentlich alle Ecken aus den drei Puncten *P*, *Q*, *R* schneiden kann, so wird jeder Eckpunct der Figur dreimal geschnitten, und folglich die Figur *ABCD*...., selbst ohne daſs man ihre Seiten *AB*, *BC*, *CD*.... miſst, mit Probe gemessen. Miſst man die Seiten der Figur ebenfalls noch, so bekommt man eine neue Probe.

β) Die Standpuncte *P*, *Q*, *R* können auch in den Ecken der Figur liegen. Alsdann sind um so viel weniger Ecken der Figur vorwärts einzuschneiden nöthig.

Dieses Messen durch Vorwärts-Einschneiden ist bei einer übersichtlichen Figur gut anwendbar, und weil es wenig Linien-Messung erfordert, auch bequem.

Eine Probe dieses Messens liegt auch noch, wenn die Standpuncte *P*, *Q*, *R* im Innern der Figur sich befinden, und also die Winkel rund um die Standpuncte gemessen werden, darin, daſs die gemessenen Winkel rund um jeden Standpunct zusammen immer gerade vier Rechte ausmachen müssen.

III. Wenn innerhalb oder auſserhalb der Figur Puncte vorhanden sind, die zwar aus allen Ecken der Figur gesehen werden können, in welchen sich aber das Astrolabium nicht gut aufstellen läſst, wie Thürme, unbelaubte hohe Bäume u. dgl.: so lassen sich die Ecken der Figur mit Hülfe des Rückwärts-Einschneidens finden; jedoch ist es nicht nöthig, alle Ecken einzeln auf diese Weise zu suchen, sondern man darf nur eine Ecke gegen drei Puncte schneiden. Auch dürfen selbst nur aus dieser einen Ecke die drei Richtpuncte alle zugleich sichtbar seyn. Es ist hinreichend, wenn aus den anderen Ecken nur einer von den drei Richtpuncten gesehen werden kann.

α) Es mögen *P*, *Q*, *R* (Fig. 89.) drei Puncte seyn, die aus den Ecken der Figur *A*, *B*, *C*, *D* .... gesehen werden können, so messe man *PQ*, *QR* und *RP*, und suche die Lage irgend einer Ecke, z. B. *A*, nach (§. 83.) durch Rückwärts-Einschneiden. Hieraus kann man die Entfernungen *AP*, *AQ*, *AR* finden. Nachdem noch die Winkel, welche die in *A* zusammenstoſsenden Seiten der Figur, *AL* und *AB*, mit den Visirlinien *AP*, *AQ*, *AR* machen, gemessen worden, bringe man das Astrolabium nach der folgenden Ecke *B*, visire z. B. nach *P*, und messe den Winkel∠*ABP*, so kennt man in dem Dreieck *ABP* die Seite *AP* nebst den beiden Winkeln *PAB* und *PBA*, und kann folglich die Seiten *AB* und *BP* finden. Die Lage der Ecke *B* wird also schon gefunden, wenn aus *B* auch nur einer von den drei Puncten *P*, *Q*, *R* sichtbar ist. Sind alle drei Puncte *P*, *Q*, *R* sichtbar, so muſs man nach allen dreien visiren, und die Winkel messen, welche die Gesichtslinien mit der Seite *AB* machen. Daraus läſst sich die Lage des Puncts *B* auf dreifache Art, und folglich mit Probe berechnen. Nachdem noch die Winkel, welche die Seite *BC* mit der Linie *BP*, oder mit den drei Linien *BP*, *BQ*, *BR* macht, gemessen worden, bringt man das Astrolabium nach der nächsten Ecke *C*, und verfährt wie in der Ecke *B*. So findet man auch die Lage der Ecke *C*; und so der Reihe nach die Lage aller übrigen Ecken.

β) Wenn einer von den drei Puncten *P*, *Q*, *R* in einer Ecke der Figur, z. B. *R* in *A* liegt, so daſs man also *AP* und *AQ* wie *PQ* selbst messen kann, so kommt es darauf an, ob sich das Astrolabium in *A* aufstellen läſst, oder nicht. Läſst es sich nicht in *A* aufstellen, so sucht man die nächste Ecke *B* durch Rückwärts-Einschneiden gegen *A*, *P*, *Q*, und die übrigen Ecken wie in (*α*.). Läſst es sich in *A* aufstellen, so ist das Rückwärts-Einschneiden nicht nöthig, sondern man miſst in *A*, um z. *B*. die Ecke *B* zu finden, bloſs einen der beiden Winkel *BAP* und *BAQ*, oder besser beide, bringt das Astrolabium nach *B*, und miſst einen der beiden Winkel *ABP* und *ABQ*, oder beide. Alsdann sind in den Dreiecken *ABP* und *ABQ* eine Seite *AP* oder *AQ*, und die beiden Winkel an der Seite *AB* bekannt. Man kann also die anderen beiden Seiten des Dreiecks, und folglich die Lage des Puncts *B* auf zweifache Weise, oder mit Probe finden. Die Lage der übrigen Ecken findet man wie in (*α*.).

γ) Wenn zwei von den drei Puncten *P*, *Q*, *R* in Ecken der Figur liegen, z. B. *R* und *Q* in *A* und *B*, so daſs man also *AB*, *AP* und *BP* messen kann, so kommt es darauf an, ob sich das Astrolabium in *A* oder *B* aufstellen läſst oder nicht. Läſst es sich in diesen Puncten nicht aufstellen, so sucht man die nächste Ecke *C* durch Rückwärts-Einschneiden gegen *A*, *B* und *P*, und die übrigen Ecken wie in (α.). Läſst es sich z. B. in *B* aufstellen, so ist das Rückwärts-Einschneiden nicht nöthig, sondern man miſst in *B*, um z. B. die Ecke *C* zu finden, bloſs den Winkel *CBP*. Hierauf bringt man das Astrolabium nach *C*, und miſst den Winkel *BCP*, so sind in dem Dreiecke *BCP* die beiden Winkel bei *B* und *C* nebst der Seite *BP* gegeben, und man kann also die übrigen Seiten, folglich die Lage der Ecke *C* finden. Die Lage der anderen Ecken findet man wie in (α.).

δ) Liegen endlich alle drei Puncte *P*, *Q*, *R* in Ecken der Figur, z. B. in *A*, *B*, *C*, so daſs man *AB*, *BC* und *CA* messen kann, so findet man die nächste Ecke, z. B. *D*, im Fall sich das Astrolabium in keinem der drei Puncte *A*, *B*, *C* aufstellen läſst, durch Rückwärts-Einschneiden, und die übrigen Ecken wie in (α.). Läſst sich das Astrolabium in *A*, *B* oder *C*, z. B. in *C* aufstellen, so ist das Rückwärts-Einschneiden nicht nöthig und man miſst in *C* bloſs den Winkel *BCD*, bringt das Astrolabium nach *D*, und miſst den Winkel *CDB*: so sind in dem Dreieck *BCD* die Winkel bei *C* und *D*, nebst der Seite *BC*, bekannt, und man kann also die Lage des Puncts *D* finden. Die Lage der übrigen Ecken findet man wie in (α.).

Ueberall ist es hinreichend, wenn aus den folgenden Ecken der Figur nur einer von den drei Richtpuncten sichtbar ist. Sind sie alle drei sichtbar, so muſs man zur Probe nach allen dreien visiren. Es ist auch nicht nöthig, daſs diejenigen Richtpuncte, welche in Ecken der Figur liegen, nur durch eine Seite getrennt sind. Sie können, wie leicht zu sehen, auch weiter von einander getrennte Ecken der Figur seyn. Wenn die Seiten der Figur gemessen werden, so dienen sie zur ferneren Probe.

Diese Verfahren können, wenn es z. B. schwierig ist, die Seiten der Figur zu messen, nützen, weil nur wenige Linien gemessen werden dürfen.

IV. Will man sich des Rückwärts-Einschneidens öfter als einmal bedienen, oder das Vorwärts Einschneiden damit verbinden, so ist es auch nicht nöthig, daſs man, wie bisher angenommen, das Astrolabium in allen

Ecken der Figur aufstelle. Es lassen sich dadurch beim Aufstellen des Instruments noch ähnliche Abkürzungen der Operation anbringen, wie beim Meſstisch (§. 94. IV.). Die dortige Beschreibung der Abkürzung ist auf den gegenwärtigen Fall leicht anzuwenden, und es wird nicht nöthig seyn, die Anwendung besonders auseinander zusetzen. Durch die äuſserste Abkürzung kann man bloſs aus zwei Standpuncten und durch einmaliges Rückwärts-Einschneiden die ganze Figur, in sofern sie übersichtlich ist, aufnehmen, ohne von einem Standpunct nach dem andern messen zu dürfen.

Es mögen z. B. die drei Puncte *P*, *Q*, *R* aus der Ecke *A*, aus den beiden Ecken *A* und *F* aber mögen alle übrigen Ecken der Figur sichtbar seyn; so stelle man das Astrolabium in *A* auf, suche die Lage der Ecke *A* gegen *P*, *Q*, *R* durch Rückwärts-Einschneiden, und messe zugleich in *A* die Winkel, welche die Linien *AB*, *AC*, *AD* . . . . *AF*, *AG* . . . . etc. mit den Linien *AP*, *AQ* und *AR* machen. Hierauf bringe man das Astrolabium nach *F*, und messe die Winkel, welche die Linien *FB*, *FC*, *FD* etc. mit der Linie *FA* machen, auch, wenn etwa noch *P*, *Q* und *R* aus *F* sichtbar sind, die Winkel, welche *FB*, *FC*, *FD* . . . . mit *FP*, *FQ* und *FR* machen, so kann man daraus die Lage aller Ecken der Figur finden, und zwar schon mit Probe. Denn da durch das Rückwärts-Einschneiden des Puncts *A* die Lage der Linien *AP*, *AQ*, *AR* gefunden ward, und z. B. die Winkel *PAF* und *FAP* gemessen wurden, so sind in dem Dreieck *FAP* die beiden Winkel in *F* und *P* nebst der Seite *AP* bekannt. Man kann also die beiden übrigen Seiten des Dreiecks, und folglich die Lage des Puncts *F* finden, und zwar, wenn die drei Puncte *P*, *Q*, *R* auch aus *F* sichtbar sind, auf dreifache Art, und folglich mit Probe. Die Linie *AF* ist also nunmehr bekannt, und die Lage der übrigen Ecken der Figur wird durch die an *AF* gemessenen Winkel über dieser Linie als Grundlinie, durch Vorwärts-Einschneiden, und zwar ebenfalls mit Probe gefunden.

Lägen die drei Richtpuncte *P*, *Q*, *R* in Ecken der Figur, z. B. in *A*, *B*, *C*, so braucht man auf diese Weise das Instrument nur in zwei der übrigen Ecken, z. B. *K* und *E*, nicht in *A*, *B*, *C* aufstellen zu können, und findet, ohne daſs man auch von *K* nach *E* messen kann, bloſs aus den drei Linien, *AB*, *BC*, *CA* und aus den in *K* und *E* nach *A*, *B* und *C* gemessenen Winkeln alle

Ecken der Figur mit Probe. Mifst man noch die Seiten der Figur, so dienen sie überall zur abermaligen Probe.

108.

Die auszumessende Figur sey nicht quer über, sondern nur am Rande übersehbar.

α) Man könne z. B. in (Fig. 90. Taf. 10.) nur aus jeder Ecke nach der nächsten und darauf folgenden sehen, z. B. von A nach B und C, von B nach C und D etc.: so messe man eine Seite der Figur, z. B. AB, und in A und B die beiden, an der Diagonal liegenden Winkel BAC und BCA. Daraus findet sich BC in dem Dreieck ABC. Ferner messe man in B und D die Winkel DBC und BDC, so sind in dem Dreieck BCD die Seite BC nebst zwei Winkeln bekannt, und man kann folglich CD finden. Man messe in C und E die Winkel DCE und DEC, so sind in dem Dreieck CDE die Seite CD nebst zwei Winkeln bekannt, und man kann DE finden. So fährt man fort, und findet der Reihe nach die Seiten der Figur und die Lage der Ecken. Mifst man noch die Seiten der Figur, so dienen sie zur Prüfung.

Aber auch schon die gemessenen Winkel allein, ohne erst nach einander die Seiten zu berechnen und hernach zu messen, prüfen einander. Man bezeichne nemlich die Seiten der Figur, von AB anfangend, der Reihe nach durch c_1, c_2, c_3 etc., und die an den Diagonalen liegenden Winkel durch α_1, β_1; α_2, β_2; α_3, β_3, etc.: so ist, wenn die Figur n Seiten hat,

$$\frac{c_1}{c_2}=\frac{\sin\beta_1}{\sin\alpha_1},\quad \frac{c_2}{c_3}=\frac{\sin\beta_2}{\sin\alpha_2},\quad \frac{c_3}{c_4}=\frac{\sin\beta_3}{\sin\alpha_3}\;\ldots\ldots$$

$$\ldots\ldots\;\frac{c_{n-1}}{c_n}=\frac{\sin\beta_{n-1}}{\sin\alpha_{n-1}},\quad \frac{c_n}{c_1}=\frac{\sin\beta_n}{\sin\alpha_n}.$$

Multiplicirt man alle diese Gleichungen mit einander, so findet man

$$1=\frac{\sin\beta_1\,.\,\sin\beta_2\,.\,\sin\beta_3\ldots\ldots\sin\beta_n}{\sin\alpha_1\,.\,\sin\alpha_2\,.\,\sin\alpha_3\ldots\ldots\sin\alpha_n},\ \text{oder}$$

$$1.\quad \sin\alpha_1\,.\,\sin\alpha_2\,.\,\sin\alpha_3\ldots\ldots\sin\alpha_n = \sin\beta_1\,.\,\sin\beta_2\,.\,\sin\beta_3\ldots\ldots\sin\beta_n.$$

Diese Gleichung müssen die gemessenen Winkel erfüllen, und die Probe ist danach mit Logarithmen leicht zu rechnen.

β) Wenn aus jeder Ecke die nächste und noch die beiden folgenden sichtbar sind, so braucht man das Astrolabium nicht in alle Ecken der Figur, sondern nur in eine Ecke um die andere zu stellen.

Man messe die Seite $AB = c_1$, stelle das Instrument der Reihe nach in A, in C, in E, in G etc. auf, und messe
in A die Winkel $BAC = \alpha_1$, nebst den Winkeln MAB u. MAC,
in C die Winkel $BCA = \beta_1$, $BCD = \gamma_2$ und $DCE = \alpha_3$,
in E die Winkel $BEC = \delta_2$, $DEC = \beta_3$, $DEF = \gamma_4$ u. $GEF = \alpha_5$,
in G die Winkel $DGE = \delta_4$, $FGE = \beta_5$, $FGH = \gamma_6$ u. $IGH = \alpha_7$,
u. s. w.,

so sind in dem Dreieck ABC die Seite AB nebst den beiden Winkeln α_1 und β_1 bekannt, und man findet BC. Darauf sind in dem Dreieck BCE die Seite BC nebst den beiden Winkeln $BCE = \gamma_2 + \alpha_3$ und $BEC = \delta_2$ bekannt, und man findet CE, und nunmehr in dem Dreieck DCE aus der Seite CE und den beiden Winkeln $DCE = \alpha_3$ und $DEC = \beta_3$ die Seiten DC und DE. So findet man der Reihe nach die Seiten der Figur und die Lage ihrer Ecken.

Es ist

$$\frac{c_2}{c_1} = \frac{\sin \alpha_1}{\sin \beta_1},$$

$$\frac{CE}{c_2} = \frac{\sin(\delta_2 + \gamma_2 + \alpha_3)}{\sin \delta_2} \text{ und } \frac{c_4}{CE} = \frac{\sin \alpha_3}{\sin \beta_3},$$

$$\frac{EG}{c_4} = \frac{\sin(\delta_4 + \gamma_4 + \alpha_5)}{\sin \delta_4} \text{ und } \frac{c_6}{EG} = \frac{\sin \alpha_5}{\sin \beta_5} \text{ etc.},$$

oder, wenn man die Gleichungen paarweise multiplicirt:

$$\frac{c_4}{c_2} = \frac{\sin \alpha_3 . \sin(\alpha_3 + \gamma_2 + \delta_2)}{\sin \beta_3 \sin \delta_2},$$

$$\frac{c_6}{c_4} = \frac{\sin \alpha_5 . \sin(\alpha_5 + \gamma_4 + \delta_4)}{\sin \beta_5 \sin \delta_4}$$

u. s. w.

Hat die Figur eine **ungerade** Zahl von Seiten, so multiplicire man **alle** diese Gleichungen in einander. Dieses giebt, wenn die Zahl der Seiten $2n + 1$ ist, wie leicht zu sehen,

$$2. \quad \sin \alpha_1 \sin \alpha_3 \sin \alpha_5 \ldots \sin \alpha_{2n+1} \sin(\alpha_3 + \gamma_2 + \delta_2) \sin(\alpha_5 + \gamma_4 + \delta_4) \ldots$$
$$\ldots \sin(\alpha_{2n+1} + \gamma_{2n} + \delta_{2n})$$
$$= \sin \beta_1 \sin \beta_3 \sin \beta_5 \ldots \sin \beta_{2n+1} \sin \delta_2 \sin \delta_4 \ldots \sin \delta_{2n}.$$

Ist die Zahl der Seiten der Figur **gerade**, so multiplicire man die Gleichungen, mit Ausschluſs der ersten, mit einander. Dieses giebt, wenn die Zahl der Seiten $2n$ ist,

3. $\sin\alpha_3 \sin\alpha_5 \ldots \sin\alpha_{2n-1} \sin(\alpha_3+\gamma_2+\delta_2) \sin(\alpha_5+\gamma_4+\delta_4) \ldots$
$\ldots \sin(\alpha_{2n}+\gamma_{2n-1}+\delta_{2n-1})$
$= \sin\beta_3 \sin\beta_5 \ldots \sin\beta_{2n-1} \sin\delta_2 \sin\delta_4 \ldots \sin\delta_{2n-2}$.

Vermittelst dieser Gleichungen kann man wieder die gemessenen Winkel durch eine leichte Rechnung mit Logarithmen prüfen.

Die in diesem Paragraph beschriebenen Verfahren finden in den nemlichen Fällen Anwendung, wie die ähnlichen (§. 95.) mit dem Meſstisch.

109.

α) Wenn man gar nicht über das Innere einer auszumessenden Figur hinwegsehen kann, wie z. B., wenn sie einen dichten Wald einschlöſse, so muſs man, um ihren Umfang zu finden, äuſsere Puncte P, Q, R etc. zu Hülfe nehmen, wie (Fig. 91.). Man messe eine Seite der Figur, z. B. $AB = c_1$, stelle das Astrolabium nach und nach in allen Ecken A, B, C, D etc. auf, und messe die Winkel α_1, β_1, γ_1, δ_1; α_2, β_2, γ_2, δ_2 etc.: so kann man daraus alle Seiten der Figur und ihre Lage, und zwar mit Probe, finden. Denn in dem Dreieck APB findet man aus der gemessenen Seite c_1 und den beiden gemessenen Winkeln α_1 und β_1 die Seite BP, und aus dieser nnd den beiden gemessenen Winkeln γ_2 und δ_2 in dem Dreieck BPC die Seite BC. Hierauf findet man auf dieselbe Weise in der Figur $BQCD$ erst die Linie CQ und dann die Seite CD, und so immer weiter, rund um die Figur $ABCD$ .... Es ist

$$\frac{c_1}{BP} = \frac{\sin(\alpha_1+\beta_1)}{\sin\alpha_1} \text{ und } \frac{BP}{c_2} = \frac{\sin\delta_2}{\sin(\gamma_2+\delta_2)},$$
$$\frac{c_2}{CQ} = \frac{\sin(\alpha_2+\beta_2)}{\sin\alpha_2} \text{ und } \frac{CQ}{c_3} = \frac{\sin\delta_3}{\sin(\gamma_3+\delta_3)},$$
$$\frac{c_3}{DR} = \frac{\sin(\alpha_3+\beta_3)}{\sin\alpha_3} \text{ und } \frac{DR}{c_4} = \frac{\sin\delta_4}{\sin(\gamma_4+\delta_4)},$$

. . . .

Multiplicirt man diese Gleichungen paarweise mit einander, so findet man

$$\frac{c_1}{c_2} = \frac{\sin(\alpha_1 + \beta_1)\sin\delta_1}{\sin(\gamma_2 + \delta_2)\sin\alpha_2},$$

$$\frac{c_2}{c_3} = \frac{\sin(\alpha_2 + \beta_2)\sin\delta_2}{\sin(\gamma_3 + \delta_3)\sin\alpha_3},$$

. . . .

$$\frac{c_{n-1}}{c_n} = \frac{\sin\alpha_{n-1} + \beta_{n-1})\sin\delta_{n-1}}{\sin(\gamma_n + \delta_n)\sin\alpha_n},$$

$$\frac{c_n}{c} = \frac{\sin(\alpha_n + \beta_n)\sin\delta_n}{\sin(\gamma_1 + \delta_1)\sin\alpha_1},$$

und wenn man alle diese Gleichungen mit einander multiplicirt,

$$\sin(\alpha_1+\beta_1)\sin(\alpha_2+\beta_2)\ldots\sin(\alpha_n+\beta_n)\sin\delta_1\sin\delta_2\ldots\sin\delta_n$$
$$=\sin(\gamma_1+\delta_1)\sin(\gamma_2+\delta_2)\ldots\sin(\gamma_n+\delta_n)\sin\alpha_1\sin\alpha_2\ldots\sin\alpha_n.$$

Nach dieser Gleichung kann man die gemessenen Winkel durch eine leichte Rechnung mit Logarithmen prüfen.

Mifst man die Seiten der Figur, so dienen sie abermals zur Prüfung.

β) Dasselbe Verfahren ist anwendbar, wenn, wie in (§. 99.) angenommen, ein breiter Flufs zu messen wäre, und man vermeiden wollte, das Instrument öfter über den Flufs hinüber zu bringen. Man mifst die eine Seite $AB = c_1$ und die Winkel α_1, β_1, γ_1, δ_1, α_2, β_2, γ_2, δ_2 etc. Dadurch findet man auf eine Weise, wie in (α.) die übrigen Linien BC, CD etc., und prüft das Gemessene, wenn man die Linien hernach mifst. Auch kann man noch, wenn man eine Reihe von regelmäfsigen aufeinander folgenden Dreiecken aussucht, die gemessenen Winkel durch ähnliche Gleichungen prüfen, wie in (α.).

γ) Man kann auch, wenn man z. B. in (Fig. 91.) statt eines Puncts P aus AB drei dergleichen vorwärts-einschneiden, und aus diesen drei Puncten den Punct C durch Rückwärts-Einschneiden suchen will, u. s. w., das Astrolabium, statt in jeder Ecke aufzustellen, jedesmal eine Ecke übergehen. Allein das Schneiden dreier Puncte macht mehr Mühe, als das ersparte Aufstellen des Winkelmessers.

110.

Häufig wird auch mit dem Astrolabio nur der Umfang der Figuren, ohne Diagonalen, nach der sogenannten **Perimeter-Methode** gemessen. Man mifst alle Seiten und alle inneren Winkel der Figur, wodurch dieselbe allerdings gefunden wird. Aber da die Probe bei dieser Art zu messen nur sehr schwach ist, so ist die blofse Perimeter-Methode, ohne ihr auf die obige oder ähnliche Weise durch Diagonalen die nöthige Sicherheit zu verschaffen, überall, wo es auf Zuverläfsigkeit und auf einige Genauigkeit ankommt, nicht zu billigen.

Bestehet die Figur aus mehr als einem Polygon, so mufs man über die ganze Figur noch Diagonalen legen, die durch Dreiecke mit einander verbunden sind. Mit den Polygonen geht man aber nicht bis ins kleinste Detail, sondern mifst, wie in (§. 100.) gesagt, das Detail immer am besten mit der Winkelkreuz und der Kette.

B. Ausmessung gröfserer Figuren.

111.

Wenn die auszumessende Flur gröfser ist, nemlich über 1000 Morgen, vielleicht 10, 20, 30 bis 40 Tausend Morgen enthält, also bis auf $\frac{1}{2}$, 1 und 2 Meilen in die Länge oder Breite sich erstreckt, und dann gewöhnlich eine Menge verschiedener Polygone mit Acker, Wiese, Sumpf, Seen, Wald, Haide u. s. w. enthält: so ist es gar zu schwierig, Diagonalen zur Prüfung der aneinander gesetzten Polygone **quer über die ganze Flur** zu legen, weil so lange Linien zu viele Hindernisse finden. Gleichwohl ist eine Prüfung der Messung, wie sie bei kleinen Figuren durch querübergehende Diagonalen oder Haupt- und Probe-Linien geschieht, um so nöthiger, je gröfser die auszumessende Fläche ist, weil die Fehler in den einzelnen Polygonen beim Aneinandersetzen sich vergröfsern. Es ist also ein, in allen Fällen anwendbares Mittel nöthig, die Gestalt der Figur im Ganzen hinlänglich genau und zuverläfsig zu finden.

Ein solches, in allen Fällen anwendbares Mittel ist **eine Reihe aneinanderhängender Dreiecke**, oder ein über die ganze Flur gespanntes **Dreiecks-Netz**, von welchem nur **einzelne** Seiten, aber **alle** Winkel gemessen werden.

Man pflegt zwar auch auf ganz ebenen und freien Feldern zuweilen, in angemessenen Entfernungen von einander, Parallelen, und auf dieselben perpendiculair, andere Parallelen auszustecken, so daſs die ausgesteckten Linien lauter Rechtecke einschlieſsen; und an die ausgesteckten Linien schlieſst man die Ausmessung des Details an, welches die sogenannte Parallel-Methode ist. Die Parallelen sind aber offenbar noch schwieriger auszustecken, als selbst Diagonalen quer durch das ganze Feld, weil man die Parallelen nothwendig da legen und durchführen muſs, wo sie hintreffen, bei den Diagonalen aber mehr freie Wahl hat. In coupirtem oder waldigem und bergigem Terrain ist die Parallel-Methode, wie leicht zu erachten, gar nicht auszuführen; auch hat es keinen besonderen Nutzen, daſs die Hauptlinien gerade mit einander parallel laufen. Die Parallel-Methode ist also nur selten anwendbar, und wo sie anwendbar ist, nicht einmal vortheilhaft Dreiecke dagegen kann man überall legen, weil sich die Eckpuncte allemal so annehmen lassen, wie es das Terrain zuläſst.

112.

Ein Dreiecks-Netz (*canevas*), welches die Grundlage der Ausmessung einer Flur von beliebiger Gröſse ausmacht, und dessen Ecken feste, und durch das Netz selbst genau gefundene Puncte sind, an welche alles Uebrige angeschlossen werden kann, ist nichts anderes, als eine systematische Verbindung von Diagonalen, oder sogenannten Hauptlinien, dergleichen immer, welches Instruments man sich auch bedienen mag, zur Prüfung gemessen werden müssen, nur mit dem Unterschiede, daſs erstlich die Dreiecks-Seiten (Hauptlinien) bei der systematischen Verbindung keinesweges quer über das ganze Feld zu gehen brauchen, und daſs sie zweitens bei weitem nicht alle, mit derjenigen Genauigkeit, die nöthig ist, um die Gestalt der gesammten Figur richtig zu bekommen, mit der Kette gemessen werden dürfen, sondern daſs statt derselben nur die Winkel genau gemessen werden. Man miſst die Seiten nur dann, wenn man sie zugleich zum Detail braucht, und auch dann nur mit der nemlichen Genauigkeit, wie andere, das Detail gebende Linien. Dienen sie nicht zugleich zum Detail, so brauchen sie gar nicht gemessen zu werden. Beides erleichtert zugleich das Messen ungemein, denn da Erstlich, die Dreiecks-Seiten auch kurz seyn, und nach jeder beliebigen Richtung gelegt werden können, so kann man sich damit ganz nach dem Terrain richten, und überall die Linien auswählen, welche nicht allein am bequemsten zu übersehen, sondern auch, in sofern sie zugleich zur Detail-Messung dienen, hernach auch am bequemsten zu messen sind, und Zweitens erspart man viel von der Mühe, die erforderliche Genauigkeit im Ganzen zu erreichen, weil es ungemein viel leichter ist, Winkel genau zu messen, als Linien. Eine dritte Erleichterung durch das Dreiecks-Netz ist, dafs man die Dreiecks-Seiten häufig absichtlich so legen kann, dafs sie zugleich wirklich zur Ausmessung des Details gebraucht werden können. Umgekehrt verstärkt dann wieder der Gebrauch der Dreiecks-Seiten zum Detail noch die Sicherheit der Messung; denn wenn man von diesen Dreiecks-Seiten, als Coordinaten-Axen die Länge mifst, die vorher aus den Winkeln berechnet wurde, so giebt solches eine abermalige Probe der Messung.

Das Dreiecks-Netz ist also nicht blofs in jedem beliebigen Terrain geschickt, der Messung die nöthige Zuverläfsigkeit und Genauigkeit zu geben, sondern es erleichtert auch das Messen wesentlich.

113.

Um ein Dreiecks-Netz über eine Flur zu legen, verschafft sich der Feldmesser zuerst eine allgemeine Uebersicht und Vorstellung vom Terrain. Er bekommt sie, wenn er sich, im Fall das Terrain bergig ist, auf die Bergrücken begiebt, und von da aus, nach allen Seiten hin, die Gestalt der auszumessenden Fläche in Augenschein nimmt. Sind keine Berge da, so ist dafür das Terrain eher von mäfsig erhöheten Puncten zu übersehen; er begiebt sich also auf die Hügel und Anhöhen, auch vielleicht, wenn Thürme in dem Wohnort, der in der Flur liegt, vorhanden sind, auf diese, und macht sich mit der Lage und Gestalt des Feldes bekannt. Hierauf sucht er, indem er die Flur nach mehreren Richtungen durchgehet, diejenigen Puncte zu Dreiecks-Ecken aus, welche

Erstlich aus den meisten anderen ihrer Art gesehen werden können und aus welchen sich umgekehrt die meisten anderen Dreieckspuncte sehen lassen.

Zweitens, welche zugleich, wo möglich, äufsere oder innere Grenz-Ecken oder andere merkwürdige Puncte sind, deren Lage in der Carte vermerkt werden mufs, oder welche wenigstens so liegen, dafs gerade Linien von einem zum anderen gut als Abscissen-Linien zur Ausmessung des Details benutzt werden können.

Drittens, in welchen sich das Mefs-Instrument bequem aufstellen läfst. Auch mufs man darauf sehen, dafs wenigstens zwei Paare von Puncten, wo möglich, in der entgegengesetztesten Gegend der Flur, nicht zu nahe bei einander, genommen werden, zwischen welchen die geraden Linien, welche sie verbinden, recht eben und horizontal sind, und genau und bequem gemessen werden können. Doch ist es auch allenfalls hinreichend, wenn man nur eine solche Linie findet.

Die erste Eigenschaft der Dreiecks-Puncte müssen sie unumgänglich haben, die zweite ist blofs vortheilhaft für das Detailliren, die dritte ist ebenfalls nicht für alle Puncte unumgänglich nöthig, sondern nur für einige, weil man mit dem Vorwärts- und Rückwärts-Einschneiden aushelfen kann. Ein Punct kann eine sehr gute Dreiecks-Ecke seyn, ohne dafs man das Instrument darin aufstellen könnte, z. B. ein Thurm, ein hoher unbelaubter Baum und dergleichen weithin sichtbare Gegenstände.

114.

Nachdem man sich im Voraus mit denjenigen Puncten der Flur bekannt gemacht hat, welche am besten zu Dreiecks-Ecken passen, fängt man an, das Netz in denjenigen Ecken, in welchen sich nicht schon Gegenstände befinden, die zu Zielpuncten dienen, mit Stäben auszustecken. Man fängt in dem schwierigsten Theile der Flur, nemlich in demjenigen, wo die Aussicht am meisten beschränkt ist, an. Gewöhnlich ist dieser Theil das Dorf oder der Wohnort der Gemeine. Wegen der vielen Hindernisse des Sehens, als Gebäude, Bäume, Gebüsche, Gärten, Mauern, Hecken u. dergl., wird sich in dem Dorfe und durch die Gärten ein streng zusammenhängendes Netz zuweilen nicht wohl legen lassen. Man mufs also dort nur einige zusammenhängende Dreiecke abstecken, und mit denselben erst ins Freie

Freie zu kommen suchen. Aufserhalb des Dorfes steckt man erst um den Wohnort herum, möglichst nahe an demselben, ein Vieleck aus, dessen Ecken die angezeigten Eigenschaften guter Dreiecks-Puncte haben, und sucht auf die beste Weise dieses Vieleck mit den im Dorfe ausgesteckten Dreiecken, zwischen den Gärten und Häusern hindurch, durch gerade Linien zu verbinden. Auf die Seiten dieses Vielecks aber setzt man nun ein regelmäfsiges Netz von Dreiecken bis zur Grenze fort, welches auch überall möglich seyn wird, wo die Aussicht nicht ganz beschränkt ist, z. B. in einem Walde. In einem solchen mufs man sich freilich hauptsächlich auf die Vielecke, welche die Grenze bildet, beschränken, doch mufs man denselben so viele Diagonalen als möglich zu geben suchen.

Um eine anschauliche Vorstellung von einem Dreiecks-Netz zu geben, ist Beispielsweise in (Fig. 94. Taf. 9.) eine erdichtete Feldflur, mit dem zur Ausmessung dienenden Dreiecks-Netze, dessen Ecken durch Zahlen bezeichnet sind, vorgestellt. In dem Dorfe lassen sich hier vielleicht nur die zwei Dreiecke 45, 46, 56 und 46, 47, 56 ausstecken. Um das Dorf herum läfst sich das Vieleck 54, 44, 36, 38, 48, 59, 47, 58, 57, 80, 69, 68, 54 legen, und, wie die Figur zeigt, theils durch Dreiecke, wie 36, 44, 45; 44, 45, 68 etc., theils durch Querlinien zwischen die Gärten hindurch, wie z. B. von 46 nach der Linie 36, 38 hinüber, oder von 57 nach der Linie 36, 38 hinüber, oder von 57 nach der Linie 56, 47 hinüber, verbinden. An das Polygon um das Dorf herum kann man auf den freien Aeckern, auf den Wiesen und über die Seen hinweg, eine Kette von regelmäfsig aneinander hängenden Dreiecken legen, wie sie in der Figur sichtbar sind. Zum Beispiel auf die Vielecksseite 54, 44 ist das Dreieck 54, 35, 44, auf dieses das Dreieck 54, 35, 53, auf dieses das Dreieck 35, 53, 34 gelegt, u. s. w. In dem Walde (in der unteren Ecke der Zeichnung, rechts) läfst sich freilich das Dreiecks-Netz nicht strenge nach denselben Regeln fortsetzen; man mufs sich mit Vielecken, wie 63, 62, 74, 83, 91, 92, 84, 75, 64, 63 oder 62, 60, 72, 73, 81, 82, 91, 83, 74, 62 begnügen. Man sucht aber die Zahl der Seiten der Polygone durch kurze Diagonalen, wie 83, 84 und 83, 81, die allenfalls schmal durchgeschlagen werden, zu vermindern, und aufserdem die Polygon-Seiten, wie 65, 64; 75, 84; 92, 91 durch aufsen hinausgelegte, blofs visirte Linien, nach der Methode (§. 96. etc.), zu verbinden.

Wie man in der Figur bemerken wird, ist angenommen, dafs die meisten Dreiecks-Puncte zugleich in Grenzpuncte, oder andere merkwürdige Puncte der Flur fallen, so dafs sich die Seiten zugleich bequem als Abscissenlinien zur Ausmessung des Details gebrauchen lassen. Wo dieses nicht angehet, was besonders in Bergen der Fall seyn wird, wo die Puncte mit der weitesten Aussicht gewöhnlich auf den Gipfeln, die Grenzen und merkwürdigen Puncte der Flur hingegen in den Thälern zu liegen pflegen, weil letztere das beste und am meisten benutzte Land enthalten: da kann man die vorzüglichsten Dreiecks-Puncte, nemlich diejenigen, welche aus den meisten anderen sichtbar sind, nebst den Linien, welche sie verbinden, freilich weniger für das Detail brauchen. Es sind aber deren immer nur wenige. Die übrigen werden in die Thäler gelegt, mit den Hauptpuncten durch Dreiecke verbunden, und eben so unter sich; woraus gewöhnlich eine, ein Polygon umschliefsende Dreiecks-Kette, wie z. B. (Fig. 91.), entsteht. Die Hauptregel für das Dreiecks-Netz ist immer und überall dieselbe: es kommt darauf an, dafs die Dreiecke strenge mit einander *zusammenhängen*, und keins von dem anderen ganz unabhängig ist.

Ein solches Netz nun steckt man mit Stäben aus, deren Gröfse sich nach der Länge der Linien richtet, damit sie sichtbar sind. Diejenigen Dreieckspuncte, aus welchen die meisten und entferntesten anderen sichtbar sind, wie z. B. 34, 43, 52, 20, 42 (Fig. 94.), sind Vorzugsweise als Hauptpuncte zu betrachten, und man sucht deren so viel zu bekommen, als möglich. Die in die Eckpuncte gesteckten Stäbe darf man, wenigstens in der Nähe von Wegen und bewohnten Oertern, über Nacht nicht stehen lassen, weil sie leicht ausgezogen werden. Man läfst sie also des Abends wieder wegnehmen, und, um ihre Stelle wiederzufinden, kurze Pflöcke in die Erde treiben, die wieder herausgenommen werden, wenn man die Stäbe hernach einsetzet, um die Puncte zu visiren. Ueberhaupt darf man nicht die ganze Flur auf einmal mit Stangen bestecken, oder so viel grofse Stäbe haben als es Dreieckspuncte giebt. Nur diejenigen Stäbe müssen bis zum weiteren Fortrücken des Ausstecken des Netzes stehen bleiben, welche Hauptpuncte bezeichnen, und von weiterher gesehen werden können, wie z. B. 7, 54, 34, 53, 42 etc.; die übrigen, welche nur bei einzelnen oder einigen Dreiecken in Betracht kommen, z. B. 45, 44, 69, 72, 64 etc., können sogleich wieder ganz weggenommen werden, sobald sie visirt sind, und es werden an ihre Stelle kurze Pflöckchen in die Erde gesetzt. Die Stäbe oder Stangen, welche dort standen, kann man wieder in anderen Puncten gebrauchen, und es ist also immer nur eine mäfsige Anzahl von Stäben nöthig. Die Pfählchen oder Pflöcke, die man an die Stelle der Stangen setzt, bezeichnet man mit einer fortlaufenden Zahl, und zwar von arabischen, nicht römischen Ziffern, weil die römischen Ziffern, sobald sie etwas in's Grofse gehen, gar zu beschwerlich zu schreiben und zusammenzusetzen sind. Da nach und nach an die Stelle aller Stangen einstweilen Pflöcke gesetzt werden, so bekommen alle Dreieckspuncte bestimmte Zahlen. Diese Zahlen können nach der Regel fortlaufen, wie die Pflöcke gesetzt werden, so dafs der erste, welchen man setzt, mit 1, der zweite mit 2, u. s. w. bezeichnet wird.

115.

Die Zahl der Dreieckspuncte, und folglich die Gröfse der Dreiecke hängt theils von der Beschaffenheit des Terrains, theils von dem Instrumente ab, womit man mifst. Je bergiger und coupirter das Terrain ist, oder auf einer Flur, welche sehr vieles und kleines Detail hat, welches theils die Aussicht hindert, theils mehrere feste Puncte erfordert, mufs man mehr Dreieckspuncte nehmen, und also kleinere Dreiecke machen. Desgleichen mufs man mehr Dreiecke machen, wenn man entweder keine sehr lange Linien absehen, oder die Winkel, welche sie einschliefsen, nicht besonders genau messen kann. Hat man z. B. an dem Winkelmesser kein Fernrohr, sondern nur gewöhnliche Dioptern, so wird man die Dreiecksseiten nicht über 100 Ruthen lang annehmen können, also im Durchschnitt auf zwanzig bis dreifsig Morgen schon einen Dreieckspunct haben müssen, auch wenn das Terrain sonst nicht schwierig ist. Hat man eine Boussole, welche der unvollkommenste Winkelmesser ist, so wird man, wenn sich auch Fernröhre zum Visiren daran befinden, mindestens auf funfzig bis sechzig Morgen einen Dreieckspunct legen müssen. Für den Mefstisch mit Fernrohr muſs man auf hundert bis hundert und zwanzig Morgen einen Dreieckspunct haben. Nur für ein gutes vollkreisiges Astrolabium mit Nonius und Fernrohr ist es hinreichend, wenn man auf fünfhundert bis tausend Morgen nur einen Dreieckspunct nimmt. Alles Uebrige kann dann schon durch Polygone und mit dem Winkelkreuz gemessen werden.

116.

Nachdem das Dreiecks - Netz ausgesteckt worden, wird dasselbe ausgemessen. Die Art der Ausmessung richtet sich nach den Werkzeugen, deren man sich bedient.

I. Hätte man gar keinen Winkelmesser, sondern bloſs Kette und Stäbe, so müſste man alle Dreiecks-Seiten messen. Dieses aber ist entweder sehr beschwerlich, oder auf coupirtem Terrain, über Berg und Thal, und durch alle Hindernisse hindurch, gar nicht einmal recht ausführbar. Daher läſst sich, bloſs mit Kette und Stäben, ein gröſseres Feld nur mit ungemeinen Schwierigkeiten ausmessen, und nur ein geringer Grad der Genauigkeit erreichen. Für gröſsere Fluren ist irgend ein Winkelmesser nothwendig.

II. Hat man einen Winkelmesser, so miſst man, welcher es auch sein mag, insofern es bloſs auf das Dreiecks-Netz ankommt, also, insofern die Dreiecks-Seiten nicht des Details wegen gemessen werden müssen, nur überhaupt höchstens zwei Seiten, allenfalls auch selbst nur eine, nemlich diejenige, welche man gleich beim Ausstecken dazu vorbehielt (§. 113.). Von diesen beiden Dreiecksseiten heiſst die eine Basis oder Grundlinie, die andere Probelinie. Doch kann die Probelinie auch sehr wohl die Basis selbst seyn, und es ist also allenfalls, wie gesagt, nur eine Seite nöthig. Man miſst die Grund- und Probelinie mit der Kette, oder besser, mit Maaſsstäben (§. 16.), nachdem sie noch durch mehrere Stäbe ganz geradlinig ausgesteckt worden, so daſs man beim Messen gar nicht aus der Richtung kommen kann, mit aller Sorgfalt, wenigstens zweimal, hin und zurück. Weichen die Längen, die man findet, von einander ab, so nimmt man das arithmetische Mittel davon, indem man die gefundenen Maaſse zusammenrechnet, und die Summe durch die Zahl der Messungen dividirt. Gesetzt, eine Grundlinie wäre dreimal gemessen worden; man habe das erste Mal 337 Ruthen 5 Fufs 3 Zoll, das zweite Mal 337 Ruthen 4 Fufs 9 Zoll und das dritte Mal 337 Ruthen 6 Fufs 1 Zoll gefunden: so addirt man diese drei Maafse, und dividirt die Summe durch 3, nemlich

	337	Ruthen	5	Fufs	3	Zoll	
	337	—	4	—	9	—	
	337	—	6	—	1	—	
Summe	1012	—	6	—	3	—,	

welches durch 3 dividirt, 337 Ruthen 5 Fufs $4\frac{1}{3}$ Zoll giebt. Dieses Mittel nimmt man für das richtige Maafs an. Je längere Grund- und Probelinien man messen kann, desto besser ist es, weil die Länge dieser Linien gleichsam der Maafsstab der Ausmessung der ganzen Flur ist; doch wird die Länge meistens sehr beschränkt seyn. Ist die Flur über 1000 Morgen grofs, so darf man die Grundlinie nicht gut unter 50 Ruthen lang nehmen. Gröfsere Fluren erfordern längere Grundlinien, und die gröfste Flur, von welcher die Rede ist, nemlich von einer oder einem Paar Quadratmeilen grofs, mufs wenigstens eine 200 bis 300 Ruthen lange Grundlinie haben.

Nachdem die Länge der Grundlinie gefunden, werden nun die Dreiecke selbst gemessen.

α) Hat man einen Mefstisch, so stellt man denselben erst in einem Endpuncte der Grundlinie auf, orientirt ihn mit Hülfe der Boussole, visirt nach allen Dreieckspuncten, die aus dem Endpuncte der Grundlinie sichtbar sind, und zieht auf dem Messtisch die Visirlinien an dem Diopter-Lineal, von unbestimmter Länge, desgleichen eine gerade Linie in der Richtung der Grundlinie. Dieser letzteren Linie giebt man nach dem Maafsstabe die, auf die obige Weise gemessene Länge der Grundlinie, bringt darauf den Mefstisch nach dem anderen Endpuncte der Grundlinie, stellt ihn über demselben auf, legt das Diopter-Lineal an die, auf dem Mefstisch gezogene Grundlinie, dreht den Tisch, bis das Visir den vorigen Endpunct der Grundlinie trifft, läfst nun den Tisch fest stehen, visirt nach allen Dreieckspuncten, welche aus dem zweiten Endpuncte sichtbar sind, und zieht die Visirlinien an dem Diopter-Lineal, wiederum von unbestimmter Länge. Einige derselben werden schon die aus dem vorigen Endpunct gezogenen Visirlinien vorwärts abschneiden, andere werden erst aus folgenden Dreieckspuncten geschnitten werden. Wenn z. B. 34, 53 (Fig. 94. Taf. 9.) die Grundlinie des Netzes wäre, so stellt man den Mefstisch in 34 und in 53 auf, visirt und zieht aus 34 die Linien 34, 28; 34, 5; 34, 15; 34, 14; 34, 25; 34, 26; 34, 33; 34, 43; 34, 54; 34, 35, nebst der Grundlinie 34, 53 selbst, und aus 53 die Linien 53, 43; 53, 66; 53, 77; 53, 54 und 53, 35. Die Linien 34, 35 und 53, 35; 34, 54 und 53, 54; 34, 43 und 53, 43 und 34, 33 und 53, 33 schneiden schon die Dreieckspuncte 35, 54, 43 und 33 vorwärts ab, die übrigen werden erst in der Folge geschnitten. Hierauf bringt man den Mefstisch nach einem der Dreieckspuncte, die von der Grundlinie aus vorwärts abgeschnitten wurden, z. B. nach 35, und richtet ihn so, dafs die darauf gezogenen Linien 35, 34 und 35, 53 in die verticalen Ebenen dieser Linien auf dem Eelde fallen, visirt und zieht nun wieder alle Dreiecks-Seiten, die aus dem neuen Standpuncte gesehen werden können, z. B. 35, 28; 35, 37; 35, 36; 35, 44; 35, 54; 35, 43. Diese schneiden etwa wieder neue Dreiecke ab, wie z. B. die Dreiecke 35, 54, 53; 35, 28, 34, oder sie werden erst in der Folge geschnitten. So fährt man fort durch die ganze Flur, und bekommt dadurch die Zeichnung des Netzes auf den Mefstisch, mit vielen Proben. Läfst sich der Mefstisch in irgend einem der geschnittenen neuen Puncte nicht wohl aufstellen, z. B. nicht in 43, so läfst sich vielleicht ein dritter Punct, z. B. 33, gegen drei, auf dem Tisch schon gezeichnete Puncte, nach (§. 83.) durch Rückwärts-Einschneiden finden. Ueberhaupt mufs man sich der weiter oben beschriebenen Hülfsmittel, die Lage von Puncten gegen andere zu finden, nach den Umständen bedienen.

β) Hat man eine B o u s s o l e, so stellt man sie ebenfalls zuerst in den Endpuncten der Basis, und dann in allen Dreieckspuncten, wo es angeht, auf, mifst jedesmal die Neigung der Gesichtslinien nach allen Dreieckspuncten, die aus dem Standpuncte des Werkzeugs gesehen werden können, gegen die Magnetlinie und orientirt sie. Da man das Instrument in der Regel an b e i d e n Endpuncten einer Linie aufstellt, so wird auf diese Weise die Neigung der Linien gegen die Magnetlinie z w e i m a l gemessen. Dieses ist aber auch, wenigstens beim Dreiecks-Netz, ganz nöthig, und das blofs einmalige Messen der Abweichung einer Linie von der

Magnetlinie ist, zumal beim Dreiecks-Netz, überall, wo eine Linie zweimal gemessen werden kann, nicht hinreichend. Auch beim Messen mit der Boussole kann man sich, wo es nöthig, des Vorwärts-Einschneidens u. dergl. bedienen.

γ) Hat man ein Astrolabium, so stellt man es wiederum erst in den beiden Endpuncten der Grundlinie, und dann in allen Dreieckspuncten, wo es angeht, auf, mifst die Winkel zwischen den Linien, aus dem Standpuncte nach allen, aus demselben sichtbaren Dreieckspuncten, und notirt sie. Wo es nöthig, bedient man sich des Rückwärts-Einschneidens und anderer, oben beschriebener Hülfsmittel, die Lage eines Puncts gegen andere zu finden. Besonders ist beim Astrolabio zu bemerken, dafs man in jedem Standpuncte nothwendig immer alle Winkel rund um den Punct, deren Summe vier Rechte ausmacht, messen mufs, um durch die Summirung eine Probe mehr zu bekommen. Also z. B. in dem Punct 34 mifst man alle um diesen Punct herumliegende Winkel, z. B. 14, 34, 15; 15, 34, 5; 5, 34, 28 u. s. w., aber auch in Puncten, um welche herum nicht nach allen Seiten Dreiecke liegen, z. B. in 24, mifst man die Winkel rund um, also die Winkel 23, 24, 10; 10, 24, 25; 25, 24, 26 und den äufseren Winkel 23, 24, 26, um sie addiren, und sehen zu können, ob sie zusammen 4 rechte betragen.

117.

Wie schon gesagt und auch in der (Fig. 94.) angedeutet, mufs man aus dem Standpunct der Winkel-Instrumente, mit welchen Werkzeugen man auch messen mag, nicht blofs nach den nächsten Dreieckspuncten, sondern auch nach entfernten, die sichtbar sind, visiren, und die Winkel, die sie mit einander machen, notiren, z. B. aus 34 auch nach 5, nach 54, nach 25 u. s. w., aus 54 auch nach 87, nach 79 u. s. w. Ist ein, aus vielen Stellen der Flur sichtbarer Punct vorhanden, z. B. ein Thurm, in *A*, so thut man wohl, aus allen Standpuncten, aus welchen derselbe sichtbar ist, z. B. aus 34, aus 53, aus 28, aus 30, aus 77 u. s. w., nach ihm hin zu visiren, und die Winkel zu messen, welche die Visirlinien mit anderen, aus dem nemlichen Standpunct visirten Dreiecks-Seiten machen. Dieses dient zu einer vorzüglich guten Probe, weil man immer nach einem und demselben Punct visirt. Besonders ist es gut, wenn man die Basis so nehmen kann, daſs aus ihren beiden Endpuncten, wie hier aus 34 und 53, der auſserdem vielfältig sichtbare Punct, z. B. der Thurm, ebenfalls sichtbar ist. Dadurch erhält man ein besonderes festes Dreieck, 34, *A*, 53, an welches die anderen also um so sicherer angeschlossen werden können.

118.

Ist die Flur sehr groſs, so ist es nöthig, daſs auch die längeren Linien zwischen weit von einander entfernten Dreieckspuncten, die man visirt, z. B. 26, 5; 5, 54; 54, 26; 5, 17; 17, 54 etc., unter einander noch in einer systematischen Verbindung stehen, oder eine Kette von Dreiecken bilden, so daſs gleichsam über dem Flur-Netze ein anderes Netz von gröſseren Dreiecken entstehet, von welchem das Flur-Netz das Detail ist. Man thut wohl, daſs man die Eckpuncte dieses gröſseren Netzes, zu welchem man die höchsten Puncte der Flur nimmt, zuerst aufsucht, und von da erst zu den kleineren Dreiecken übergehet; jedoch darf die Basis nicht nothwendig eine der gröſseren Dreiecks-Seiten seyn, sondern es ist zulänglich, wenn ihre Länge in den oben angegebenen Grenzen bleibt. Auch wenn die Flur weniger groſs ist, ist es immer gut, wenn auch die entfernten Dreieckspuncte unter einander in unmittelbaren Zusammenhang gebracht werden.

119.

Es ist leicht zu sehen, und auch schon in (§. 81. *C.*) bemerkt, daſs, wenn die Basis und alle Winkel einer davon ausgehenden Dreiecks-Kette gemessen werden, alle Dreiecks-Seiten daraus durch eine leichte Rechnung mit Logarithmen gefunden werden können. Kommt man also mit dieser Rechnung bei der zweiten Basis oder Probelinie an, die, wie alle andere Dreiecks-Seiten, ebenfalls durch die Rechnung gefunden wird, so muſs das Resultat der Rechnung mit der gemessenen Länge der Probelinie stimmen. Ist es der Fall, so werden auch alle bis dahin berechneten Dreiecks-Seiten mit der höchsten Wahrscheinlichkeit richtig seyn, und zwar um so mehr, da auſserdem sonst noch vielfache Proben durch Addition der Winkel um einem und denselben Standort, durch

Schneiden eines und desselben Puncts aus mehreren Standorten, u. s. w., vorhanden sind.

Aber selbst, wenn blofs einfacher Weise mehrere Dreiecke aneinander gesetzt wurden, trägt ein solches Netz schon Proben in sich. Man wird in dem dritten Heft des ersten Bandes des von dem Verfasser herausgegebenen Journals der reinen und angewandten Mathematik eine Abhandlung von Herrn *Louis Olivier* finden, in welcher bewiesen wird, dafs, wenn alle Seiten eines Dreiecks-Netzes, oder, was dasselbe ist, eine Seite und alle bestimmenden Winkel gemessen werden, dafs dann schon so viel Stücke *zu viel* gemessen sind, als das Netz innere, ganz von Dreiecken umgebene Puncte hat. Eben so viele Proben trägt also jedes Netz schon in sich. Denn, wenn Stücke zu viel gemessen werden, so können sie aus anderen gemessenen Stücken auch schon durch Rechnung gefunden werden, und das Resultat der Rechnung mufs mit den zu viel gemessenen Stücken stimmen; welches folglich zur Probe dient. Um so mehr Proben werden vorhanden seyn, wenn man noch die Winkel durch Addition prüfen kann, oder wenn Puncte aus mehreren Standorten geschnitten sind, u. s. w.

Da es aber offenbar ganz gleichgültig ist, wo die Probelinie liegt, so kann sie, wie leicht zu sehen, und wie oben gesagt, auch die Grundlinie selbst seyn. Man kann mit der Ausrechnung der Dreiecks-Seiten, von der Grundlinie ausgehend, durch die Dreiecks-Kette einen beliebigen Weg nehmen, und, mit derselben, beliebige Dreiecke durchlaufend, nach der Grundlinie wieder zurückkehren. Man mufs zuletzt wieder die Länge derselben finden. Streng genommen, ist also nur eine einzige Linie nöthig, um mit Hülfe der gemessenen Winkel das Dreiecks-Netz über eine ganze Flur zu finden. Diese Grundlinie ist gleichsam der Maafsstab des ganzen Netzes und der Flur selbst. Ein Netz zusammenhängender Dreiecke ist allemal ein, in sich unverschiebbares Ganzes, und sein Maafs der Gröfse ist die Grundlinie. Würde selbst die Grundlinie unrichtig gemessen, so ist deswegen immer noch die Gestalt des Netzes richtig, wenn sonst die verschiedenen Proben bei der Berechnung der Seiten zutreffen. Man darf nur die Ausmessung der Grundlinie berichtigen, so berichtigt man das Ganze, was bei keiner anderen Art zu messen, wo es auf mehrere Linien ankommt, der Fall ist. Mifst man noch diese oder jene Dreiecks-Seiten, des Details wegen, so dienen sie zur abermaligen Probe.

120.

Das Dreiecks-Netz ist ein allgemeines, und für grofse Flächen sogar das einzige überall anwendbare Mittel, die Gestalt der Felder, der gröfsten, wie der kleinsten, mit Sicherheit zu finden. Es werden damit ganze Länder von vielen hundert und tausend Quadratmeilen eben wie einzelne Fluren ausgemessen. Bei Messungen wegen der Gestalt der Erde, bei welchen es also auf auf die äufserste, menschlichen Sinnen erreichbare Genauigkeit ankommt, hat man durch eine Kette aneinanderhängender Dreiecke Ausdehnungen von mehreren hundert Meilen in die Länge, z. B. von Dünkirchen bis Barcellona, mit einer bewundernswürdigen Genauigkeit gefunden. Der Unterschied bei grofsen Längen ist blofs, dafs man viel gröfsere Dreiecke mit Seiten von vielen Meilen lang nimmt, bei welchen auch die Krümmung der Erde in Betracht kommt, bei kleinen Flächen hingegen die Dreiecks-Seiten nur kurz sind, die horizontalen Projectionen der Flächen als Ebenen betrachtet, und die Winkel derselben blofs einfacher Weise als Winkel in der Ebene gemessen werden. Das Dreiecks-Netz ist also das wahre Fundament der gesammten Feld- und Land-Mefskunst. Kein Feldmesser sollte eher seine Kunst auszuüben anfangen, ehe er nicht die Nothwendigkeit, den Sinn und die Vortheile aneinander gesetzter Dreiecke bei allen Messungen recht genau begriffen und beherziget hat. Selbst der leichtfertigste Feldmesser, welcher seine Aufgabe schon zu lösen glaubt, wenn er mit der Boussole eine Figur aus dem Umfange ausmifst, indem er die Boussole etwa in eine um die andere Ecke stellt, die Neigung der Seiten gegen die Magnetlinie, und ihre Länge mifst, fühlt doch, wenn es nicht passen, oder wenn, wie es dann heifst, die Figur nicht schliefsen will, dafs es nöthig sey, wenigstens einige Diagonalen oder Hauptlinien quer über das Feld zu legen, was dann auch wohl gar wunderlicher Weise nicht vor- sondern hinterher geschieht, und wonach dann die Figur wohl geschoben und gezwängt wird. Die Idee von dergleichen Diagonalen oder Hauptlinien ist schon nichts anderes als eine, wiewohl dunkele und rohe Vorstellung vom Dreiecks-Netz. Denn sobald die Hauptlinien einigermaſsen Sinn und Nutzen haben sollen, müssen sie zu Dreiecken verbunden werden, und das ist eben das Dreiecks-Netz. Nur könnte sich der Feldmesser die öfters nicht geringe Mühe ersparen, die Hauptlinien quer über das ganze Feld gehen zu lassen. Diese Linien können viel kürzer seyn, und ganz bequem gemessen werden, sobald man sie nur mit Ueberlegung und nach der gehörigen Regel aussucht, und sie systematisch mit einander zu einer Kette von Dreiecken verbindet. Wenn nun ein Dreiecks-Netz verlangt wird, so verlangt man nicht etwa mehr Arbeit, als gewöhnlich schon verrichtet wird, sondern nur, daſs die Hauptlinien vernünftig gelegt werden und daſs man sich umgekehrt ihre Ausmessung erleichtern solle. Es ist hier recht eigentlich ein Fall, wo die richtige Methode nicht die Arbeit erschwert, sondern gerade vermindert. Die Erleichterung durch das Dreiecks-Netz ist in (§. 111.) noch besonders auseinander gesetzt. Zur Sicherheit und Zuverläſsigkeit der Messung ist es unumgänglich nöthig.

121.

Das Dreiecks-Netz hat auch noch einen anderen wesentlichen Nutzen. Eine Feldflur ist nemlich keinesweges so ganz unveränderlich, als es scheinen mag. Die Grenzen einzelner Felder können sich durch Kauf und Verkauf, Theilung und Zusammensetzung, durch Wechsel der Cultur-Art und Benutzung ändern: aus Aeckern können Wiesen oder Gärten, aus Wiesen Aecker, aus Wäldern Aecker u. s. w. werden. Seeen können ihre Ausdehnung vergröſsern oder verkleinern; kleine Flüsse können ihren Lauf von selbst oder mit Zuthun der Kunst ganz ändern; gröſsere Flüsse können ihre Ufer anbrechen oder neue Ufer ansetzen; Wohnörter können zerstört oder neu aufgebaut werden u. s. w. Zeigt nun eine Flur-Carte weiter nichts, als die veränderlichen Grenzen im Aeuſsern und Innern, so kann es kommen, daſs sie, obgleich sie ganz richtig gemessen war, nach einer Reihe von Jahren nicht mehr paſst, und daraus können öfters unauflösliche Streitigkeiten und Processe entstehen. Enthält dagegen eine Carte zugleich das Dreieck-Netz, welches ihr zur Grundlage diente, und sind wenigstens die Haupt-Dreieckspuncte auf dem Felde wiederzufinden, so können auch die übrigen, auf der Carte gezeichneten Grenzen danach jederzeit auf dem Felde wiederhergestellt, und dadurch oft hartnäckige Streitigkeiten geschlichtet werden. Es ist daher auch sehr gut, dafs man wenigstens die Haupt-Dreieckspuncte, besonders auch die, welche nicht zugleich Grenzpuncte sind, auf dem Felde mit eben der Sorgfalt durch Steine oder Pfähle bezeichnet, wie die Grenzpuncte selbst. Den Steinen und Pfählen giebt man die nemlichen Zahlen, welche die Dreieckspuncte auf der Carte haben. Die Bezeichnung von dergleichen Puncten, zumal, wenn sie nicht zugleich Grenzpuncte sind, werden weniger der Verrückung durch Vorsatz ausgesetzt sein, als die von Grenzpuncten, und wenn auch selbst von allen auf dem Felde bezeichneten Dreieckspuncten am Ende nur zwei übrig blieben, so läfst sich daraus doch das ganze Netz, und folglich die Gestalt, welche die Flur zur Zeit der Ausmessung hatte, wiederherstellen. Auch dieser Nutzen des Dreiecks-Netzes ist nicht geringe.

Für Strom-Carten pflegt man es nöthig zu finden, nicht allein die Gestalt, welche der Strom zur Zeit der Ausmessung hatte, gleichsam durch die Carte festzuhalten, sondern auch die Veränderungen des Terrains, die hier besonders häufig sind, leicht nachtragen zu können. Man pflegt deshalb auf dem Terrain eine Menge von Rechtecken oder Quadraten auszustecken, die Ecken durch Pfähle oder Steine zu vermerken, und die nemlichen Rechtecke oder Quadrate auf der Carte zu zeichnen. Verändert sich nun die Gestalt des Stromes in diesem oder jenem Quadrate, während sie noch in den übrigen bleibt, so braucht man nur die Quadrate mit der Veränderung neu auszumessen, und in der Carte nachzutragen. Ein Dreiecks-Netz thut die nemlichen Dienste, und man könnte es daher auch hier recht gut an die Stelle des Rechteck-Netzes setzen.

122.

Nachdem das Dreiecks-Netz über die Flur gemessen worden, kann man zur Ausmessung des Details schreiten. Man theilt am besten die Flur erst in gröfsere Polygone, z. B. in ganze Acker-, Wiese-, Wald oder Anger-Flächen. Von diesen Polygonen kann man vielleicht auch schon einzelne Grenz-Eckpuncte aus den Dreieckspuncten schneiden, und dadurch, wenn auch die Dreieckspuncte selbst nicht Grenzpuncte der Flur wären, die Ausmessung der Polygone an das Dreiecks-Netz anschliefsen. Geht dieses aber nicht, so mufs man durch Coordinaten einzelne Grenzpuncte mit dem Dreiecks-Netz verbinden. Die Polygone selbst mifst man nach dem im ersten Theile (*A.*) dieses Abschnitts beschriebenen Verfahren. Zum kleinen Detail bedient man sich vorzüglich mit Nutzen des Winkel-Kreuzes. Dafs alle Linien und alle Winkel, sowohl im Detail als auch im Dreiecks-Netz, horizontal gemessen werden müssen, welches bei den Winkeln, wie oben beschrieben, gewöhnlich schon durch die Instrumente von selbst geschieht, ist kaum wiederholt zu bemerken nöthig.

123.

Um den Vortrag nicht zu unterbrechen, ist noch nicht gesagt worden, dafs der Feldmesser, ehe er zum Entwurf und zur Ausmessung des Dreiecks-Netzes schreitet, alle Grenzen der Figur, sowohl die aeufseren als die inneren, genau ausmitteln mufs. Diese Ausmittlung geschieht in Gegenwart der Eigenthümer der Felder, oder wenigstens von Deputirten der Commune. Die Grenzen werden begangen, die Grenzsteine werden aufgesucht, und wo keine vorhanden, aber nothwendig sind, neue Steine, nach Anweisung der Eigenthümer, gesetzt. S t e i n e sind besser als hölzerne Pfähle, wegen ihrer längeren Dauer. Nur wo gar keine Steine zu haben sind, treibt man 3 bis 4 Fufs lange, eichene, aufsen im Feuer verkohlte, mit Zahlen und den Anfangs-Buchstaben des Namens der Commune oder auch der Felder, bezeichnete Pfähle so weit in die Erde, dafs sie nur etwa einen halben Fufs darüber hervorragen. Auch die Steine werden wie die Pfähle bezeichnet. Desgleichen legt man wohl noch unter die Steine und Pfähle, in besonders wichtigen Puncten, andere kleine Steine, Metall- und Glas-Stücke und andere in der Erde lange dauernde Dinge, um die Puncte desto sicherer wieder zu finden. Wo die Grenzen streitig sind, wird es vermerkt, und der Feldmesser thut am besten, seine Messung, wenn ihm die Vergleichung nicht gelingt, nicht etwa nach der Berichtigung der Streitigkeit, die oft Jahrelange Processe erregt, aufzuhalten, sondern b e i d e

Grenzen, welche die eine und die andere Partei behauptet, zu messen, und die Entscheidung den Richtern zu überlassen. Ueber den Grenz-Begang wird mit den, gewöhnlich landesüblich und örtlich vorgeschriebenen Förmlichkeiten ein Protocoll aufgenommen, und es ist gut, wenn der Verhandlung, der Anschaulichkeit wegen, eine ungefähre Zeichnung der Gestalt der Grenzen, zu welcher die Winkel ungefähr mit der Boussole gemessen werden, beigelegt wird. Der Begang der äufseren und inneren Grenzen giebt zugleich dem Feldmesser eine gute Gelegenheit, das Terrain schon so genau kennen zu lernen, dafs er gleich hinterher das Netz entwerfen kann. Es werden also dadurch zwei verschiedene Zwecke vereinigt.

Zweite Abtheilung.

Von Ausmessung der Unebenheiten des Terrains oder der Berge und Thäler gegen den Horizont.

124.

Nach der ersten Abtheilung dieses Abschnitts findet man die horizontale Projection kleinerer und gröfserer Fluren, das Terrain mag eben oder hügelig oder bergig seyn. Man darf nur nicht aufser Acht lassen, dafs alle Linien und Winkel jedesmal horizontal gemessen werden. Ersteres geschieht, wenn man nach (§. 18.) die Linien auf unebenem Terrain in horizontalen Absätzen mifst, die zusammen die Länge der Linien in der horizontalen Ebene geben, auf welche man sich die Flur projicirt vorstellt. Das Letztere geschieht, indem man das Winkel-Instrument, sey es Mefstisch, Boussole oder Astrolabium, oder selbst das Winkelkreuz, *immer* horizontal stellt, und also auf der Ebene oder dem Limbus des Instruments schon von selbst den Winkel findet, welchen die beiden verticalen Ebenen, in denen die vielleicht schrägen Visirlinien der Winkel-Schenkel liegen, mit einander im Horizont machen.

Will man nun aber noch, wenn das Terrain uneben oder bergig ist, die Gestalt der unebenen Erdfläche wissen, so ist nöthig, dafs man noch auf irgend eine Weise messe, wie hoch die verschiedenen Puncte des Terrains **über**, oder **wie tief** sie **unter** der horizontalen Fläche liegen, auf welche man die Fläche projicirte; denn dadurch wird das Maafs oder der Ort der verschiedenen Puncte des Terrains im Raum offenbar völlig bestimmt, und man bekömmt nun eine vollständige und bestimmte Vorstellung von der **Gestalt** der unebenen Terrain-Fläche. Es ist dieses eine Art von **Coordinaten-Verfahren**, demjenigen ähnlich, durch welches man eine krumme Linie, mit Hülfe einer geraden und Perpendikel auf dieselbe, ausmifst. Wenn nemlich die Gestalt einer **krummen** *Linie* ausgemessen werden soll, so legt man daran, nach (§. 6.) und nach (Fig. 2. Taf. 1.), eine gerade Linie entlang, setzt auf dieselbe, an den Stellen, wo die krumme Linie von der geraden verschieden abweicht, Perpendikel, mifst die Entfernung der Perpendikel von den Endpuncten oder einem anderen festen Puncte der geraden Linie, das heifst: man mifst den **Ort** der Perpendikel, und hernach die Perpendikel selbst: so findet man die verschiedenen Puncte der krummen Linie, und folglich die Linie selbst, indem man sie entweder von einem Punct zum anderen als gerade betrachtet, oder ihre noch übrigen, weniger von der geraden Richtung abweichenden Krümmen zwischen den ausgomessenen Puncten schätzt. Ganz eben so verfährt man mit einem bergigen Terrain oder einer **krummen** *Fläche*. Man legt unter oder über dieselbe eine Ebene, welches immer die als eben betrachtete horizontale Fläche ist (§. 3.), setzt auf dieselbe, an den Stellen, wo die auszumessende krumme Fläche von der Ebene verschieden abweicht, Perpendikel, die also immer senkrechte oder lothrechte (bleirechte) gerade Linien sind, mifst den **Ort** der Perpendikel in der Projection, und auf irgend eine Weise die Länge der Perpendikel, so findet man dadurch beliebige Puncte der krummen Fläche, und folglich die Fläche selbst, indem man sie entweder als eben zwischen je drei gemessenen Puncten betrachtet, welches immer möglich ist, da durch drei Puncte allemal eine Ebene gelegt werden kann, oder indem man die noch übrigen, weniger von der Ebene abweichenden Biegungen der krummen Fläche zwischen den gemessenen Puncten schätzt.

Der **Ort** der Perpendikel in der Projection wird durch die Ausmessung der Projection, nach der ersten Abtheilung dieses Abschnitts, gefunden: es ist also nur noch zu zeigen, wie die Perpendikel oder die senkrechte

Höhe und Tiefe beliebiger Puncte des Terrains über einer horizontalen Ebene gefunden werden kann.

125.

Wenn es blofs auf die Projection einer Flur auf den Horizont ankommt, die nach der ersten Abtheilung gemessen wird, so ist es gleichgültig, wie hoch oder wie tief die horizontale Fläche liegt, auf welche man sich das Terrain projicirt vorstellt, oder ob man die Projection auf einer oder verschiedenen horizontalen Flächen nimmt; denn die horizontalen Flächen sind mit einander parallel, und weiter nicht in etwas, was hier Einflufs haben könnte, verschieden. Verlangt man dagegen die Höhe und Tiefe des Terrains über oder unter einer horizontalen Fläche, so ist es wenigstens nöthig, dafs man alle Puncte der Oberfläche der Flur gegen eine und dieselbe horizontale Fläche vergleicht, weil sonst leicht Verwechselungen entstehen könnten. Da es aber beschwerlich, und auch gerade nicht nöthig ist, Tiefe und Höhe zu unterscheiden, nemlich die horizontale Fläche so zu legen, dafs die Oberfläche der Flur theils über, theils unter dieselbe fällt, so ist es gut, wenn man eine horizontale Fläche annimmt, über oder unter welcher die ganze Flur liegt. Man mufs also die horizontale Fläche, auf welche man sich die Flur projicirt vorstellt, entweder unter dem tiefsten oder über dem höchsten Punct der krummen Fläche der Flur annehmen, und da es gleichgültig ist, wie tief unter dem tiefsten, oder wie hoch über dem höchsten Punct die Fläche liegt, so ist es am natürlichsten, sie durch den tiefsten, oder durch den höchsten Punct zu legen, und zwar ist das Erstere am natürlichsten, weil es auf die tieferen Puncte einer Flur gewöhnlich mehr ankommt, als auf die höheren, auch von ersteren gewöhnlich mehrere, die gemessen werden müssen, vorhanden sind.

Man mufs sich also eine horizontale Fläche vorstellen, welche durch den tiefsten Punct der auszumessenden Flur geht, die Projection des auszumessenden Terrains auf diese horizontale Fläche nach der ersten Abtheilung suchen, und dann auf irgend eine Weise ausmessen, wie hoch die verschiedenen Puncte des Terrains über jener horizontalen Fläche, und namentlich senkrecht über den Puncten der Projection liegen, durch welche sie auf der Zeichnung vorgestellt werden.

§. 126.

126.

Die durch den tiefsten Punct einer Flur gehende, willkürlich angenommene horizontale Fläche, auf welche man sich die Flur projicirt vorstellt, wird für jede Flur eine andere seyn. So lange es nur auf eine einzelne Flur ankommt, geht dieses auch an. Wenn aber mehrere, vielleicht aneinander grenzende Fluren verglichen werden sollen, welches öfter der Fall ist, so mufs man auch wieder die verschiedenen horizontalen Flächen mit einander vergleichen, also angeben können, wie hoch oder wie tief die verschiedenen Flächen über oder unter einander liegen. Um hier wieder Verwechselungen zu vermeiden, ist es am besten, alle die verschiedenen horizontalen Flächen gegen eine einzige feste horizontale Fläche zu vergleichen. Alsdann braucht man blofs zu sagen, wie tief oder wie hoch die verschiedenen Flächen über dieser einen festen Fläche liegen. So wie es aber am natürlichsten war, die horizontale Fläche, gegen welche eine einzelne Flur verglichen wurde, durch ihren tiefsten Punct zu legen: so ist es auch am natürlichsten, zu der festen horizontalen Fläche, gegen welche alle einzelnen Flächen verglichen werden, die tiefste horizontale Fläche zu nehmen, welche beim Terrain vorkommen kann: denn alsdann braucht man nur zu sagen, wie hoch die verschiedenen einzelnen horizontalen Flächen über jener festen, tiefsten Fläche liegen. Diese tiefste horizontale Fläche für das Terrain ist die Oberfläche des Meeres. Denn da alles Gewässer in das Meer fliefst, so liegt alles Land nothwendig höher als das Meer, weil ein Land, welches tiefer läge als das Meer, von dem Meere, durch die Flüsse hinein, überströmt werden würde. Es giebt zwar einige Ausnahmen, meistens an den Meeresküsten, wo z. B. wie in Holland, das Land tiefer liegt, als das Meer, und wo dann die Meerfluth durch Deiche von dem Lande zurückgehalten werden mufs. Allein diese Fälle sind selten, und ändern übrigens im Prinzip nichts, indem man, wo sie Statt finden, nur die Tiefe des Landes unter der Meeresfläche ausmessen darf. In der Regel ist die Oberfläche des Meeres die tiefste horizontale Fläche der Erdkugel, und man kann sie also am schicklichsten zu derjenigen festen horizontalen Fläche nehmen, gegen welche andere horizontale Flächen verglichen werden, auf welche man die einzelnen Fluren, oder Theile der Erdoberfläche projiciren will. Da aber auch die Meeresfläche weder überall die nemliche, noch eine unveränderliche Höhe hat, das heifst, nicht überall gerade so weit vom Mittelpunct der Erde entfernt ist, als sie es seyn müfste, wenn sie eine unveränderliche Fläche wäre, die überall auf den Linien aus beliebigen Puncten der Fläche nach dem Mittelpunct der Erde senkrecht stände, weil die Meere verschieden hoch stehen, indem ihre Gewässer theils von einem in das andere strömen, z. B. gewöhnlich aus den Binnen-Meeren, wie das Baltische, das Mittelländische Meer etc., in den Ocean, theils durch Stürme, Strömungen, Ebbe und Fluth etc., fortwährend gehoben und gesenkt werden, so mufs man den Stand des Meeres zu einer bestimmten Zeit und an einem bestimmten Ort der Küste bezeichnen, um eine feste horizontale Fläche zu haben, gegen welche sich andere vergleichen lassen.

In jedem Falle darf man also nur ausmessen und ausdrücken, wie hoch die, durch den tiefsten Punct einer Flur gehende, horizontale Fläche, auf welche man die Flur projicirt sich vorstellen will, über einem festen Punct der Meeresfläche liegt: so hat man ein bestimmtes Maafs für die Lage der Flur, der Höhe nach; und wenn man nun ausmifst, wie hoch die einzelnen Puncte der Flur über ihrer Projection liegen, so hat man eine bestimmte Vorstellung von der Gestalt der auszumessenden Fläche selbst.

Wie die Höhe der Projection der Flur, oder überhaupt die Höhe eines beliebigen Puncts über dem Meere, oder, wenn man will, auch über jedem anderen entfernten Punct zu finden sey, wird weiter unten vorkommen. Zuerst ist zu zeigen, wie auf eine leichte und bequeme Weise die Höhe beliebiger Puncte einer einzelnen Flur, über der horizontalen Fläche, auf welche man sie sich projicirt vorstellt, gefunden werden kann.

127.

Diese Aufgabe beruhet darauf: zu messen, wie hoch ein beliebiger Punct auf dem Felde, besonders in Bergen, wo die Höhen bedeutend sind, über oder unter einem anderen, in mäfsiger Entfernung davon, also nicht gerade senkrecht darunter oder darüber befindlichen Puncte liegt; das heifst: wie hoch oder tief der erste Punct über oder unter einer, durch den zweiten gelegten horizontalen Fläche liegt, oder umgekehrt, der zweite über oder unter einer horizontalen Fläche durch den ersten. Und zwar ist zu bemerken, dafs es bei dieser Ausmessung keinesweges auf eine besondere und etwa gröfsere Genauigkeit, als z. B. bei der Ausmessung der Projection einer Feldflur ankommt. Denn für die Cultur und den Werth einer Flur ist die Höhe ihrer verschiedenen Puncte meistens nur in sofern von Bedeutung, als sich danach die Abhänge der Berge gegen die Himmelsgegenden richten: die absolute Höhe hat, wenigstens bis auf Kleinigkeiten, auf den Werth eines Landflecks weniger Einflufs. Die Ausmessung der absoluten Höhe wird auch gewöhnlich nur zu anderen Zwecken verlangt, z. B. zu militairischen Zwekken, oder wenn man eine Strafse über Berge bauen will, wenn man die Gestalt der Berge in mineralogischer Hinsicht oder für den Bergbau wissen, und daran vielleicht die unterirdischen Messungen der Stollen, Schachte und Gänge (nach der sogenannten Markscheidekunst) anschliefsen will, u. s. w. Auch sind die Höhen noch weit veränderlicher, als die Projection der Feldflur. Jeder starke Regengufs kann das Terrain erhöhen und erniedrigen, und auch die Cultur und Kunst verändert die Höhen einzelner Stellen des Terrains häufig. Es kommt also bei der Ausmessung der Höhen höchstens nur auf die nemliche Genauigkeit an, welche in den gewöhnlichen Fällen für die Projection einer Flur verlangt wird.

128.

Hierzu ist schwerlich ein Instrument passender und geschickter, als der horizontale Vollkreis mit Kippregel, Fernrohr und Höhenkreis, kurz, das Astrolabium, wie es (§. 53. etc.) beschrieben ist. Vermittelst dieses Instruments kann man, ohne es sehr oft aufzustellen, die Höhen beliebiger Puncte, wie folgt, finden.

I. Es sey A (Fig. 95. Taf. 10.) irgend ein Punct des Terrains, aus welchem man einen anderen B und die gerade Linie AC übersehen kann; desgleichen sey B ein Punct, aus welchem man umgekehrt A und die Linie BC übersehen kann. Man stelle das Astrolabium in A auf, und den Limbus, vermittelst der Dosen-Libelle, sorgfältig horizontal, visire erst nach B und dann nach C, beobachte auf die gewöhnliche Weise den Winkel CAB auf dem Limbus, welcher, da die Scheibe des Instruments horizontal steht, derjenige seyn wird, welchen die verticalen Ebenen durch die Winkelschenkel AC und AB mit einander in der horizontalen Projection machen. Dieser Winkel werde durch A bezeichnet. Zugleich bemerke man am Höhen-Kreise die Winkel, welche die Visirlinien AB und AC mit dem Horizont machen. Diese Winkel mögen durch γ und β bezeichnet werden. Hierauf messe man, auf die gewöhnliche Weise, und wenn es nöthig seyn sollte, Absatzweise, die Länge der horizontalen Projection der geraden Linie AB, welche durch c bezeichnet werden mag. Nun bringe man das Astrolabium nach B, stelle es daselbst wiederum horizontal auf, visire nach A und C, messe auf dieselbe Weise wie vorhin in A, den horizontalen Winkel $ABC = B$, und an dem Höhenkreise den Winkel, welchen die Visirlinie BC mit dem Horizont macht, und welcher α heifsen mag, auch zur Probe den Winkel, welchen die Visirlinie BA mit dem Horizont macht, und welcher derselbe seyn wird, welchen man in A zwischen der Visirlinie AB und dem Horizont fand, so läfst sich aus diesen gemessenen Stücken nicht allein der Unterschied der Höhe aller drei Puncte A, B, C, sondern auch zugleich die Lage des Puncts C gegen A und B in der Projection finden.

α) Wenn man sich nemlich durch A eine horizontale Fläche, und durch AC und BC verticale Ebenen vorstellt, so werden diese verticalen Ebenen die horizontale Fläche in einem horizontalen ebenen Dreieck schneiden, dessen beide andere Ecken senkrecht über oder unter B und C, und dessen Seiten senkrecht über oder unter den Seiten AB, AC, CB des vielleicht nicht horizontal liegenden Dreiecks ABC liegen. Das horizontale Dreieck wird also eine horizontale Projection des vielleicht schiefliegenden Dreiecks ABC seyn. Da nun die Seite AB des horizontalen Dreiecks, desgleichen bei A und B die Winkel im Horizont, also auch die Winkel des horizontal projicirten Dreiecks unmittelbar gemessen wurden, so lassen sich zuerst die horizontalen Projectionen der anderen beiden Seiten AC und BC auf die gewöhnliche Weise finden. Es ist nemlich, wenn man durch AB_1, B_1C_1 und AC_1 die horizontalen Projectionen der schiefliegenden Seiten AB, BC und AC bezeichnet, weil $AB_1 = c$ war, $\frac{c}{\sin(A+B)} = \frac{AC_1}{\sin B} = \frac{B_1C_1}{\sin A}$.

Also ist

$$1.\quad AC_1 = \frac{c \,.\, \sin B}{\sin(A+B)} \text{ und } BC_1 = \frac{c \,.\, \sin A}{\sin(A+B)}.$$

Dadurch wird, wie bei jedem Vorwärts-Einschneiden, die Lage des Puncts C gegen A und B in der horizontalen Projection gefunden.

β) Nun wurden aber auch die Winkel α, γ und β gemessen, welche die schrägen Dreiecks-Seiten BC, AB und AC mit dem Horizont, also mit ihren horizontalen Projectionen B_1C_1, AB_1 und AC_1 machen. Auf diesen horizontalen Projectionen der Dreiecks-Seiten stehen die Perpendikel aus C und B, bis zu den Projectionen, welche Perpendikel eben die Unterschiede der Höhen der 3 Puncte sind, senkrecht; also schliefsen die schrägen Dreiecks-Seiten mit ihren horizontalen Projectionen und den Höhen-Unterschieden rechtwinklige Dreiecke ein, deren Catheten die Höhen-Unterschiede und die horizontalen Projectionen, und deren Hypothenusen die schrägen Dreiecks-Seiten selbst, die Winkel aber, den Höhen-Unterschieden gegenüber, die gemessenen Höhen-Winkel α, β und γ sind. Folglich darf man nur, um die Höhen-Unterschiede zu finden, die oben gefundenen horizontalen Projectionen der Dreiecks-Seiten AB_1, AC_1 und B_1C mit den Tangenten der Höhen- oder Tiefen-Winkel α, β, γ multipliciren. Dieses giebt, wenn man den Höhen-Unterschied der Puncte A und B durch (AB), denjenigen der Puncte A und C durch (AC) und denjenigen der Puncte B und C durch (BC) bezeichnet,

$$2.\quad (AB) = AB_1 \operatorname{tang} \gamma,\ (AC) = AC_1 \operatorname{tang} \beta, \text{ und } (BC) = B_1C \operatorname{tang} \alpha, \text{ oder}$$

$$3.\quad (AB) = c \operatorname{tang} \gamma,\ (AC) = \frac{c \sin B \operatorname{tang} \beta}{\sin(A+B)}, \text{ und}$$

$$(BC) = \frac{c \sin A \operatorname{tang} \alpha}{\sin(A+B)}.$$

Hieraus findet man durch eine, besonders mit Logarithmen, leichte Rechnung, unmittelbar aus den gemessenen Winkeln die Höhen-Unterschiede der drei Puncte A, B und C.

γ) Es ist willkürlich, ob man die Höhen- oder die Tiefen-Winkel positiv annimmt, z. B. ob man, wenn der Punct A höher liegt, als C, den Winkel β, welchen die schräge Linie AC mit dem Horizont oder mit ihrer horizontalen Projection macht, positiv oder negativ seyn läſst. Nimmt man aber z. B. die Tiefen-Winkel positiv, so sind die Höhen-Winkel negativ, und umgekehrt. Dieses ist bei der Rechnung nach den Ausdrücken (2.) zu beobachten.

δ) Da der Unterschied der Höhen, z. B. der Puncte A und C, nothwendig der Summe der Höhen-Unterschiede der Puncte A und B, und B und C gleich ist, so muſs allemal

$$(AC) = (AB) + (BC),$$

das heiſst

$$\frac{c \cdot \sin B \tang \beta}{\sin(A+B)} = c \cdot \tang \gamma + \frac{c \cdot \sin A \tang \alpha}{\sin(A+B)}$$

seyn. Daraus folgt

$$\sin B \cdot \tang \beta = \sin(A+B) \tang \gamma + \sin A \tang \alpha, \text{ oder}$$

4. $$\sin(A+B) \tang \gamma = \sin B \tang \beta - \sin A \tang \alpha.$$

Dieses dient zur Prüfung der gemessenen Winkel.

II. Auf diese Weise läſst sich also die Höhe des Puncts C, so wie die des Puncts B gegen die Höhe von A, aus den beiden Standpuncten A und B, finden, und zugleich auch die Lage des Puncts C gegen A und B im Horizont.

Auf dieselbe Weise würde man die Höhe und Lage jedes anderen, aus A und B sichtbaren Puncts finden. Da man aber für jeden, nicht in den Linien AC und BC liegenden Punct vier andere Winkel, A, B, α, β, messen müſste, und es hier auf eine Menge von Puncten ankommt, so muſs man das Verfahren noch auf folgende Weise zu erleichtern suchen.

Für alle in den verticalen Ebenen durch AC und BC liegende Puncte ${}^1C$, ${}^2C$, ${}^3C$ .... ${}_1C$, ${}_2C$ etc. und ${}^1B$, ${}^2B$, ${}^3B$ .... ${}_1B$, ${}_2B$ etc., sind nemlich offenbar, für erstere der horizontale Winkel B, für letztere der horizontale Winkel A der nemliche, und nur die Höhenwinkel α und β können verschieden seyn. Man kann also kürzer, wie folgt, verfahren. Man läſst die geraden Linien AC und BC von C vor- und rückwärts, so weit sie von A und B aus sichtbar sind, ausstecken, und miſst von C aus die Entfernungen von den Puncten ${}^1A$, ${}^2A$, ${}^3A$ .... ${}_1A$, ${}_2A$ .... und ${}^1B$, ${}^2B$ .... ${}_1B$, ${}_2B$ ...., in den verticalen Ebenen CA und CB auf dem Terrain, deren Höhe gegen A und B man ebenfalls wissen will, und zwar, wie gewöhnlich, horizontal, also, wenn es nöthig ist, staffelweise. Nun beobachtet man, wenn das Instrument in A aufgestellt ist, nächst dem horizontalen Winkel A, nicht allein den Höhenwinkel β für den Punct C, sondern auch, indem die Alhidade, fest auf C gerichtet stehen bleibt, die Höhen-Winkel für die anderen Puncte ${}^1A$, ${}^2A$, ${}^3A$ .... ${}_1A$, ${}_2A$ etc. der Linie AC, welche Winkel durch ${}^1\beta$, ${}^2\beta$, ${}^3\beta$ .... ${}_1\beta$, ${}_2\beta$ etc. bezeichnet werden mögen, und welches, da die Lage des Instruments weiter gar nicht verändert wird, leicht und schnell angeht. Eben so beobachtet man, wenn das Instrument in B aufgestellt ist, nächst dem horizontalen Winkel B, nicht allein den Höhen-Winkel α für den Punct C, sondern zugleich die Höhenwinkel für die anderen Puncte ${}^1B$, ${}^2B$ .... ${}_1B$, ${}_2B$ .... der Linie BC, welche durch ${}^1\alpha$, ${}^2\alpha$, ${}^3\alpha$ .... ${}_1\alpha$, ${}_2\alpha$ .... bezeichnet werden mögen, welches wiederum, weil die Lage des Instruments nicht verändert wird, leicht angeht. Hierauf berechnet man nach den Ausdrücken (1.) die Länge der horizontalen Projectionen AC_1 und BC_1 der schiefen Seiten AC und BC. Von diesen Längen zieht man die gemessenen horizontalen Projectionen der Linien C^1A, C^2A .... und C^1B, C^2B .... ab, oder addirt dazu die Längen der gemessenen horizontalen Projectionen der Linien C_1A, C_2A .... C_1B, C_2B ...., und multiplicirt nun die Linien AC_1 und BC_1, so wie die Reste und Summen mit den Tangenten der zugehörigen Höhenwinkel β, ${}^1\beta$, ${}^2\beta$ .... ${}_1\beta$, ${}_2\beta$ .... und α, ${}^1\alpha$, ${}^2\alpha$ .... ${}_1\alpha$, ${}_2\alpha$ ....: so findet man die Unterschiede der Höhen der Puncte C, ${}^1A$, ${}^2A$ .... ${}_1A$, ${}_2A$ .... und ${}^1B$, ${}^2B$ .... ${}_1B$, ${}_2B$ .... gegen die Puncte A und B, desgleichen die Lage gegen diese Puncte im Horizont. Der Höhen-Unterschied (AB) der Puncte A und B ist, wie oben in (3.), $AB = c \cdot \tang \gamma$.

Durch diese Abkürzung des Verfahrens kann man schon auf eine leichte Weise die Höhe und Lage von so vielen, aus A und B sichtbaren Puncten, auf dem Terrain, in den verticalen Ebenen durch AC und BC, finden, als man will.

Man kann auch durch A und B noch andere Linien AP und BP, AE und BE, u. s. w. legen, und auch in dieser Richtung die Höhen beliebiger Puncte, alles aus den nemlichen Standorten des Instruments, messen. Man kann also von A und B aus, durch ein nicht mühsames Verfahren, die Höhe einer Menge von Puncten messen, wo sie auch liegen mögen, in sofern sie nur aus *A* und *B*, und selbst gröſstentheils nur aus einem dieser Puncte sichtbar sind. Denn wenn auch z. B. der Punct ¹*A* in der Linie *AC* aus *B* nicht sichtbar wäre, wird seine Höhe dennoch schon auf die obige Weise gemessen. Es ist bloſs nöthig, daſs einige Puncte, wie *C*, *P*, *E* etc., welche die verticale Ebene bestimmen, in welcher die übrigen Puncte liegen, aus beiden Standorten *A* und *B* zugleich sichtbar sind.

III. Läſst man nun weiter die Seiten *AC* und *BC* neue Grundlinien der Ausmessung seyn, welches angeht, weil die Lage ihrer horizontalen Projectionen berechnet werden konnte, so kann man ferner Puncte, wie *F*, *D* etc., vorwärts einschneiden, und ihre Höhe, so wie diejenigen beliebigen, aus dem neuen Standorte sichtbaren Puncte, z. B. diejenigen, die in den verticalen Ebenen *CF*, *BF*, *CD*, *AD* etc. liegen, auf dieselbe Weise messen. Auch kann man sich eben sowohl, wenn man will, des Rückwärts-Einschneidens bedienen, und es ist leicht zu sehen, daſs man auf diese Weise die ganze Flur durchlaufen, und mit leichter Mühe die Höhen-Unterschiede einer groſsen Menge von Puncten, zugleich mit ihrer Lage in der horizontalen Projection, finden kann, zwischen welchen man dann das Terrain entweder eben annimmt, oder die Abweichungen seiner Biegungen von Ebenen durch je drei Puncte, schätzt; auf ähnliche Weise, wie bei Ausmessung krummer Linien in der Ebene, durch Coordinaten (§. 6.).

129.

Dieses Verfahren, die Höhen-Unterschiede beliebiger Puncte einer bergigen Flur zu finden, bestehet also im Wesentlichen darin, daſs man über die ganze Flur, durch Vorwärts- und Rückwärts-Einscheiden, ein Dreiecks-Netz legt, dessen Eckpuncte besonders diejenigen sind, aus welchen die meisten anderen gesehen werden können, und in den Eckpuncten mit einem horizontal-stellbaren Astrolabio, welches eine Kippregel mit Fernrohr und einen Höhen-Kreis hat, nicht allein die horizontalen Winkel der Dreiecks-Seiten, wie gewöhnlich, sondern auch noch zugleich die Höhen-Winkel, und zwar letztere nicht allein von den geschnittenen Eckpuncten der Dreiecke, sondern auch noch von beliebigen anderen, aus den Standorten sichtbaren Puncten auf dem Terrain, die in den Vertical-Ebenen durch die Visirlinien liegen, beobachtet. Daraus findet man durch eine leichte Rechnung, die wenig mehr beträgt, als schon zu einem gewöhnlichen Dreiecks-Netz nöthig ist, die aber Alles, was das Dreiecks-Netz erfordert, gleich mit enthält, nicht allein die Höhen-Unterschiede der verschiedenen Puncte des Terrains, sondern auch ihre Lage in der horizontalen Projection. Es ist blofs nur noch nöthig, dafs man mit den Dreiecken noch etwas weiter in's Detail geht, als es ohne die Absicht, die Höhen zu finden, vielleicht geschehen würde; denn für sehr lange Dreiecks-Seiten werden die Höhen natürlich weniger genau gefunden, als wenn die Visirlinien kürzer sind. Je kürzer sie sind, desto genauer erreicht man seinen Zweck.

130.

Beim Visiren zum Höhenmessen ist noch der Unterschied gegen das gewöhnliche Winkelmessen zu bemerken, dafs, während man bei diesem blofs nach senkrecht gestellten Stäben visirt, gleichviel, ob hoch oder niedrig, hier nothwendig nach bestimmten Puncten der Stäbe visirt werden mufs. Denn es wird die Höhe von Puncten gesucht. Man mufs also auch, weil man nicht die Höhe der Puncte an den Stäben, sondern vielmehr die Höhe der Terrainpuncte, über welchen die Stäbe stehen, verlangt, allemal noch die Höhe der Stäbe von der gefundenen Höhe abziehen. Eben so mufs man die Höhe des Instruments über dem Boden von der Höhe der Standpuncte abziehen. Es ist gewöhnlich hinreichend, wenn man auf den Gipfeln der Stäbe Strohbündel, die aber nicht leicht auf und nieder geschoben werden können, befestigt. Man visirt dann nach der Mitte dieser Strohbündel. Die Stäbe müssen natürlich immer genau senkrecht gestellt werden. In nicht zu hoch aufgewachsenen Gebüschen kann man hohe Stäbe setzen, die darüber hinausreichen. Auch selbst in Wäldern, mit welchen die Bergabhänge häufig bedeckt sind, wird es noch meistens möglich seyn, sichtbare Puncte, wie z. B. Strohbündel, über die Bäume hinaus zu schieben. Ist dieses aber zu schwierig, und es sind besonders wichtige Terrain-Formen zu messen, so mufs man die nöthigsten Visirlinien in Wäldern schmal auslichten lassen. Im Winter, wenn die Bäume kein Laub haben, findet auch dieses Messen weniger Hindernisse. Die Standpuncte wird man meistens an der Seite der Bergrücken, und zwar so nahe an den Thälern nehmen, dafs man quer über das Thal, und zugleich zum Theil das Thal entlang sehen kann. Aus solchen Standpuncten läfst sich das Terrain besonders gut und weit übersehen. Mufs man in die Thäler hinunter gehen, so wird man die Standpuncte möglichst nicht ganz im Boden derselben, sondern, der besseren Uebersicht wegen, etwas erhöhet, am Rande der Abhänge, nehmen.

131.

Die Genauigkeit dieser Höhenmessung hängt zunächst von derjenigen ab, mit welcher man den Limbus des Winkelmessers vermittelst der Dosen-Libelle horizontal stellen kann. Es sey eine Visir-Linie z. B. 100 Ruthen lang. Der Umfang eines Kreises, dessen Halbmesser 100 Ruthen ist, beträgt $3\frac{1}{7} . 200 = 628{,}6$ Ruthen. Jeder Grad dieses Kreises ist also $\frac{628{,}6}{360} = 1{,}746$ Ruthen $= 174{,}6$ Zoll, also jede Minute $\frac{174{,}6}{60} = 2{,}91$ Zoll, folglich noch nicht 3 Zoll lang. Fehlte man also mit der Libelle, gegen den Horizont um 1 Minute, so fehlte man auf 100 Ruthen lang etwa 3 Zoll, auf 200 Ruthen lang 6 Zoll, auf 300 Ruthen lang 1,2 Fufs, u. s. w., bei 2 Minuten das Doppelte, bei 3 Minuten das Dreifache u. s. w. Nun kann man mit der Dosen-Libelle den Limbus des Astrolabii sehr wohl bis auf 1 Minute genau stellen (§. 34.). Der Fehler auf eine schon recht lange Entfernung von 300 Ruthen, ist also immer im Verhältnifs nur unbedeutend, und selbst dann noch beim Terrain nicht in Anschlag zu bringen, wenn man 2 bis 3 Minuten fehlen sollte. Da aber aufserdem die Messung, wie jedes Dreiecks-Netz viele Proben in sich trägt, und die Höhen gerade durch so lange Linien in der Regel nicht gemessen werden, sondern durch kürzere Linien von 10, 20, 30, 50, höchstens 100 Ruthen lang, so ist die Messung in diesem Betracht und zu ihrem Zwecke bei weitem genau genug. Man kann leicht selbst die nemliche Genauigkeit damit erreichen, die bei der Ausmessung der horizontalen Projection und der

Carte der Flur gewöhnlich nur verlangt zu werden pflegt.

Es sind aber andere nothwendige Berichtigungen, wegen der Krümmung der Erde und der Biegung der Lichtstrahlen, erforderlich. Um zu sehen, in wiefern diese Fehler hier von Bedeutung sind und in Betracht gezogen werden müssen, wird es nöthig seyn, diesen Gegenstand, der sonst erst beim Nivelliren vorkommt, in soweit die Kenntnifs desselben erforderlich ist, schon hier abzuhandeln.

132.

Von der Höhen-Correction wegen der Krümmung der Erde.

Die Erde ist, wenn man auf die Unebenheiten durch die Berge nicht sieht, also sich z. B. vorstellt, dafs das Meer überall wäre, beinahe kugelförmig. Genauer ist sie ein runder Körper, der aus der Umdrehung einer länglichen krummen Linie, wie die Ellipse, um ihre kleine Axe, entstehet. Die Axe der Erde, um welche sie sich täglich herumdrehet, von Pol zu Pol, ist der kürzeste Durchmesser dieser länglichen Linie. Er beträgt nach den neuesten Ausmessungen, die indessen, ihrer grofsen Schwierigkeit wegen, möglicherweise von der Wahrheit noch immer etwas abweichen können, 3375108,3 Preufsische Ruthen. Die einander gleichen Durchmesser des Aequators, senkrecht auf der Erd-Axe, und mitten durch dieselbe, welche die längsten Durchmesser sind, haben eine Länge von 3386210,7 Ruthen. Der Unterschied, oder die Abplattung der Erde, beträgt also nur etwa $\frac{1}{331}$ der Erd-Axe oder des kleinsten Durchmessers. Wegen dieser geringen Abweichung von der Kugelgestalt kann man, wenigstens für den gegenwärtigen Zweck, die Erde, nemlich, wie gesagt, so betrachtet, als wenn sie überall von Meer bedeckt wäre, als eine Kugel betrachten, deren Durchmesser das Mittel hält zwischen dem gröfsesten und kleinsten Durchmesser des Erdballes, und diesen Durchmesser 3382505,4 Ruthen, also den Halbmesser 1691252,7 Ruthen setzen. Ein Grad im Umfange dieser Kugel ist 29517,923 Ruthen lang, folglich ist die Länge einer geographischen Meile (Seite 1.), weil deren 15 auf den Grad gehen sollen, 1967,862 Ruthen, welches also die Länge von 4 Minuten des Umfanges der Erde ist. Die Länge Einer Minute beträgt daher 491,96 oder beinahe 492 Ruthen, die Länge einer Secunde 8,1994, oder sehr nahe 8,2 Ruthen. Der Halbmesser der Kugel beträgt etwa 859,4366 geographische Meilen.

II. Jede Fläche, welche mit der wirklichen Oberfläche der Erde, oder vielmehr des Meeres, parallel läuft, wird als horizontale Fläche betrachtet, und da die wirkliche Oberfläche der Erde, wie vorhin gesagt, schon überhaupt von einer Kugelfläche wenig, also auf nicht sehr grofse Ausdehnungen, nur ganz unmerklich abweicht, so betrachtet man eine Fläche, selbst von vielen Quadratmeilen, wenn sie ein Stück einer Kugelfläche ist, deren Halbmesser 859,4366 geographische Meilen, oder wenn alle ihre Puncte vom Mittelpunct der Erde gleich weit entfernt sind, als horizontal. Man nennt eine solche horizontale Fläche, um sie noch bestimmter zu bezeichnen, *wahre Horizontal-Fläche*, und Linien in ihr, *wahre Horizontal-Linien*. Da nun Puncte als gleich hoch betrachtet werden, wenn sie in einerlei horizontalen Fläche liegen, so sind gleich hohe Puncte, selbst wenn sie mehrere Meilen von einander entfernt sind, solche, die gleich weit vom Mittelpunct der Erde abstehen, und der Unterschied der Höhe ungleich erhöheter Puncte ist der Unterschied ihres Abstandes vom Mittelpunct der Erde.

III. Nun stellt die Dosen-Libelle eine Ebene, z. B. die des Limbus eines Winkelmessers horizontal, nemlich so, dafs sie auf der lothrechten Linie, die durch den Standort des Instruments nach dem Mittelpunct der Erde geht, perpendiculair ist, weil die Kugelfläche überall auf ihrem Halbmesser senkrecht steht. Stellt daher in (Fig. 96.) *FABG* die Krümmung der Erde, und *C* ihren Mittelpunct, *HAD* aber eine auf dem Halbmesser *AC* senkrechte Ebene vor, die also die Kugelfläche in *A* berührt, so befindet sich der Limbus eines in *A* aufgestellten Winkelmessers in der Ebene *HAD*, oder ist mit ihr parallel, sobald er durch eine Dosen-Libelle horizontal gestellt wurde. Man nennt die, die Kugelfläche der Erde in irgend einem Ort berührende Ebene, weil sie in dem Berührungspunct mit der Kugelfläche einerlei Richtung hat, ebenfalls horizontal, zum Unterschiede von der Kugelfläche aber, *scheinbar horizontal.*

Visirt man nun mit dem, auf der horizontalen Ebene des Limbus auf und nieder beweglichen Fernrohre der Kippregel, z. B. nach einem höheren, oder weiter als *A* vom Mittelpuncte der Erde entfernten Puncte *K*, und mifst den Winkel am Höhen-Kreise, nemlich den Winkel, welchen die Visirlinie mit der Ebene des Limbus macht, so ist es der Winkel *KAD*, welchen man mifst. Man hätte aber, wenn man wissen wollte, um wie viel *K* höher als *A* liegt, d. h. um wie viel weiter *K* von *C* entfernt ist als *A*, den Winkel *KAB* messen sollen; denn der Punct *B* in der Kugelfläche, oder im wahren Horizont, nicht der Punct *D* im scheinbaren Horizont, liegt mit *A* gleich hoch, oder eben so weit vom Mittelpunct der Erde entfernt als *A*. Der Höhenwinkel, welchen das Instrument giebt, ist also um den Winkel *DAB* zu klein, und man mufs zu dem gemessenen Höhenwinkel noch den Winkel *DAB* hinzurechnen. Eben so verhält es sich, wenn der Punct, nach welchem man visirt, niedriger als *A* liegt, z. B. in *L*. Man mifst alsdann am Instrumente den negativen Winkel *LAD*, statt dafs man nur hätte den negativen Winkel *LAB* messen sollen. Man mufs also ebenfalls noch zu dem gemessenen Winkel den Winkel *DAB* addiren.

Dieser Winkel *DAB* ist die Hälfte des Winkels *ACB*, welchen die Halbmesser *AC* und *BC* durch die beiden Puncte, den Standort und den visirten Punct, mit einander machen; denn wenn *CEI* auf *AB* senkrecht steht, also $AE = EB$ und $ACE = BCE$ ist, so sind die rechtwinkligen Dreiecke *CEA* und *CIA* ähnlich, weil sie den Winkel bei *C* gemein haben; desgleichen sind die rechtwinkligen Dreiecke *AEI* und *CAI* ähnlich, weil sie den Winkel bei *I* gemein haben, folglich sind die Dreiecke *AEI* und *CEA* ähnlich, und folglich ist der Winkel *EAI* oder *DAB* gleich dem Winkel *ECA*, und also gleich der Hälfte des Winkels *ACB*.

Hätte man horizontal visirt, also der Höhenkreis am Instrument den Winkel o gegeben, und folglich der visirte Punct in der geraden Linie *AD* gelegen, so wäre er deshalb keinesweges mit *A* gleich hoch, sondern höher gewesen, denn man hätte eigentlich nicht den Winkel o, sondern den Winkel *DAB* finden müssen.

IV. Der Winkel *DAB* ist nun der Fehler der Berghöhen-Messung, der aus der Krümmung der Erde nothwendig entstehet. Da er die Hälfte des Winkels am Erd-Mittelpunct für die beiden Puncte *A* und *B* ist, so läſst er sich leicht finden. Er richtet sich nemlich nach der Entfernung des visirten Puncts *B* von dem Standorte des Instruments *A*. Wäre z. B. der visirte Punct *B*, 492 Ruthen von *A* entfernt, so betrüge der Winkel *ACB* am Mittelpunct der Erde, nach (I.), gerade 1 Minute. Die Correction *DAB*, oder der Winkel, welchen man zu dem, am Höhenkreis gefundenen Winkel noch addiren müſste, betrüge also ½ Minute. Wäre *B* von *A* um 8,2 Ruthen entfernt, so wäre *ACB* 1 Secunde, und folglich *DAB* ½ Secunde, u. s. w.

V. Will man wissen, wieviel nicht sowohl die Correction des am Höhenkreise beobachteten Winkels, als vielmehr die Correction *BD* des daraus berechneten Höhen-Unterschiedes selbst beträgt, so darf man nur die halbe Entfernung *AB* mit der Tangente des doppelten Winkels *DAB*, oder mit der Tangente des Winkels *ACB* am Mittelpunct der Erde multipliciren. Denn da *IB* auf *CD* senkrecht ist, so sind die rechtwinkligen Dreiecke *IBD* und *CAD*, weil sie den Winkel bei *D* gemein haben, ähnlich: also ist $BID = ACB$, und folglich $BD = IB \tan ACB$. Die gerade Linie *IB* kann man aber der halben Entfernung *AB*, im Bogen gemessen, oder auch der Hälfte der Entfernung *AD* gleich setzen, weil der Winkel *ACD* am Mittelpunct immer nur sehr klein ist, und folglich die Länge des Bogens *AB* von der Summe der Linien *AI* und *IB* oder auch *AI* und *ID* nur unmerklich abweicht. Man findet also *BD*, wenn man die halbe Entfernung *AB* oder *AD* mit der Tangente des Winkels *ACB* am Mittelpunct multiplicirt.

VI. Auch kann man die wegen der Krümmung der Erde nöthige Höhen-Correction *BD* ohne erst den Winkel *ACB* am Mittelpuncte zu berechnen, unmittelbar finden.

Da nemlich die rechtwinkligen Dreiecke *IBD* und *CAD* ähnlich sind (V.), so ist $\frac{BD}{IB} = \frac{AD}{AC}$, woraus $BD = \frac{IB \cdot AD}{AC}$ folgt. Man kann aber *AI* oder das gleiche *IB* für $\frac{1}{2} AD$ annehmen, weil für den nur sehr kleinen

Winkel *ACB* die Tangente *AD*, also um so mehr die kürzere umschriebene Linie $AI + IB$ von dem Bogen *AB* nur sehr wenig verschieden ist. Man findet also

$$1. \quad BD = \frac{AD^2}{2AC},$$

d. h. man findet die Höhen-Correction wegen der Krümmung der Erde, wenn man das Quadrat der Länge der Station mit dem Durchmesser der Erde dividirt, und um diese Correction mufs man die aus gemessenen Höhenwinkeln berechneten Höhen-Unterschiede *vergröfsern*.

Gesetzt, die Station *AB* sey 200 Ruthen lang, so ist

$$BD = \frac{200^2}{3382505{,}4} = 0{,}0118 \text{ Ruthen.}$$

Auf eine Station von $\sqrt{3382505{,}4} = 1839$ Ruthen, oder fast eine Meile lang, beträgt die Höhen-Correction erst Eine Ruthe.

133.

Von der Höhen-Correction wegen der Biegung der Lichtstrahlen.

I. Die Luft, welche die Erde umgiebt, oder die Atmosphäre, ist eine durchsichtige, elastische Flüssigkeit, und wie alle andere Körper der Schwerkraft unterworfen. Vermöge ihrer Elasticität hat sie die Eigenschaft, dafs sie von einem auf sie wirkenden Druck in einen engeren Raum zusammengeprefst, und also dichter wird, auch sich wieder ausdehnt, wenn der Druck nachläfst. Da nun die obere Luft vermöge ihres Gewichts auf die untere drückt, so ist die Luft unten, in der Nähe der Erde, dichter, als weiter oben. Nun wird ein Lichtstrahl, der aus einem dünneren in ein dichteres Mittel fährt, in sofern seine Richtung nicht auf der Grenze zwischen beiden Mitteln senkrecht stehet, an der Grenze, von seiner Bahn abgelenkt oder gebrochen (§. 27.). Stellte man sich also die die Erde umgebende Luft in Schichten vor, wie in (Fig. 97.), von zunehmender Dichtigkeit, jede in ihrer ganzen Höhe aber gleich dicht, so würde ein Lichtstrahl *FA*, dessen Richtung nicht senkrecht auf die Oberfläche der Erde ist, wie *PA*, eine gebrochene Linie *FEDCBA* beschreiben, deren Richtung sich der senkrechten immer mehr nähert. Da aber die Schichten eigentlich nicht Statt finden, sondern die Dichtigkeit der Luft, nach der Erde zu, stetig oder ununterbrochen zunimmt, so wird die Bahn des Lichtstrahls nicht sowohl eine gebrochene Linie *FEDCBA*, sondern vielmehr eine gebogene Linie von stetiger Krümmung seyn, deren Richtung, unten in *A*, mit dem Perpendikel den kleinsten Winkel macht, und nach oben zu immer weiter davon abweicht. Visirt man also an der Oberfläche der Erde bei *A* nach einem Puncte *Q*, der nicht senkrecht über dem Standort *A*, sondern zur Seite hin, entweder höher, oder niedriger, oder eben so hoch als *A* liegt, so wird man ihn nach der Richtung der Tangente *AR* der Curve an *A*, in *R*, statt in *Q* zu sehen glauben, also höher, als er wirklich liegt, und zwar um den Winkel *RAQ*. Man mufs daher diesen Winkel *RAQ* von dem beobachteten Höhenwinkel abziehen. Der Winkel *RAQ* ist die Höhen-Correction wegen der Biegung der Lichtstrahlen.

II. Der Winkel *RAQ* richtet sich nach der Gestalt der gebogenen Linie *QFCA*, welche der Lichtstrahl aus *Q* nach *A* hin durchläuft, und diese nach der Brechkraft der verschiedenen Luftschichten. Die Brechkraft ist nach der Temperatur, nach der Feuchtigkeit der Luft, nach der Electricität, nach den Tageszeiten, nach der Richtung des Strahles gegen den Horizont u. s. w. verschieden, folglich auch der Winkel *RAQ*. Er ist aber in allen Fällen nur sehr klein. Ungefähr ist die Curve der Bogen eines Kreises, dessen Halbmesser etwa sechsmal so grofs ist, als der Halbmesser der Erde. Wie dieses zu finden, gründlich zu erklären, ist hier viel zu weitläufig. Wer sich darüber unterrichten will, mufs eigene dahin gehörige Abhandlungen, z. B. von Lambert, Laplace und Kramp, z. B. von letzterem: „Analyse des refractions astronomiques et terrestres" nachlesen. Man kann aber das blofse Resultat um so mehr annehmen, da die Correction, wie gesagt, nur sehr unbedeutend ist. Man kommt der Wahrheit sehr nahe, wenn man sie blofs gleich *Einem Sechstheil* derjenigen setzt, welche wegen der Krümmung der Erde nöthig ist.

§. 134.

134.

Von der Höhen-Correction wegen der Krümmung der Erde und der Biegung der Lichtstrahlen zusammengenommen.

Da die Höhen-Correction wegen der Krümmung der Erde, welche gleich dem Quadrat der Länge der Station, dividirt durch den Durchmesser der Erde war, (§. 132.) zu dem aus dem beobachteten Höhenwinkeln berechneten Höhen-Unterschieden hinzugerechnet, hingegen die Correction wegen Biegung der Lichtstrahlen, welche Ein Sechstheil von jener war, davon abgezogen werden mufs, so findet man die ganze Correction, wenn man von dem Quotienten des Quadrats der Länge der Station durch den Durchmesser der Erde, Fünf Sechstheil nimmt. Hiernach läfst sich leicht eine Tafel der Correction für verschiedene Längen der Station berechnen. Bezeichnet man nemlich die Länge der Station durch a, und den Halbmesser der Erde durch r, so ist die gesammte Höhen-Correction, wegen der Krümmung der Erde und der Biegung der Lichtstrahlen, welche durch c bezeichnet werden mag,

$$c = \frac{5a^2}{12r}.$$

Von diesem Ausdrucke sind schon die zweiten Differenzen unveränderlich, wenn man a gleichförmig zunehmen läfst. Man darf also nach dem Ausdruck $c = \frac{5a^2}{12r}$ nur drei c für drei verschiedene, um gleichviel zunehmende a berechnen, so findet man alle übrigen, so weit man will, blofs durch Addition. (Rechenkunst §. 364.) Dieses giebt Folgendes:

Länge der Station in Ruthen	Höhen-Correction in Ruthen	Länge der Station in Ruthen	Höhen-Correction in Ruthen	Länge der Station in Ruthen	Höhen-Correction in Ruthen	Länge der Station in Ruthen	Höhen-Correction in Ruthen
10	0,000025	260	0,016654	510	0,064080	760	0,142301
20	0,000099	270	0,017960	520	0,066617	770	0,146070
30	0,000222	280	0,019315	530	0,069204	780	0,149889
40	0,000394	290	0,020719	540	0,071840	790	0,153757
50	0,000616	300	0,022173	550	0,074526	800	0,157674
60	0,000887	310	0,023676	560	0,077260	810	0,161641
70	0,001207	320	0,025228	570	0,080044	820	0,165656
80	0,001577	330	0,026829	580	0,082877	830	0,169721
90	0,001996	340	0,028480	590	0,085760	840	0,173836
100	0,002464	350	0,030180	600	0,088692	850	0,177999
110	0,002981	360	0,031929	610	0,091673	860	0,182212
120	0,003548	370	0,033727	620	0,094703	870	0,186474
130	0,004164	380	0,035575	630	0,097783	880	0,190786
140	0,004829	390	0,037472	640	0,100911	890	0,195146
150	0,005543	400	0,039419	650	0,104090	900	0,199556
160	0,006307	410	0,041414	660	0,107317	910	0,204015
170	0,007120	420	0,043459	670	0,110594	920	0,208524
180	0,007982	430	0,045553	680	0,113919	930	0,213082
190	0,008894	440	0,047696	690	0,117295	940	0,217689
200	0,009855	450	0,049889	700	0,120719	950	0,222345
210	0,010865	460	0,052131	710	0,124193	960	0,227051
220	0,011924	470	0,054422	720	0,127716	970	0,231805
230	0,013033	480	0,056763	730	0,131288	980	0,236610
240	0,014191	490	0,059152	740	0,134910	990	0,241463
250	0,015398	500	0,061591	750	0,138581	1000	0,246366

135.

Aus dieser Berechnung der Correction der Höhen, wegen der Krümmung der Erde und der Biegung der Strahlen, ist zu ersehen, daſs die Correction bei der obigen Ausmessung der Unebenheiten des Terrains fast nirgend in Betracht kommt. Für kürzere Stationen ist sie ganz unbedeutend: auf 500 Ruthen beträgt sie noch keinen Fuſs, und so lange Stationen werden schon selten zur Berechnung der Höhen genommen. Man kann also die Correction des Höhen-Unterschiedes bei Ausmessung der Unebenheiten des Terrains, bloſs um die Gestalt seiner Oberfläche zu finden, in der Regel, ganz aus der Acht lassen, und blofs auf die weiter oben beschriebene Weise verfahren. Die Correction kommt erst beim Nivelliren wirklich in Betracht.

136.

Da die Höhen-Unterschiede bald positiv, bald negativ seyn werden, so würde man leicht fehlen können, wenn man sie blofs von einer Station zur anderen zu- und abrechnen wollte. Man mufs also nach (§. 126.) alle Höhen über der horizontalen Fläche, durch den tiefsten Punct der Flur nehmen. Man berechnet daher erst aus der Dreiecks-Kette und den gemessenen Höhenwinkeln, auf dem kürzesten Wege, die Höhe eines der Standorte der Basis des Dreiecks-Netzes über dem tiefsten Punct der Flur, und beziehet dann auf diesen alle übrigen Höhen. Dann sind alle, ohne Ausnahme, positiv, und man findet die Höhen aller Puncte über einer und derselben horizontalen Fläche, die durch den tiefsten Punct der Flur geht.

Dieses wäre schon für eine einzelne Flur hinreichend. Aus den in (§. 127.) benannten Gründen ist es aber gut, auch noch zu wissen, wie hoch der tiefste Punct einer Flur über dem Meere liegt. Dieses wird durch das Barometer gefunden. Obgleich nun die Messung der Höhen beliebiger Terrainpuncte über dem Meere eigentlich nicht zur Ausübung der Feldmefskunst in den gewöhnlichen Fällen gerechnet werden kann, so ist es dennoch nöthig, vom Höhen-Messen mit dem Barometer wenigstens einen Begriff zu geben, besonders deshalb, weil diese Höhenmessung, wenn sie auch nicht dazu gebraucht wird, die Höhen beliebiger Puncte über dem Meere zu finden, schon zur Probe der Ausmessung der Höhen-Unterschiede der Terrainpuncte einzelner Fluren unter sich nützlich und nöthig ist.

137.

Vom Höhenmessen mit dem Barometer.

I. Die Oberfläche jeder Flüssigkeit stehet horizontal oder in allen Puncten gleich hoch. Also wenn ein Gefäfs *ABCD* (Fig. 98.) mit irgend einer Flüssigkeit, z. B. mit Quecksilber, angefüllt ist, so wird die Oberfläche des Quecksilbers *AB* horizontal seyn. Nun stelle man sich vor, dafs in dem Quecksilber eine umgebogene Röhre *DEF* von beliebiger Gestalt, gleich viel, ob bei *D* und *F* gleich oder ungleich weit, mit festen Wänden gleichsam entstehe. Diese Röhre wird offenbar in der Gestalt der Oberfläche der Flüssigkeit nichts ändern, und die Flüssigkeit wird innerhalb und aufserhalb der Röhre immer gleich hoch stehen. Also wird auch die Flüssigkeit in der Röhre bei *D* und bei *F* in einer und derselben horizontalen Fläche seyn. Stellt man sich nun ferner vor, dafs die Flüssigkeit aufserhalb der Röhre, wenn man will, sammt dem Gefäfse *ACDB*, weggeschafft würde, so wird solches in der Lage der Flüssigkeit innerhalb der Röhre wiederum nichts ändern, weil die Röhre feste Wände haben sollte. Die Flüssigkeit wird also noch immer bei *D* und *F* gleich hoch, oder in einer und derselben horizontalen Fläche stehen. Daraus folgt, dafs wenn in eine umgebogenen Röhre von beliebiger Gestalt, gleich viel, ob sie überall gleich weit oder ungleich weit ist, eine Flüssigkeit gethan wird, dafs diese Flüssigkeit in den beiden Armen der Röhre immer gleich hoch, oder in einer und derselben horizontalen Fläche stehen wird.

II. Nun ist die Luft, wie jeder andere Körper, der Schwerkraft unterworfen, oder schwer. Die Luft drückt also auch mit ihrem Gewicht auf die Oberfläche jeder Flüssigkeit. Durch Erfahrung hat man gefunden, dafs die Luft, in der Höhe der Meeresfläche, auf eine Fläche eben so stark drückt, als eine Quecksilbersäule, von 28 Pariser Zoll hoch, auf die nemliche Fläche drükken würde, wenn die Luft nicht da wäre. Die Luft drückt also, wenn *DEGF* (Fig. 99.) eine umgebogene Röhre ist, in welcher sich Quecksilber befindet, welches, dem Obigen zufolge, in beiden Schenkeln gleich hoch, oder in einer und derselben horizontalen Fläche steht, auf die Oberfläche des Quecksilbers bei *A* und *B* eben so stark, als zwei Quecksilber-Säulen *AH* und *BK* über *A* und *B*, jede von 28 Pariser Zoll hoch, thun würden, wenn die Luft nicht da wäre.

Daraus folgt, dafs wenn man den Druck der Luft auf eine der beiden Flächen *A* und *B*, auf irgend eine Weise wegschaffen könnte, und man an seine Stelle eine Quecksilbersäule von 28 Pariser Zoll hoch setzte, diese Quecksilbersäule das Nemliche thun würde was die Luft thut, das heifst, dafs das Gleichgewicht ebenfalls noch Statt finden würde. Nun läfst sich der Druck der Luft von der Oberfläche einer Flüssigkeit wirklich abhalten, wenn man die Röhre, worin sich die Flüssigkeit befindet, erst bis oben zu mit der Flüssigkeit anfüllet, und hierauf die Röhre oben luftdicht verschliefst; denn alsdann kann die Luft nicht mehr von oben auf die Flüssigkeit wirken.

Stellt man sich also den einen Arm *DE* der umgebogenen Röhre *DEGF* bis *M*, vielleicht noch etwas länger als 28 Pariser Zoll hoch verlängert, aber oben luftdicht verschlossen und mit Quecksilber angefüllt vor, so kann auf die Oberfläche des Quecksilbers in dieser Verlängerung der Röhre der Druck der Luft nicht mehr wirken, und folglich mufs, wenn das Gleichgewicht bleiben soll, in der Röhre eine Quecksilbersäule, von 28 Par. Zoll hoch, an seine Stelle treten. Während also der andere Arm der Röhre bei *B* offen bleibt, und die Luft dort, wie vorher, auf die Oberfläche des Quecksilbers drückt, mufs in dem Arm *AE*, auf welchen die Luft nicht mehr wirken kann, das Quecksilber um 28 Par. Zoll h ö h e r, z. B. bis *H* stehen, als bei *B*. War etwa die Röhre *AM* anfangs noch höher, z. B. bis *M*, mit Quecksilber gefüllt, so wird es bis *H*, auf 28 Par. Zoll hoch über der horizontalen Fläche *AB*, herunter sinken. *MH* wird ein luftleerer Raum seyn: die 28 Zoll hohe Quecksilbersäule *AH* aber, wird in der oben luftdicht verschlossenen Röhre *AM* stehen bleiben, und dem Druck der Luft auf den anderen, bei *B* offenen Arm der umgebogenen Röhre bei *B* das Gleichgewicht halten.

III. Hierauf beruhet das B a r o m e t e r. Es besteht, wie (Fig. 99.), in einer oben luftdicht verschlossenen gläsernen Röhre, die senkrecht stehend, etwas länger ist, als 28 Pariser Zoll, und zu deren anderem, unten offenem Ende die Luft Zutritt hat. Ist die Röhre umgebogen, wie (Fig. 99.) oder (Fig. 100, I.), so nennt man das Barometer H e b e r - B a r o m e t e r. Ist dagegen die Röhre ganz gerade, und taucht blofs in ein mit Quecksilber angefülltes Gefäfs, wie (Fig. 100. II.), so nennt man das Barometer G e f ä f s - B a r o m e t e r. In beiden hält die 28 Pariser Zoll hohe Quecksilbersäule *HA*, in der oben luftdicht verschlossenen Röhre *MA*, dem Druck der Luft auf die Oberfläche des Quecksilbers, in dem anderen offenen Arm der Röhre bei *B* (Fig. I.) oder in dem offenen Gefäfs *CB* (Fig. II.), das Gleichgewicht. Ueber dem Quecksilber in dem verschlossenen Arm der

Röhre ist der Raum *MH* luftleer. Oeffnete man die Röhre oben bei *M*, so dafs die Luft auf die Fläche bei *H* Zutritt bekäme, so würde natürlich das Quecksilber in der Röhre bis auf die Oberfläche *AB* wieder heruntersinken und ausfliefsen.

IV. Nun drückt aber in der Atmosphäre die obere Luft auf die untere. Also drückt die Luft natürlich in gröfserer Höhe oder in gröfserer Entfernung von der Erdfläche schwächer, als in geringerer, und folglich an der Erdfläahe selbst, und zwar in ihrem niedrigsten Puncte, also in der Höhe der Meeres-Oberfläche, am stärksten. Es kann daher nicht überall, in jeder Höhe, eine 28 Pariser Zoll hohe Quecksilbersäule seyn, welche im Barometer dem Druck der Luft das Gleichgewicht hält. Die Quecksilbersäule hat nur an der Oberfläche des Meeres diese Höhe. Steigt man mit dem Barometer in die Höhe, z. B. auf einen Berg, so mufs die Höhe der Quecksilbersäule im Barometer nothwendig abnehmen. So zeigt es auch die Erfahrung. Da nun die Abnahme der Höhe der Quecksilbersäule im Barometer nothwendig einer gewissen Regel unterworfen sein, und zwar nach der Höhe, auf welche man gestiegen, sich richten mufs, weil sie von dem Gewicht der Luft, über welcher man sich auf dem Berge befindet, abhängt, so folgt, dafs man aus der Abnahme der Höhe der Quecksilbersäule im Barometer die Höhe des Berges, auf welchen man stieg, mufs finden, und folglich die Höhe des Berges über dem Meere mit dem Barometer messen können.

Die Abnahme der Höhe der Quecksilbersäule im Barometer hängt von der Höhe, auf welche man steigt, auf folgende Weise ab:

V. Man stelle sich eine senkrechte Luftsäule *AP* (Fig. 101.) vor, so grofs in der Grundfläche oder im Querschnitt, als die Fläche des Quecksilbers ist, auf welche die Luft am unteren offenen Ende der Barometer-Röhre drückt. *A* sey die Meeresfläche, und die Luftsäule erstrecke sich senkrecht so hoch als die Atmosphäre reicht. Diese Luftsäule stelle man sich in Theile von beliebiger, aber gleicher Höhe $AB = BC = CD = DE$ etc., getheilt vor. Befindet sich nun das Barometer unten auf der Meeresfläche, bei *A*, so ist die Quecksilbersäule in demselben, welche dem Druck der Luftsäule das Gleichgewicht hält, wie gesagt, 28 Pariser Zoll hoch. Diese Höhe werde durch h_0 bezeichnet. Hebt man das Barometer bis B in die Höhe, so wird die Höhe der Quecksilbersäule im Barometer, welche mit der noch übrigen Luftsäule im Gleichgewicht ist, schon geringer sein, denn die Luftsäule AB drückt nun nicht mehr auf das Quecksilber. Man bezeichne die verminderte Quecksilberhöhe in B durch h_1. Hebt man das Barometer bis C in die Höhe, so wird die Quecksilberhöhe abermals geringer seyn, denn die Luftsäule BC drückt nun auf das Quecksilber nicht mehr. Man bezeichne die abermals verminderte Quecksilberhöhe in D mit h_3, in E mit h_4, u. s. w.

Nun ist die Luft, wie schon (§. 133. I.) gesagt, eine elastische Flüssigkeit. Dergleichen elastische Flüssigkeiten haben, wie dort ebenfalls bemerkt, die Eigenschaft, dafs sie sich von jedem Druck in einen engeren Raum zusammenpressen lassen, also durch den Druck dichter, und folglich specifisch schwerer werden; und zwar sind, wie Mariotte gefunden hat, die Gewichte zweier Massen elastischer Flüssigkeit von einerlei Art, wie z. B. die Luft, wenn sie gleich grofse Räume einnehmen, die nemlichen Vielfachen von einander, wie die Pressungen, die auf sie wirken. Die beiden Luftsäulen AB und BC sind zwei solche Massen von gleicher Gröfse, weil sie gleich hoch sind und gleiche Querschnitte haben. Ihre Gewichte sind dem Unterschiede der Gewichte der Quecksilbersäulen, die der Luft, von A und B an bis oben zu, und von B und C an bis oben zu, das Gleichgewicht halten, gleich, und folglich gleich h_0-h_1 und h_1-h_2, multiplicirt mit dem Querschnitt der Säulen, der a seyn mag, und dem Gewicht einer Raum-Einheit des Quecksilbers, welches γ seyn mag, folglich gleich $(h_0-h_1)a\gamma$ und $(h_1-h_2)a\gamma$. Die Pressungen hingegen, die auf sie wirken, sind den Gewichten der Quecksilbersäulen im Barometer, wenn man in B und in C steht, selbst gleich, also gleich $h_1 a\gamma$ und $h_2 a\gamma$. Mithin ist, nach dem Mariottischen Gesetze,

$$\frac{(h_0-h_1)a\gamma}{(h_1-h_2)a\gamma}=\frac{h_1 a\gamma}{h_2 a\gamma},\ \text{oder}\ \frac{h_0-h_1}{h_1-h_2}=\frac{h_1}{h_2}.$$

Daraus folgt $h_0 h_2 - h_1 h_2 = h_1^2 - h_1 h_2$, oder $h_0 h_2 = h_1^2$, also

$$1.\quad \frac{h_1}{h_0}=\frac{h_2}{h_1}.$$

Was aber von den beiden Luftsäulen *AB* und *BC* gilt, gilt auch offenbar von den beiden folgenden, gleich grofsen Säulen *CD, DE,* und von den beiden Säulen *DE* und *EF*, u. s. w. Also ist auf dieselbe Weise, wie (1.), auch

$$2.\quad \frac{h_2}{h_1}=\frac{h_3}{h_2},\ \frac{h_3}{h_2}=\frac{h_4}{h_3},\ \frac{h_4}{h_3}=\frac{h_5}{h_4},\ \text{u. s. w.}$$

Setzt man

$$3.\quad h_1 = \alpha h_0,$$

so ist aus (1. und 2.)

$$h_2=\alpha h_1,\ h_3=\alpha h_2,\ h_4=\alpha h_3,\ h_5=\alpha h_4,\ \text{u. s. w.},$$

also

$$h_1=\alpha h_0.\ h_2=\alpha^2 h_0,\ h_3=\alpha^3 h_0,\ h_4=\alpha^4 h_0\ \ldots,$$

folglich für eine beliebige Menge *n* gleicher Luftsäulen, wie *AB*, übereinander,

$$4.\quad h_n = \alpha^n h_0,$$

und eben so für eine andere beliebige Menge *m* gleicher Luftsäulen übereinander

$$5.\quad h_m = \alpha^m h_0.$$

Aus (4. und 5.) folgt $\frac{h_n}{h_0}=\alpha^n$ und $\frac{h_m}{h_0}=\alpha^m$, also, wenn man davon beliebige, z. B. die Briggischen Logarithmen nimmt,

$$^{10}h_n - {}^{10}h_0 = n.{}^{10}\alpha \text{ und } {}^{10}h_m - {}^{10}h_0 = m.{}^{10}\alpha,$$

und wenn man Eins durch das Andere dividirt,

$$6.\quad \frac{^{10}h_m - {}^{10}h_0}{^{10}h_n - {}^{10}h_0} = \frac{m}{n}.$$

Nun bezeichne man die Höhe von *n* gleich hohen Luftsäulen, wie *AB*, über einander, durch *c*, und die Höhe von *m* solchen gleich hohen Luftsäulen durch *x*, so dafs also

$$7.\quad \frac{x}{c}=\frac{m}{n} \text{ ist:}$$

so findet man aus (6.)

$$\frac{^{10}h_m - {}^{10}h_0}{^{10}h_n - {}^{10}h_0} = \frac{x}{c},$$

und folglich

$$8.\quad x = c.\frac{^{10}h_0 - {}^{10}h_m}{^{10}h_0 - {}^{10}h_n}.$$

Dieser Ausdruck beruhet zwar noch auf der Voraussetzung, dafs sich die Höhen *x* und *c* wie zwei ganze Zahlen *m* und *n* verhalten. Da aber die Theile *AB*,

BC etc. von x und c so klein genommen werden können, als man will, so läſst sich, wie gewöhnlich bei dem Uebergange von ganzen zu gebrochenen und incommensurabeln Zahlen, beweisen, daſs m und n auch beliebige Brüche, oder incommensuradel seyn können, so daſs also das Resultat für jedes beliebige x und c gilt.

Vermittelst dieses Ausdrucks kann man, sobald man nächst der Quecksilberhöhe h_0 des Barometers auf der Oberfläche des Meeres noch in *irgend einer* Höhe c über dem Meere, die Höhe h_n des Quecksilbers im Barometer beobachtet hat, und nun mit dem Barometer auf eine beliebige Hohe x über dem Meere steigt, und auch auf dieser Höhe die Länge der Quecksilbersäule h_m miſst, die Höhe x, wie man sieht, finden.

Die Barometerhöhe h_0 an der Oberfläche des Meeres ist, wie gesagt, 28 Pariser Zoll $=$ 28,98009 Preuſsische Duod. Zoll. Steigt man mit dem Barometer um $c = 8{,}743$ Pariser Fuſs $=$ 108,5884 Preuſsische Duod. Zoll in die Höhe, so fällt das Quecksilber um 0,01 Pariser Zoll $=$ 0,01035 Preuſsische Duod. Zoll; also ist die Barometerhöhe h_n auf der Höhe c gleich 28,98009 $-$ 0,01035 $=$ 28,96974 Preuſsische Zoll. Man muſs in mehreren gemessenen Höhen die Länge der Quecksilbersäule im Barometer beobachten, und aus den Resultaten das Mittel nehmen. Nach dem obigen Beispiele ist vermöge (8.)

$$x = 108{,}5884 \cdot \frac{{}^{10}28{,}98009 - {}^{10}h_m}{{}^{10}28{,}98009 - {}^{10}28{,}96974},$$

in Preuſsischen Duod. Zollen.

Es ist

$$\begin{array}{ll} & {}^{10}28{,}98009 = 1{,}4620998 \\ & {}^{10}28{,}96974 = 1{,}4619446 \\ \hline \text{also} & {}^{10}28{,}98009 - {}^{10}28{,}96974 = 0{,}0001552, \end{array}$$

$$\text{folglich } x = \frac{108{,}5884}{0{,}0001552}\,(1{,}4620998 - {}^{10}h_m), \text{ oder}$$

$$x = 699667{,}5\,(1{,}4620998 - {}^{10}h_m)$$

in Preuſsischen Zollen, oder, durch 144 dividirt,

$$9.\quad x = 4858{,}8\,(1{,}4620998 - {}^{10}h_m)$$

in Preuſsischen Ruthen, wo aber die auf die Höhe x beobachtete Barometerhöhe h_m in Preuſsischen Duod. Zollen gemessen werden muſs.

Fände man z. B. auf einem Berge, dafs die Quecksilbersäule des Barometers auf 19,853 Preufsische Duod. Zolle hoch steht, so wäre

$h_m = 26{,}453$, also ${}^{10}h_m = 1{,}4224585$, und

$x = 4858{,}8\ (1{,}4620998 - 1{,}4224585)$, oder

$x = 4858{,}8\ .\ 0{,}0396413$, oder

$x = 192{,}609$.

Der Standpunct des Barometers auf dem Berge wäre also 192,609 Ruthen über der Meeresfläche hoch.

VI. Will man nicht sowohl die Höhe eines Terrainpuncts über dem Meere, als vielmehr seine Höhe über einem anderen Punct mit dem Barometer messen, so darf man nur nach dem obigen Ausdruck den Unterschied der Höhen der beiden Puncte über dem Meere nehmen. Es werde nemlich die Höhe des einen Puncts über dem Meere, wie vorhin, durch x, die Höhe eines anderen, durch y bezeichnet, die Barometerhöhe im Puncte x durch p, im Puncte y durch q: so ist nach (9.)

$x = 4858{,}8\ (1{,}4620998 - {}^{10}p)$, und

$y = 4858{,}8\ (1{,}4620998 - {}^{10}q)$,

also

$$10.\quad x - y = 4858{,}8\ ({}^{10}q - {}^{10}p).$$

Dieses ist die gesuchte Höhe des einen Puncts über dem anderen. Da die Logarithmen weniger zunehmen als die zugehörigen Zahlen, so nehmen die gemessenen Höhen langsamer zu, als die Barometerhöhen, oder umgekehrt, diese schneller. Folglich findet man grofse Höhen genauer als kleine.

VII. Die Ausdrücke (9. und 10.) sind zwar an sich selbst ganz richtig, aber mancherlei physischer Umstände wegen, die auf die Barometerhöhe Einflufs haben, und sie modificiren, sind sie es nur näherungsweise, und bedürfen mancherlei Correctionen.

Eine der bedeutendsten erfordert die Verschiedenheit der Temperatur der Luft. Die Luft ist leichter, wenn sie warm, schwerer, wenn sie kalt ist, das Quecksilber ebenfalls. Nähme die specifische Schwere der Luft und des Quecksilbers in der Kälte und Wärme in gleichem Verhältnifs zu oder ab, so würde die Veränderung weniger Einflufs auf das Verhältnifs der Höhen der Quecksilber- und der Luftsäule haben. Allein die Veränderungen sind verschieden. Die Luft ist bei Einem Grad Reaumür mehrerer Kälte etwa um 0,00483mal schwerer, das Quecksilber nur um 0,00018 mal. Die Veränderung mufs also in Rechnung gebracht werden. Gesetzt nun, die Luft wöge in einer gewissen Temperatur $n$mal, und das Quecksilber zu gleicher Zeit $m$mal so viel als in einer anderen, so wird die $n$mal schwerere Luft einer $n$mal so hohen Quecksilbersäule von der vorigen, und einer $\frac{n}{m}$mal so hohen Quecksilbersäule von der gleichen Temperatur das Gleichgewicht halten. Eine Quecksilbersäule von der gleichen Höhe wird also umgekehrt einer $\frac{m}{n}$mal so hohen Luftsäule zukommen. Die Quecksilberhöhe von 28 Pariser Zoll an der Oberfläche des Meeres und diejenige von 27,99 Pariser Zoll auf die Höhe von 8,743 Pariser Fufs, findet nur dann Statt, wenn die Temperatur der Luft 0 Grad ist. Wäre also die Temperatur z. B. 1 Grad niedriger, so wird man den nemlichen Unterschied der Quecksilberhöhe am Barometer schon auf $8{,}743 \cdot \frac{1{,}00018}{1{,}00483}$ $= 8{,}743\ (1 - 0{,}00463)$ Fufs Höhe finden. Die Zahl c, und folglich die nach den Ausdrücken (8. 9 oder 10) berechneten Höhen werden also für jeden Grad niedrigerer Temperatur um 0,0463mal kleiner, und hingegen für jeden Grad höherer Temperatur um eben so viel mal gröfser seyn.

Die Feuchtigkeit macht die Luft ebenfalls leichter, weil Wasserdünste leichter sind als die übrigen Bestandtheile der Luft. Man kann die Feuchtigkeit durchschnittlich nach den Jahreszeiten anschlagen. Sie vergröfsert die Höhen, wenn die Temperatur über Null ist, und da alsdann gewöhnlich gemessen wird, so fehlt man nicht sehr, wenn man die Resultate nach den Ausdrücken (8. 9. 10.) überhaupt statt um 0,00463mal, um 0,005 oder um Ein Zweihunderttheil für jeden Grad Reaumür, in der Wärme vergröfsert und in der Kälte verkleinert.

Die Abnahme der Schwerkraft von den Polen nach dem Aequator zu, so wie diejenige, wenn man von der Erde senkrecht aufsteigt, verändert die Höhen, die aus der Barometersäule berechnet werden, ebenfalls. Die erste Art Abnahme der Schwerkraft beruhet darauf, dafs sich die Erde im

Aequator schneller umdrehet, als nach den Polen zu, und folglich die Schwungkraft, die der Schwerkraft entgegen wirkt, am Aequator gröfser ist, mithin die Schwerkraft mehr vermindert. Die zweite Abnahme der Schwerkraft beruhet darauf, dafs alle Körper, nach dem allgemeinen Newton'schen Gesetz der Schwere, sich im geraden Verhältnifs ihrer Massen und im umgekehrten, quadratischen Verhältnifs ihrer Entfernung anziehen, so dafs also die Anziehungskraft der Erde, welche eben die Schwerkraft ist, um so mehr abnimmt, je weiter die ihr unterworfenen Körper vom Mittelpunct der Erde entfernt sind. Beide Veränderungen der Schwerkraft haben nun zwar eben sowohl auf die Luft als auf das Quecksilber im Barometer Einflufs, aber da die Luft elastisch ist, und das Quecksilber nicht, so wird die Luft anders zusammengedrückt, und das Verhältnifs der Höhen der Säulen von Quecksilber und von Luft, die einander das Gleichgewicht halten, ändert sich.

Auch die chemische Zusammensetzung der Luft, nemlich aus ungefähr 7889 Theilen Stickstoff, 2094 Sauerstoff und 7 Theilen kohlensaurem Gase, hat durch die Verschiedenheit der specifischen Schwere und die Ausdehnung dieser Bestandtheile Einflufs auf die Barometerhöhe.

Ferner verändert die Kraft, mit welcher das Quecksilber im Barometer und die Wände der gläsernen Röhre, in welcher es sich befindet, einander anziehen, und welche man in einem solchen Falle gewöhnlich Haarröhrchen-Kraft nennt, die Barometerhöhe. In gleich weiten Röhren hebt sich diese Veränderung auf, also im Heberbarometer beinah; im Gefäfsbarometer aber mufs sie in Rechnung gebracht werden.

Die Gesetze aller dieser Correctionen vollständig auseinanderzusetzen, würde allein eine weitläufige Abhandlung erfordern. Die Geometer und Physiker haben sich seit Torricelli, der das Barometer in der Mitte des siebzehnten Jahrhunderts erfand, sehr viel mit den Barometer-Messungen, als einem Gegenstande, der schon wegen der Leichtigkeit, mit welchem man dadurch Höhen auf der Erde findet, die sonst nur mit grofsen Schwierigkeiten, und zuweilen kaum zu messen sind, ungemein viel beschäftigt. Besonders haben über die Barometer-Messungen de Luc, Ramond, Laplace, Humbold, Littrow, etc. gearbeitet. Ausführlichere Auseinandersetzungen dürfen aber füglich hier wegbleiben, weil die Correctionen, aufser der oben erwähnten, wegen der Temperatur der Luft, nicht bedeutend sind, und es zu der gegenwärtigen Absicht, nemlich um die Höhen beliebiger Puncte des Terrains zu öconomischen und allenfalls militairischen und architectonischen Zwecken zu vergleichen, auf die äufserste Genauigkeit nicht ankommt, auch eine solche von Feldmessern in den gewöhnlichen Fällen nicht verlangt werden kann. Sie müssen wegbleiben, um nöthigeren und unentbehrlicheren Dingen nicht den Raum zu nehmen. Wer sich weiter über die Barometer-Messungen unterrichten will, mufs mit den nöthigen Kenntnissen aus der Physik und Chemie ausgerüstet, ausführlichere Schriften darüber nachlesen, z. B. Puissant, Traité de géodesie, tome II., chap. V., oder im Deutschen: Benzenberg, Beschreibung eines einfachen Reise-Barometers etc., Düsseldorf 1811, oder Littrow, über das Höhenmessen mit dem Barometer, und andere.

VIII. Durch die feineren Correctionen hat man die Barometer-Messungen zu einem hohen Grade von Genauigkeit gebracht. Man kann die Höhen bis auf den 200ten, 300ten, ja, unter günstigen Umständen, bis auf den 500ten Theil, und selbst noch genauer finden, also eben so genau, als wenn man auf ebenem Felde, ungewöhnliche Vorsicht anwendend, mit der Kette mifst. Die Formeln, nach welchen man rechnet, sind aber auch dann viel complicirter. Z. B. die Laplace'sche Formel ist folgende:

$$11.\quad x = 18536\,(1 + 0{,}002751\cos 2\psi)\left(1 + \frac{2(t+t')}{1000}\right) \times \left[{}^{c}\!\left(\frac{h'}{H}\right) + x\left(\frac{{}^{c}\!\left(\frac{h'}{H}\right) + 0{,}868589}{6366198}\right)\right].$$

Sie giebt die Höhen über dem Meere. ψ bedeutet den Breiten-Grad auf der Erde, unter welchem man sich befindet.

Etwas einfacher ist der Ausdruck, wenn man die Veränderung der Schwerkraft nach dem Ort auf der Erde, und der Höhe der Station aufser Acht läfst. Er ist alsdann folgende:

$$12.\quad x = 18393\left(1 + \frac{2(t+t')}{1000}\right).\,{}^{c}\!\left(\frac{h'}{h + h\,.\,\frac{T'-T}{5550}}\right).$$

t und t' sind die Zahlen der Grade, welche das hunderttheilige Thermometer in der oberen und unteren Station in der Luft zeigt, T und T' sind die Zahlen der Grade, welche ein mit dem Barometer verbundenes Thermometer zeigt, h und h' sind die Barometerhöhen in der oberen und unteren Station. Die Maafse sind Meter, die Logarithmen natürliche.

IX. In den gewöhnlichen Fällen kommt man aber mit den obigen Ausdrücken (9. und 10.), wonach sich, wie man sieht, sehr leicht rechnen läfst, völlig aus, besonders wenn man noch nach (VII.), für jeden Grad Reaumür über Null, die gefundene Höhe um den 200ten Theil vergröfsert, und für jeden Grad unter Null verkleinert. Es giebt auch eine Menge von Tabellen, in welchen man die Höhen schon näher berechnet findet, und fast nur die beobachtete Quecksilberhöhe darin aufschlagen darf. Rechnet man aber nach den obigen einfachen Ausdrücken, so lassen sich die Tabellen wohl ersparen.

X. Wird nach (10.) nicht sowohl die Höhe über dem Meere, sondern der Unterschied zweier Höhen gemessen, welches bei Ausmessung des Terrains der gewöhnliche Fall ist, so mufs die Temperatur in beiden Stationen möglichst gleich seyn. Deshalb ist es am besten, wenn man mit zwei Barometern in beiden Standorten zu einer und derselben Zeit beobachtet. Auch mufs man in der Mitte des Tages messen, wo gewöhnlich die Luft am trockensten ist. Die Barometer müssen immer genau senkrecht aufgestellt werden, und man mufs abwarten, bis das Quecksilber ganz zur Ruhe gekommen ist, auch nicht zu nahe an das Barometer treten, weil die Wärme des Körpers die Temperatur des Barometers verändern kann.

138.

Vermittelst des Barometers kann man nun nicht allein die Höhe, z. B. des niedrigsten Puncts einer Flur über dem Meere finden, sondern auch die Höhe einzelner Puncte des Terrains, unabhängig von dem geometrischen Höhenmessen (§. 128.) vergleichen, also die geometrische Messung dadurch prüfen, welches nützlich ist, nachdem viele Dreiecke aneinander gesetzt worden sind. Mit dieser Prüfung leistet die beschriebene Höhenmessung auf eine leichte, einfache und überall ausführbare Weise Alles, was in den gewöhnlichen Fällen verlangt werden kann.

Die Höhenmessung (§. 128.) ist auch die nemliche, durch welche man in einzelnen Fällen die Höhe eines beliebigen, einzelnen Puncts, z. B. eines Thurms, eines Berges, u. s. w., finden kann. Auch wenn etwa noch besondere Hindernisse der Aussicht und der Stellung des Instruments vorhanden sind, was aber selten vorkommt, wird man sich mit dem Obigen leicht helfen können.

139.

Gewöhnlich findet man über die Höhenmessung des Terrains in den Anweisungen zur Feldmefskunst in den gewöhnlichen Fällen, nur wenig; allein sie ist selbst schon für die Schätzung des Landwerthes, für den Militair und den Wege-Baumeister wichtig. Sie wird auch wohl häufig nur deswegen übergangen, weil die gewöhnlichen Methoden, z. B. durch wirkliches Nivelliren mehrerer Linien, auch selbst durch Ausstecken von Horizontalen mit der Wage, und dergleichen, gar zu beschwerlich, und die Mühe und Kosten zu grofs sind. Bedient man sich indessen des obigen einfachen Verfahrens, so wird man das Verlangte ohne besondere künstliche Mittel, oder dafs ein eigenes Instrument dazu nöthig wäre, mit zureichender Genauigkeit und mit mäfsigem Aufwande finden. Auch hier ist es übrigens das Dreiecks-Netz und das horizontale vollkreisige Astrolabium, welche diesen Dienst leisten. Man sieht daher, dafs ersteres für die Methode, letzteres unter den Werkzeugen, nicht genug empfohlen werden können.

Vierter Abschnitt.

Von der Abbildung des Terrains auf dem Papiere, oder den sogenannten Manualen, dem Auftragen und Cartiren.

140.

So wie man beim Messen entweder blofs die horizontale Projection einer Flur oder auch die Unebenheiten derselben verlangen kann, so kann es auch entweder blofs auf die Zeichnung der horizontalen Projection, oder zugleich auf ein Bild der Unebenheiten des Feldes ankommen. In den meisten Fällen ist blofs die Zeichnung der horizontalen Projection nöthig. Von dieser ist also zuerst zu handeln, und zwar noch um so mehr, da sie die nemliche bleibt, wenn auch die Unebenheiten darauf abgebildet werden sollen.

I. Von Abbildung der horizontalen Projection einer Flur.

141.

Da die horizontale Fläche, auf welche man sich eine auszumessende Flur projicirt vorstellt, als eine Ebene betrachtet werden kann, indem ein so kleiner Theil der Oberfläche der Erde, als hier in Betracht kommt, von der Erdkugelfläche nur unmerklich abweicht, die Fläche des Papiers aber, worauf man zeichnet, ebenfalls für eine Fläche genommen werden darf, so kommt es, um die horizontale Projection einer Flur im Kleinen auf dem

dem Papiere abzubilden, bloſs darauf an, daſs man auf dem Papiere eine Figur oder ein Linien-Gewebe zeichnet, welches demjenigen der Projection der Flur auf den Horizont ähnlich ist.

142.

Die Ausdehnung der Fluren in den gewöhnlichen Fällen, von deren Ausmessung hier die Rede ist, steigt bis auf einige Quadrat-Meilen, und kann sich also auf einige Meilen, folglich auf 4000, 6000, 8000 bis 10,000 Ruthen in die Länge, und verhältniſsmäſsig in die Breite erstrecken. Der gewöhnlichste Maaſsstab ist der 5000te Theil der wirklichen Gröſse (oder 50 Ruthen auf den Decimalzoll). Wo vieles Detail zu zeichnen ist, oder wo besondere Genauigkeit verlangt wird, nimmt man auch wohl nur den 3000ten, oder den 2500ten, oder gar den 2000ten und 1500ten Theil der wirklichen Gröſse. Seltener ist der 10,000te Theil der Gröſse oder ein noch kleinerer Maaſsstab. Wollte man also die ganze Flur auf einem einzigen Blatte zeichnen, so würden für eine Flur von 4, 6, 8 bis 10 Tausend Ruthen lang, schon nach dem Maaſsstabe von $\frac{1}{5000}$ der Länge, Papierblätter von 8, 12, 16 bis 20 Decimal-Fuſs lang nöthig seyn. Man bedient sich wirklich zuweilen solcher groſser Blätter, indem man mehrere Bogen Papier zusammenleimt. Allein diese Gewohnheit ist sehr übel und nachtheilig, und folglich sehr tadelhaft. Denn so groſse Blätter können nicht anders aufbewahrt werden, als daſs man sie zusammenrollt. Das Aufrollen schadet aber schon der Genauigkeit der Zeichnung sehr; denn ein Papier kann nicht anders gebogen oder gerollt werden, als wenn die innere Seite zusammengedrückt und die äuſsere ausgedehnt wird. Wird die äuſsere Seite des Papiers, wie es der Dauer wegen nothwendig ist, mit Leinwand beklebt, so ist die Zusammendrückung der inneren Seite, worauf sich die Zeichnung befindet, noch stärker, weil alsdann das Blatt dicker ist. Das Zusammendrücken verdirbt und entstellt aber offenbar die Zeichnung, und wenn dieselbe auch nur um eine Linie zusammenschrumpft, so geht nach dem Maaſsstabe von $\frac{1}{5000}$ der wirklichen Gröſse schon ein Streifen von 5 Ruthen breit durch die ganze Breite der Flur verloren, welches, wenn z. B. die Flur 1000 Ruthen breit ist, beinahe 30 Morgen ausmacht. Ferner hat das Aufrollen die fast unausbleibliche Folge, dafs das Blatt bald Falten und Brüche oder gar Löcher bekommt, und wenn ein solches Blatt einige Zeit lang gebraucht, oder öfter eingepackt und verschickt worden, so sieht es öfter eher einem zerknitterten Tuche, als einer Zeichnung ähnlich. Dennoch ist eine solche Zeichnung nichts Geringeres, als das Document des Eigenthums von Mitgliedern des ernährenden Theiles des Volkes, und es beruhet auf ihm öfter das Wohl und Weh ganzer Familien. Alle Genauigkeit und Sorgfalt der Ausmessung einer Flur hilft nichts, wenn sie durch die Schuld der Unförmlichkeit des Papierblattes, auf welchem sie abgebildet ist, verloren geht. Auch macht die Zeichnung auf so unförmlichen Blättern eine grofse unnütze Mühe. Der Zeichner mufs zuletzt darauf umherkriechen, und es kann nicht fehlen, dafs die Genauigkeit und Zuverläfsigkeit der Zeichnung, besonders der Form der Figur, im Ganzen darunter ebenfalls leidet.

Man sollte also als unverletzliche Regel annehmen, dafs die Blätter, worauf eine Flur abgebildet wird, nie und unter keinen Umständen gröfser seyn dürfen, als dafs sie, ohne gefaltet und gerollt werden zu dürfen, aufbewahrt und transportirt werden können. Man findet es ja schon unrecht und unschicklich, einen Brief, oder ein, vielleicht ganz unbedeutendes, blofse Förmlichkeiten enthaltendes Papier zu falten oder zu rollen, obgleich sich gar keine Zeichnung darauf befindet, und gar nichts daran gelegen ist, ob die Schriftzüge auf demselben etwas verschoben werden, oder nicht. Um wieviel mehr ist es also nicht unrecht, eine Zeichnung, die zu einem wichtigen Zeugnifs des Eigenthums dient, unnöthiger Weise so zu machen, dafs sie ohne Beschädigung nicht aufbewahrt werden kann. Es ist ungefähr, wenn man so wenig für ein solches Document sorgt, ebenso, als wenn man z. B. eine Schuldverschreibung oder einen Hypothekenschein so schlecht und undauerhaft schreiben wollte, dafs die Zahlen und Hauptpuncte desselben bald verwischt oder zweifelhaft werden.

143.

Wenn Papierblätter, ohne sie falten und rollen zu dürfen, sollen aufbewahrt werden können, so dürfen sie nicht leicht gröfser seyn, als etwas über 20 Decimal-Zoll lang und etwas über 15 Decimal-Zoll breit. Dieses ist das Maafs des Rojal- oder Velinpapiers von mitteler Gröfse, welches gut und stark verfertigt zu werden pflegt, und überall zu haben ist. Solche Blätter kann man bequem in eine Mappe (Portefeuille) legen, und in flachen Kisten transportiren.

Es ist also als Regel anzunehmen, dafs die Blätter, worauf Flur-Carten gezeichnet werden, nie gröfser seyn dürfen, als Papierbogen von diesem Maafs.

Auf einem solchen Blatte läfst sich, wenn der Maafsstab $\frac{1}{5000}$ der Länge im Felde beträgt, eine Fläche von $5000 . 0,2 = 1000$ Ruthen lang, und $5000 . 0,15 = 750$ Ruthen breit abbilden. Hat die Zeichnung nach dem Maafsstabe nur den 3000ten Theil der Länge im Felde, so läfst sich darauf eine Fläche von 600 Ruthen lang und 450 Ruthen breit zeichnen, nach dem Maafsstabe von $\frac{1}{2500}$ der wirklichen Gröfse eine Fläche von 500 Ruthen lang, 375 Ruthen breit, nach dem Maafsstabe von $\frac{1}{1500}$ eine Fläche von 300 Ruthen lang, 275 Ruthen breit, nach dem Maafsstabe von Einem Zehntausendtheil der Länge eine Fläche von 2000 Ruthen lang und 1500 Ruthen breit, u. s. w.

Es fragt sich nun, wie es zu machen, dafs man mit Papierblättern von der bestimmten Gröfse, und wenn auch der Maafsstab gegeben ist, unter allen Umständen auskomme.

Offenbar mufs man, wenn eine Flur so grofs ist, dafs sie nach einem gegebenen Maafsstabe nicht auf einem einzigen Blatte gezeichnet werden kann, mehrere Blätter dazu nehmen. Bei der Theilung der Flur und der Zusammensetzung der Blätter ist im Allgemeinen Folgendes zu beobachten.

144.

Die Grundlage jeder Flurmessung ist das Dreiecks-Netz oder die Verbindung der Hauptlinien zu Dreiecken. Das Netz enthält die festen Puncte des Linien-Gewebes, auf welchem das Bild der Flur auf dem Papier beruht. Da es auf die unzertrennliche Verbindung und den inneren Zusammenhang der Dreiecke ankommt, so ist es gut, das Dreiecks-Netz nicht eher zu trennen, ehe es nicht im Ganzen vorhanden ist. Das Dreiecks-Netz mufs also *immer*, wenigstens wenn man mit einem Winkel-Instrument mifst, *ganz* auf einem einzigen Blatte gezeichnet werden, und zwar Norden oben, Westen links. Man mufs den Maafsstab so nehmen, dafs es auf *einem* Blatte Raum findet. Erstreckte sich z. B. eine Flur auf nahe an 4000 Ruthen in die Länge, und 2000 Ruthen in die Breite, so müfste man, damit das ganze Netz auf einem Papierblatt von 0,20 Ruthen lang und 0,15 Ruthen breit gezeichnet werden kann, einen Maafsstab vom zwanzigtausendsten Theil der Länge im Felde annehmen. Ist die Flur kleiner, so kann der Maafsstab gröfser seyn, und es versteht sich, dafs man den Maafsstab immer so nehmen wird, dafs die Zahl der Theile, welche die Linien auf dem Papier von den Linien im Felde sind, leicht fafslich ist, z. B. 20000, 15000, 10000, 7500, 5000 u. s. w.

Es scheint zwar beim ersten Anblick, dafs dadurch, dafs der Mafsstab gerade um soviel kleiner seyn mufs, je gröfser die Fluren sind, die Genauigkeit in steigendem Verhältnifs abnehme, welches um so übler seyn würde, weil eben auf dem Dreiecks-Netz die Sicherheit der ganzen übrigen Ausmessung beruht. Es wird sich aber, sobald von der Art und dem Zweck der Zeichnung des Dreiecks-Netzes die Rede seyn wird, zeigen, dafs der Maafsstab auf die Genauigkeit des Netzes gar keinen Einflufs hat, sondern dafs die Genauigkeit der Zeichnung desselben von dem Maafsstabe so wenig abhängt, dafs das Netz allenfalls nur ganz ungefähr, und selbst aus freier Hand gezeichnet werden könnte.

145.

Ist das Netz auf einem einzigen Blatte nach einem dazu passenden Maafsstabe, in der angegebenen Lage, gezeichnet worden, so ziehe man um die Zeichnung, dicht an dem Rande des Papiers, mit scharfen Linien ein Rechteck, genau von 20 Decimal-Zoll lang und 15 Decimal-Zoll hoch, welches gerade angehen wird, weil das Papier noch etwas gröfser ist, oder auch, wenn die Zeichnung des Netzes weit von dem Rande des Papiers entfernt bleibt, ein kleineres Rechteck. Die Linien dieses Rechtechs mufs man mit einer scharfen Reifsfeder an einem guten stählernen Lineal ziehen, und die rechten Winkel nicht blofs nach einem hölzernen Dreieck, sondern mit Hülfe des Zirkels, etwa nach (Geometrie §. 391.) zeichnen. Hierauf theile man die beiden verticalen Seiten des Rechtecks in gleich viel gleiche Theile, und die beiden horizontalen Seiten ebenfalls, und zwar mufs die Zahl der Theile in den horizontalen Seiten von der Zahl der Theile in den verticalen Seiten das nemliche Vielfache seyn, welches die Länge der horizontalen Seite von der Länge der verticalen ist, damit Quadrate entstehen; auch mufs die Zahl der Theile in den verticalen Seiten mit 3, und in den horizontalen Seiten mit 4 aufgehen. Z. B. wenn das Rechteck, wie oben, 20 Zoll lang und 15 Zoll hoch ist, so mufs, wenn man die Länge desselben in 24 gleiche Theile getheilt hat, die Höhe 18 gleiche Theile bekommen. Durch die zusammengehörigen Theilungspuncte der verticalen und horizontalen Seiten des Rechtecks zieht man gerade Linien, welches also Parallelen seyn werden. Und zwar werden diese Parallelen lauter Quadrate zwischen sich einschliefsen. Das ganze Blatt wird also mit einem Netze von Quadraten überspannt seyn, welches über das Dreiecks-Netz hinweggeht, wie es z. B. in (Fig. 94. Taf. 9.) abgebildet ist. Die Zahl der Theile auf dem Blatt, und folglich die Zahl und Gröfse der Quadrate richtet sich nach dem Verhältnifs des Maafsstabes, nach welchem, zufolge der Gröfse der Flur, das Dreiecks-Netz gezeichnet wird, zu demjenigen, nach welchem man die Flurcarten-Blätter selbst zeichnen soll oder will. In der Regel wird es hinreichend seyn, wenn man die Quadrate so grofs macht, dafs sie Quadrate von 50 Ruthen lang und breit auf dem Felde vorstellen. Wenn also z. B. das Dreiecks-Netz nach dem Maafsstabe von Einem Zehntausendtheil der Länge im Felde gezeichnet ist, so dafs Ein Zoll auf dem Papier 100 Ruthen im Felde vorstellt, so müssen die Quadrate einen halben Zoll lang und breit seyn.

146.

Von diesen Quadraten nehme man nun jedesmal so viele, neben und über einander liegende zusammen, als nach dem gröfseren Maafsstabe der Flur-Carte auf ein Papierblatt gehen, also auf je 4 Quadrate in die Länge, 3 in die Höhe, übereinander. Alsdann fällt Alles, was jedesmal in einem solchen einzelnen Rechteck liegt, auf ein Blatt der Flur-Carte. Z. B. wenn *ABCD* (Fig. 94. Taf. 9.), nach dem gröfseren Maafsstabe der Flurcarten-Blätter, die Gröfse eines Papierblattes wäre, so geht *ABCD* auf ein einzelnes Blatt der Flur-Carte; es wird auf demselben Alles abgebildet, was innerhalb der Grenzen von *ABCD* liegt; *CDEF* ist ein zweites Blatt der Flur-Carte u. s. w. Die Schnittlinien oder Ränder der Flur-Carte müssen eben so scharf und genau gezogen werden, wie die des Netz-Blattes. Die Quadrate, welche nach dem Netz-Blatte auf ein Blatt der Flur-Carte fallen, werden auf demselben ebenfalls gezogen, und zwar sind diese Quadrate nunmehr auf der Flur-Carte wegen des gröfseren Maafsstabes gröfser.

147.

Mifst man mit dem Mefstische, so kann man auch allenfalls das besondere Netzblatt ersparen, und das Netz sogleich theilweise auf die Flurcarten-Blätter bringen.

Das Mefstischblatt ist gewöhnlich quadratisch, also werden auch die einzelnen Flurcarten-Blätter quadratisch seyn, d. h., gleich viel Quadrate vom Quadrat-Netz in die Länge und in die Breite enthalten. Man verfährt nun wie folgt: Gesetzt, *GHML* (Fig. 94. Taf. 9.) sey ein Mefstischblatt, z. B. dasjenige, auf welchem sich die Basis des Netzes befindet, welche 53, 35 seyn mag, so zeichnet man diejenigen Dreiecke, welche ganz auf das Blatt fallen, wie 34, 35, 53; 53, 54, 35, nach der obigen Anweisung, auch ganz auf das Blatt. Die Visirlinien aus Standpuncten auf dem Blatt aber, nach Puncten, die nicht mehr auf das Blatt fallen, z. B. 35, 28; 35, 37; 53, 44 etc., zieht man bis an die Ränder des Blattes, mit welchen dasselbe auf die obige Weise umgeben wird. Aus denselben Puncten, in welchen solche Linien die Ränder des Blattes schneiden, d. h., in gleichen Entfernungen von den auf den durchschnittenen Rand perpendiculairen Rändern des Blattes, und unter denselben Winkeln gegen die Ränder, setzt man die Linien auf dem benachbarten Blatte fort. Dieses läfst sich, selbst ohne Transporteur, thun. Es reiche z. B. die Visirlinie 35, 37 von dem Mefstischblatt *GHML* in das nächste Mefstischblatt *HILK* hinüber, und schneide den Rand in *a*, so kann man die Visirlinie auf dem

Blatt *GHML* natürlich nur von 35 bis *a* ziehen. Man verlängere sie zugleich auf dem Meſstisch rückwärts, bis sie den gegenüberstehenden Rand *GM* in *b* schneidet. Nun setze man die Entfernung *Ha* des Durchschnittspuncts *a* von der Ecke des Blattes *H*, auf dem, die nemliche Linie *HL* bezeichnenden Rande des nächsten anstoſsenden Blattes ab; desgleichen setze man *Gb* in *Hd* ab, mache $ae = ad$, $Ic = He$, und ziehe *ac*, so hat *ac*, wie leicht zu sehen, die nemliche Richtung wie *ba* oder 35, *a*, und ist folglich die Verlängerung von 35, *a*. So kann man Visirlinien mit aller Genauigkeit von einem Meſstischblatt auf das andere fortsetzen, und folglich Dreieckspuncte, ohne besondere Unbequemlichkeit vorwärts, und selbst rückwärts einschneiden, wenn sie auch nicht mehr auf das nemliche Blatt fallen. Hat man nun von einem Meſstischblatt aus auch nur zwei, auf ein anderes fallende Puncte eingeschnitten, so kann man auf diesem wieder das Netz auf die gewöhnliche Weise fortsetzen. Es läſst sich also allenfalls das besondere Dreiecks-Netz-Blatt, wenn man mit dem Meſstisch miſst, ersparen; jedoch ist das Netz Blatt zur Uebersicht und Prüfung immer gut und nützlich. Es ist gut, wenn man den Meſstisch bloſs erst in den Hauptpuncten des Dreiecks-Netzes, nemlich in denen, welche die gröſsten, die übrigen prüfenden Dreiecke geben, wie 5, 7, 54, 26 etc. aufstellt, und das Netz dieser groſsen Dreiecke auf ein und dasselbe Blatt bringt. Alsdann kann man dieses Blatt in die einzelnen quadratischen Meſstischblätter theilen, die Hauptpuncte darauf übertragen, und an die Haupt-Dreiecks-Seiten die übrigen kleineren Dreiecke anschlieſsen.

148.

Es kommt weiter darauf an, wie die Figur im Kleinen, die dem auf dem Felde auf irgend eine Art ausgemessenen Linien-Gewebe ähnlich seyn soll, und die die Carte der Projection der Flur giebt, auf das Papier zu übertragen sey.

Zuerst ist, wie bisher aus einander gesetzt, die Zeichnung des Dreiecks-Netzes, oder der zu Dreiecken verbundenen Hauptlinien, mit den obigen Beobachtungen nöthig, und an diese schlieſst sich die Zeichnung des Details, auf den einzelnen Blättern der Carte an.

Es kommt also zuerst darauf an, wie das auf dem Felde ausgemessene Dreiecks-Netz auf dem Papiere abzubilden sey.

149.

I. Mifst man mit dem Mefstisch, so bekommt man des Bild des Dreiecks-Netzes schon beim Messen auf dem Felde selbst, und es ist das Nöthige darüber schon gesagt, sowohl für den Fall, wenn man ein besonderes Netzblatt machen, als wenn man das Netz auf die einzelnen Mefstischblätter vertheilen will.

II. Mifst man blofs mit der Kette, oder mit der Kette und dem Winkelkreuz, so kommt kein eigentliches gröfseres Dreiecks-Netz vor, weil diese Mefsart nur auf kleinere Fluren anwendbar ist (§. 93.). Die Hauptlinien oder Diagonalen gehören hier mit in das Detail, und es ist von ihnen, was nöthig, beim Detail zu sagen. Es bleibt also nur vorzüglich

III. der Fall, wenn man mit einem Winkel-Instrument, also mit der Boussole oder dem Astrolabio mifst.

In diesem Falle mufs man, nachdem die Dreieckspuncte auf dem Felde ausgesucht und abgesteckt worden, wobei man schon die Gestalt des Dreiecks-Netzes ungefähr kennen lernt, das Netz nach dem Augenmaafs auf einem Bogen Papier zeichnen. In den ungefähren Entwurf, den man mit auf das Feld nimmt, und welcher Manual heifst, schreibt man die Maafse der gemessenen Linien und der mit der Boussole gemessenen Winkel, seitwärts an die Linien, an die Seite, an welcher sie gemessen worden, die mit dem Astrolabio gemessenen Winkel aber zwischen ihre Schenkel, mit einem Bogen umzogen. Alles mufs mit Dinte oder Tusch geschrieben werden, nie mit Bleifeder, weil die Bleifeder-Schrift zu leicht verlöscht. Aus diesem Netz und diesem Manual wird alsdann das Netz zu Hause, wie folgt, aufgetragen.

α) Die Boussole giebt die Winkel an, welche die Seiten der Dreiecke im Dreiecks-Netz mit der Magnetlinie machen; das Astrolabium giebt die Winkel, welche die Dreiecks-Seiten mit einander machen. Aus beiden lassen sich leicht die Winkel finden, welche die Dreiecks-Seiten mit der Nordlinie machen, in welcher die verticalen Linien des Quadrat-Netzes gezogen sind. Die Winkel der Dreiecks-Seiten mit der Richtung von Westen nach Osten, welche die auf die verticalen senkrechten, horizontalen Linien des Quadrat-Netzes haben, sind von jenen um einen rechten Winkel verschieden.

Es sey z. B. *C* (Fig. 102. Taf. 11.) ein Standort des Winkelmessers, und *CN* stelle die Nordlinie, *CM* die Magnetlinie mit westlicher Abweichung vor, so mifst die Boussole die Winkel *MCA*, *MCB*, *MCE*, um welche beliebige, durch *C* gehende gerade Linien *CA*, *CB*, *CE* etc., in der Richtung von Westen nach Osten, von der Magnetlinie abweichen. Die Winkel *NCA*, *NCB*, *NCE*, welche die nemlichen Linien mit der Nordlinie *NC* machen, sind also blofs um die Abweichung *MCN* der Magnetnadel von der Nordlinie kleiner, als die Winkel, welche die Boussole unmittelbar angiebt. Man darf daher nur von den Winkeln, welche man auf dem Kreise der Boussole ablieset, die Abweichung der Magnetnadel von der Nordlinie abziehen, so findet man die Richtung der Seiten des Dreiecks-Netzes gegen die verticalen Parallelen des Quadrat-Netzes. Die Winkel *ACY*, *BCY*, *ECY* (wenn *XY* auf *NQ* senkrecht), welche die Linien *CA*, *CB*, *CE* etc. mit den horizontalen Parallelen des Quadrat-Netzes machen, sind noch um einen rechten Winkel kleiner als jene.

Wenn ferner *KCL* eines der Dreiecke des Dreiecks-Netzes wäre, und man hätte mit dem Astrolabio gemessen, so wären die Winkel *KCL*, *CKL* und *KLC* bekannt. Wenn nun die Richtung einer Seite des Dreiecks gegen die Nordlinie, also z. B. der Winkel *NCK* bekannt wäre, so findet man, ebenfalls durch blofse Addition und Subtraction, leicht die Richtung der übrigen Seiten gegen die Nordlinie, nemlich die Winkel *NCL* und *DKL*, wenn *DKF* mit *NCQ* parallel ist. Denn man darf nur zu dem gemessenen Winkel *KCL* die Abweichung *NCK* addiren, so findet man den Winkel *NCL*, und wenn man erst zwei rechte zu der Abweichung *NCK* oder *DKS* addirt, welches den äufseren Winkel *DKC* giebt, ferner von diesem den gemessenen Winkel *CKL* abzieht, so findet man die Abweichung *DKL* der dritten Dreiecks-Seite von der Nordlinie. Die Abweichung der ersten Dreiecks-Seite von der Nordlinie aber darf als bekannt vorausgesetzt werden, sobald man nur die Abweichung irgend einer Dreiecks-Seite von der Magnetlinie auf dem Felde gemessen, oder das

Dreiecks-Netz, wie es seyn mufs, orientirt hat. Denn aus der Abweichung einer Seite finden sich, wie oben gezeigt, der Reihe nach, die Abweichungen aller übrigen.

Es lassen sich also in allen Fällen durch blofse Addition und Subtraction leicht die Winkel finden, welche die Dreiecksseiten, von Westen nach Osten, mit der Nordlinie machen.

β) Nun läfst sich, wie weiter oben gezeigt, auch die Länge der Dreiecks-Seiten aus der gemessenen Basis und den gemessenen Winkeln finden.

Aus diesen beiden Stücken lassen sich nun die Abstände der Dreieckspuncte von den verticalen und horizontalen Parallelen des Quadrat-Netzes, z. B. von dem linken und unteren Rande des Netzblattes, welche Abstände Länge und Breite der Puncte gegen die Ränder genannt werden können, wie folgt, finden.

Von irgend einem Puncte des Netzes, z. B. von dem Puncte 23 (Fig. 94. Taf. 9.) ist die Länge *a*, 23 oder *Rb*, und die Breite *b*, 23 oder *Ra* willkürlich, weil es die Ränder des Blattes selbst sind, und können also als bekannt angenommen werden. Nun setze man, es solle z. B. die Länge *d*, 24 und die Breite *f*, 24 eines der folgenden Puncte, 24, gefunden werden, so ist offenbar nichts weiter nöthig, als das man die berechnete oder gemessene Länge der Dreiecks-Seite 23, 24 mit dem Cosinus und mit dem Sinus des Abweichungs-Winkels *g*, 23, 24 der Seite 23, 24 von der Nordlinie 23, *g* multiplicirt, und die Producte zu der Länge und Breite des Puncts 23 addirt. Ersteres giebt die Linie 24, *h*, letzteres die Linie 23, *h* (hier negativ), und wenn man 24, *h* zu *a*, 23 addirt, so findet man die Länge *d*, 24 oder *Rf* des Puncts 24, und wenn man 23, *h* (hier negativ) zu *b*, 23 addirt, so findet man die Breite *f*, 24 oder *Rd* des Puncts 24.

Nachdem die Länge und Breite des Puncts 24 gefunden worden, kann man auf dieselbe Weise die Länge und Breite des folgenden Puncts 25 oder 26, und so der Reihe nach, die Länge und Breite aller übrigen Dreieckspuncte finden.

Zieht man, um mit weniger grofsen Zahlen zu rechnen, die Breite so vieler ganzen Quadrate des Quadrat-Netzes, als links oder unter einem Dreieckspunct liegen, von der gefundenen Länge und Breite des Dreieckspuncts gegen die Ränder ab, so bekommt man die Abstände der Dreieckspuncte von den nächsten Quadratnetz-Linien, oder die Länge und Breite der Deieckspuncte gegen diese nächsten Linien. So z. B. kann man von der Breite *f*, 24 des Dreieckspuncts 24 die Breite *fe* von 6 Quadraten abziehen, welches blofs nächst der Länge *d*, 24 die Breite *e*, 24, gegen die nächste Quadratnetz-Linie giebt.

Zieht man von der gegen die Ränder berechneten Länge und Breite der Dreieckspuncte die eben so berechnete Länge und Breite irgend eines besonders festen und bemerkbaren Puncts der Flur, z. B. die Länge *RV* und Breite *VA* des Kirchthurms im Wohnort, ab, so bekömmt man die Länge und Breite der Dreieckspuncte gegen diesen Punct. Die Längen der Puncte, welche rechterhand der Nordlinie durch *A* liegen, sind alsdann positiv, die Längen derjenigen, welche linkerhand liegen, negativ. Die Breiten der Puncte, welche über der Horizontalen durch *A* liegen, sind positiv, die Breiten derjenigen, welche unter dieser Horizontalen liegen, sind negativ.

Sind Puncte auf mehrere Art geschnitten, wie z. B. der Punct 7 von 1, von 6, von 54, von 19 etc., so können die Längen und Breiten solcher Puncte auch mehrere Mal berechnet werden, und die verschiedenen Resultate müssen Eines und Dasselbe geben; welches zur Probe der Rechnung dient.

γ) Nachdem auf diese Weise die Längen und Breiten der verschiedenen Dreieckspuncte, z. B. von den nächsten Verticalen und Horizontalen des Quadrat-Netzes *durch Rechnung* gefunden worden, läfst sich nun das Dreiecks-Netz, wie folgt, zeichnen.

Es sey z. B. die Länge *d*, 24 und die Breite *e*, 24 des Puncts 24 bekannt, so setze man nach dem Maafsstabe der Zeichnung z. B. die Länge *d*, 24 auf die nächste Quadratnetz-Linie in *ke* ab, ziehe mit *ka* eine Parallele *el*, ungefähr so lang, als die Breite *e*, 24, des Puncts 24, und auf diese Parallele die Breite *e*, 24, so ist 24 der gesuchte Punct. So verfährt man mit allen übrigen Puncten.

δ) Das Verfahren, ein mit der Boussole oder dem Astrolabio gemessenes Dreiecks-Netz zu Papier zu bringen, ist also, zusammengenommen, folgendes.

1) Man berechnet nach (α.) die Abweichungen der Dreiecks-Seiten von der Nordlinie.

2) Man berechnet nach (§. 81. C. und 119.) die Länge der Dreiecks-Seiten.

3) Man multiplicirt die Länge der Dreiecksseiten erst mit dem Cosinus und dann mit dem Sinus der Abweichungen der Dreiecksseiten von der Nordlinie (1.).

4) Man zieht auf einem Papierblatt von gegebener Gröfse, ein Netz von Quadraten von angemessener Gröfse, so dafs das Netz der ganzen Flur darin Raum findet.

5) Man nimmt die Entfernung irgend eines Dreieckspuncts von den Rändern des Netzblattes willkürlich an, und addirt dazu, der Reihe nach, wie die Dreiecksseiten auf einander folgen, die obigen Producte (3.), so findet man die Länge und Breite der Dreieckspuncte gegen die Ränder des Netzblattes.

6) Verlangt man die Länge und Breite der Dreieckspuncte gegen einen einzelnen festen und bemerkbaren Punct der Flur, z. B. gegen den Kirchthurm des Wohnorts, so zieht man die Länge und Breite desselben von der Länge und Breite des Dreieckspuncts gegen die Ränder (5.) ab.

7) Verlangt man die Abstände der Dreieckspuncte von den nächsten verticalen und horizontalen Parallelen des Quadrat-Netzes, so zieht man von der Länge und Breite der Dreieckspuncte gegen die Ränder (5.) die Breite so vieler Quadrate ab, als linkerhand und unter dem Puncte liegen.

8) Nach diesen Abständen zeichnet man die Dreieckspuncte in ihre Quadrate, indem man, um die Länge eines Puncts gegen die nächste Verticale von dieser entfernt, mit ihr eine Parallele zieht, und auf der Parallele die Breite des Puncts gegen die nächste Horizontale absteckt.

Die Seiten des Dreiecks-Netzes zieht man gewöhnlich mit rothem, die Quadratnetz-Linien mit schwarzem Tusch, und die Dreieckspuncte bezeichnet man roth mit den nemlichen Zahlen, welche ihnen auf dem Felde gegeben wurden (§. 114.). Von den Längen und Breiten der Dreieckspuncte gegen einen besonders festen Punct in der Flur, z. B. den Kirchthurm, verfertigt man ein geschriebenes Verzeichnifs, und ein zweites von den gemessenen Winkeln und berechneten Seiten der Dreiecke, welche Verzeichnifse aufbewahrt werden.

150.

Statt das Dreiecks-Netz, wenn es mit der Boussole oder dem Astrolabio gemessen ist, nach (§. 148.) zu zeichnen, kann man auch

α) die Dreiecksseiten unter den Winkeln, welche sie mit einander oder mit der Nordlinie machen, vermittelst des Transporteurs an einander setzen. Man kann z. B. die Linie 23, 24 ziehen, in dem Punct 23 unter dem Winkel 24, 23, 10 gegen 23, 24 mit dem Transporteur die Linie 23, 10 setzen, den Linien 23, 24 und 23, 10 nach dem Maafstabe ihre Länge geben, die Linie 10, 24 ziehen, hierauf in den Puncten 24 und 10 unter den Winkeln 27, 10, 24 und 27, 24, 10 die Linien 10, 27 und 24, 27 ziehen, u. s. w. Allein bei dieser Art zu zeichnen häufen sich die Fehler bei den auf einander gesetzten Linien ungemein, und vergröfsern sich leicht, so dafs eine sehr ungenaue Zeichnung entsteht.

β) Eswas besser ist es, statt die Abweichungen der Linien gegen einander oder gegen die Magnetlinie auf ihre Endpuncte zu setzen, vielmehr die Abweichungen aller Dreiecksseiten gegen die Nordlinie nach (§. 149. III. α.) zu berechnen, diese Abweichungen mit dem Transporteur gegen eine und dieselbe feste Nordlinie, z. B. gegen die Nordlinie durch den Kirchthurm aufzutragen, und mit dieser Linie die zugehörigen Dreiecksseiten parallel zu ziehen, welches nach der Rose auftragen heifst. Alsdann können sich wenigstens die Fehler in sofern nicht vervielfältigen, dafs man einen Winkel nicht gegen eine vielleicht schon unrichtig gezogene Dreieck-Sseite, sondern gegen eine feste Linie setzt.

γ) Auch könnte man erst alle Dreiecks-Seiten aus der gemessenen Basis und den gemessenen Winkeln berechnen, und vermittelst derselben die Dreiecke aus ihren drei Seiten blofs mit dem Zirkel aufzeichnen, welches ebenfalls schon genauer seyn würde, als das Verfahren (α.), weil man Linien nach dem Maafsstabe genauer zeichnen kann, als Winkel mit dem Transporteur.

Allein alle diese Verfahren stehen dem in (§. 149.) beschriebenen Auftragen nach Coordinaten nach, und zwar nicht blofs deshalb, weil sie eine weniger genaue Zeichnung geben, sondern noch weit mehr aus folgenden Gründen. Durch die Verfahren (α, β, γ) nemlich findet man die Orte der Dreieckspuncte auf dem Netzblatt nur durch Zeichnung, durch das Verfahren (§. 149.) hingegen aus den unmittelbar auf dem Felde gemessenen Linien und Winkeln durch Rechnung. Nun kann man aber, erstlich, nicht allein so genau rechnen, als man will, wogegen die Genauigkeit der Zeichnung sehr begrenzt ist, sondern die Rechnung entdeckt auch, zweitens, durch sich selbst, vermöge der Proben, sehr zuverläfsig ihre Fehler, welches die Zeichnung viel weniger thut; drittens kann man, wenn man ein Verzeichnifs oder eine Tabelle der Längen und Breiten der Dreieckspuncte aufbewahrt, die Dreieckspuncte auch dann noch wiederfinden, wenn die Carte verloren oder zerstört ist; viertens lassen sich nach den berechneten Längen und Breiten gegen die nächste Quadratnetz-Linie die Dreieckspuncte, ohne neue Rechnung oder Verwandlung, auf das Flurcarten-Blatt unmittelbar übertragen, welches von einem durch Zeichnung gefundenen Dreiecks-Netz nicht unmittelbar, und um so weniger genau angehet, wenn das Netzblatt nach einem kleinen Maafsstabe gezeichnet werden mufs, damit es nicht gröfser sey als ein Flur-Carten-Blatt. Endlich hat fünftens, wenn die Abstände berechnet sind, das Netzblatt gar keine besondere Genauigkeit nöthig, sondern könnte allenfalls, wie am Schlusse von (§. 144.) bemerkt, selbst aus freier Hand gezeichnet werden, während, wenn man das Dreiecks-Netz durch Zeichnung finden wollte, eine bei dem kleinen Maafsstabe schwer zu erreichende Genauigkeit nöthig seyn würde.

Das Verfahren (§. 149.) hat daher in vielem Betracht entschiedene Vorzüge, und ein Dreiecks-Netz wird immer am besten nach Coordinaten aufgetragen. Dieses Verfahren ist auch das nemliche, dessen man sich bei ganz grofsen Dreiecks-Netzen über ganze Länder bedient. Die Längen und Breiten werden nur dort von irgend einem festen Puncte eines Hauptortes, dessen geographische Länge und Breite gefunden ist, gerechnet. Das Verfahren ist bei einiger Uebung und Aufmerksamkeit keinesweges schwierig, und erfordert nur diejenige gewöhnliche Fertigkeit in Rechnen mit Zahlen und Logarithmen, die dem Feldmesser unentbehrlich ist.

151.

Nachdem das Dreiecks-Netz gezeichnet ist, kann man zur Detail-Vermessung und zur Aufzeichnung des Details schreiten.

Da dafs Detail auf einzelnen Blättern nach einem gröfseren Maafsstabe gezeichnet werden soll, als das Dreiecks-Netz, so mufs man sich schon bei der Ausmessung des Details nach der Eintheilung in die einzelnen Blätter richten.

I. Mifst man mit dem Mefstisch, so bringt man auf ein einzelnes Blatt gerade so viel Quadrate des Dreiecks-Netzes, als darauf nach dem angenommenen Detail-Maafsstabe Raum haben. Ist z. B. der Mefstisch etwas über 16 Decimal-Zoll oder 0,16 Ruthen lang und breit, und das Detail soll nach dem Maafsstabe von $\frac{1}{2500}$ der Länge im Felde gezeichnet werden, so ist die Länge und Breite des Mefstisches einer Länge von $0{,}16 . 2500 = 400$ Ruthen auf dem Felde gleich. Sind also die Quadrate nach dem Maafsstabe 50 Ruthen lang und breit gezogen, so gehen 8 Quadrate in die Länge und 8 in die Breite, folglich 64 Quadrate auf ein Mefstischblatt. Man zeichnet also, nachdem das Papier auf den Mefstisch gespannt ist, auf demselben, mit scharfen Linien, und zwar mit Tusch, erst einen genau rechtwinkligen Rand von 16 Zoll lang und breit, und darauf innerhalb dieses Randes die 64 gleich grofsen Quadrate, welche folglich, jedes 2 Zoll lang und breit werden. Diese 64 Quadrate werden aus dem mit Quadraten bezogenen Dreiecks-Netz ausgesondert, und zwar möglichst auf die Weise, dafs einzelne Abtheilungen der Flur nicht zu sehr durchschnitten werden, z. B., dafs wo möglich der ganze Wohnort auf ein und dasselbe Mefstischblatt fällt, und dergleichen. Die folgenden Mefstischblätter schliefsen sich auf dem Netzblatt nach allen Seiten daran an. In das auf den Mefstisch gezeichnete Netz von Quadraten (nach dem obigen Beispiele von 64 Quadraten) trägt man alle Dreieckspuncte mit ihren Nummern, und alle Dreiecks-Seiten, die zufolge des Dreiecks-Netzes in dasselbe fallen, und zwar nicht etwa durch Abtragen aus der Zeichnung des des Dreiecks-Netzes, sondern nach den berechneten Abständen von den nächsten Quadrat-Netz-Linien (§. 149. III. δ. 7.), welches, auch des gröfseren Maafsstabes wegen, viel genauer ist. Auch wo die Dreiecks-Seiten die Ränder schneiden, müssen die Abstände der Durchschnitte berechnet, und nach dieser Ausrechnung aufgetragen werden. Nun bringt man den Meſstisch auf das Feld, stellt ihn erst in irgend einem Dreieckspunct auf, orientirt ihn nach den schon darauf gezogenen Dreieckslinien, geht von da aus weiter, miſst das Detail nach der obigen Anweisung, und zeichnet es zugleich auf den Meſstisch, und zwar Alles mit Tusch. Es findet sich von selbst, was auf den Raum des Tisches geht, wenn man hier und dort an die Ränder gelangt.

Die Quadrat-Netz-Linien sammt den Randlinien des Meſstisches, sind übrigens nicht auf dem Felde auszustecken nöthig, was auch häufig, der vielen Hindernisse wegen, groſse Schwierigkeiten haben würde; es schadet nicht, daſs der Rand vielleicht einzelne Gegenstände durchschneidet; es wird gezeichnet, was innerhalb des Randes fällt, und an denselben Durchschnittspunct schlieſst sich die Zeichnung auf dem folgenden anstoſsenden Blatte an, welches wieder wie das vorige orientirt wird. Man zeichnet übrigens immer nur die vorzüglichsten Linien auf dem Felde selbst. Was aus freier Hand gezeichnet wird, oder sonst zur speciellen Ausführung der Zeichnung dient, markirt man bloſs und führt es zu Hause aus, wo sich bequemer zeichnen läſst, als auf dem Felde.

Die Meſstischblätter, nachdem sie vollendet und von dem Tisch abgeschnitten worden, sind nun die Flur-Cartenblätter selbst.

II. Miſst man mit der Boussole oder dem Astrolabio, oder auch bloſs mit der Kette oder dem Winkelkreuz, so muſs man, eben wie in solchen Fällen beim Dreiecks-Netz, erst Manuale zu den einzelnen Blättern machen, da man auf dem Felde nicht nach dem Maaſse zeichnen kann. Solche Manuale sind ungefähre, nach dem Augenmaaſs gezeichnete Abbildungen der horizontalen Projection von Theilen der Flur, welche ungefähr die einzelnen Blätter füllen. Man darf sich mit den Abtheilungen nicht genau nach dem Umfange richten, welchen die Quadrat-Netz-Linien abschneiden, sondern kann einzelne Felder, z. B. ganze Acker- oder Wiesen-Flächen, oder den Wohnort mit seinen Umgebungen ganz auf ein Blatt bringen. Man trägt nun erst, um einen Anhalt für die Gestalt der Figur zu haben,

die

die Dreieckspuncte und Dreiecks-Seiten, welche auf den Manualbogen fallen, ungefähr auf denselben, und zeichnet dann das Detail auf dem Felde aus freier Hand, in dem Maafse, wie man mit dem Messen fortrückt, und zwar immer mit Dinte oder Tusch. Die Länge der gemessenen Linien, und wenn es Abscissen sind, ihrer Theile, von einem und demselben Puncte anfangend, schreibt man auf dem Felde neben die Linien. Wenn mehrere Maafse von einem und demselben Endpuncte anfangen, mufs man, um deutlich anzuzeigen, auf welche Ausdehnung sich die beigeschriebene Länge bezieht, das Maafs nicht in die Mitte, sondern an den, dem gemeinschaftlichen Anfangspuncte entgegengesetzten Endpunct der Linie setzen, und das Zeichen des festen Endpuncts davor oder auch darüber schreiben. Wären z. B. in (Fig. 103.) die Puncte *B, C, D, E, F* etc., deren Abstände von dem gemeinschaftlichen Anfangspunct der Längen, *A*, man bezeichnen will, der Reihe nach 15,43; 28,09; 30,8; 42,15; 48,11 Ruthen entfernt, und der Punct *A* wäre etwa ein Dreiecks-Punct, der im Netz mit No. 37 bezeichnet ist, so kann man die Entfernungen über die Puncte *B, C, D* etc., und das Zeichen 37 des Puncts *A* oben darüber schreiben, wie es in der Figur zu sehen. Auf diese Weise können die Maafse, was sonst leicht möglich ist, nicht gut verwechselt werden. Die mit dem Astrolabio gemessenen Winkel schreibt man, in Graden und Minuten, zwischen die Schenkel der Winkel, und deutet durch einen Bogen, von einem Schenkel zum anderen, an, auf welche Schenkel sie sich beziehen. Die mit der Boussole gemessenen Winkel schreibt man neben die Linien, in der Mitte derselben, und zwar an der Seite, an welcher sie liegen, und umgiebt sie mit einem auf die Linie aufstehenden Bogen. Die eigenthümlichen Namen einzelner Stücke der Flur schreibt man in dieselben. Auch schreibt man die etwa zur Verständlichkeit des Manuals nöthigen Erläuterungen mit wenigen Worten gleich auf dem Felde hinzu. Den Figuren in der Notiz auf dem Felde oder im Manuale etwa willkürlich irgend eine andere Form zu geben, als die sie wirklich haben, ist durchaus nicht rathsam. Das Manual mufs nichts Anderes, als die vorläufig nach dem Augenmaafs gezeichnete Flur-Carte selbst seyn. Man mufs es immer mit Dinte, und so deutlich und verständlich zeichnen, dafs auch jeder Andere, der nicht auf dem Felde war, es zu Hause nach dem Maafs aufzuzeichnen im Stande ist. Die Manuale werden wie die Carte selbst aufbewahrt.

Nach diesen Manualen trägt man dann zu Hause die einzelnen Abtheilungen der Flur-Carte, und zwar sobald als möglich, damit, wo es ja nöthig, das Gedächtnifs noch zu Hülfe kommen kann, etwa an regnigen Tagen, wenn man nicht gut auf dem Felde messen kann, nach dem Maafs auf, und zwar nimmt man, wenn ein Bogen Manual nicht gerade eine Section der Flur giebt, dasjenige daraus, was in die Section gehört, und ergänzt es aus den anderen Bogen. Bei dem Auftragen des Details kann man sich auch eines guten Transporteurs bedienen (§. 63.). Jedoch mufs man immer nach der Rose auftragen, nie die Winkel auf die allmälig entstehenden Linien setzen. Der Maafsstab wird immer auf jedes einzelne Blatt der Flur-Carte auf den Rand derselben gezeichnet, nie das Maafs von metallenen Maafsstäben abgenommen (§. 63. III.).

152.

Die Zeichnungsart einer Carte ist um so besser, je deutlicher sie ist, und je genauer und hervorstechender sie das, worauf es wesentlich ankommt, sichtbar macht. Es ist dabei Folgendes zu beobachten.

α) Alle Linien werden mit Tusch, so scharf und fein, aber auch so schwarz als möglich, nie unbestimmt und blafs gezogen. Schattenlinien, breiter als die übrigen, die wohl in Zeichnungen, wo es weniger vorzugsweise auf Genauigkeit ankommt, finden natürlich in Carten nie Statt, wo überhaupt sogar nicht der wirklichen, und noch weniger einer vermeintlichen Schönheit oder dem malerischen Ansehen das Geringste von der Richtigkeit und Genauigkeit aufgeopfert werden darf.

β) Das Ueberziehen einzelner Theile der Flur mit Farben, um sie von einander zu unterscheiden, ist, in sofern die Farben nur ganz blafs sind, damit sie nicht die scharfen Grenzlinien bedecken und verdunkeln, ganz angemessen; nur ist es gut, wenn die Farben nicht willkürlich genommen werden. Die Farben können vielmehr sehr füglich dazu dienen, die Art des Grundes und Bodens anzuzeigen. Häufig, und besonders in öconomischen Carten, kommt es auf die Güte und Beschaffenheit des Bodens an, und es müssen bei öconomischen Vermessungen, wenn der Boden von verschiedener Güte erachtet wird, selbst, wenn die Flur-Theile einem und demselben Eigenthümer gehören, und auf gleiche Art, z. B. zu Acker, zu Wiesen etc. benutzt werden, die Grenzen zwischen Land von verschiedener Güte, gleich anderen künstlichen Grenzen, besonders gemessen und auf der Carte angezeigt werden, welches durch punctirte Linien geschehen kann. Das Schätzen der Güte des Bodens heifst in der Gewerbesprache Bonitiren. Um nun Land von verschiedener Güte oder verschiedener Art zu bezeichnen, kann man sich der Farben sehr wirksam bedienen. Man kann schwarzen, vegetabilischen Boden schwärzlich, Lehm röthlich oder bräunlich, Sand gelb, Felsen grau oder aschblau, Wasser bläulich, u. s. w., kurz, jede Fläche mit ihrer eigenthümlichen natürlichen Farbe überziehen.

γ) Die einzelnen, verschiedenen Eigenthümern gehörigen Theile des Bodens kann man durch eine schmale Schattirung anzeigen. Nur mufs auch diese Schattirung nur ganz blafs seyn, damit sie auf keine Weise die scharfen Grenzlinien bedecke oder undeutlich mache.

δ) Die Art der Benutzung des Bodens, z. B. ob als Obst-Garten, Kräuter-Garten, Wein-Garten, Acker, Wiese, Viehweide, Weg, Wald, u. s. w., kann man durch angemessene Zeichen mit blafsem schwarzem Tusch, oder auch mit passenden Farben andeuten. Z. B. in dem Acker deutet man die Furchen an, Wiesen schraffirt man, und wenn sie nafs sind, mit bläulichen Strichen untermischt. Wald bezeichnet man durch die Figuren kleiner Bäume, ungefähr von der Form derer, die sich in dem Walde befinden. Eben so Baumgärten und Gesträuch. In Weingärten deutet man die Reben an, u. s. w. Auf ähnliche Weise deutet man einzelne Gegenstände durch angemessene Zeichen an, z. B. Steinbrüche, Kies- und Lehmgruben durch ihre Farben und ausdrückende Schraffirung. Wege überzieht man braun, und zeichnet die Gräben und die Bäume an denselben. Gebäude zeichnet man röthlich, Wassermühlen giebt man kleine Rädchen, Windmühlen ein kleines Kreuz, die Flügel bezeichnend, Brücken, wenn sie von Stein sind, im Grundrifs mit ihren Flügelmauern, zeichnet man röthlich, wenn sie von Holz sind schwärzlich oder gelblich, u. s. w. Gewöhnlich ist die Zeichnungsart der einzelnen Gegenstände auf den Carten ausdrücklich vorgeschrieben, oder man richtet sich nach besonderen Musterblättern. Eine Hauptregel ist, dafs die Grenzlinien immer recht fein und scharf gezogen werden, und dafs man auf die Zeichnung überall gleiche Sauberkeit und Sorgfalt wendet, die Figuren mögen grofs seyn oder klein.

ε) Wo der Flächen-Inhalt der einzelnen Flur-Theile und der ganzen Flur berechnet wird, wie bei ökonomischen Messungen, müssen die Flur-Theile, und zwar mit Arabischen Ziffern, numerirt werden, damit sie ohne Verwechselung in dem Verzeichnifs des Flächen-Inhalts angegeben werden können. Bei diesem Numeriren mufs man immer nur einmal von Eins anfangen, und die Zahl der Parcellen mufs immerfort steigen, durch die ganze Flur hindurch, so hoch sie auch anwachsen mag. Nie darf man in einzelnen gröfseren Abtheilungen der Flur wieder von vorn anfangen, damit eine und dieselbe Parcellen-Nummer nie mehr als einmal vorkomme. Die Zahl der Parcellen kann man nach folgender Regel steigen lassen, welche überall pafst: Man stellt sich die Flur nach dem Quadrat-Netz in horizontale Streifen getheilt vor. Ein einzelner Streifen enthält allemal die Quadrate, welche durch das ganze Blatt neben einander liegen. In dem obersten Streifen des ersten Flurcarten-Blattes bekommt diejenige Parcelle Eins, von welcher ungefähr nach dem Augenmaafs der Mittelpunct am weitesten links liegt, gleichviel, ob höher oder niedriger als der Mittelpunct einer anderen Parcelle in dem nemlichen Quadrat. Die Parcelle, deren Mittelpunct zunächst weiter rechts liegt, bekommt 2, die folgende 3, u. s. w. durch den ganzen Streifen. Hierauf geht es in dem zweiten Streifen nach derselben Regel weiter fort, bis zu Ende desselben. Auf diesen folgt der dritte Streifen, u. s. w., bis das Blatt zu Ende ist. Hierauf zählt man in dem folgenden Blatte nach derselben Regel weiter, dann in dem dritten, u. s. w. durch die ganze Flur. In (Fig. 94. Taf. 9.) sind die Dreieckspuncte nach dieser Regel numerirt. Die Zahlen der Parcellen setzt man ungefähr in den Mittelpunct derselben.

ζ) Die eigenthümlichen Benennungen einzelner Theile des Feldes, so wie die Benennungen der angrenzenden Felder, die Namen der Wohnörter, der Flüsse, Seeen, Wassermühlen, Brücken etc., müssen in die Carte, und zwar mit lateinischen Buchstaben eingeschrieben werden. Wenn sich die Inschrift auf eine Linie oder auf eine sehr lange und schmale Fläche bezieht, z. B. auf eine Grenzlinie oder einen Fluſs, einen schmalen Weg, auf Ackerstücke etc., so muſs die Schrift an der Linie oder an dergleichen langen Flächen, ungefähr parallel mit ihren langen Seiten, stehen. In allen anderen Fällen aber, wenn der zu benennende Gegenstand nicht in die Länge in's Besondere sich erstreckt, setzt man die Schrift am besten immer horizontal oder parallel mit dem oberen und unteren Rande der Carte. Verzierte Schrift mit Zügen oder geschweiften Buchstaben, so schön sie auch sonst seyn mag, ist für eine Carte nicht passend, Die beste ist die ganz einfache, unverzierte Schrift von der Form wie die lateinische Druckschrift (Cursiv oder auch Antiqua). Die Gröſse der Schrift muſs ungefähr mit der Gröſse des Gegenstandes, auf welchen sie sich bezieht, in Verhältniſs stehen. Die Benennung der ganzen Carte wird auf den Rand, oder auch in eine Ecke gesetzt; darunter der Name Dessen, der sie gemessen und gezeichnet hat, und Jahr und Monat, in welchem die Carte verfertigt wurde.

η) Die Richtung der Magnetnadel muſs auf allen Carten, wenn auch die Flur nicht mit der Boussole gemessen worden, gezeichnet werden.

ϑ) Alle Carten müssen, besonders wenn sie gerollt werden, nothwendig auf Leinwand gezogen werden. Haben sie aber keine unförmliche Gröſse, so daſs sie, wie oben empfohlen, ohne Rollen und Falten aufbewahrt werden können, so kann man die Leinwand auch ersparen; nur muſs man sich eines starken und guten Papiers bedienen.

153.

Gewöhnlich ist eine Uebersicht der ganzen ausgemessenen Fläche nöthig. Da die einzelnen Blätter der Flurcarte eine solche nicht geben, so muſs man ein besonderes Uebersichtsblatt zeichnen, welches aber ebenfalls nie die Gröſse der anderen Blätter überschreiten darf, und daher einen kleineren Maaſsstab bekommen muſs. Es schickt sich dazu auch das Dreiecks-Netz-Blatt selbst. Da sich auf demselben weiter nichts befindet, als die Dreieckspuncte und Dreiecks-Seiten, so kann man das

Detail im Kleinen noch hineinzeichnen, welches leicht ist, indem man nur in die Quadrate, nach dem kleinen Maafsstabe, alles dasjenige bringen darf, was sich in denselben Quadraten auf den Flurcarten-Blättern befindet. Man nimmt die Maafse der Gegenstände auf der Flurcarte nach ihrem Maafsstabe, und trägt sie in die zugehörigen Quadrate auf dem Netzblatte, nach dem kleineren Maafsstabe.

Besonders dann sind die Uebersichts-Carten nöthig, wenn eine Strafse oder ein Strom gemessen ist. Obgleich die Fläche sich dann sehr in die Länge erstreckt, ist es dennoch gut, wenn das Uebersichtsblatt auch in der Länge das obige Maafs der Blätter nicht übersteigt. Mufs der Maafsstab deshalb gar zu klein seyn, z. B. wenn die Strafse oder der Strom vielleicht 10 Meilen und darüber lang wäre, so mufs man noch besondere Uebersichtsblätter von einzelnen Theilen der Strafse oder des Stroms machen.

Bei den Strafsen-Carten ist zuweilen ein detaillirtes Dreiecks-Netz nicht nöthig, weil es vielleicht nicht darauf ankommt, ob die Richtung der Strafse im Ganzen etwas verfehlt wird, oder nicht. Bei solchen ungefähren Ausmessungen kann man sich dann vortheilhaft der Boussole bedienen. Das Gemessene wird entweder nach Coordinaten oder nach der Rose aufgezeichnet. Jedoch ist es immer gut, wenn wenigstens eine zusammenhängende schmale Kette von Dreiecken über die Strafse hin gelegt wird, welches immer nur wenig Mühe macht.

154.

Wird eine verkleinerte Copie einer Carte verlangt, so überzieht man das Copieblatt, nach seinem Maafsstabe, mit Quadraten, wie das Original, und zeichnet in die Quadrate die verkleinerte Figur, auf dieselbe Weise, wie Flurcarten, in das Uebersichtsblatt (§. 153.). Vergröfserungen von Carten kommen selten vor, und sind wegen der zunehmenden Gröfse der Fehler unzuverläfsig. Sie werden übrigens vermittelst Quadrate eben so gezeichnet, wie die Verkleinerungen.

Man bedient sich auch, um Carten vergröfsert oder verkleinert abzuzeichnen, eines besonderen Instruments, welches Pantograph oder Storchschnabel heifst. Es besteht aus verbundenen Stäben, die sich um einen festen Punct bewegen. Führt man den, am Ende des einen Armes befindlichen Stift über die zu copirende Figur, so beschreibt ein Bleistift am Ende eines anderen Armes eine ähnliche, kleinere oder gröfsere Figur. Das Instrument ist aber, so gut und fest es auch gebaut seyn mag, immer unzuverläfsig, weil seine Arme sich immer mehr oder weniger biegen. Man wird sich davon leicht überzeugen, wenn man den Stift mehreremal über eine und dieselbe Linie führt: der Bleistift wird nie ganz ebenfalls eine und dieselbe Linie ziehen, wie es doch seyn müfste. Das Verkleinern und Vergröfsern nach Quadraten ist immer sicherer und besser.

Soll eine Carte blofs in gleicher Gröfse abgezeichnet werden, so kann man das Papier, welches die Copie aufnehmen soll, unter das Original legen, und die verschiedenen Puncte des Originals mit einer Punctir-Nadel durchstechen. Nach diesen Puncten zeichnet man dann die Copie. Das Durchstechen verdirbt aber das Original, und ist also nicht gut. Kann die Copie auf geöltem oder anderem durchsichtigem Papier seyn, so legt man dasselbe über das Original. Die Zeichnung des Originals wird um so viel durchschimmern, dafs man sie unmittelbar auf dem durchsichtigen Papier abzeichnen kann. Soll aber die Copie auf Rojal- oder Velin-Papier gemacht werden, so mufs das Original auf der Rückseite so stark beleuchtet werden, dafs die Zeichnung durch beide Papiere durchscheint. Man pflegt alsdann das Original, mit dem darauf gelegten Papiere zur Copie, etwa gegen das Fenster zu halten, und so die durchscheinende Figur abzuzeichnen. Diese Art zu zeichnen ist aber unbequem, und es ist gut, wenn man, in sofern es sich ohne viele Umstände thun läfst, das Licht so zu leiten sucht, dafs man die Zeichnung in horizontaler Lage, wie gewöhnlich, machen kann. Dieses kann geschehen, wenn man die Fenster des Zimmers bis auf den unteren Theil eines derselben fest verschliefst, an den offen gebliebenen Theil den Zeichentisch setzt, und über den offen gebliebenen Theil des Fensters noch einen Verschlag anbringt, welcher alles Licht auf den Tisch leitet, der ebenfalls vorn und an den Seiten mit festen Wänden umgeben wird. Alsdann befestigt man in einiger Höhe über dem Tisch eine starke Glastafel, horizontal, durch welche nunmehr allein das Licht in das Zimmer gelangt. Auf diese Glastafel legt man das Original der Carte, und auf das Original das zur Copie bestimmte Papier. Der Tisch und der Raum unter der Glastafel wird nun so stark beleuchtet, besonders wenn die Sonne gerade auf das Fenster scheint, daſs das Licht durch beide Papiere dringt und die Zeichnung des Originals durchscheint, und nunmehr unmittelbar, in bequemer Lage, copirt werden kann. Hat aber diese Einrichtung zu viel Schwierigkeiten, oder ist die Copie nicht von dem Belang, daſs sie ihretwegen besonders zu machen wäre, so ist es immer am besten, auch Copien von gleicher Gröſse, eben wie Verkleinerungen und Vergröſserungen, nach Quadraten zu verfertigen.

II. Von Abbildung der Unebenheiten des Erdbodens oder der Berge und Thäler.

155.

Da das Papier, worauf man zeichnet, als Ebene betrachtet werden kann, und die Figuren darauf, wenn sie nach dem Maaſs gezeichnet sind, den Figuren, welche sie vorstellen, ähnlich seyn sollen, so lassen sich auf dem Papier, ohne andere Mittel, im Kleinen nur Figuren abbilden, die in einer und derselben Ebene liegen. Da nun aber die Oberfläche eines unebenen oder bergigen Terrains vielfach gekrümmt ist, so läſst sich eine solche, ohne andere Hülfsmittel, auf dem Papier nicht abbilden, sondern nur ihre Projection, etwa auf eine horizontale Fläche, die, wie oben gesagt, als Ebene zu betrachten ist.

Um eine unebene Terrain-Fläche abzubilden, giebt es dreierlei Hülfsmittel.

Erstlich. Man kann die Unebenheiten des Terrains, also die Berge und Thäler perspectivisch zeichnen, wie gewöhnlich Körper in der Malerei.

Zweitens. Man kann mehrere Projectionen auf Ebenen, die auf dem Horizont senkrecht stehen, zu Hülfe nehmen, wenigstens eine; wie man in der beschreibenden Geometrie (*géometrie descriptive*) Körper zeichnet.

Drittens. Man kann sich willkürlicher, aber einer bestimmten und natürlichen Regel unterworfener Zeichen bedienen.

Das erste Hülfsmittel, wovon man wirklich in früherer Zeit, besonders in Carten, die nach einem kleinen Maafsstabe gezeichnet waren, Gebrauch machte, ist besonders deshalb nicht gut, weil eine perspectivische Zeichnung nie nach allen Richtungen das richtige Maafs des Körpers, oder der Oberfläche, die sie vorstellt, haben kann. Giebt man dem Grundrifse des Körpers, oder seiner Projection auf den Horizont, wie es in den Carten vor Allem nothwendig ist, das richtige Maafs, auch wohl noch der Höhe, so können die Breite, und überhaupt die Abmessungen nach anderen Richtungen, nicht mehr das rechte Maafs haben; denn eine Figur in einer Ebene, wie die Papierfläche, kann nie einer Figur im Raum, oder einem Körper ähnlich seyn. Die Berge perspectivisch zu zeichnen, ist also nicht passend. Es würde auch in Carten nach gröfserem Maafsstabe gar nicht ohne Undeutlichkeit und Verwirrung möglich seyn.

Das zweite Mittel würde allerdings ein richtiges Bild der unebenen Terrain-Oberfläche geben. Man würde, und zwar schon aus zwei auf einander senkrechten Projectionen, der einen auf den Horizont, der anderen auf eine beliebige verticale Ebene, wie in der beschreibenden Geometrie, ganz nach dem Maafse, den Ort jedes Puncts der Terrain-Oberfläche im Raume sehen können. Allein, da die Höhe der Terrain-Unebenheiten nur selten gegen die Ausdehnung einer Carte im Horizont beträchtlich ist, und auf der verticalen Projection nothwendig alle Puncte des Feldes, die auf der horizontalen Projection vermerkt sind, gezeichnet werden müssen, so würde die Zeichnung der verticalen Projection in den meisten Fällen, so sehr in einander laufen, dafs man doch wieder kein deutliches Bild der vorgestellten Gegenstände bekäme. Man würde mehrere verticale, etwa mit einander parallele Projectionen zu Hülfe nehmen müssen, was aber dann wieder weitläufig und mühsam wäre.

Es bleibt also in der Regel nur das dritte Mittel übrig, die Berge und Thäler auf dem Papier durch willkürliche, einer gewissen Regel unterworfene Zeichen abzubilden. Hierüber ist Folgendes zu bemerken.

156.

In älterer Zeit zeichnete man die Unebenheiten des Terrains durch Schattirungen mit Tusch, oder wenn man mit der Feder oder dem halbtrockenem Pinsel zeichnete, durch gebogene, geschweifte und geschwungene Striche. Eine solche Zeichnung bringt allerdings die Vorstellung hervor, dafs die Terrain-Oberfläche, da, wo sich die Schattirung mit Tusch oder mit Strichen befindet, gekrümmt sey, allein das Maafs der Krümmung zeigt sie nicht, noch weniger die Höhe der Berge über der horizontalen Projection der Carte. Die Zeichnung war übrigens auch keiner bestimmten Regel unterworfen.

Erst in neuerer Zeit suchte man das Maafs der Krümmung eines unebenen Terrains auf dem Papier bestimmter auszudrücken, also das willkürliche Zeichen einer gewissen Regel zu unterwerfen. Unter den verschiedenen Methoden, auf welche man kam, ist vorzüglich die nach ihrem Erfinder *Lehmann* benannte Methode zu bemerken. Sie ist mit ihren Gründen folgende:

157.

Man stellt sich vor, das Terrain werde senkrecht von oben herab beleuchtet, so, als wenn die Sonne im Scheitelpunct (Zenith) stände. Ist die beleuchtete ebene Fläche horizontal, wie *AC* (Fig. 104.), so empfängt sie das volle Licht. Ist sie schief gegen den Horizont geneigt, wie *BC*, *DC* etc., so empfängt sie, wenn sie die nemliche Gröfse $DC = BC = AC$ hat, nur so viel Licht, als auf die horizontale Projection *FC* oder *GC* fällt: sie wird also schwächer beleuchtet. Steht die Fläche senkrecht, wie *EC*, so empfängt sie gar kein Licht, weil ihre Projection Null ist. Die Fläche wird also überhaupt um so schwächer beleuchtet, je steiler sie ist, und die Beleuchtung der senkrechten Fläche ist Null.

Nun stellt man sich ferner vor, das Licht werde in eben dem Verhältnifs der Stärke, wie die beleuchtete Fläche es empfängt, von ihr auf das Auge des Beschauers zurück geworfen. In dieser Voraussetzung wird dem Beschauer die horizontale Fläche ganz hell oder ganz weifs, die schräge Fläche *BC* weniger hell, die Fläche

DC noch dunkler und die senkrechte Fläche *EC* ganz lichtlos oder schwarz scheinen.

Demnach müſste man in der Carte die horizontalen Theile der Terrain-Oberfläche ganz weiſs, die etwas schrägen mäſsig dunkel, die schrägeren dunkeler und die senkrechten Stellen ganz schwarz zeichnen: und zwar müſste sich, weil z. B. die Fläche *BC* um *AF*, die Fläche *DC* um *AG* und die Fläche *EC* um *AC* weniger Licht aufnimmt, als die horizontale Fläche *AC*, das Schwarze zum Weiſsen in der Fläche *BC* wie *AF* zu *FC*, in der Fläche *DC* wie *AG* zu *GC* und in der Fläche *EC* wie *AC* zu Null verhalten.

Da indessen die ganz senkrechten Stellen auf dem Terrain selten sind, und der Abhang gewöhnlich nicht stärker, als ein halber rechter Winkel gegen den Horizont ist, anderen theils aber die Verhältnisse *AF* zu *FC*, *AG* zu *GC* etc., oder, wenn der Neigungswinkel der Fläche durch α bezeichnet wird, allgemein ausgedrückt, von $1 - \cos\alpha$ zu $\cos\alpha$ wenig faſslich, und zu schwer dnrch Zeichnung vorzustellen sind, so nimmt man ferner willkürlich an: schon eine unter einem halben rechten Winkel gegen den Horizont geneigte Ebene werfe gar kein Licht mehr zurück, sey also ganz dunkel, die weniger geneigten Flächen aber werfen in dem Verhältniſs weniger Licht zurück, wie ihr Neigungs-Winkel gegen den Horizont zunimmt, also z. B. eine Fläche, die mit dem Horizont einen Winkel von 5 Graden macht, $\frac{1}{9}$ weniger Licht, als die ganz horizontale Ebene, eine Fläche, die unter einem Winkel von 10 Graden gegen den Horizont geneigt ist, $\frac{2}{9}$ weniger Licht, u. s. w. Im Grunde also verläſst man wieder die anfängliche Voraussetzung, daſs das Maaſs der Stärke der Beleuchtung auf eine verhältniſsmäſsige Weise von dem Maaſse des senkrechten Lichts abhänge, welches die Fläche auffängt, wenigstens behält man davon nur soviel bei, daſs man voraussetzt, die schrägere Fläche scheine dem Beschauer überhaupt dunkler als die horizontale; nach einem willkürlichen Verhältnisse.

Nach diesem willkürlichen Verhältnisse zeichnet man nun ganz horizontale Flächen weiſs, und für jeden Grad, welchen die Fläche gegen den Horizont geneigt ist, schwärzt man $\frac{1}{45}$ der Fläche, also $\frac{1}{9}$ der Fläche, wenn die Neigung 5 Grad beträgt, $\frac{2}{9}$, wenn sie 10 Grad beträgt, $\frac{1}{3}$, wenn sie 15 Grad beträgt, u. s. w.

Eine unter 45 Grad gegen den Horizont geneigte Fläche wird ganz geschwärzt.

Das Schwärzen der Fläche kann durch Ueberziehen mit Tusch geschehen; gewöhnlich aber geschieht es durch Striche mit der Feder, welche in derjenigen Richtung gezogen werden, in welcher die Fläche den *stärksten Abhang* hat. Die einzelnen Striche bekommen diejenige Stärke oder Breite, in welcher sie sich bequem mit der Feder zeichnen lassen, und werden in dem Verhältniſs näher an einander gerückt, wie ein gröſserer Theil der ganzen Fläche geschwärzt werden soll. Also ist für einen Abhang von 5 Grad, der Zwischenraum zwischen den Strichen 8mal so breit als die Striche, weil von $\frac{9}{9}$ nur $\frac{1}{9}$ geschwärzt werden soll, und folglich $\frac{8}{9}$ weiſs bleiben; für 10 Grad Abhang ist der Zwischenraum zwischen den Strichen $\frac{7}{9}$mal so breit als die Striche, weil von $\frac{9}{9}$ nur $\frac{2}{9}$ geschwärzt werden sollen, also $\frac{7}{9}$ weiſs bleiben u. s. w. Die Striche werden nicht sehr lang, sondern Absatzweise gezogen; auch werden sie für geringe Abhänge, damit der weiſse Zwischenraum nicht gar zu breit ausfalle, feiner oder dünner gezogen, als da, wo sie, um einen stärkeren Abhang auszudrücken, näher zusammen stehen müssen, so daſs die Breite der Zwischenräume an sich selbst nirgend sehr verschieden ist.

Eine nach diesen Regeln sauber verfertigte Terrain-Zeichnung hat für das Auge ein sehr angenehmes, malerisches Ansehen, und giebt auch, wenn man die Einbildungskraft zu Hülfe nimmt, eine gute Vorstellung von einem bergigen Terrain. Man kann sich davon aus den vortrefflich gestochenen Kupfern zu der „Die Lehre der Situations-Zeichnung von J. G. Lehmann etc., Dresden 1820, bei Arnold" betitelten Anweisung zu dieser Zeichnungs-Art überzeugen.

158.

Die Lehmann'sche Terrain-Zeichnungs-Methode ist in der That nicht allein schon deshalb schätzbar, und den älteren, willkürlichen Zeichnungs-Methoden in jedem Falle bei weitem vorzuziehen, weil sie das erste consequente, in ein gewisses System gebrachte und unter bestimmte Regeln geordnete Verfahren ist, sondern sie erfüllt auch, wenn es darauf ankommt, die Stärke in's Besondere des Terrain-*Abhanges* bildlich darzustellen, sehr gut ihren Zweck. Auf den Abhang kommt es vorzüglich dem Militair an, weil derselbe z. B. aus einer Terrain-Zeichnung will sehen können, wo Infanterie, Reiterei und Geschütz noch fortkommen kann, und mit welchen Schwierigkeiten, welches nach der Stärke des Terrain-Abhanges sich richtet. Die Zeichnungs-Art ist überall zu empfehlen, wo man gerade den Abhang der Erdoberfläche wissen will. Die Höhe der verschiedenen Puncte des Terrains über einem und demselben Horizont giebt aber die Lehmann'sche Methode weniger bestimmt an. Man kann sie zwar auch aus der Terrain-Zeichnung abnehmen, mufs sie aber daraus erst berechnen. Es ist mit Flächen ein ähnlicher Fall, wie mit krummen Linien in der Ebene. Man kann die Gestalt einer krummen Linie $ABCDE$ (Fig. 105.) allerdings auch, wenn die Abscissen AB_1, AC_1, AD_1, AE_1 etc. verschiedener Puncte gegeben sind, aus ihnen und den Neigungen oder Abhängen der Linie gegen den Horizont, welche die Winkel sind, die ihre Tangenten in A, B, C, D, E etc. mit dem Horizont machen, finden. Aber, will man die Entfernungen der verschiedenen Puncte der Linie von der Abscissen-Axe, oder die Ordinaten BB_1, CC_1, DD_1, EE_1 etc., oder die Höhen der Linie über dem Horizont, wenn AM eine horizontale Linie ist, und die krumme Linie sich in einer senkrechten Ebene befindet, wissen, so mufs man dieselben erst aus den Abscissen und den Tangenten-Winkeln berechnen. Eben so verhält es sich mit der Terrain-Oberfläche, wenn sie nach der obigen Methode gezeichnet ist. Die Abscissen der verschiedenen Terrainpuncte im Horizont sind in der Ebene der Carte selbst angegeben, weil die Carte die Projection der Terrainpuncte auf den Horizont ist. Die Tangenten-Winkel zeigen die Bergstriche, der willkürlichen Uebereinkunft gemäfs. Also kann man auch allerdings die Höhe der Terrainpuncte über dem Horizont aus der Zeichnung finden. Aber man mufs sie erst berechnen. Sie springen aus der Zeichnung nicht von selbst in die Augen.

In Fällen also, wo es weniger auf den Abhang des Terrains, als vielmehr auf die Höhe der verschiedenen Terrainpuncte über einer willkürlich angenommenen horizontalen Fläche, auf welche die Terrainfläche projicirt ist, ankommt, was in vielen Fällen, z. B.

bei Carten, welche öconomische Zwecke haben, oder nach welchen man Wege über Berge bauen will, oder dergleichen, der Fall ist, scheint es, müsse man sich einer anderen Zeichnungs-Art bedienen, welche die Verschiedenheit der Höhen mehr unmittelbar sichtbar macht. Eine solche Zeichnungs-Art wäre folgende:

159.

Man zeichne die verschiedenen Theile einer unebenen Terrainfläche um so schwärzer, je höher sie liegen, und zwar in demselben Verhältnifs, wie die Höhe zunimmt: die tiefste Fläche also ganz weifs, die höchste entweder ganz schwarz, oder doch schwärzer als alle übrigen.

Es würde nicht schwer seyn, auch für diese Regel aus den Gesetzen der Beleuchtung, oder sonst woher, Gründe zu nehmen; allein Gründe für conventionelle oder willkürliche Regeln sind gewöhnlich nicht sehr triftig. Sie sind denen zu vergleichen, die man zu Hülfe zu nehmen pflegt, wenn man einen Satz, der einmal aufgestellt ist, hinterher erst gerechtfertigt wissen will. Es kommt indessen auf strenge Gründe auch nicht an, weil solche conventionelle Regeln, ihrer Natur nach, immer mehr oder weniger willkürlich sind. Es kommt nur darauf an, dafs die Regeln vor Allem consequent sind, und dann, dafs sie den Resultaten der Erfahrung oder der wirklichen Erscheinung nicht widersprechen. Die Consequenz der obigen Regel liegt in ihrer Einfachheit, und der wirklichen Erscheinung ist sie nicht entgegen, weil, wenn man annimmt, der Beschauer befinde sich grade über der Terrain-Fläche, die höheren Puncte ihm näher sind, als die tieferen, nähere Gegenstände aber wirklich bestimmter und in dunkleren Farben erscheinen, als entferntere, wie in der Landschafts-Malerei bekannt, wo der Vordergrund allemal bestimmter und dunkler vorgestellt werden mufs, als der Hintergrund.

160.

Nimmt man nun die Regel (§. 159.) an, so läfst sich danach, wie folgt, verfahren:

α) Man theilt die ganze Höhe einer durch Zeichnung abzubildenden, nicht in einer horizontalen Ebene liegenden Fläche, das heifst: den Unterschied der Höhen des niedrigsten und höchsten Puncts der Fläche in eine willkürliche Zahl gleicher Theile, z. B. in n gleiche Theile. Will man nun die höchsten Stellen der Fläche ganz schwarz und die tiefsten ganz weifs zeichnen, so mufs man Flächen, die in dem ersten Höhen-Theile, also um $\frac{1}{n}$ der ganzen Höhe höher liegen als die tiefsten, um $\frac{1}{n}$, die Stellen, welche um $\frac{2}{n}$ der ganzen Höhe höher liegen, als die tiefsten, um $\frac{2}{n}$, die Stellen, welche um $\frac{3}{n}$ der ganzen Höhe höher liegen, als die tiefsten, um $\frac{3}{n}$, u. s. w., schwärzen. Die Stellen auf der ersten Stufe bleiben also auf $\frac{n-1}{n}$ Theile, auf der zweiten Stufe auf $\frac{n-2}{n}$ Theile, auf der dritten Stufe auf $\frac{n-3}{n}$ Theile weifs.

Will man die untersten Stellen ganz weifs, die obersten dagegen nicht ganz schwarz, sondern nur z. B. auf $\frac{m}{n}$ schwarz zeichnen, und $\frac{n-m}{n}$ Theile der höchsten Stellen weifs lassen, so mufs man von Stellen, in der ersten Stufe $\frac{m}{n}:n=\frac{m}{n^2}$, von Stellen in der zweiten Stufe $\frac{2m}{n}:n=\frac{2m}{n^2}$, von Stellen in der dritten Stufe $\frac{2m}{n^2}:n=\frac{3m}{n^2}$, u. s. w., schwärzen, und den Rest weifs lassen. Dieses macht für die obersten Stellen $\frac{mn}{n^2}=\frac{m}{n}$ Theile schwarz, und den Rest weifs; wie gehörig.

Diese Verhältnisse von Schwarz zu Weifs finden Statt, wenn man mit Strichen zeichnet. Ueberzieht man die Fläche mit Tusch, so giebt man den Stellen in der ersten Stufe, oder auf $\frac{1}{n}$ der ganzen Höhe, einen willkürlichen Ton der Schwärze, den Stellen in der zweiten Stufe den doppelten, in der dritten den dreifachen Ton, u. s. w., bis zu den höchsten Stellen, welche den *n*fachen Ton bekommen.

Man sieht leicht, dafs auf beide Arten, mit Strichen und mit Tusch, nicht allein die Stellen, welche höher sind als andere, von selbst zum Vorschein kommen, sondern dafs auch auf eine bestimmte Weise diejenigen Stellen oder Streifen, welche gleich hoch liegen, Absatzweise sichtbar werden.

β) Zeichnet man durch Ueberziehen mit Tusch, so ist die Ausübung der Regel leicht. Was nicht die erste Höhen-Stufe erreicht, läfst man ganz weifs. Was höher liegt als die erste Stufe, bis zur zweiten, überträgt man einmal, was höher liegt, als die zweite, bis zur dritten, mit der nemlichen Stärke des Tusches, zum zweitenmal, was höher liegt als die dritte, bis zur vierten, zum drittenmal, u. s. w., und zwar wird man natürlich zuerst Alles, was höher liegt, als die erste Stufe, ganz übertragen, darauf Alles, was höher liegt als die zweite Stufe, zum zweitenmal, Alles, was höher liegt, als die dritte, zum drittenmal, u. s. w., damit die verschiedenen Töne der Stärke sich besser dekken. Man könnte auch, weil man auf diese Weise eigentlich horizontale Absätze oder Stufen zeichnet, die gewöhnlich nicht da sind, die Stufen, statt sie gleichförmig zu überziehen, von der höheren zur tieferen hin verwaschen; allein dadurch würde die Auszeichnung dessen, was gleich hoch liegt, verloren gehen, was gerade nöthig ist. Nimmt man nur eine hinreichende Zahl von Höhen-Stufen an, so schattirt sich das Höhere zum Tieferen hin von selbst, und es ist kein Verwaschen nöthig.

γ) Zeichnet man dagegen mit Strichen, wie in den Carten gewöhnlich, so ist noch Folgendes zu beobachten nöthig.

Da die Richtung der Striche, durch welche ein bestimmter Theil einer Fläche geschwärzt werden soll, nothwendig einer gewissen Regel folgen mufs, so kommt es auch auf diese Regel an. Die Puncte, welche in einer krummen Fläche jedesmal gleich hoch liegen, bilden eine bestimmte stetige Linie. Man könnte also mit einer solchen bestimmten Grenzlinie, Striche parallel, oder wenigstens, weil die einzelnen Grenzlinien verschiedener gleicher Höhen häufig mit einander

ander selbst nicht parallel seyn werden, ungefähr mit den Grenzlinien parallel legen. Allein dadurch würde man die Grenzlinien verdunkeln, welches wiederum nicht gut ist, weil es gerade darauf ankommt, zu sehen, was in gleicher Höhe liegt. Es ist also besser, die Striche, welche einen bestimmten Theil einer Fläche schwärzen sollen, vielmehr auf die Grenzlinien, welche in gleicher Höhe fortlaufen, perpendiculair zu ziehen, und zwar wird man sie, wenn die beiden Grenzlinien, zwischen welchen sie von einer zur anderen laufen, nicht parallel sind, biegen müssen, damit sie auf beiden Grenzlinien an den Enden senkrecht stehen können. Man giebt den Strichen eine willkürliche Stärke, legt sie aber so weit von einander, daſs sie den gehörigen Theil der ganzen Fläche bedecken, und den bestimmten Rest weiſs lassen.

Es sey z. B., welches der einfachste Fall ist, eine abhängige Ebene abzubilden. Man theile den Unterschied der Höhen der tiefsten und höchsten Stelle in eine beliebige Zahl von gleichen Theilen, z. B. in 10, so werden, hier bei der Ebene, auch die Grenzlinien, deren jede allemal gleich hoch liegt, ebenfalls gleich weit von einander und parallel seyn, wie *AB*, *CD*, *EF* (Fig. 106.). Nun lasse man den untersten Streifen ganz weiſs, den zweiten überziehe man mit perpendiculair auf den Grenzlinien stehenden Strichen, welche, wenn der oberste Streifen ganz schwarz seyn soll, zusammen $\frac{1}{10}$ der ganzen Fläche bedecken, wie in (Fig. I. oder II.), den dritten Streifen mit perpendiculairen Strichen, welche $\frac{2}{10}$ der ganzen Fläche bedecken, den vierten Streifen mit Strichen, welche $\frac{3}{10}$ der ganzen Fläche bedecken, u. s. w. Der oberste Streifen wird alsdann ganz schwarz seyn, weil dort die Striche $\frac{10}{10}$ der Fläche, oder die ganze Fläche bedecken. Soll der oberste Streifen nicht ganz schwarz seyn, sondern z. B. nur auf $\frac{2}{3}$ geschwärzt, so wird der unterste Streifen, wie vorhin, weiſs seyn, im zweiten Streifen müssen die Striche $\frac{2}{3} : 10 = \frac{2}{30} = \frac{1}{15}$ der Fläche bedecken, im dritten Streifen $2. \frac{2}{3} : 10 = \frac{2}{15}$, im vierten $\frac{3}{15}$, u. s. w., bis zum obersten Streifen, in welchem sie $\frac{10}{15}$ oder $\frac{2}{3}$ der Fläche bedecken, wie es seyn soll.

In (Fig. 107.) ist eine Kugelfläche, in (Fig. 108.) eine Kegelfläche, in (Fig. 109. *a.*) ein Stück eines fingirten bergigen Terrains vorgestellt, woraus alle bei dieser Zeichnungsart vorkommenden Beobachtungen, mit

Hülfe der obigen Erläuterungen, ohne weiteren Zusatz deutlich seyn werden.

Wenn man auf diese Weise mit Strichen zeichnet, so kann man auch noch leicht den Abfall des Terrains, wenn es zwischen den Stufen-Linien nicht etwa horizontal ist, andeuten. Laufen nemlich die auf den Höhen- oder Stufen-Linien perpendiculairen Striche parallel, so darf man sie an der oberen Grenze nur etwas stärker machen, als an der unteren. Laufen sie an der unteren Grenze zusammen, so müssen sie ohne dies schon unten schwächer seyn, als oben; laufen sie hingegen unten aus einander, so wird der Abfall auch durch Striche, die in ihrer ganzen Länge gleich dick sind, ausgedrückt, und man wird sogar vielleicht unten noch Striche dazwischen legen müssen, damit der Abfall nicht zu stark zu seyn scheine.

Die horizontalen Scheide- oder Stufen-Linien zeichnen sich, wenn man mit Strichen zeichnet, schon durch das Absetzen der Striche von selbst aus, und man übersieht daher überall aus der Zeichnung mit einem Blick, was gleich hoch, und was höher oder niedriger liegt, und aus der Zahl der Stufen, um wieviel.

δ) Man könnte auch die Striche alle parallel ziehen, wie in (Fig. 109. *b.*), wenn sie nur den gehörigen Theil der ganzen Fläche bedecken. Auf diese Art ließen sich die Terrain-Erhöhungen im Kupferstich besonders gut mit der Linien-Maschine zeichnen.

161.

Bedient man sich der in den letzten Paragraphen beschriebenen Zeichnungs-Art, so kommt es zunächst darauf an, die horizontalen Stufen- oder Scheide-Linien, das heißt: Linien, von deren jeder allemal alle Theile gleich hoch liegen, in der Projection zu finden. Dieses ist, wenn vorher die Höhe einer hinreichenden Zahl von Terrain-Puncten über der für die Projection bestimmten horizontalen Fläche nach (§. 128.) ausgemessen worden, leicht. Von den unmittelbar gemessenen Puncten nemlich werden zwar vielleicht keine gerade in derjenigen Höhe liegen, in welche irgend eine Stufenlinie fallen soll; aber wenn die gemessenen Puncte nur nahe genug liegen, daſs man gerade Linien zwischen Puncten, die einander am nächsten liegen, als in die Oberfläche des Terrains fallend annehmen kann, so wird es leicht seyn, den Ort und die Richtung der horizontalen Stufen-Linien aus verhältnifsmäfsigen Abständen von den gemessenen Puncten zu finden. Wenn z. B. die Höhen der Puncte *A*, *B*, *C*, *D*, *E* etc. (Fig. 110.) gemessen, und etwa die Zahlen von Fufsen gefunden sind, die in der Figur bei den Puncten geschrieben stehen, so ist leicht zu sehen, dafs die horizontale Linie, welche z. B. überall 100 Fufs über der horizontalen Projection hoch ist, ungefähr die Gestalt *abcdefg* haben wird. Auf grofse Genauigkeit kommt es bei der Form der Stufen-Linien in der Regel nicht an; daher wird man sie auf diese Weise finden können. Sind sie gefunden, so füllt man dann die Streifen von einer bis zur anderen, auf die obige Weise, mit Strichen aus.

162.

Wie hoch man die Stufen-Linien über einander annehmen will, kommt auf den Zweck der Ausmessung und der Zeichnung, so wie auch auf die Gestalt des Terrains selbst an: ob es sehr bergig und coupirt, oder nur hügelig ist. Für öconomische Zwecke wird in Bergen eine Höhe von 50 bis 100 Decimal-Fufs für jede Stufe nicht zu viel seyn, so dafs man also, wenn die Berge z. B. 1000 Decimal-Fufs oder 100 Ruthen über dem niedrigsten Punct hoch sind, noch mit 10 Stufen auskommt. Sind sie höher, und man verlangt eine gröfsere Genauigkeit, so mufs man mehr Stufen nehmen. In flachen oder blofs hügeligen Gegenden wird die Ausmessung der Höhen für den Landbau überhaupt nicht nöthig seyn. Für den Wegebau aber oder andere Zwecke, bei welchen es auf die Form der Terrain-Oberfläche genau ankommt, wird man mehr Stufen nehmen müssen, z. B. für den Wegebau wenigstens an einzelnen schrägen Stellen, selbst in Bergen, vielleicht Stufen von 20 zu 20, oder gar von 10 zu 10 Fufs; eben so in flachen Gegenden, z. B. des Wasserbaues wegen, vielleicht noch kleinere Stufen.

163.

Eben wie Höhen über einer horizontalen Fläche, so können auch Tiefen unter einer solchen Fläche abzubilden seyn, z. B. die Tiefen eines Gewässers, als: eines Sees, eines Flusses, Stromes, des Meeres, u. s. w. Das Ausmessen solcher Tiefen heifst Peilen, und geschieht auf Kähnen oder Schiffen, in geringerer Tiefe mit Stäben, in gröfserer Tiefe meistens mit langen Seilen, an welchen das Maafs, z. B. durch Knoten angezeigt, unten aber ein starkes Gewicht befestigt ist, durch welches das eine Ende des Seils bis auf den Boden des Gewässers, möglichst senkrecht, hinabgelassen werden kann. Die Puncte auf der Oberfläche, in welchen die Tiefen gemessen werden, findet man durch Abstecken oder durch Vorwärts-Einschneiden vom Ufer aus. Das Peilen, besonders der Ströme und des Meeres, wo es vorzüglich vorkommt, geschieht gewöhnlich nach besonderer Anleitung von Wasserbau- oder Schifffahrts-Verständigen, und es kann also die Tiefe des Gewässers als gefunden vorausgesetzt werden, so dafs hier nur von der Abbildung der Tiefen auf dem Papier die Rede ist, dessen erwähnt werden mufs, weil es in Carten, z. B. in Strom-Carten, wesentlich nöthig ist.

Man zeichnet zwar gewöhnlich, z. B. von einem Strome, blofs die Oberfläche; allein dieses ist offenbar fast unter allen Umständen unzureichend, denn ein Strom ist nicht eine Fläche, sondern ein *Körper*, und zwar ein *bewegter flüssiger Körper*, der fortwährend seine Gestalt ändert. Die blofse Oberfläche eines Stromes giebt von demselben einen nicht viel besseren Begriff, als wenn man z. B. das Wachsen und Fallen des Wassers nicht nach der Höhe, sondern nach der Breite messen wollte. Man giebt auch wohl gar in der Zeichnung dem Ufer oben und rechts, oder unten und links eine recht dunkele Schattirung, was aber vollends unrecht ist. Ist das Ufer oben und rechts gerade hoch und steil, so kann man sich unter der Schattirung allenfalls noch Etwas denken, nemlich vielleicht den Schatten des Ufers, obgleich derselbe dann nicht verwaschen ist, sondern sich schärfer abscheidet. Ist aber das Ufer flach, z. B. eine flache Sandbank, auf welche jede Welle vielleicht Ruthen lang hinaufläuft, so erregt der scharfe Abschnitt und die dunkele Schattirung selbst eine unrichtige Vorstellung von dem Gegenstande. Diese vermeintliche Zierde der Zeichnung, die Schattirung an den Ufern, ist also wesentlich nachtheilig, und kann deshalb auch selbst keine Zierde seyn. Sie sollte nothwendig unterbleiben. Ueberhaupt kann ein scharfer Abschnitt zwischen Wasser und Land, da wo das Wasser anschwillt und sich senkt, wie in Strömen und Flüssen, oder im Meere durch Ebbe und Fluth, nur erst dann Statt finden, wenn zugleich die Höhe des Wassers, oder der Wasserstand über einem festen Punct, und zwar recht genau, weil ein geringer Unterschied in der Oberfläche viel ändern kann, angegeben ist. Geschieht dieses nicht, so ist die Zeichnung der Wasser-Oberfläche mit scharfen Rändern etwas Unbestimmtes und Unverständliches, was von dem Gegenstande leicht unrichtige Vorstellungen zu Wege bringt. Man pflegt auch, wenn man etwas genauer verfahren will, wohl noch durch eine Linie anzuzeigen, wo sich die gröfste Tiefe oder auch die gröfste Geschwindigkeit befindet, welche Linie dann in Strömen Stromstrich heifst. Aber auch diese Linie ist noch etwas sehr Unbestimmtes, weil das Wasserbett in der gröfsten Tiefe nicht spitz zuläuft, und folglich keine Linie, sondern öfters ziemlich breit ist. Gröfsere Ströme, wenn sie nicht verwildert sind, haben oft ein sehr regelmäfsiges Bett, mit fast horizontalem Boden und blofs schrägen Ufern, und da befindet sich der sogenannte Stromstrich fast in der ganzen Breite, und kann also unmöglich durch eine Linie angezeigt werden.

Zur wirklichen Ausmessung eines Gewässers gehört in jedem Falle mindestens die Angabe der Höhe oder des Wasserstandes über einem festen Punct, zu der Zeit, als man maafs. Erst alsdann kann man die Oberfläche zeichnen. Zur Ausmessung von Strömen gehört noch das Maafs der Tiefe für einen und denselben Wasserstand, die Richtung der Bewegung und das Maafs der Geschwindigkeit. Die Ausmittelung der Richtung geschieht ebenfalls von Wasserbauverständigen, und die Geschwindigkeit kann nur mit Schwierigkeit in den Carten gezeichnet werden, schon deshalb, weil sie veränderlich ist. Hier kommt es nur auf die Zeichnung der Tiefen für einen bestimmten Wasserstand, und allenfalls der Richtung der Bewegung an.

164.

Diese Tiefen eines Gewässers unter einer bestimmten Wasserhöhe lassen sich auf dieselbe Weise zeichnen, wie die Höhen eines unebenen Terrains, oder der Berge (§. 160.). Die Richtung vom bewegten Wasser aber läfst sich durch die Richtung der Striche andeuten, welche die Tiefen ausdrücken. Man theilt die gröfste Tiefe des Wassers in eine beliebige Menge gleicher Theile, und zeichnet nach den Tiefen-Maafsen, welche man durch das Peilen findet, Scheidelinien für die gleichen Tiefen. Darauf füllt man den Raum zwischen den Grenzlinien mit Strichen, wie bei Bergen, und zwar die tiefsten Stellen so, wie bei den Bergen die höchsten. Den Strichen giebt man aber hier die Richtung der Bewegung des Wassers. Bewegt sich das Wasser nicht vermöge eines Gefälles, oder sonst, regelmäfsig, so kann man auch alle Striche parallel ziehen. Fig. 111. giebt einen Begriff von der Zeichnung eines Stromes, (Fig. 112.) von der Zeichnung eines still stehenden Wassers, z. B. eines Sees. Im Fall man auch die Berge mit parallelen Strichen zeichnete (nach §. 160. δ.), müfsten die Striche für stehende Gewässer etwa auf den Bergstrichen senkrecht stehen.

Zeichnet man mit Farben, so überträgt man erst die tiefsten Theile des Gewässers mit Blau, von einer beliebigen, aber geringen Stärke, hierauf den nächstflacheren Theil nebst der vorigen Tiefe mit dem selben Blau, hierauf wieder den nächst-flacheren Theil nebst den beiden vorigen abermals mit demselben Blau, u. s. w., so dafs am Ende, wenn die Tiefe in n Theile getheilt ist, die tiefste Stelle n mal, die nächstflachere $n-1$ mal, die wiederum nächst-flachere $n-2$ mal, u. s. w., mit einer und derselben Farbe übertragen ist.

165.

In Strom-Carten oder anderen Gewässer-Carten, mufs auch in der Regel angezeigt werden, wie weit das Wasser, wenn es anschwillt, die Ufer überströmt. Gewöhnlich wird zwar nur die Ausdehnung der höchsten bekannten Fluth ausgedrückt; es ist aber auch häufig nöthig, den Austritt mittlerer Wasserhöhen zu kennen. Man kann die Grenzlinien der Fluthen auf dem Ufer mit einer Linie, und wenn man mit Farben zeichnet, mit einer blauen Linie umziehen, und um die Höhen zu unterscheiden, kann man quer auf diese Grenzlinien Striche von der Stärke zeichnen, die gleichen *Tiefen* zukommen, wie (Fig. 112.), oder wenn man mit Farben zeichnet, einen blauen breiten Strich an der Grenzlinie hin, von der Stärke, die einer gleichen Tiefe zukommen würde. An die Grenzlinien der höchsten Fluth kommen also die stärksten und dunkelsten Striche, an die Grenzen geringerer Fluthen Striche von minderer Stärke und Dunkelheit.

Die Oberfläche selbst eines Gewässers zeichnet man gewöhnlich in derjenigen Ausdehnung, die sie beim mittleren Wasserstande hat, das heifst, bei derjenigen Höhe, auf welche das Wasser während eines Jahres, oder überhaupt im Durchschnitt, am längsten steht.

Fünfter Abschnitt.

Vom Ausrechnen des Flächen-Inhalts der Fluren, von Theilung derselben, von Prüfung einer Flur-Messung und den Vortheilen der Mefs-Instrumente gegen einander.

166.

Gewöhnlich will man den Flächen-Inhalt einer Flur und ihrer einzelnen Theile oder gröfserer Abtheilungen, in Morgen oder Quadrat-Ruthen wissen, z. B. wo es auf den Umfang des Besitzes von Grund und Boden ankommt. Denn wenn gleich der Werth eines Grundstücks eben sowohl von der Güte des Bodens und seiner Lage und Benutzung abhängt, als von der Gröfse, so kann doch nur nach der Gröfse gekauft und verkauft werden; denn die Gröfse und die Grenzen bestimmen den Umfang eines Grundstücks. Es ist also nöthig, dafs man den Flächen-Inhalt der gemessenen Fluren ausrechnen, und in Zahlen von Quadrat-Einheiten eines bestimmten Maafses ausdrücken könne, z. B. in Quadrat-Ruthen, in Morgen u. dergl.

167.

Wenn die Gröfse von Flnren verlangt wird, kommt es immer nur auf den Flächen-Inhalt ihrer *horizontalen Projection* an. Der Ertrag, und folglich der Werth zweier, in verschiedenen Höhen und in verschiedenen Richtungen gegen den Horizont schräg liegender Landflächen, mit gleich grofsen horizontalen Projectionen und von gleicher Güte des Bodens ist zwar, obgleich die Pflanzen, Gräser, Sträuche oder Bäume, in der Regel über und in der Erde senkrecht stehen, keinesweges gleich grofs. Es können vielmehr z. B. zwei schräg liegende Weinberge, über gleich grofsen horizontalen Flächen, und selbst auf gleich gutem Boden, der eine, gegen Mittag gekehrt, einen vortrefflichen und theueren Wein, der andere, gegen Mitternacht, nur einen schlechten oder gar keinen Wein tragen. Der Ertrag zweier Ackerfelder in ähnlicher Lage auf gleich gutem Boden kann ebenfalls sehr verschieden seyn. Von zwei Wiesen von gleicher Gröfse und gleicher Boden-Güte, beide horizontal oder unter gleicher Neigung gegen den Horizont, kann die eine, wenn sie gerade so hoch liegt, dafs sie durch Flüsse und Quellen das rechte Maafs von Feuchtigkeit erhält, sehr einträglich, die andere, welche der Höhe wegen zu trocken ist, dürr und schlecht seyn. Allein dennoch kommt es beim Messen immer nur auf die horizontale Projection an, weil dieselbe am unveränderlichsten ist, und der Ertrag zweier Grundstücke, wenn alle übrigen Umstände, als z. B. die Güte des Bodens, die Lage gegen den Horizont und gegen die Himmelsgegenden, die Umgebungen, die Höhe oder Tiefe, u. s. w., die nemlichen sind, sich auch wirklich wie die Gröfse der horizontalen Projection verhält. Die Unterschiede des Ertrages von Fluren über gleich grofsen horizontalen Projectionen müssen auf ihre Qualität gerechnet werden, die von der Güte des Bodens nicht allein abhängt, sondern auch von der Lage gegen den Horizont und gegen die Himmelsgegend, von den Umgebungen, von Höhe und Tiefe, u. s. w.

Der Geometer hat also immer nur den Flächen-Inhalt der horizontalen Projection der Fluren auszurechnen, wie bergig und coupirt sie auch seyn mögen.

Es folgt daraus, dafs es bei Ausrechnung des Flächen-Inhalts der Fluren blofs auf die horizontal gemessenen Linien und Winkel, und auf die Zeichnung der horizontalen Projection, also auf den Inhalt von Figuren in der Ebene ankommt.

168.

Regelmäfsige oder auch nur rechtwinklige Figuren sind im Felde selten. Bei weitem die meisten sind irregulair, und haben selbst häufig krumme Grenzen, ebenfalls von unregelmäſsiger Gestalt. Es kommt also darauf an, wie der Flächen-Inhalt irregulairer, und selbst von willkürlichen Krümmen begrenzter Figuren in der Ebene mit zureichender Genauigkeit zu finden sey. Was von einer solchen Figur gilt, gilt von allen. Und zwar muſs die Rechnung möglichst leicht und einfach seyn; denn wenn sie gleich an sich nicht künstlich und schwierig seyn mag, so kann die Arbeit dennoch, wenn man nicht den aller einfachsten und nächsten Weg einschlägt, wegen der groſsen Menge der einzelnen Parcellen, die selbst in einer mäſsig groſsen Flur auf Tausende sich belaufen können, leicht sehr in's Groſse gehen. Auch verliert die Rechnung um so mehr an Zuverläſsigkeit, je beschwerlicher sie ist.

Es giebt zwei Fälle:

Erstlich, wenn sich der Flächen-Inhalt unmittelbar aus den auf dem Felde gemessenen Linien und Winkeln berechnen läſst.

Zweitens, wenn man die Abbildung der horizontalen Projection des Feldes auf dem Papier zu Hülfe nehmen muſs.

Das Erste ist unstreitig das beste; denn das Papier, als Vermittler zwischen der Messung und Rechnung, kann die Fehler der Rechnung sehr vergröſsern und die Zuverläſsigkeit vermindern. Rechnet man dagegen nach den unmittelbar im Felde genommenen Maaſsen, so fallen die Abweichungen weg, die aus dem Aufziehen, aus dem Dehnen und Schwinden des Papiers, aus den Maaſsstäben und dem Aufsuchen der Länge der Linien auf den Maaſsstäben entstehen können.

Strenge genommen, ist es immer möglich, den Inhalt der Figuren unmittelbar aus den auf dem Felde gemessenen Linien und Winkeln zu finden. Da solches indessen oft Hindernisse findet, so kommt es auch auf das Rechnen nach einer Zeichnung an.

169.

Inhalts-Berechnung aus gemessenen Linien und Winkeln.

α) Man setze, die rechtwinkligen Coordinaten der Ecken der, theils krumm-, theils geradlinig begrenzten Figur *ABCDE....P* (Fig. 113.), das heiſst, die Abstände *Aa* und *Za*, *Bb* und *Zb* etc. der Ecken *A*, *B*, *C*.....

der Figur, von zwei willkürlichen, auf einander senkrechten geraden Linien *ZU*, *ZV* wären bekannt, so ist der doppelte Flächen-Inhalt der Figur, wenn man die Abstände der Ecken *A*, *B*, *C*.... von der Axe *ZV* durch a, b, c....., und von der Axe *ZU* durch α, β, γ..... bezeichnet

1. $2F = (c-a)\beta + (d-b)\gamma + (e-c)\delta \ldots$ oder
2. $2F = (\gamma-\alpha)b + (\delta-\beta)c + (\varepsilon-\gamma)d \ldots$

(Man sehe Geometrie §. 189.), das heifst, man findet den doppelten Flächen Inhalt einer beliebigen Figur aus den Coordinaten ihrer Ecken nach folgender Regel: Man zieht jedesmal den Abstand einer Ecke der Figur von einer der Coordinaten-Axen, von dem Abstande der *dritten*, darauf folgenden Ecke ab, und multiplicirt den Rest mit dem Abstande der *zwischen-liegenden* Ecke von der anderen Coordinaten-Axe. Dieses thut man für *alle* Ecken und rechnet die Producte zusammen, so findet man den doppelten Inhalt der Figur.

β) Da man die Differenzen der Abstände von einer oder der anderen Coordinaten-Axe nehmen kann, wie aus den Ausdrücken (1. u. 2.) zu sehen, so läfst sich der Inhalt der Figur durch zwei verschiedene Rechnungen, jede mit anderen Zahlen, finden. Wenn man also beide Rechnungen macht, so prüft eine die andere.

γ) Da nun, wenn eine Figur regelmäfsig gemessen worden, die Coordinaten der Ecken gegen zwei auf einander senkrechte Axen immer gefunden werden können (§. 149.), so kann man die Coordinaten als bekannt voraussetzen, und folglich ist es immer möglich, den Inhalt einer Figur im Felde unmittelbar aus den gemessenen Seiten und Winkeln zu berechnen, ohne eine Zeichnung auf dem Papier zu Hülfe zu nehmen. Auch dürfen die Coordinaten nicht erst etwa in's Besondere des Inhalts wegen berechnet werden. Sie sind vielmehr schon nöthig, um die Figur zu zeichnen oder aufzutragen (§. 149.). Die Inhalts-Berechnung erfordert also keine, blofs ihretwegen nöthigen Vorbereitungen.

δ) Hat die Figur sehr viele Ecken und kurze Seiten, so wird man im Felde vielleicht einander nahe liegende Ecken durch Perpendikel gemessen haben, wie z. B. die Ecken *B*, *C*, *D*, *F*, *G*, *M*, *N*, *O* (Fig. 113.) durch die Perpendikel BB_1, CC_1, DD_1 u. s. w. In solchem Fall sind auch nur die Coordinaten der übrigen Ecken *A*, *E*, *H* etc. nöthig, und man berechnet auf die obige Weise erst den Inhalt der Figur *AEHIKLPA*. Die noch hinzu kommenden oder davon abgehenden Flächen *ABQ*, *QCDE*, *EFR* etc. berechnet man besonders, als Dreiecke oder Trapeze, wie sie gemessen worden, und zwar ebenfalls unmittelbar aus den auf dem Felde gefundenen Maafsen. Z. B. der Inhalt des Dreiecks *ABQ*, welches abgeht, ist $\frac{1}{2}AQ \cdot BB_1$, der Inhalt der Figur *QCDE*, welcher hinzukommt, ist $\frac{1}{2}QC_1 \cdot CC_1 + \frac{1}{2}C_1 D_1 (CC_1 + DD_1) + \frac{1}{2}DE_1 \cdot DD_1$, welches letztere den obigen allgemeinen Ausdrücken gemäfs, weil man es hier ebenfalls mit rechtwinkligen Coordinaten zu thun hat, $\frac{1}{2}QD_1 \cdot CC_1 + \frac{1}{2}C_1E \cdot DD_1$ ausmacht. Diese Flächen-Inhalte werden, wie man sieht, ebenfalls unmittelbar aus den auf dem Felde gemessenen Linien gefunden.

ε) Hat die Figur krumme Grenzen, wie *AB*, *BC* etc., so wird man gleich auf dem Felde einzelne Ecken so angenommen haben, dafs der, z. B. durch die beiden geraden Linien *AB* und *BC*, abgeschnittene Flächen-Inhalt so grofs ist, als derjenige, welchen die Krümme *ABC* begrenzt.

ζ) Schneidet etwa eine gerade Linie auf dem Felde mehrere krummlinige, ungefähr parallele Grenzen, z. B. die Grenzen schmaler Ackerstreifen, wie *AB*, *CD* (Fig. 114.), so wird man immer auf dem Felde schon diejenigen Abstände AA_1, AA_2 .... CC_1, CC_2 .... gemessen haben, durch welche gerade Linien A_1E_1, A_2E_2 etc. denselben Raum einschliefsen, wie die krummen Acker-Grenzen. Die Durchschnittspuncte der krummen Grenzen wird man besonders gemessen haben. Ist nun überdies die Lage der Transversalen *AB*, *CD* gegen die anderen geraden Linien der Messung gefunden, so wird man immer die Coordinaten der Ecken A_1, A_2 etc., und folglich, wie oben, den Inhalt der einzelnen Theile AA_1E_1E, $A_1A_2E_2E_1$ etc. finden können.

η) Zu den rechtwinkligen Coordinaten-Axen schikken sich am besten die auf einander senkrechten Quadrat-Netz-Linien (§. 145.), die in jedem Falle doch gezogen werden müssen, weil man diese Coordinaten schon des Aufzeichnens wegen berechnen mufs. Will man nicht die Abstände von Quadrat-Netz-Linien, die ganz aufserhalb der Figur liegen, wie *ZU*, *ZV* (Fig. 113.), weil die Linien vielleicht sehr lang sind, nehmen, so kann man sich auch beliebiger anderer Quadrat-Netz-Linien, vielleicht innerhalb der Figur, bedienen, wie *TT*, *WW*. Man berechnet dann die Figur, theilweise, wie sie rechter Hand oder linker Hand, oder über und unter den Coordinaten-Axen liegt.

In allen Fällen kann man, wenn man sonst will, den Flächen-Inhalt der horizontalen Projection gemessener Felder unmittelbar aus den gemessenen Linien und Winkeln finden; ohne Hülfe einer Zeichnung.

170.

Inhalts-Berechnung aus einer Zeichnung.

Es sey der Inhalt einer gezeichneten, theils krumm-, theils geradlinig begrenzten Figur *ABCD* .... *R* (Fig. 115.) zu berechnen.

α) Zuerst zieht man, wo die Grenzen krumm sind, gerade Linien, so, daſs die auſserhalb und innerhalb abgeschnittenen Theile sich ausgleichen, wie bei *DE*, *EF*, *LM* etc. zu sehen, also so, daſs die nunmehr ganz von geraden Linien umschlossene Figur eben so groſs ist, wie die zum Theil krummlinige Figur. Die neuen Grenz-Linien zieht man sehr fein und sauber mit Blei.

β) Alsdann ist es am besten, daſs man die Figur wiederum durch zarte Bleilinien *AC*, *CR*, *RP*, *CP* etc. in lauter Dreiecke theilt, möglichst von der Form des gleichseitigen, und den Inhalt dieser Dreiecke berechnet. Man kann zwar die Figur auch vermittelst Parallelen N_1NN_2, PP_1, QQ_1, LL_1 etc. in Dreiecke und Trapeze theilen, und diese berechnen; aber dieses ist gerade nicht besser als die Theilung in Dreiecke, weil es eben so viel zu messen und zu rechnen giebt, die Form der Figuren aber weniger willkürlich ist, also sehr schmale oder sehr lange Theile entstehen können, deren Maaſse sich nicht mehr so genau nehmen lassen. Die Dreiecke sind natürlicher und besser. Bei der Berechnung des Inhalts der Dreiecke verfährt man, wie folgt:

Man nimmt möglichst immer zwei Dreiecke zusammen, die eine gemeinschaftliche Grundlinie haben, wie *ACB*, *ACR*; *CNP*, *CNL* etc. Man faſst die gemeinschaftlichen Grundlinien *AC*, *CN* etc. in den Zirkel, und miſst ihre Länge auf dem Maaſsstabe. Eben so miſst man die Höhe der Dreiecke BB_1, RR_2, PP_2, LQ_2 etc., indem man den einen Zirkel-Fuſs in die Spitze des Dreiecks setzt, und den Zirkel so weit öffnet, dafs ein mit dem anderen Zirkel-Fufs geschlagener Bogen gerade die gegenüberliegende Grundlinie berührt, worauf man dann die Oeffnung des Zirkels auf dem Maafsstabe mifst. Von einzeln liegenden Dreiecken, wie *RQP*, *NPO* etc., mifst man ebenfalls Grundlinie und Höhe, z. B. *OP* und RR_1, *PN* und OO_1 etc. Aus Grundlinie und Höhe der Dreiecke findet man den Inhalt, indem man von dem Product aus Grundlinie und Höhe die Hälfte nimmt. Die Summe der Inhalte der Dreiecke ist der Inhalt der Figur. Bei der Multiplication von Grundlinie und Höhe der Dreiecke ist wohl zu merken, dafs man, überall wo zwei Dreiecke zusammen liegen, oder eine gemeinschaftliche Grundlinie haben, nie von jedem einzelnen Dreiecke die Grundlinie mit der Höhe multipliciren, sondern immer erst die Summe der Höhen der zwei zusammenliegenden Dreiecke nehmen, und diese mit der Grundlinie multipliciren mufs, weil es leichter ist, einmal zu addiren und einmal zu multipliciren, als zweimal zu multipliciren. Noch weniger mufs man jedes einzelne Product aus Grundlinie und Höhe halbiren, sondern erst die Summe aller Producte nehmen, und diese halbiren, weil es leichter ist, eine Summe und eine Hälfte auszurechnen, als eine Menge von Hälften. Diese letzten Bemerkungen scheinen zwar mehr als überflüssig; allein wenn man darauf nicht achtet, so wird, wegen der Menge der Rechnungen, eine bedeutende Masse von Arbeit verschwendet. Es ist eine sonderbare, aber sichere Erfahrung, dafs gerade in solchen, in so hohem Grade einfachen Dingen am meisten gefehlt wird, selbst von Personen, deren sonstige Einsichten bei weitem über die dazu nöthigen Begriffe hinausgehen. Daher sind die obigen Bemerkungen keinesweges überflüssig.

γ) Man kann die Multiplication von Höhe und Grundlinie der Dreiecke ersparen, und sicherer rechnen, wenn man sich Producten-Tafeln oder eines gröfseren, sogenannten Einmaleins bedient, in welchen man nur die Zahlen des Längenmaafses der Grundlinien und Höhen aufzuschlagen braucht, und das Product in der Tafel fertig berechnet findet. Selten ist die Zahl des Maafses von Grundlinie und Höhe der Dreiecke in Ruthen gröfser als 1000, selbst wenn man noch die erste Decimalstelle, also Fufse, mit in Betracht zieht, denn selten werden die Linien über 100 Ruthen lang seyn.

Eine Tafel von Producten, deren Factoren bis 1000 gehen, ist also in den meisten Fällen zureichend. Der Verfasser weifs keine bessere Tafel dieser Art zu nennen, als die von ihm selbst im Jahre 1820 in der Maurerschen Buchhandlung zu Berlin herausgegebene Rechentafel; denn wären ihm damals bessere bekannt gewesen, so würde er die seinige nicht herausgegeben haben, und auch seitdem hat er von keiner besseren gehört. Man bedient sich dieser genannten Rechentafel wirklich bei den Cataster-Messungen in den Königl. Preufsischen Rhein-Provinzen, und, so viel dem Verfasser bekannt, mit Erfolg. Schon die Ersparung der Multiplicationen, besonders wenn zwei Personen rechnen, deren eine die Factoren sucht und nebst den Producten aufschreibt, die andere die Producte in der Tafel aufschlägt, ist bedeutend; aber die Ersparung an Arbeit ist fast der geringere Nutzen der Tafel; der gröfsere Nutzen besteht darin, dafs man weniger dem Fehlen beim Multipliciren ausgesetzt ist, indem man nur richtig zu l e s e n braucht. Die Producten-Tafel ist auch mit Nutzen bei der Berechnung des Inhalts einer Figur (§. 169.) aus den Coordinaten der Ecken anzuwenden, weil es auch da immer blofs auf Multiplication zweier Factoren ankommt.

δ) Da die Linien, durch welche man die zu berechnende Figur in Dreiecke theilt, so wie auch selbst das Messen der Grundlinien und Höhen der Dreiecke, der Zeichnung immer mehr oder weniger schaden, so hat man auf mancherlei Mittel gedacht, den Inhalt einer Figur ohne Hülfslinien, und selbst ohne Messen mit dem Zirkel zu finden. Einige solcher Mittel sind folgende:

I. Man bedient sich einer geschliffenen rechtwinkligen Glasplatte von der Gröfse der gröfsten zusammenliegenden Dreiecke, die zu messen sind, und auf deren einer Fläche mit sauberen Linien ein Netz von gleich grofsen Quadraten geätzt ist, so klein als möglich, wo möglich nur so grofs, dafs die parallelen Linien nach dem Maafsstabe nur etwa 1 bis 2 Ruthen von einander stehen. Die Linien sind numerirt, so dafs sich auf der Platte eigentlich ein Maafsstab von der Rechten zur Linken und von unten nach oben befindet. An dem einen Ende, links, und an der mittleren Linie, der Höhe nach, steht Null. Diese Platte legt man mit der Fläche, auf welcher das Quadrat-Netz geätzt ist, auf die Zeichnung, und wenn man nun ein Dreieck, oder besser, zwei aneinander liegende Dreiecke messen will, so bringt man die mittlere, mit Null bezeichnete horizontale Linie genau an die gemeinschaftliche Grundlinie zweier Dreiecke, z. B. an die Grundlinie *AC* der beiden Dreiecke *ACR* und *ACB* (Fig. 115.), zugleich aber die mit Null bezeichnete Verticale des Netzes an den Punct *A*. Alsdann kann man durch das Glas, auf dem Quadrat-Netze, die Länge der Grundlinie *AC* und der beiden Perpendikel BB_1 und RR_2 ablesen. Diese multiplicirt man hernach, wie gewöhnlich, oder sucht das Product in einer Tafel. Man braucht also weder die Linie *AC* zu ziehen, noch die Länge derselben und der Perpendikel BB_1 und RR_2 mit dem Zirkel zu messen. Es ist aber leicht zu sehen, daſs dieses Hülfsmittel nur ziemlich ungenaue Resultate giebt; denn wenn die Länge der Grundlinie und der Perpendikel nicht gerade bis an eine Quadrat-Netz-Linie reicht, so muſs man den Ueberschuſs oder das Fehlende, bis zur nächsten Netz-Linie, schätzen.

II. Man kann auch auf die Tafel statt des gewöhnlichen Maaſsstabes von der Linken zur Rechten, und von der Mitte nach unten und nach oben, die Logarithmen der Zahlen des Längenmaaſses auf die Glasplatte setzen, und das Quadrat-Netz danach einrichten. Alsdann kann man die Logarithmen der Grundlinien und Höhen der Dreiecke ablesen, und hat also, um den Inhalt zu finden, bloſs zwei Zahlen zu addiren statt zu multipliciren. Man findet aber eben so nur sehr approximative Resultate.

III. Ein zur schnellen Ausmittelung des Inhalts recht nützliches Instrument ist der sogenannte Planimeter von Wagner, Ober-Geometer zu Trier. Es besteht in zwei, rechtwinklig, fest mit einander verbundenen Linealen *AB* und *AC* (Fig. 116.), an welchen sich zwei in *I* und *E* rechtwinklige Dreiecke *KCI* und *LBE* hin- und herschieben lassen. Ein um *A* bewegliches Lineal *AHF* legt sich an einen festen Punct *H* auf dem einen verschieblichen Dreieck *KCI*. Dieses Lineal nähert sich der Lage *AB*, wenn das Dreieck *KCI* dem Lineal *AB* näher gebracht wird: es entfernt sich von ihr, wenn sich *KCI* von *AB* entfernt. Auf der Kante *LE* des senkrechten Dreiecks *LBE* befindet sich ein Maaſsstab. Um mit diesem Werkzeuge den Inhalt eines Dreiecks *ADE* zu messen, legt man das Lineal *AB* an die Grundlinie des Dreiecks *AE*, die Winkelspitze

A in die eine Ecke des Dreiecks, und an die andere Ecke *E* schiebt man das Dreieck *LBE*, zugleich aber das Dreieck *KCI* so weit hinauf, dafs es gerade die Spitze des Dreiecks *D* berührt. Alsdann schneidet das bewegliche Lineal *AHF*, in *F*, auf dem an der Kante *LE* des Dreiecks *LBE* befindlichen Maafsstabe eine Zahl ab, die den Inhalt des Dreiecks *ADE* ausdrückt. Dieser Maafsstab ist auf folgende Weise danach eingerichtet. Gesetzt, die Entfernung *IH* des festen Puncts *H*, auf dem Dreieck *ICK*, von dem Lineal *AC* betrage nach dem Maafsstabe der Zeichnung n Ruthen, so wird das bewegliche Lineal *AF*, wenn der Maafsstab auf dem Rande *LE* des Dreiecks *LBE* der Längen-Maafsstab der Zeichnung selbst ist, auf diesem Rande $\frac{2}{n}$ mal so viel Längen-Ruthen abschneiden, als das zu messende Dreieck *ADE* Quadrat-Ruthen enthält. Denn da die rechtwinkligen Dreiecke *HIA* und *AEF* ähnlich sind, so ist $\frac{IH}{IA}=\frac{AE}{EF}$, also $EF=\frac{AE.IA}{IH}$. Ist nun die Zahl der Quadrat-Ruthen, welche das Dreieck *ADE* enthält, m, so ist $AE.IA=2m$; also ist, weil $IH=n$ seyn soll, $EF=\frac{2m}{n}$. Das bewegliche Lineal *AF* wird also nicht sowohl m Ruthen auf *EL* abschneiden, sondern $\frac{2m}{n}$ oder $\frac{2}{n}.m$ Ruthen, folglich $\frac{2}{n}$ mal so viel Ruthen, als das zu messende Dreieck *ADE* Quadrat-Ruthen enthält. Will man also, dafs sich auf dem Rande des Dreiecks *LBE* die Zahl der Quadrat-Ruthen des Inhalts des zu messenden Dreiecks *ADE* unmittelbar ablesen lasse, so darf man nur den Maafsstab auf dem Rande des Dreiecks *LBE* so einrichten, dafs jede Ruthe auf ihm $\frac{2}{n}$ Ruthen des Maafsstabes der Zeichnung, oder, was dasselbe ist, 2 Ruthen auf ihm n Ruthen des Maafsstabes der Zeichnung gleich sind. Danach wird der Mafsstab auf dem Rande des Dreiecks *LBE* verfertigt, und man kann alsdann darauf den Inhalt des zu messenden Dreiecks *ADE* unmittelbar ablesen.

Das Instrument erspart, wie man sieht, nicht allein das Zeichnen und Messen von Hülfslinien, sondern auch selbst alles Rechnen. Es läfst sich daher, wenn es nicht auf besondere Genauigkeit ankommt, mit Nutzen anwenden.

wenden. Besonders genaue Resultate aber giebt es nicht, weil die kleineren Theile, wie leicht zu sehen, wiederum geschätzt werden müssen, auch der Maafsstab auf dem Rande des Dreiecks *LBE* mehrentheils sehr klein wird seyn müssen.

IV. Noch ein anderes mechanisches Hülfsmittel den Inhalt beliebiger Figuren aus einer Zeichnung zu finden, welches darin besteht, dafs man die Figur auf Zinnfolie zeichnet, sie ausschneidet, die ausgeschnittene Figur, und eine andere von leicht zu findendem Inhalt, z. B. von quadratischer Gestalt, wiegt, und aus dem Verhältnifs der Gewichte den Flächen-Inhalt der ausgeschnittenen Figur berechnet, ist nicht besonders zu empfehlen, weil die Resultate allzu ungenau, und besonders, allzu unzuverläfsig sind.

Es giebt noch mehrere andere Hülfsmittel, die aber keinen recht practischen Nutzen haben.

ε) Welcher Mittel man sich aber auch bedient haben mag, den Inhalt einer vielseitigen Figur oder der Theile der ausgemessenen Flur zu finden: immer ist eine sichere Probe der Rechnung oder der Ausmittelung nöthig, weil wegen der grofsen Menge der einzelnen Theile gar zu leicht Fehler entstehen können.

Man kommt leicht auf den Gedanken, die ganze Fläche oder gröfsere Theile derselben auf irgend einem anderen Wege in der Summe noch einmal berechnen, und zur Probe nachzusehen, ob das Resultat mit der Summe der vorher gefundenen einzelnen, kleineren Theile stimme. Allein diese Probe ist nur sehr schwach. Denn wenn man gefehlt hat, so hat man, der Wahrscheinlichkeit nach, nicht immer zu viel oder nicht immer zu wenig genommen, sondern theils zu viel, theils zu wenig. Die Fehler können sich also ganz oder zum Theil heben. Gleichen sie sich zum Theil aus, so findet man, wenn man in den einzelnen Rechnungen zurück geht, um den Fehler aufzusuchen, vielleicht einen Fehler, der ungefähr den Unterschied schon verbesserte. Man hilft ihm ab, und hält nun das Uebrige für richtig. Gleichwohl können darin noch immer bedeutende Fehler stecken, die man nicht fand. Es können also, ungeachtet der Probe, grofse Abweichungen statt finden, die man nicht bemerkte. Man kann sich selbst blofs im Schreiben irren; dem einen Theile der Figur kann z. B. 1 Morgen zu viel, einem anderen 1 Morgen zu wenig gegeben haben, so ist die Summe richtig, obgleich es die einzelnen Theile nicht sind. Eine Probe durch Summen ist also allemal sehr schwach. Wir haben schon weiter oben (§. 57.), Gelegenheit gehabt, auf diesen Umstand aufmerksam zu machen.

Besser ist es, dafs man die Inhalts-Rechnung oder Inhalts-Ausmittlung einzeln prüft. Man mufs, wenn man den Inhalt eines Dreiecks aus Grundlinie und Höhe gefunden hat, zur Sicherheit nun noch eine andere Seite des Dreiecks zur Grundlinie nehmen, und den Inhalt noch einmal ausrechnen. Liegen zwei Dreiecke zusammen, so dafs sie ein Viereck bilden, und man hat aus der gemeinschaftlichen Grundlinie der beiden Dreiecke und ihren Höhen, also aus der einen Diagonal des Vierecks und den beiden Perpendikeln aus den gegenüberstehenden Ecken auf sie, den Inhalt gefunden, so nimmt man nun die andere Diagonal des Vierecks zur Grundlinie, und die Perpendikel aus den beiden anderen Ecken auf sie zur Höhe, und sucht den Inhalt noch einmal. Stimmen diese Rechnungen, so ist an der Richtigkeit der einzelnen Ausmittlung kein Zweifel. Und sind alle einzelnen Theile auf diese Weise geprüft, so kann man von der Richtigkeit der gesammten Rechnung mit viel gröfserer Sicherheit überzeugt seyn.

Die Berechnung der gesammten Fläche oder gröfserer Theile derselben auf anderem Wege ist indessen allerdings ebenfalls nützlich. Sie dient zur Prüfung der Addition der einzelnen Theile; aber fast auch nur dazu.

171.

Wie die Flächen-Inhalts-Verzeichnisse der einzelnen Theile der Flur, oder die sogenannten Flur-Bücher, an einigen Orten auch Vermessungs-Register genannt, sammt ihrer Fortschreibung einzurichten, kann hier füglich, wie alles blofs Formelle, der Kürze wegen, übergangen werden. Es ist entweder willkürlich oder landesüblich, oder durch besondere Reglements Hier und Dort vorgeschrieben.

Wegen der Verschiedenheit der Güte des Bodens ist noch zu bemerken, dafs gewöhnlich auch noch die Inhalte der einzelnen Theile eines Besitzthums von verschiedenem Boden-Werthe, berechnet werden müssen. Die Grenzen zwischen Land von verschiedener Güte werden durch Oeconomie-Verständige auf dem Felde ausgemittelt, gleich anderen Grenzen gemessen, und dann die Inhalte der einzelnen Theile wie die anderen Figuren berechnet.

172.

Es kommt häufig vor, dafs Felder nach verschiedenen Verhältnissen getheilt werden sollen. Es werden nemlich häufig noch Anger, Weiden, Wiesen, Wälder u. s. w. von ganzen Communen, oder doch von mehreren Personen, gemeinschaftlich benutzt. Jede hat einen gewissen Antheil am Ertrage, der entweder in Gelde oder in Theilen des Ertrages selbst, bestimmt ist, z. B. so, dafs diese oder jene Person das Recht hat, eine gewisse Zahl von Vieh auf der gemeinschaftlichen Weide sich nähren zu lassen, oder dergl. Da nun eine gemeinschaftliche Benutzung des Bodens meistens viel weniger vortheilhaft ist, als wenn jeder seinen Antheil für sich hat, weil selten Jemand so viel Fleifs und Mühe an die Cultur eines gemeinschaftlichen Besitzthums wendet, als an sein eigenes; so vereinigen sich die Gemeinen häufig, das gemeinschaftliche Besitzthum nach dem Verhältnifs des Anrechts jedes Einzelnen unter sich zu theilen, welches in manchen Gegenden Separation des Bodens genannt wird. Alsdann mufs also die Landfläche, welche Gemeingut war, nach gewissen Verhältnissen getheilt werden. Auch kommt es sowohl hier als aufserdem vor, dafs die Landbesitzer, um ihr Land näher zu haben und bequemer benutzen zu können, ihre Antheile ganz oder zum Theil austauschen wollen, welches natürlich nach Verhältnifs des Werthes geschieht. Desgleichen ist in mehreren Gegenden durch Theilung unter Erben das Land allzusehr zerstückelt worden, und da die Bevölkerung, und folglich die Zahl der Besitzer, nicht in gleichem Maafs gewachsen ist, so ist die Folge gewesen, dafs einer und derselbe Eigenthümer öfters sehr viele, von einander abgesonderte und entfernte Parcellen besitzt; und da dieses wiederum die Benutzung des Bodens erschwert, und folglich den Ertrag im Verhältnifs der Cultur-Kosten vermindert, so vereinigen sich dann gewöhnlich die Besitzer, ihre einzelnen Land-Stücke wieder zusammen zu legen; welches auf einen Tausch hinauskommt.

In allen solchen Fällen also kommt es darauf an, dafs der Geometer die Grenzen der Besitzthümer nach der neuen Eintheilung ausmitteln. Die Gröfse des Feldstückes, welches jeder einzelnen Person nach ihrem Anrecht, oder nach Verhältnifs ihres bisherigen Besitzes und der Güte des Bodens zukommt, wird nach dieser Ausmessung der durch Uebereinkunft, oder in streitigen Fällen durch gutachtliche oder richterliche Entscheidung bestimmt, nachdem vorher die Güte des Bodens und der Werth desselben nach seiner Lage und Benutzungs-Fähigkeit von Oeconomie-Verständigen geschätzt worden ist. Dem Geometer ist also in jedem Falle zuletzt ein Flächen-Inhalt von bestimmter Gröfse gegeben, welchen er dieser oder jener Person aus der vorhandenn Fläche zumessen soll. Nachdem also das zu theilende, oder in der Eintheilung zu verändernde Feld gemessen und gezeichnet worden, hat der Geometer die vorhandenen Stücke blofs so zu vertheilen, dafs Jeder nach der neuen Eintheilung das Seinige bekomme. Meistens werden nicht gerade wieder ein ganzes altes Feldstück oder einige derselben einem Besitzer zufallen. Es werden hier und dort Theile abzuschneiden seyn, die entweder allein oder zusammen mit anderen ganzen Stücken dasjenige ausmachen, was der Besitzer nach der neuen Eintheilung bekommen soll.

Die endliche Aufgabe für den Geometer, bei Theilung, Vertauschung und Zusammenlegung von Feldern reducirt sich also darauf, von einem Felde von gegebener Gestalt ein Stück von bestimmter Gröfse auf irgend eine bestimmte Weise, nemlich durch Linien von bestimmter Gestalt oder Richtung abzuschneiden. Und zwar sollen gewöhnlich die neuen Grenzen oder die Linien, durch welche das Stück abgeschnitten wird, gerade seyn, und entweder eine bestimmte Richtung haben, oder durch einen bestimmten Punct gehen. Jedoch können die Bedingungen für die theilenden Linien auch verwickelter seyn, besonders wenn die Verschiedenheit der Güte oder des Werthes des Bodens in den einzelnen Theilen in Betracht gezogen werden mufs.

Die Aufgabe für den Geometer bei Theilung etc. von Grundstücken ist also immer rein geometrisch. Sie bezieht sich allemal auf Vielecke von bestimmter Gestalt, deren Grenzen von der bisherigen Eintheilung, welche die Carte zeigt, und von den gegebenen Bestimmungen des Flächen-Inhalts der neuen Theile abhängen. In diesem Betracht pafst eine ausführliche Auseinandersetung der verschiedenen Fälle, welche bei diesen Aufgaben vorkommen können, nicht eigentlich in die gegenwärtige Schrift, welche vielmehr die geometrischen Vorkenntnisse voraussetzt, und es kann damit auf andere, davon besonders handelnde Bücher verwiesen werden. Wer die geometrischen Vorkenntnisse besitzt, wird sich bei der Theilung etc. der Felder überall leicht zu helfen wissen. Es ist dazu nichts weiter nöthig, als eine gewöhnliche, nicht sehr schwierige Anwendung von geometrischen Sätzen; wie man solches in (Geometrie §. 369. 370. 387. 407. und 408.) sehen kann, wo auch die vorzüglichsten, hier her gehörigen Fälle abgehandelt sind.

Das Abstecken der neuen Grenzen geschieht nach festen Puncten der alten, besonders nach den Eckpuncten des Dreieck-Netzes.

173.

Wenn Zweifel und Streit über die Richtigkeit und Genauigkeit einer Flur-Carte oder Flächen-Berechnung entsteht, so mufs die Ausmessung geprüft werden, welches der Ordnung nach durch einen anderen, vorzügliches Vertrauen verdienenden Feldmesser, in Gegenwart dessen, der die Flur maafs, geschieht. Das vorzüglichste Prüfungsmittel ist, dafs der Prüfende einige zu Dreiecken verbundene gerade Linien quer durch einzelne Theile, oder, wenn das Feld nicht sehr grofs ist, quer durch die ganze Flur absteckt, die Länge der Transversalen und der Abstände der Puncte, in welchen sie von den inneren Grenzen der verschiedenen Theile der Flur geschnitten werden, von ihren Endpuncten genau mifst, desgleichen auf die Transversalen Perpendikel nach den verschiedenen Haupt-Ecken der Grenzen der Flur, und besonders nach den Ecken des Dreiecks-Netzes hinlegt, und die Länge dieser Perpendikel mifst. Alle diese gemessenen Linien trägt der Prüfende auf die Carte, oder vergleicht sie, wo es angehet, mit dem Manual des Vermessenden, und sieht nach, in wie fern die gefundenen Maafse mit denen in der Carte oder im Manual stimmen. Der Flächen-Inhalt wird durch Nachrechnung einzelner zerstreuter Parcellen, in verschiedenen Gegenden der Flur, theils nach der Carte, theils nach wirklicher Nachmessung auf dem Felde geprüft; die Absteckung neuer Grenzen oder anderer

Linien durch Nachmessung, oder ebenfalls durch Transversalen. Ueberall werden sich gröfsere oder geringere Differenzen finden. Uebersteigen dieselben nicht die gewöhnlichen, durch bestimmte Gesetze erlaubten Fehler, so wird die Messung als richtig erkannt, gegentheils wird sie verworfen. Besonders dann ist die Vermessung für unrichtig zu achten, wenn die Fehler bald positiv, bald negativ sind; denn findet der Prüfende im Maafs immer zu viel oder immer zu wenig, in gutem Verhältnifs zu den verschiedenen Längen, so kann die Schuld auch an der Mefskette oder an den Maafsstäben des Messenden liegen, und die Messung ist deswegen nicht unrichtig, sondern sie kann durch Veränderung des Maafsstabes der Carte berichtigt werden.

Die Transversalen sind auch das beste Mittel, zu prüfen, ob eine Zeichnung von einer anderen richtig copirt oder richtig verkleinert oder vergröfsert worden ist. In der Copie müssen sie alle Grenzen oder Gegenstände, welche sie berühren, in gleichen Entfernungen von anderen Puncten der Zeichnung treffen. In der verkleinerten oder vergröfserten Zeichnung müssen diese Entfernungen überall das nemliche Verhältnifs, also, nach den verschiedenen Maafsstäben, das nemliche Maafs haben.

174.

Da sich Feldfluren, wie oben zu sehen, mit verschiedenen Instrumenten, und was davon abhängt, nach verschiedenen Methoden messen lassen, so entsteht die Frage, welche Werkzeuge vor den anderen den Vorzug haben. Die Methode richtet sich danach.

Für einige Werkzeuge sind die Fälle, wo sie am besten anzuwenden, schon oben näher angezeigt, namentlich für die Kette, das Winkelkreuz und die Boussole. Es bliebe also etwa noch die Wahl zwischen dem Mefstisch und dem Astrolabio.

Der Mefstisch hat den Vortheil, dafs er die Zeichnung der damit gemessenen Flur unmittelbar giebt, und das besondere Aufzeichnen meistens erspart. Auch können sich die Fehler beim Messen mit dem Mefstisch nicht leicht fortpflanzen, wenn man nach mehreren Puncten, die schon auf dem Tisch gezeichnet sind, zurück visirt. Desgleichen giebt er keine unförmlich groſse Carte, sondern einzelne Blätter, aus welchen sich leicht ein Uebersichts-Blatt zusammensetzen läſst. Auch erfordert er überhaupt weniger geometrische Kenntnisse, und vorzüglich weniger Uebung im Rechnen, als andere Instrumente. Dagegen hat er den Nachtheil, daſs man damit fast nur bei trockenem Wetter messen kann, und der Feldmesser häufig zum Theil feiern muſs, weil es in der Regel mehr feuchte als trockene Tage giebt, und die Stuben-Arbeit beim Messen mit dem Meſstisch, mit der Feld-Arbeit nicht in gleichem Verhältniſs steht. Auch ist die Genauigkeit des Messens mit dem Tisch nur sehr beschränkt, weil Alles auf Zeichnung beruht, und das Papier auf dem Tisch, weil es verschiedenen Temperaturen und verschiedenen Graden der Feuchtigkeit ausgesetzt wird, verschieden sich ausdehnt, und folglich die Maaſse der Zeichnung sich bedeutend verändern können. Der Meſstisch ist daher nur zu kleinen Flächen und da zu empfehlen, wo viel im Zimmer zu thun übrig bleibt, also wo das Feld vieles Detail hat, welches man mit der Kette und dem Winkelkreuz ausmessen und nachtragen kann; desgleichen auch mehr in flachen als in bergigen Gegenden, weil, wenn die Gesichtslinien sehr gegen den Horizont geneigt sind, selbst die Kippregel auf dem Lineal fast zu wenig Genauigkeit gewährt. Auch lassen sich mit dem Meſstisch Höhen nicht gut messen.

Das Astrolabium bedarf zwar der Manuale und mehrer Uebung im Rechnen, um die Hauptlinien durch Coordinaten aufzuzeichnen. Man kann aber dagegen mit diesem Instrument, wenn man will, auch recht gut bei feuchtem und übelem Wetter messen, und darf also weniger feiern; und die Genauigkeit und Sicherheit der Messung, welche sich erlangen läſst, wenn man nach einer guten Methode verfährt, läſst sich, wenn sonst nur das Werkzeug gut ist, fast so weit treiben, als man will Auch paſst es gleich gut für jede Art von Terrain, für jeden Zweck der Messung und für beliebige Gegenstände auf dem Felde. Das Astrolabium ist also selbst dem Meſstisch, und mithin jedem anderen Meſs-Instrumente vorzuziehen; nur darf man darunter kein anderes, als einen Vollkreis mit Kippregel, Fernrohr und Nonien verstehen, wie es in (§. 55.) beschrieben. Das Astrolabium zu dem Netz der Messung, bis auf kleinere Theile, und das Winkelkreuz nebst der Kette zum Detail, sind die besten Mefs-Instrumente.

175.

Dies wäre ungefähr, was dem Feldmesser in den gewöhnlichen Fällen von seiner Kunst zu wissen nöthig ist, und was also in diese Schrift gehört. Gröfsere Ausführlichkeit und Anweisungen zum Verhalten in verschiedenen einzelnen Fällen, z. B. besonders noch bei den Separationen, oder Theilungen u. s. w., und zu den verschiedenen Formalitäten, die dabei, so wie bei den Grenzen-Ausmittelungen, bei Anfertigung der Flur-Bücher, u. s. w. zu beobachten, gestattet schon der Raum nicht. Alles aber, was auf Ausmessung gröfserer Landflächen Bezug hat, ist aus den, in der Einleitung angegebenen Gründen absichtlich übergangen worden. Die gegenwärtige Schrift sollte sich ausdrücklich blofs auf die gewöhnlichen Fälle beschränken, und hat daher hier, was das Messen der Felder betrifft, ihre Bahn durchlaufen.

Feldmesser, welche ihre Kunst nur mehr von Anderen erlernt, weniger selbst darüber nachgedacht haben, werden vielleicht in dieser Schrift Mehreres finden, was von dem, woran sie gewöhnt sind, abweicht, und sie werden fürchten, dafs sie, wenn sie dem Rathe derselben folgen, mehr Mühe haben und weniger Geld verdienen werden, als mit ihrem gewohnten Verfahren. Dieses kann auch für den Anfang der Fall seyn, weil alles Ungewohnte, selbst wenn es an sich leichter ist, schwerer zu seyn pflegt, als das Gewohnte. Allein, wenn sie es versuchen wollen, sich in der angerathenen Methode nur einen kleinen Theil derjenigen Uebung zu verschaffen, die sie in der gewohnten schon besitzen, so werden sie bald den Nutzen davon, auch für ihren Gelderwerb, sehen, und dann wahrscheinlich auch finden, dafs die Methode keine andere ist, als diejenige, auf welche sie ohne Zweifel selbst gekommen seyn würden, wenn sie, ausgerüstet mit zureichenden mathematischen Begriffen und unbefangenen Ansichten ihres Gegenstandes, ihre Kunst der eigenen Ueberlegung und Untersuchung unterworfen hätten.

Zweiter Theil.

Vom Nivelliren.

Erster Abschnitt.

Begriff vom Nivelliren.

176.

Die Unterschiede der Höhen beliebiger Puncte oder ihrer Entfernungen von einer bestimmten horizontalen Fläche messen, nennt man, besonders, wenn es auf grofse Genauigkeit ankommt, und die Unterschiede nicht sehr grofs sind, oder auch, wenn die auszumessenden Puncte in einer stetigen Linie oder Fläche liegen, auf deren Gestalt und Neigung gegen den Horizont es ankommt, Nivelliren, oder auch in Beziehung auf die Horizontalität der Oberfläche eines still stehenden Wassers, Wasserwägen.

Nach (§. 128.) können die Unterschiede der Höhen beliebiger Puncte eines unebenen Terrains auch mit dem Astrolabio gefunden werden, und im Grunde ist das dortige Verfahren schon eine Art von Nivelliren; indessen kommt es dort gerade nicht auf die äufserste Genauigkeit an. Bei dem eigentlichen Nivellement ist die möglichste Genauigkeit die vorzüglichste Bedingung.

Das Nivelliren ist nöthig, wo z. B. Wasser künstlich geleitet werden soll, z. B., wo Krümmen von Flüssen durchgraben, Canäle für Schiffe ausgehölt, Ländereien entwässert oder bewässert, das Wasser als bewegende Kraft benutzt, Springbrunnen gebaut, oder Wasser gehoben werden sollen, und dergleichen. Hier sind gewöhnlich die Unterschiede der Höhen oder die Abweichungen von der horizontalen Linie oft auf gröfsere Längen nur unbedeutend, und gleichwohl hängt von dem unbedeutenden Höhen-Unterschiede öfters die Ausführbarkeit des ganzen Vorhabens ab, weshalb also die Höhen-Unterschiede ungemein genau gemessen werden müssen. Wenn z. B. dem höchsten Theile eines Canals für Schiffe, Wasser aus der Ferne zugeführt werden mufs, um damit Fahrzeuge durchzuschleusen, so kann es seyn, dafs das Wasser, auf Meilen weit entfernt, nur wenige Fufs höher liegt, als der höchste Theil des Canals, so dafs es nur eben nach dem Canal hinfliefst: und gewöhnlich ist es in solchen Fällen wirklich so; denn auf den hohen Rücken des Terrains fehlt das Wasser, weil es überall nach der Tiefe abfliefst. Es kommt also dann darauf an, mit der gröfsten Gewifsheit zu finden, ob das Wasser, womit man den Canal zu speisen wünscht, auch wirklich und zureichend höher liegt, als der Vertheilungspunct des Canals, denn es hängt davon gewöhnlich die Möglichkeit des ganzen Canals ab. Oder wenn in flachen Gegenden Sümpfe oder nasse Wiesen entwässert werden sollen, und der Unterschied der Höhe des Wassers von der eines anderen Gewässers vielleicht auf eine grofse Entfernung nur gering ist, so kann es kommen, wenn man diesen Unterschied nicht sehr genau und zuverläfsig maafs, dafs das Wasser, statt aus dem Sumpf weg zu fliefsen, in denselben hineinfliefst. Man nennt den Unterschied der Höhe der Oberfläche eines fliefsenden Wassers, oder auch überhaupt den Unterschied der Höhen zweier Puncte des Terrains, in so fern die Rede davon ist, auf irgend einem Wege von einem zum anderen zu gelangen, *Gefälle.* Dieses Gefälle ist bei fliefsenden Wassern, besonders bei grofsen Strömen und Flüssen, öfters ganz ungemein geringe; z. B. das Gefälle des Rheins, der selbst unterhalb, z. B. bei Cölln, noch sehr schnell fliefst, und also für einen Strom einen sehr starken Abhang hat, beträgt nicht leicht über 1 bis 2 Duod. Fufs auf 100 Ruthen Länge. Die Elbe und Oder haben auf 100 Ruthen nur 4, 6 bis 8 Duodecimal-Zoll Gefälle. Die langsamer fliefsenden Flüsse in flachen Gegenden, z. B. die Spree und Havel haben nur 2 bis 3 Zoll Gefälle auf 100 Ruthen, Canäle noch weniger, und von einer Schleuse zur anderen ist öfters gar kein Gefälle. Ein Abhang von 1 bis 2 Duodecimal-Fufs auf 100 Ruthen Länge macht mit dem Horizont einen Winkel von etwa 3 bis 4 Minuten, ein Abhang von 4 bis 6 Zoll einen Winkel von 1 bis $1\frac{1}{2}$ Minuten, ein Abhang von 2 bis 3 Zoll einen Winkel von 30 bis 45 Secunden, und da es nun schon einen sehr grofsen Unterschied macht, ob ein Gewässer z. B. 2 Zoll oder 3 Zoll Gefälle auf 100 Ruthen hat, so handelt es sich hier um Winkel von $\frac{1}{4}$ bis $\frac{1}{2}$ Minute, und noch weniger, wovon oft die Ausführbarkeit eines bedeutenden, und grofse Summen kostenden Werkes abhängen kann. Es kommt also beim Nivelliren häufig auf grofse Genauigkeit an. Zwar giebt es auch Fälle, wo von kleinen Unterschieden der Höhen weniger abhängt, z. B. bei den Abhängen einer Strafse, wo es ziemlich gleichgültig ist, ob eine Strafse ein oder ein Paar Linien mehr oder weniger Gefälle auf eine Ruthe hat; jedoch ist es auch da gut, dafs man wenigstens vor dem Anhäufen der Fehler sich hüte, weil auch ein geringer Unterschied des Abhanges auf eine lange Fortsetzung desselben schon bedeutend ist, auch gewöhnlich die Unterschiede der Höhen der Endpuncte oder anderer einzelner Puncte einer Strafse genau bekannt seyn müssen.

177.

Da beim Nivelliren die senkrechten Entfernungen beliebiger Puncte von einer und derselben horizontalen Fläche gemessen werden, so ist es nöthig, eine horizontale Fläche oder horizontale Linie zu haben, gegen welche man die zu messenden Puncte vergleichen kann.

Es sind drei, von der Wirkung der Schwerkraft auf die Körper herrührenden Erscheinungen, von welchen sich unmittelbar, oder doch durch eine einfache Vorrichtung, eine horizontale Fläche oder Linie hernehmen läfst, welche künstlicher Horizont heifst, nemlich:

Erstlich, dafs ein an einem Faden oder an einem Stabe frei, nemlich auf die Weise aufgehängtes Gewicht, dafs sich der Faden oder Stab um den Aufhängepunct nach allen Richtungen ohne Hindernifs bewegen kann, genau senkrecht hängt, das heifst, dafs die gerade Linie durch den Aufhängepunct und den Schwerpunct des Gewichts sammt Faden oder Stab, genau die Richtung nach dem Mittelpunct der Erde hat; woraus sich ein künstlicher Horizont hernehmen läfst, wenn man auf die senkrechte Linie eine Fläche oder Linie perpendiculair legt, die alsdann horizontal ist, weil der Horizont, oder die Oberfläche des Erdballs, als

Kugel betrachtet, überall auf den Richtungen nach dem Mittelpunct senkrecht steht (§. 132.).

Zweitens, dafs die Oberfläche jeder Flüssigkeit z. B. der Wasser-Pafs in einer und derselben horizontalen Fläche steht; welches unmittelbar einen künstlichen Horizont giebt.

Drittens, dafs auf jeder Flüssigkeit ein Körper, der specifisch leichter ist, als sie, d. h., der in gleichem Raume, gegen die Flüssigkeit ein geringeres Gewicht hat, er sey fest oder ebenfalls flüssig, oben schwimmt. Dieserhalb nimmt eine Luftblase in einer mit Wasser oder Weingeist gefüllten Röhre oder Büchse weil die Luft leichter ist als Wasser oder Weingeist, den höchsten Punct unter dem Deckel ein. Man nimmt davon einen künstlichen Horizont her, wenn man der Röhre oder Büchse eine solche Gestalt giebt, dafs ihre Axe oder Boden-Fläche horizontal steht, wenn die Luftblase sich an einem bestimmten Punct des Deckels befindet, und es entstehen daraus die sogenannten Röhren- und Dosen-Libellen.

Man kann also auf dreierlei Weise künstliche Horizonte machen, und dadurch die Mittel sich verschaffen, die senkrechte Abweichung beliebiger Puncte von einer horizontalen Fläche zu messen. Die auf die drei künstlichen Horizonte sich gründenden Werkzeuge sind mannichfacher Art. Wir wollen davon das Nöthigste sagen, und sodann zu ihrem Gebrauch, oder dem Nivelliren selbst, und der Aufzeichnung oder bildlichen Darstellung des Gemessenen übergehen.

Zweiter Abschnitt.

Von den Werkzeugen zum Nivelliren.

A. Von den Nivellir-Wagen selbst.

I. Nivellir-Wagen, die sich auf lothrechte Linien gründen.

178.

Die Setzwage.

Eines der einfachsten Werkzeuge dieser Art ist dasjenige, dessen sich die Bau-Handwerker bedienen, welches aber auch bei Arbeiten in der Erde und am Wasser u. dergl. gebraucht wird, und welches Setzwage heifst.

α) Es besteht aus einem $1\frac{1}{2}$ Zoll dicken Brette von der Form eines gleichschenkligen, gewöhnlich zwischen den gleichen Schenkeln rechtwinkligen Dreiecks *ACB* (Fig. 117.), dessen Grundlinie *AB* also doppelt so grofs ist, als die Höhe *CD*. Die Grundlinie kann nach *MN* wie in der Zeichnung ausgeschnitten werden, so dafs die Wage nur mit den kurzen Theilen *AM* und *BN* der Grundlinie aufsteht. Auf dem Brette ist von der Spitze nach der Grundlinie, und genau perpendiculair auf die Grundlinie ein Einschnitt *CD* gemacht, und in der Spitze *C* ist an einem dünnen Faden eine kleine bleierne oder eiserne Kugel *P* aufgehängt. Da diese Kugel, vermöge ihres Gewichts, wenn sie frei schwebt, den Faden so ziehet, dafs er senkrecht hängt, oder genau in der Richtung nach dem Mittelpunct der Erde sich befindet, so ist die Grundlinie der Wage *AB* wagerecht, wenn der Faden den Einschnitt *CD* bedeckt. Man kann also durch das Werkzeug eine horizontale Linie *AB* finden. Die Gröfse des Dreiecks *ACB* ist verschieden, nach dem verschiedenen Gebrauch. Die Grundlinie *AB* macht man 1 bis 3, 4 und 5 Fufs lang. Man kann auch das Gewicht *P*, sammt seinem Aufhängepuncte *Q*, in eine mit einer Glastafel bedeckte Höhlung *EF* einschliefsen, damit es nicht vom Winde bewegt werde. Ferner kann man das Gewicht, statt an einem Faden, an einer dünnen Stange aufhängen, und unten an derselben eine Spitze anbringen, die, wenn *AB* horizontal ist, gerade auf eine andere Spitze am Boden der Höhlung zutrifft. Da indessen die Setzwage gewöhnlich nur zu Abwägungen von geringem Umfange und die keiner grofsen Schärfe bedürfen, gebraucht wird so ist eine künstlichere Einrichtung derselben nicht einmal rathsam, sondern die einfachste die beste.

β) Die beschriebene Wage setzt man nun auf ein 10 bis 12 Fufs langes Brett *ABCD* (Fig. 118.), welches Richtscheit heifst, wie ein Lineal, genau geradlinig gehobelt ist, und dessen Seiten *AB* und *CD* genau parallel sind. Da die Grundfläche des Dreiecks der Wage horizontal gestellt werden kann, so kann man die obere Seite *AB* des Bretts in die wagerechte Lage bringen, und da *CD* mit *AB* parallel ist, auch die untere Seite *CD*. Man kann also mit dem Werkzeuge eine 10 bis 12 Fufs lange horizotale Linie finden, und damit Absatzweise auf dem Terrain fortgehen.

γ) Um die Unterschiede der Höhen der Absatzweise aneinander stofsenden horizontalen Linien bequemer zu messen, kann man auch an den Enden des Richtscheits bei *A* und *B*, auf dem Richtscheit selbst, Maafsstäbe zeichnen, auch dieselben noch, wie *CE* und *DF*, in der Figur, verlängern. Diese Maafsstäbe müssen senkrecht auf die Länge des Brettes seyn, damit sie vertical stehen, wenn das Richtscheit vermittelst der Setzwage in die horizontale Lage gebracht ist.

δ) Um zu prüfen, ob die Setzwage richtig gemacht ist, darf man sie nur, nachdem damit das Richtscheit auf zwei feste Puncte horizontal gestellt worden, während das Richtscheit fest stehen bleibt, umkehren, nemlich so, dafs wenn in (Fig. 118.) der Punct *M* ihrer Grundlinie links, und *N* rechts war, nunmehr *N* links und *M* rechts zu stehen kommt. Trifft alsdann die Richtung des Fadens, woran das Gewicht hängt, noch

wie

wie vorhin auf den Einschnitt im Brett, so ist der Einschnitt auf die Grundlinie der Wage perpendiculair, und folglich die Wage richtig.

Ob die Seiten des Richtsscheits gerade sind, findet man, wenn man dieselben entlang visirt, oder, wie bei einem Lineal, wenn man die Seiten eines zweiten, gerade gehobelten Brettes daraufhält, und sieht, ob das Licht zwischen beide Bretter durchscheint, oder nicht.

Um zu prüfen, ob die beiden Seiten des Richtsscheits parallel sind, stellt man dasselbe durch die Setzwage horizontal, und setzt es mit den Enden auf zwei feste Puncte *C* und *D* (Fig. 118.). Alsdann kehrt man das Richtscheit der Länge nach um, nemlich so, dafs wenn das Ende *C* links, und das Ende *D* rechts war, nunmehr das Ende *D* auf die linke, und das Ende *C* auf die rechte Seite kommt, und hält darauf die Setzwage wieder in die nemliche Lage und an denselben Ort. Trifft die Richtung des Fadens, woran das Gewicht hängt, noch, wie vorher, auf den Einschnitt im Brett, und man hat sich aufserdem vorher überzeugt, dafs die Seiten des Richtscheits gerade gehobelt sind, so können seine Seiten nicht anders als parallel seyn.

179.

Die Pendelwage

a) besteht in einem messingenen Lineal oder Balken *MN* (Fig. 119.), 2 bis 3 Fufs lang, $1\frac{1}{2}$ bis 2 Zoll breit, und etwa $\frac{1}{4}$ Zoll dick, auf welchem ein Biegel *GFH* von Messing oder Eisen befestigt ist, in welchem sich oben eine stählerne Schneide *FA* befindet, die auf einem stählernem Lager *A* ruhet, welches durch ein dreibeiniges Statif unterstützt werden kann. Unten an das messingene Lineal ist eine eiserne Stange *GHK* angeschraubt, etwa 3 Fufs lang, an welche unten ein Gewicht *P* von 6, 8 bis 10 Pfund gehängt werden kann, und auf dem Ende des Lineals befinden sich Dioptern *B* und *C*, oder es ist auch mit dem Lineal ein Fernrohr verbunden. In dem Biegel *GFH* befinden sich bei *D* und *E* Durchsichten für die Sehe-Axe *BC*. Das Gewicht *P* wird das ganze Werkzeug, welches blofs auf der stählernen Schneide bei *A* ruhet, und sich also ganz frei, wie ein Pendel, hin und herbewegen kann, so ziehen, dafs die gerade Linie, die durch den Schwerpunct der ganzen Masse und durch den Aufhängepunct *A* gehet, senkrecht ist, oder die Richtung nach dem Mittelpunct der Erde hat. Diese Lage wird das Werkzeug überall, wo man es aufhängt, annehmen. Sind also die Dioptern *B* und *C*, oder ist das Fernrohr zum Visiren so mit dem Lineal *MN* verbunden, daſs die Seh-Axe gerade auf der senkrechten Linie durch den Schwerpunct und den Aufhängepunct des Werkzeugs perpendiculair steht, so wird die Seh-Axe horizontal seyn, und man kann also vermittelst des Werkzeuges eine horizontale Linie finden.

Damit das Instrument weniger vom Winde bewegt werde, und ruhiger hänge, kann man das Statif mit einem Mantel von irgend einem Zeuge umgeben, oder auch das Gewicht *P* in ein mit Wasser gefülltes Gefäſs *W* tauchen lassen. Indessen wird es, wenn das Instrument empfindlich ist, schwer seyn, es ganz zur Ruhe zu bringen, weshalb es auch, im Verhältniſs zu seiner Zusammengesetztheit und Kostbarkeit, wenig brauchbar ist. Das Instrument wird um so weniger empfindlich seyn, je tiefer sein Schwerpunct unter dem Aufhängepunct liegt.

β) Um zu prüfen, ob die Dioptern oder das Fernrohr mit dem Werkzeuge so verbunden sind, daſs die Sehe-Axe auf der geraden Linie durch den Schwerpunct und den Aufhängepunct perpendiculair, und folglich horizontal ist, darf man nur, wenn das Instrument bloſs Dioptern hat, nachdem es fest aufgestellt worden, nach irgend einem festen Puncte visiren, darauf das Instrument, der Länge nach umgekehrt, aufhängen, nemlich so, daſs, wenn zuvor das Diopter *B* links und das Diopter *C* rechts war, jetzt dieses links und jenes rechts steht, und nach demselben Ort visiren. Trifft die Sehelinie nach dem nemlichen festen Punct, so ist das Instrument richtig verfertigt, wo nicht, so müssen die Dioptern verändert werden. Hat das Werkzeug ein mit dem Lineal fest verbundenes Fernrohr, so wird die Lage der Sehe-Axe auf die Weise geprüft, wie weiter oben bei den Libellen beschrieben.

180.

Die Wall- oder Tranchée-Wage ist

α) eine Pendelwage, die aber nicht aus Messing oder einem andern Metall verfertigt ist, sondern bloſs aus einem hölzernen dreieckigen Brett *ABC* (Fig. 120.), von etwa 1 bis 1½ Fuſs lang und halb so hoch, gleich der Setzwage, bestehet, welches, mit der Grundlinie *AB* nach oben, in einen Punct *D* in der Mitte, an einer in die Erde gesteckte Stange, oder auch an einem Statif aufgehängt wird, in *A* und *B* Dioptern hat, durch ein in das Brett eingelassenes Gewicht *P* hinunter gezogen wird, und so eingerichtet ist, daſs, wenn es ruhig hängt, die Sehe-Axe *KL* durch die Dioptern genau wagerecht steht. Giebt man den Dioptern Charniere, um welche sie auf die obere Seite des Brettes niedergelegt werden können, und dem Brette in den Linien *EG*, *FH* und *GH* ebenfalls Charniere, um welche die Spitzen *EAG*, *FBH* und *GCH* auf den mittleren Theil des Brettes gelegt werden können, so nimmt das ganze Werkzeug nur den Raum des kleinen Rechtecks *EFGH* ein, und ist also dann leicht zu transportiren. Das Instrument kann, weil es nicht leicht ruhig hängt, und auch der Charniere wegen, keine besondere Genauigkeit gewähren, ist aber wegen seiner geringen Kosten, und weil es wenig Raum einnimmt, zu kleinen, ungefähren Abwiegungen recht brauchbar.

β) Ob die Dioptern richtig aufgesetzt sind, wird durch Umkehren eben so geprüft, wie bei der Pendelwage (§. 179.).

181.

Die Bergwage oder der Clitometer ist

α) eine Setzwage, an welcher sich ein Gradbogen *ADB* (Fig. 121.) befindet, und statt des an einer Schnur aufgehängten Gewichts, bewegt sich um einen Punct *C* an der Spitze, eine Alhidade *CD*, welche unten auch einen Nonius haben kann, über den Bogen hin. Die gerade Linie durch den Schwerpunct der Alhidade und durch ihren Aufhängepunct *C* wird, vermöge der Wirkung der Schwerkraft, immer senkrecht seyn; also muſs das Instrument so verfertigt seyn, daſs die Richtung seiner Grundlinie *MN* wagerecht steht, wenn die Alhidade Null zeigt, und daſs, wenn die Richtung der Grundlinie nicht horizontal ist, die Alhidade am Gradbogen den Winkel zeigt, welchen die Grundlinie mit dem Horizont macht. Es kann auch noch an der Alhidade eine kleine Röhren-Libelle *E* befestigt werden, welche wagerecht steht, wenn die Alhidade senkrecht hängt, und also anzeigt, ob sich die Alhidade auch ganz frei um den Aufhängepunct *C* bewege. Damit die Alhidade nicht vom Winde getroffen, oder sammt dem Gradbogen beschädigt werde, kann man sie auch sammt dem Gradbogen unter eine, auf dem Brett befestigte Glasplatte bringen.

Das Instrument dient, wie man sieht, nicht allein das Richtscheit, worauf man es setzt, horizontal zu stellen, sondern auch, wenn das Richtscheit nicht horizontal steht, den Winkel zu messen, welchen es mit dem Horizont macht, also die Winkel von Abhängen, z. B. bei Bergen, zu messen, und kann hierzu recht nützlich seyn. Da es keine grofse Genauigkeit gewähren kann, so kann auch der Nonius und die Röhren-Libelle an der Alhidade, nebst der Glasplatte, füglich wegbleiben.

β) Der Nullpunct des Gradbogens wird geprüft, wenn man die Wage auf dem Richtscheit umkehrt, wie bei der Setzwage; die Beweglichkeit der Alhidade um den Aufhängepunct prüft die Libelle, und wenn keine vorhanden ist, auch schon der Augenschein; den Gradbogen prüft man ebenfalls durch Umkehren der Wage auf dem stehen bleibenden Richtscheit. Ist derselbe zu beiden Seiten des Nullpuncts gleichförmig getheilt, so mufs die Alhidade auf der einen Seite des Nullpuncts eben so viel Grade zeigen, als, nachdem die Wage umgekehrt wurde, auf der entgegengesetzten.

182.

Die Markscheider-Wage

α) besteht aus einem halbkreisigen, dünnen und leichten messingenen Limbus *ADB* (Fig. 122.), einem gewöhnlichen Transporteure ähnlich, der, mit seinem Durchmesser nach oben, vermittelst zweier Haken *E* und *F*, an eine ausgespannte Schnur *MN* gehängt wird. Ist die Richtung der Schnur sehr schräg, so steckt man in dieselbe vor den Haken Nadeln, damit der Limbus nicht seitwärts gleite. Im Mittelpunct des Limbus *C* ist an einem feinen Faden ein kleines Gewicht *P* aufgehängt. Ist die Schnur *MN* horizontal, so mufs der Faden *CP* auf den Nullpunct des Limbus treffen, und wenn der Limbus richtig getheilt ist, so mufs der Faden *CP* mit seiner Theilung den nemlichen Winkel zeigen, welchen der ausgespannte Faden *MN* mit dem Horizont macht.

Das Instrument dient also ebenfalls, sowohl eine horizontale Linie, als die Neigung einer beliebigen Linie gegen den Horizont zu finden. Es wird besonders von den Markscheidern zu unterirdischen Messungen in Bergwerken gebraucht.

β) Geprüft wird die Richtigkeit des Instruments durch Umkehren, wie bei der Bergwage (§. 181.).

II. Nivellir-Wagen, die sich auf den horizontalen Stand der Oberfläche einer Flüssigkeit gründen.

183.

Die Canalwage

besteht aus einer 3, 4 auch 5 Fufs langen, 1 bis $1\frac{1}{2}$ Zoll im Lichten weiten, wasserdichten geraden Röhre *AB* (Fig. 123.) aus Messing, oder auch blofs aus eisernem, verzinntem Blech, welche an den Enden, in gleicher Weite, senkrecht in die Höhe steigt, und in deren senkrechten Aufsätzen *AC* und *BD* gläserne, oben offene Röhren *EC* und *DF*, von 6 bis 8 Zoll lang, aufsen so grofs im Durchmesser, wie die metallene Röhre inwendig, aufgekittet sind. Wenn die metallene Röhre aus Messing gemacht und abgedrehet wird, so wie es die Figur vorstellt, so setzt man sie aus Stücken zusammen, die bei *G* und *H* aneinander geschraubt werden. Auch können die Aufsätze mit den Gläsern bei *C* und *D* abgeschraubt werden. Auf diese Weise ist das Werkzeug, weil es in fünf kürzere Stücke aus einander genommen werden kann, leichter zu transportiren. Ist die Röhre aber nur von Blech, so mufs sie aus einem Stück seyn. Die Gläser müssen, wenn die Wage einige Genauigkeit haben soll, in- und auswendig geschliffen seyn. An gewöhnlichen blechenen Canalwagen sind sie es auch nicht. Unten in der Mitte der wagerechten Röhre befindet sich eine Dille, mit welcher das Werkzeug entweder auf einen Stab, der in die Erde getrieben wird, oder auch auf einen Dorn am Kopfe eines dreibeinigen Statifs aufgestellt werden kann. Gerade über dieser Dille, in der Mitte der Röhre, nach oben zu, ist auch wohl noch eine metallene Röhre *IL* aufgesetzt, so hoch als die gläsernen Röhren an den Enden, jedoch etwas zur Seite, damit sie mit den Röhren *AE* und *BF* nicht in einerlei Ebene liege.

Giefst man nun in die Röhre *EAKIBF* gewöhnliches, besser grün oder blau gefärbtes Wasser, so wird solches in in den drei Röhren *EA*, *KI* und *BF* gleich hoch steigen (§. 137.), das heifst, die Oberfläche des Wassers in *E*, *I* und *F* wird sich in einer und derselben horizontalen Fläche befinden. Durch die Gläser wird bei *E* und *F* die Oberfläche des Wassers sichtbar seyn, und man wird also, über dieselbe hin, in einer horizontalen Linie visiren können.

Da das Wasser sich an die gläserne Röhre mit seinen Rändern anhängt, und also seine Oberfläche in der Röhre nicht sowohl eben, als vielmehr rund ist, so zeigt das Werkzeug die horizontale Linie nicht mit besonderer Genauigkeit, und ist daher auch nur zu ungefähren, und nicht weit ausgedehnten Nivellements zu gebrauchen. Indessen ist es, seiner Einfachheit, und wenn man es blofs aus Blech macht, auch seiner geringen Kostbarkeit wegen, eben zu den kleinen Abwägungen recht nützlich und in solchen Fällen das beste. Es ist auch weiter keine Prüfung seiner Richtigkeit nöthig. Wenn nicht etwa die Röhren sich gänzlich verstopft haben, was man bald sieht, ist das Instrument immer richtig, denn die Oberfläche des Wassers steht immer horizontal. Zwar können Luftblasen im Wasser seyn, und zwar mehr auf einer Seite der Röhre, als auf der anderen. Alsdann steht das Wasser, weil die Luft viel leichter ist, in derjenigen senkrechten Röhre, in welcher sich die meisten Luftblasen befinden, höher, als in der anderen, um das Gleichgewicht zu halten. Allein, wenn das Wasser frisch und rein ist, so sind die Luftblasen nicht so bedeutend, dafs die davon herrührende Abweichung der Oberfläche von dem Horizont gegen die übrige wenige Genauigkeit des Werkzeugs in Betracht käme. Die dritte Röhre *IL* dient dazu, den Luftblasen aus der Mitte der Röhre *AB* einen Ausgang zu verschaffen.

Man pflegt auch, um eine horizontale Linie mit diesem Werkzeuge noch genauer zu finden, in die gläsernen Röhren kleine blechene Cylinder auf das Wasser zu setzen, die darauf schwimmen, und nach deren oberen Rändern man dann genauer visiren kann. Allein die gröfsere Genauigkeit, die dadurch etwa erlangt wird, kommt nicht gegen den Verlust an Zuverläfsigkeit in Betracht, indem die Cylinder sich an den Gläsern klemmen, oder auch verschieden tief eintauchen können. Daher ist diese Veränderung nicht zu empfehlen.

Auch pflegt man spitze Zeiger, die aufsen an den gläsernen Röhren auf- und niedergeschoben, und gerade auf die Oberfläche der Flüssigkeit gestellt werden können, anzubringen, und dieselben mit Haar-Diopteru zu verbinden, über welche man dann ebenfalls genauer visiren kann. Diese Einrichtung ist etwas besser als die schwimmenden blechernen Cylinder; allein viel wird damit auch nicht gewonnen, denn die Zeiger lassen sich nicht besonders genauer stellen, als man ohne sie die Oberfläche sehen kann, und wenn der Messende einige Uebung besitzt, so wird er, durch Visiren unmittelbar über die Oberfläche des Wassers hin, die nemliche Genauigkeit erreichen, wie mit den Diopteru. Und da nun das Werkzeug durch die verschiedenen Zusätze immer mehr oder weniger an Einfachheit und Wohlfeilheit verliert, so ist dazu nicht zu rathen, sondern es ist besser, ihm seine ursprüngliche, einfachste Gestalt zu lassen.

Hat man die Röhren mit gefärbtem Wasser gefüllt, welches man, wenn die Wage beim Gebrauch transportirt werden soll, nicht verschütten will, so werden die Röhren, ehe man sie vom Statif herunter nimmt, mit Korken verstopft.

184.

Die Quecksilber-Wage besteht, ganz wie die Canalwage, aus einer horizontalen, und zwei an den Enden darauf senkrecht gesetzten, im Querschnitt rechteckigen Röhren, die sämmtlich in Verbindung stehen, aber, statt mit Wasser, mit Quecksilber gefüllt sind. Jedoch wird die horizontale Röhre nur höchstens $1\frac{1}{2}$ Fufs lang gemacht, und zwar, nebst den darauf stehenden senkrechten Röhren, von Holz. Auch wird das Ganze noch in eine hölzerne Kiste eingeschlossen, und mittelst einer Dille auf ein Statif gestellt. Da die hölzernen Röhren nicht durchsichtig sind, so setzt man auf das Quecksilber in den aufstehenden Röhren, Würfel von Elfenbein, welche auf dem Quecksilber schwimmen, und Dioptern tragen, durch welche man in horizontaler Richtung visirt.

Dieses Werkzeug ist, seiner geringen Zuverläfsigkeit wegen, nicht zu empfehlen; denn die Dioptern können sich in den Röhren, in welchen sie sich bewegen sollen, klemmen, oder ungleich tief eintauchen, welches man nicht sogleich bemerkt. Ist diese Wage auch sonst etwas genauer als die Canalwage, so ist sie dafür weniger einfach, weniger wohlfeil und weniger sicher.

Da zwar das Quecksilber, wenn die Dioptern nicht wären, in beiden Röhren-Schenkeln gleich hoch stehen würde, nicht aber die Dioptern-Haare deshalb nothwendig gleich hoch sind, so mufs die Wage vor dem Gebrauch geprüft werden, welches durch Umkehren geschieht, indem man erst das eine, und dann das andere Diopter vor das Auge nimmt, und nach einem und demselben Puncte visirt. Diese Prüfung mufs oft wiederholt werden.

III. Nivellir-Wagen mit Luftblasen.

185.

Diese Wagen haben sämmtlich Röhren-Libellen, wie sie in (§. 35.) beschrieben sind, und statt der gewöhnlichen Dioptern, Fernröhre. Sie sind aber auf sehr mannigfaltige Weise zusammengesetzt. Der Haupt-Unterschied ist, dafs entweder, wie bei der Sisson'schen Wage, die Libelle auf das Hauptblatt des Instruments befestigt ist, und dafs das Werkzeug, vermittelst einer Nufs auf ein Statif gesetzt wird, oder dafs, wie bei der Reichenbachschen Wage, die Libelle am Fernrohr fest ist, der Grundbalken des Instruments, welcher das Fernrohr mit der Libelle trägt, um einen senkrechten, langen Zapfen sich umdrehen läfst, und die Horizontal-Stellung, statt über einer Nufs, mittelst Fufsschrauben in drei Armen geschieht, nach (§. 38.). Auch liegt entweder das Fernrohr frei, in Yförmigen Einschnitten, und kann herausgenommen und umgekehrt eingelegt werden, oder es ist an dem Werkzeuge befestigt.

Um den Raum, und besonders die Figuren zu sparen, wollen wir nur eine Wage nach Reichenbachscher Art, die bis jetzt so ziemlich für die beste zuhalten, näher beschreiben.

186.

Diese Wage ist (Fig. 19. *a. b. c.* Taf. 3.) abgebildet. Drei messingene Arme P_1, Q_1, R_1, die mittelst eben so vieler horizontaler, bei δ sich vereinigender, unter Winkeln von $\frac{4}{3}$ Rechten aus einander gehender Schenkel verbunden sind, tragen eine runde Scheibe *GH* von 3 Duod. Zoll im Durchmesser, und auf dieser eine zweite runde Scheibe $\varepsilon\zeta$ (Fig. 19. *c.*) von 1 Zoll im Durchmesser, und machen mit beiden eine Masse aus. Die Entfernung von dem Mittelpunct bis nach *U*, *V* und *W* (Fig. 19. *b.*) beträgt ungefähr 5 Zoll. Der 9 Zoll lange, $\frac{3}{4}$ Zoll hohe und $\frac{1}{2}$ Zoll breite messingene Balken *CD* (Fig. 19. *a.*), welcher sich in der Mitte in eine 2 Zoll im Durchmesser haltende Scheibe $\mu\nu$ (Fig. 19. *a. b. c.*) ausdehnt, unter welcher sich eine andere *E* (Fig. 19. *c.*), von etwas geringerem Durchmesser befindet, macht mit dieser und dem stählernen, etwa 4 Zoll langen, $\frac{1}{2}$ Zoll dicken Zapfen *FF* (Fig. 19. *a. c.*) Ein Stück aus. Der Zapfen ist oben bei *g* (Fig. 19. *c.*) kegelförmig, und dreht sich in den Pfannen bei *g* und *h*, mit dem Balken *CD* (Fig. 19. *a.*) zugleich, rund herum. Die mit dem Balken *CD* verbundene Scheibe *E* hat einen Arm oder eine Verlängerung *a'* (Fig. 19. *b.*), in welcher sich eine Schraubenmutter befindet. Um den Rand *GH* (Fig. 19. *a. b. c.*) läfst sich in einem Falz ein anderes Stück Messing *d* umher bewegen, und mittelst der Schraube *c* an den Rand, wenn man will, anklemmen. Durch dieses Stück Messing *d* und durch den Arm *a'* der Scheibe *E* läuft eine feine Schraube *b'b'*, durch welche man, sobald das Stück *d* mittelst der Schraube *c* an den Rand *GH* angeklemmt ist, dem Balken eine sanfte Bewegung horizontal um die Axe geben kann. Ist die Schraube *c* gelöset, so kann man den Balken, sammt den Stükken *a'* und *d* und den Schrauben *b'* und *c* rasch, horizontal um den Zapfen *FF* drehen.

Auf dem Balken *CD* (Fig. 19. *a.*) sind die Yförmigen Stützen *M*, *N* befestiget, und in dieselben kann das Fernrohr *R* gelegt werden. Liegt es fest, so werden darüber die, um Gelenke *p* (Fig. 19. *c.*) beweglichen, halben Ringe *pqr* gelegt. Das Fernrohr liegt mit Ringen aus hartem Glocken-Metall auf seinen Lagern. Oeffnet man die Biegel *pqr* über dem Fernrohr, so kann man es herausnehmen, und, wenn man will, umgekehrt, nemlich mit verwechselten Enden, auf die Lager legen.

An dem Fernrohr ist die Röhren-Libelle *AB* mittelst Charniere *a* und *b* befestigt. Bei *b* ist eine Schraube, durch welche die Libelle mit dem einen Ende um etwas von dem Fernrohr entfernt oder ihm genähert werden kann. Vermittelst der Schraube *K* (Fig. 19. *a.*) kann der Yförmige Träger *N*, und folglich das Fernrohr, sammt der Libelle, an diesem Ende etwas von dem Balken *CD* entfernt, oder ihm genähert werden. Durch die Arme *P*, *Q*, *R* gehen die Fufsschrauben *U*, *V*, *W*, welche unten mit abgerundeten Spitzen auf messingenen Scheiben *u*, *v*, *w* (Fig. 19. *a.*) aufstehen, welche in den Statif-Kopf *αα* (Fig. 19. *a. c.*) eingelassen sind. Das Statif hat drei Füfse, die mit einander und mit dem Statif-Kopf nach (Fig. 22. *a. b.* Taf. 3.) fest verbunden sind. Das Statif mufs fest gebaut seyn, um der Wage einen sichern Stand zu verschaffen. Will man auf sehr unebenem, und in den Stationen nicht leicht zu ebnendem Terrain nivelliren, so müssen zwei Füfse des Statifs Schieber haben, durch welche sie verlängert und verkürzt werden können.

Die Schraube *b* an der Libelle *AB* (Fig. 19. *a.*) dient, die Sehe-Axe des Fernrohrs mit der Libelle parallel, also horizontal zu stellen. Die Schraube *K* dient, die Sehe-Axe des Fernrohrs parallel mit dem Balken *CD*, also perpendiculair auf die centrische Linie der Axe *FF* zu richten, und die Fufsschrauben *U*, *V*, *W* dienen, das ganze Werkzeug so zu stellen, dafs die centrische Linie der Axe *FF* lothrecht steht, und folglich dann die Sehe-Axe des Fernrohrs in einer lothrechten Ebene sich befindet.

Der Grad der Genauigkeit des Werkzeugs hängt von der Biegung der Libellen-Röhre ab, und kann nach (§. 34. und 35.) geschätzt werden. Man kann leicht Libellen machen, die horizontale Linien bis auf halbe und Viertel-Minuten angeben, wie es in Fällen, wie (§. 176.) nothwendig ist.

187.

a) Ob sich die Puncte, in welchen das Fernrohr auf den Yförmigen Trägern *M*, *N* (Fig. 19. *a. b. c.*) ruht, in einer Ebene befinden, die horizontal ist, wenn die Libelle horizontal steht, kann man durch blofses Umkehren der Libelle und des Fernrohrs finden. Man stelle nemlich das Werkzeug mittelst der Fufsschrauben *U*, *V*, *W* so, dafs die Luftblase in der Mitte, also die Libellen-Röhre horizontal steht. Alsdann nehme man das Fernrohr mit der Libelle aus seinen Lagern, und lege es umgekehrt wieder darauf, nemlich so, dafs die

Lager verwechselt werden. Steht alsdann die Luftblase noch in der Mitte, so müssen nothwendig die Ruhepuncte des Fernrohrs in einer horizontalen Ebene seyn, wenn die Libellen-Röhre wagerecht steht. Steht die Luftblase nicht mehr in der Mitte, so ist die Libellen-Röhre mit der Ebene durch die Ruhepuncte des Fernrohrs nicht parallel, und man mufs ihre Lage gegen das Fernrohr vermittelst der Schraube *b* so lange verändern, bis die Probe zutrifft.

β) Das Instrument ist so verfertigt, dafs wenn die Ebene durch die Ruhepuncte des Fernrohrs mit der Libellen-Röhre parallel läuft, dafs dann die Sehe-Axe des Rohrs mit der Libellen-Röhre ebenfalls parallel ist. Will man sich davon überzeugen, oder das Instrument prüfen, was allemal vor dem Anfange einer Messung, die besondere Genauigkeit erfordert, nöthig ist, so kann man, wie folgt, verfahren.

I. Man stelle die Wage auf ihrem Statif irgendwo auf einem ebenen Terrain in *A* (Fig. 124.) fest auf, stecke in beliebigen, gleich grofsen Entfernungen $AB = AC$, und zwar so, dafs *BAC* auf dem Boden eine gerade Linie ist, senkrechte Signale aus, und visire, nachdem man die Libelle vermittelst der Fufsschrauben des Instruments in die wagerechte Lage gebracht hat, erst nach *B*, und dann, während das Instrument fest stehen bleibt, und das Rohr entweder umgelegt, oder mit dem Balken, der es trägt, um die Axe *FF* (Fig. 19.) gedreht, auch die Libelle wieder vermittelst der Fufsschrauben wagerecht gestellt worden ist, nach *C* (Fig. 124.). Ist nun die Sehe-Axe des Rohres *R* mit der Libellen-Röhre *α* nicht parallel, so werden die Visir-Linien *Rb* und *Rc* auch nicht horizontal seyn; aber sie werden mit dem Horizont gleiche Winkel machen. Also wird, weil $AB = AC$ seyn sollte, *bc* nothwendig horizontal seyn. Nun bringe man das Instrument nach einem zweiten, mit *B* und *C* beinah in gerader Linie liegendem Orte *D*, der von *B* gerade so weit entfernt ist, als *C*, stelle die Libelle wieder horizontal, und visire nach *C*. Die Visirlinie sey *Sd*, und treffe das Signal *B* in *k*. Diese Visirlinie wird mit dem Horizont wiederum den nemlichen Winkel machen, wie vorhin die Visirlinien *Rc* und *Rb*. Die gerade Linie *Sd* wird also mit *Rc* parallel seyn. Nimmt man daher *bβ* gleich *cd*, so wird auch *βd* horizontal seyn. Macht man daher endlich *ek* gleich *kβ*, so wird, weil $DB = BC$

seyn sollte, auch *Se* horizontal seyn. Man darf daher nur, indem die Libelle in *D* wagerecht stehen bleibt, das Fernrohr gegen dieselbe, vermittelst der Schraube *b* (Fig. 19. *a.*) so stellen, dafs die Sehe-Axe aus dem Standort *D* den Punct *e* trifft, so liegt die Sehe-Axe des Rohres wagerecht, und folglich nunmehr mit der Libellen-Röhre parallel.

II. Man kann auch, wenn ein stillstehendes, grofses Wasser vorhanden ist, an den Rand desselben zwei Signale *B* und *C* (Fig. 124.) setzen, mit denselben in gerader Linie, und von *B* so weit entfernt, als *C* ist, das Instrument in *D* aufstellen, und nach *B* und *C* visiren, nachdem man die Libelle horizontal gestellt hat. Ist die Sehe-Axe des Rohres mit der Libelle nicht parallel, so wird auch die Visirlinie *Skd* nicht horizontal seyn. Weicht sie von der horizontalen *Sen* in *B* um *ek* ab, so wird sie von *B* bis *C* von ihr wiederum eben so viel abweichen, weil $DB = BC$ seyn sollte. Also wird, wenn *kp* horizontal ist, $dp = ek$ seyn. Aber *dp* ist gleich $dW - kV$, wenn *VW* die Oberfläche des stillstehenden Wassers ist: denn auch diese ist horizontal. Man darf also nur von *k* den Unterschied der Höhen *dW* und *kV* über der Oberfläche des Wassers herunter stecken, so findet man eine wagerechte Linie *Se*, nach welcher man, wie in (I.) die Sehe-Axe des Rohres mit der Libelle parallel stellen kann.

Dieses Verfahren ist nur selten ausführbar, weil dazu nothwendig ein nicht fliefsendes, und auch nicht vom Winde bewegtes, gröfseres Gewässer gehört; es ist aber auch selbst dann nicht so sicher, wie die Methode (I.), weil sich die Höhen *kV* und *dW* von *k* und *d* bis auf den Wasserspiegel nicht sehr scharf messen lassen.

γ) Um die Libelle, und folglich die Sehe-Axe des Fernrohrs, wenn sie mit der Libelle nach (*β.*) parallel gestellt worden, perpendiculair auf die centrische Linie der Axe *FF* (Fig. 19.) der Wage zu stellen, setze man die Wage auf eine feste Ebene, drehe den Balken *CD* mit dem Fernrohr und der Libelle, die er trägt, so, dafs er gerade über einer der drei Fufsschrauben *U*, *V*, *W* steht, und bringe die Libelle, in dieser Lage, auf den Nullpunct, aber nicht mit der Fufsschraube, über welcher sie steht, allein, sondern zur Hälfte mit dieser, und zur Hälfte mit der Stellschraube *K*, so wird die Libelle nunmehr auf die Axe *FF* perpendiculair seyn, und man überzeugt sich davon, wenn man entweder das Fernrohr mit der Libelle aus seinem Lager nimmt, und auf verwechselten Lagern umlegt, oder wenn man den Balken *CD* um zwei rechte Winkel um die Axe *FF* dreht, und dann die Libelle noch auf den Nullpunct steht. Ist es nicht der Fall, so hat man das Halbiren der Berichtigung mit den Fufsschrauben und der Schraube *K* nicht getroffen, und mufs die Berichtigung auf dieselbe Weise fortsetzen, bis die Probe zutrifft.

δ) Wenn die Sehe-Axe des Rohres nach (β.) mit der Libelle parallel, und nach (γ.) perpendiculair auf die Axe der Wage gestellt worden, und man will nun eine einzelne Linie horizontal abstecken, so dreht man die Libelle, nachdem die Wage auf das Statif gesetzt worden, gerade über eine der Fufsschrauben, und bringt mit derselben die Luftblase auf den Nullpunct. Will man nicht blofs eine einzelne Linie, sondern, rund um die Axe des Instruments, horizontal visiren, also eine horizontale Ebene abstecken, so stellt man die Wage, auf dem Statif, vermittelst der Fufsschrauben so, dafs die Libelle, wenn sie der Reihe nach gerade über den drei Fufsschrauben steht, immer den Nullpunct zeigt. Alsdann wird sie auch in jeder anderen Richtung, zwischen den dreien horizontal stehen müssen, weil drei Puncte, wie die drei Ruhepuncte der Fufsschrauben, eine Ebene bestimmen. Dieses Stellen mufs aber immer mit den Fufsschrauben allein geschehen, ohne die Stellschrauben *K* und *b* zu Hülfe zu nehmen. Ist es auf diese Weise, für den Fall, dafs man eine horizontale Ebene verlangt, nicht möglich, so hat das Instrument einen Fehler, der dann wahrscheinlich in der Axe *FF* liegt, und mufs verbessert werden.

ε) Will man auch wissen, ob die Sehe-Axe des Fernrohrs durch den Mittelpunct der Ringe geht, mit welchen das Rohr auf den Yförmigen Trägern ruhet, so drehe man das Rohr, indem man durch dasselbe immer fort nach einem und demselben Punct visirt, in den Ringen langsam um seine Axe. Trifft die Sehe-Linie immer denselben Punct, so geht die Sehe-Axe des Rohrs durch den Mittelpunct der Ringe.

Zusammengenommen also sind die Berichtigungen und Prüfungen des Instruments vor dem Gebrauch folgende.

Man untersucht nach (α.), ob sich das Rohr ohne Fehler auf seinen Lagern umlegen läfst. Man stellt nach (β.) die Sehe-Axe des Rohres mit der Libelle parallel.

Man stellt sie nach (γ.) auf die centrische Linie der Axe des Instruments perpendiculair. Man untersucht, nach (ε.), ob die Sehe-Axe des Rohrs durch den Mittelpunct der Ringe geht, mit welchen das Rohr auf seinen Lagern liegt, und wenn man nun entweder eine horizontale Linie oder eine horizontale Ebene visiren will, so stellt man das Instrument auf dem Statif, nach (δ.). Die Untersuchungen (α. und ε.) sind beim Gebrauch nur selten zu wiederholen nöthig. Oefter schon müssen die Prüfungen (β. und γ.) wiederholt werden, etwa täglich, vor dem Anfange der Messung, und die Stellung (δ.) kommt in jeder Station vor.

188.

Die Libellen-Wagen sind unter allen die genauesten, und da sie so wenig Raum einnehmen, leicht zu transportiren sind, und nicht bald etwas daran verdorben werden kann, weil der Hauptheil derselben, die Libelle, in einer fest verschlossenen Röhre sich befindet, auch überall wo es auf einige Genauigkeit ankommt, die besten.

Die Vorzüge der oben beschriebenen Reichenbachschen Wage vor anderen Libellen-Wagen bestehen vorzüglich in der horizontalen Umdrehung um den beweglichen Zapfen *FF* (Fig. 19.), welche die genaueste und sicherste ist, und in der Aufstellung der Wage auf dem Statif, vermittelst der drei Fufsschrauben *U*, *V*, *W*, die fester und bestimmter ist, als vermittelst einer Nufs.

189.

Man könnte auch recht gut ein vollkreisiges Astrolabium mit Höhen-Kreis sogleich mit einer Nivellir-Wage verbinden. Es wäre nichts weiter nöthig, als dafs man an dem oberen Fernrohr, ganz wie in (Fig. 19.) eine Röhren-Libelle befestigte. Nachdem nach (§. 187. β.) der Parallelismus der Sehe-Axe des Rohres und der Libelle geprüft worden, könnte man damit nach allen Richtungen horizontale Linien visiren, und also nivelliren. Das Werkzeug würde, als Niveau gebraucht, nur dann der hier beschriebenen Wage nachstehen, wenn es, wie gewöhnlich, auf einer Nufs steht, weil die Nufs weniger unbeweglich ist, als die Unterstützung mit 3 Fufsschrauben. Läfst man aber die Nufs weg (das Versicherungs-Fernrohr kann schon an sich wegbleiben) und giebt dem Limbus unmittelbar drei Arme, die mit Fufsschrauben auf den Statifkopf gestellt werden, so würde das Instrument sogar auch noch fast das Nemliche leisten, wie die vorhin beschriebene Wage, und es würde zugleich im hohen Grade einfach seyn, denn es bestände aus weiter nichts, als aus dem Limbus, aus dem Höhen-Kreise mit Fernrohr und einer Röhren-Libelle, nebst einer kleinen Dosen-Libelle, um den Limbus, wenn man nicht nivelliren will, horizontal zu stellen. Dieses einfache Werkzeug wäre, etwa nächst einem Winkelkreuz und der Kette, in dem kleinsten Raum Alles, was der Feldmesser zum Messen und zum Nivelliren, also zu seinem ganzen Geschäfte, gebraucht, und er würde ein Werkzeug haben, welches, während es an Genauigkeit und Zuverläfsigkeit anderen vorangehet, sogar noch viel weniger kosten müfste, als mehrere viel weniger gute Werkzeuge, z. B. Boussole, Canalwage u. dergl., zusammengenommen.

B. Von den übrigen Werkzeugen zum Nivelliren.

190.

Um die Höhe der horizontalen Linien oder Ebenen, welche eine Nivellirwage angiebt, über bestimmte Puncte auf dem Terrain in Fufsen, Zollen etc. zu messen, wodurch die Höhe der gegebenen Puncte gegen einander verglichen, oder das Gefälle (§. 176.) von einem Puncte zum anderen gefunden wird, dienen, wenn die Nivellirwagen Visire haben, Stäbe von Fichten- oder Linden-Holz, 1 bis $1\frac{1}{4}$ Ruthe lang, 2 bis 3 Duod. Zoll breit, und $1\frac{1}{2}$ Duod. Zoll dick, auf welchen, von unten bis oben, Duod. Fufse und Zolle, nebst halben und viertheil Zollen abgetheilt, und welche unten und oben mit Eisen beschlagen sind. Dergleichen Stäbe nennt man Nivellir-Stäbe. Man treibt Pfähle oder Pflöcke von $1\frac{1}{2}$ bis 2 Fufs lang, mit gerade abgeschnittenen Köpfen, ganz in die Erde, und läfst darauf den Nivellir-Stab ganz senkrecht halten. Derselbe zeigt alsdann die Höhe der Visirlinie über den Kopf des in die Erde getriebenen Pflockes, wie ein Maafsstab, an.

Da aber das Fufs-Maafs auf den schmalen Nivellir-Stäben aus weiter Entfernung nicht deutlich und bestimmt genug sichtbar seyn würde, so verbindet man mit den Nivellir-Stäben Zielscheiben, die vermittelst einer straff gespannten, über Rollen, dicht an den Enden des Nivellir-Stabes gehenden Schnur ohne Ende, an dem Nivellir-Stabe, den sie mit einem Biegel umfassen, auf und nieder gezogen, und an jeder beliebigen Stelle des Stabes fest- und der Visirlinie entgegen gehalten werden können. Dergleichen Zielscheiben sind entweder rund oder viereckig, etwa 1 Duod. Fuſs im Durchmesser, und aus dem Mittelpunct in 4 Felder getheilt. Die Scheibe wird Felderweise, abwechselnd schwarz und weiſs angestrichen, wie (Fig. 125. I, II, III, IV.). Die Mittel-Linie *AB* der Scheibe visirt man, und der an der hinteren Seite der Scheibe befestigte Biegel *PQRS*, welcher den Nivellir-Stab umfaſst, wie in (Fig. 126. I.) im Grundriſs und (Fig. 126. II.) von der Seite zu sehen, ist an derselben so angesetzt, daſs seine untere Fläche mit der Linie *AB* vorn auf der Scheibe gerade in einer Höhe liegt, so daſs man hinten auf dem Nivellir-Stabe das Fuſsmaaſs ablesen kann. Bestehet das Fadenkreuz im Fernrohr der Nivellir-Wage aus einem horizontalen und einem senkrechten Faden, so ist es gut, wenn die Zielscheibe wie (Fig. 125. III. oder IV.), nicht wie (Fig. 125. I. oder II.) angestrichen ist. Denn es ist genauer zu erkennen, wenn der horizontale Faden den weiſsen Raum der Scheibe in (Fig. III. und IV.) nach dem Augenmaaſs halbirt, als wenn er gerade die Linie *AB* in (Fig. I. und II.) deckt. Bestehet hingegen das Fadenkreuz im Fernrohr aus zwei schrägen Fäden, die sich im Mittelpunct des Rohres durchkreuzen, so ist der Anstrich der Scheibe wie (Fig. I. und II.) besser, weil dann die Linie *AB* der Scheibe umgekehrt den Raum zwischen dem Faden-Kreuz halbirt. Es ist eine ziemlich allgemeine Erfahrung, daſs bei schärferen Beobachtungen kleine Theile nach dem Augenmaaſse genauer halbirt werden können, als eine einzelne bestimmte Linie gesehen wird. Man pflegt auch wohl die Zielscheibe zu durchlöchern, so daſs man durch dieselbe sogleich, auf der Seite des Nivellir-Stabes, an welcher sie anliegt, das Fuſsmaaſs mit dem Fernrohr ablesen kann. Das Fuſsmaaſs muſs alsdann so angezeigt seyn, daſs es weithin sichtbar ist, etwa wie (Fig. 127. I. oder II.). Gut ist es in diesem Falle, das Fuſsmaaſs auch noch auf der hinteren Seite des Nivellir-Stabes, von dem Gehülfen, der den Stab hält, ablesen zu lassen.

Dritter Abschnitt.

Vom Gebrauch der Nivellir-Werkzeuge oder dem Nivelliren selbst; desgleichen von der bildlichen Darstellung der Resultate.

191.

Da man mit den beschriebenen Nivellir-Wagen horizontale Linien über dem Terrain visiren kann, so darf man nur, um die Höhen-Unterschiede zweier Puncte zu finden, welche eine und dieselbe horizontale Linie noch erreicht, die Tiefe der beiden Puncte unter der horizontalen Linie messen, wie z. B. die Tiefen AC und BD (Fig. 128.) der beiden Puncte A und B unter der horizontalen Linie CD. Der Unterschied der Tiefen $BD-AC$ ist der Höhen-Unterschied von A und B, oder das Gefälle von A nach B. Denn es sey AE mit CD parallel, so ist $DB-AC=EB$. Aber auch die Parallele AE von CD ist horizontal, also ist EB oder $DB-AC$ die Tiefe des Puncts B unter dem Horizont von A, und folglich der Höhen-Unterschied der Puncte A und B, oder das Gefälle von A nach B.

Sind aber die Puncte A und B entweder zu weit von einander entfernt, oder liegen Hindernisse dazwischen, oder will man auch den Höhen-Unterschied zwischen liegender Puncte wissen, so mufs man die Entfernung AB in beliebige Theile theilen, die sich übersehen lassen, über jedem einzelnen mit der Nivellir-Wage eine horizontale Linie ziehen, und das Gefälle Staffelweise messen, nach (Fig. 129.). Jeder solcher Theil der Staffel-Messung, auch wenn nur einer vorhanden ist, wie (Fig. 128.) heifst Station.

Blofs aneinander gesetzte Stationen geben das Nivellement einer aus geraden Linien zusammengesetzten **Linie**, die also auch entweder im Ganzen gerade oder gebrochen seyn kann. Man kann aber auch aus den verschiedenen Standorten des Instruments nach **verschiedenen Richtungen** visiren, und also zugleich die Höhen Unterschiede anderer, in der Nähe der Haupt-Richtung liegender Puncte finden, und auf die Weise eine **Fläche**, und wenn man vielleicht noch Quer-Stationen damit verbindet, eine Fläche von beliebigem Umfange abwägen. Dieser letzte Fall ist seltener. Gewöhnlich kommt es nur auf die Abwägung einer fortlaufenden, geraden oder krummen Linie an.

192.

Die Instrumente, welche keine Visire haben, wie die Setzwage und Markscheiderwage, kann man füglich **nur in der Mitte der Stationen aufstellen.** Alle übrigen Instrumente mit Visiren aber lassen sich **eben sowohl in der Mitte als am Ende der Stationen aufstellen.** Wir wollen erst das Nivelliren mit Werkzeugen ohne Visire, und dann das Nivelliren mit Visiren beschreiben.

I. Nivelliren mit Werkzeugen ohne Visire.

193.

Nivelliren mit der Setzwage.

α) Es sei z. B. der Höhen-Unterschied entweder blofs der Endpuncte oder auch zwischen liegender Puncte eines beliebigen Terrains *ABC.....K* (Fig. 130.) zu messen. Hat die zu wägende Oberfläche, wie es gewöhnlich der Fall seyn wird, nicht so bestimmte und feste Puncte, dafs man das Richtscheit unmittelbar darauf ruhen lassen könnte, oder kann man sonst das Richtscheit nicht wohl unmittelbar auf die zu wägende Fläche legen, wie wenn dieselbe z. B. die Oberfläche eines Gewässers wäre, so lege man in Entfernungen *AB, BC, CD* etc., die der Länge des Richtscheits gleich sind, entweder Ziegel oder Klötze, oder andere festliegende Körper in beliebiger Höhe über einander, oder man schlage, wie in der Figur angenommen, Pfähle oder Pflöcke *A, B, C* etc. ein, die, nachdem das Terrain fester oder lockerer ist, kürzer oder länger, von $\frac{1}{2}$ Fuſs bis zu 3, 4 und mehreren Fuſsen lang seyn müssen, und deren Köpfe oben gerade abgeschnitten werden und beliebig über dem Terrain hervorragen. Ist *A* der Anfangspunct des Nivellements und B der nächste, von *A* um die Länge des Richtscheits entfernte Pflock, so schlage man unmittelbar an *B*, nach *A* zu, noch einen Pflock B_2, dessen Kopf B_2 noch etwas höher, als die Horizontale durch A_1, über dem Terrain hervorragt, setze das Richtscheit auf die Köpfe der Pfähle *A* und B_2, und sehe zu, wie viel das Loth der Wage noch ungefähr von der perpendiculairen Richtung auf das Richtscheit abweicht. Danach treibe man, nachdem das Richtscheit mit dem Ende bei *B* seitwärts von dem Pfahl weggehoben worden, während es mit dem anderen Ende auf A_1 ruhen bleibt, den Pfahl B_1 etwas tiefer ein, bis dessen Kopf ganz in demselben Horizont mit dem Kopf des Pfahls *A* sich befindet, welches die Setzwage anzeigt, indem dann ihr Loth ganz in die auf das Richtscheit senkrechte Richtung fällt. Man schlage ferner unmittelbar an den folgenden Pfahl *C*, nach *B* zu, einen zweiten Pfahl C_2 ein, und bringe dessen Kopf, auf dieselbe Weise, wie vorhin B_2 und A_1, mit dem Kopf des Pfahls B_1 in einen und denselben Horizont. Eben so schlage man an *D*, nach *C* zu, einen Pflock ein, und bringe dessen Kopf mit dem Kopf des Pfahls *C* in einen und denselben Horizont, und so weiter, die ganze zu messende Linie entlang. Der letzte Pfahl *K* wird bis auf den Horizont des Pfahls *I* eingetrieben.

Gleichzeitig, wie man mit diesem Verfahren fortrückt, miſst man die Unterschiede der Höhen der verschiedenen horizontalen Linien gegen einander, desgleichen die Höhe der Pfähle im Anfange der Stationen über dem Terrain. Befinden sich auf den, für alle Fälle noch senkrecht verlängerten Abschnitten des Richtscheits Maaſssäbe, wie in (Fig. 118.), so sieht man die Unterschiede der Höhen der horizontalen Linien in den verschiedenen Stationen, an dem Richtscheit, während es auf den Pfählen ruhet, unmittelbar, wie (Fig. 130.) zu sehen. Z. B. wenn sich das Richtscheit in der zweiten Station befindet, so zeigt der Maaſsstab an seinem Ende linkerhand, wie hoch der Kopf des Pfahls B_2 über dem Kopf des Pfahls *B* hervorragt, welches der Unterschied der horizontalen Linien in der ersten und zweiten Station ist. Befindet sich an den Enden des Richtscheits kein Maafsstab, so mufs man die Unterschiede der Höhen der horizontalen Linien, gleich den Höhen der Pfähle in dem Anfange der Stationen, mit einem Zollstock messen. Man könnte auch den Unterschied der Höhen der horizontalen Linien dadurch finden, dafs man die Höhe der sämmtlichen Pfahlköpfe über dem Terrain mäfse, und jedesmal die Höhen zweier, dicht an einander stehender Pfähle von einander abzöge. Allein dieses würde bald ungenaue Resultate geben, weil es auf dem Terrain gewöhnlich an festen Puncten fehlt, und also die Höhe der Pfahlköpfe über dem Terrain viel weniger genau und sicher gemessen werden kann, als die Höhe eines Pfahlkopfs über dem anderen, gleichwohl aber auf dem Unterschiede der Höhen der horizontalen Linien die Sicherheit des Nivellements durch die ganze Linie beruhet. Denn die Staffelweise fortgehenden Horizontalen bilden, wenn die Unterschiede ihrer Höhen genau gemessen worden, gleich als wenn sie eine einzige Horizontale wären, eine feste Linie, gegen welche die Terrain-Puncte abgemessen werden, und dürfen daher nicht von den verschiedenen unfesten Terrainpuncten abhängig gemacht werden, sondern nur umgekehrt diese von den Horizontalen. Es ist also wesentlich, dafs man gerade die Unterschiede der Höhen der horizontalen Linien mifst, und um die Lage des Terrains gegen dieselben zu finden, die Höhe des einen Endes derselben, z. B. ihres Anfangspuncts, nach dem Anfangspunct des Nivellements zu, über dem Terrain.

Sind die Unterschiede der Höhen der Horizontalen gegeneinander, $B_1 B_2$, $C_1 C_2$, $D_1 D_2$ etc., und die Höhe eines ihrer Endpuncte über dem Terrain AA_1, BB_1, CC_1 etc. gemessen, so kann man daraus leicht durch Addition und Subtraction die Höhen BB_2, CC_2, DD_2 etc. der anderen Endpuncte der Horizontalen über dem Terrain finden; denn z. B. BB_2 ist gleich $BB_1 + B_1B_2$, CC_2 ist gleich $CC_1 + C_1C_2$, DD_2 ist gleich $DD_1 - D_1D_2$, u. s. w. Und hat man nun die Höhen der beiden Endpuncte der Horizontalen über dem Terrain, so läfst sich das Gefälle zwischen beliebigen Puncten des zu wägenden Terrains ausrechnen. Es ist leicht zu sehen, dafs dieses Gefälle gleich ist dem Unterschiede der Summen alles Steigens und alles Fallens. Z. B., das Gefälle von A bis B ist offenbar gleich $BB_2 - AA_1$, das Gefälle von B bis C ist gleich $CC_2 - BB_1$, das Gefälle von C bis D ist gleich $DD_2 - CC_1$, u. s. w. Das Gefälle von A bis K ist also gleich

$(BB_2 - AA_1) + (CC_2 - BB_1) + (DD_2 - CC_1) \ldots$, oder gleich $(BB_2 + CC_2 + DD_2 \ldots + KK_2) - (AA_1 + BB_1 + CC_1 \ldots + II_1)$.

Ebenso ist das Gefälle, z. B. von C bis G gleich

$(DD_2 + EE_2 + \ldots GG_2) - (CC_1 + DD_1 \ldots + FF_1)$, u. s. w.

Es macht keinen Unterschied, wenn auch einige Pfähle ganz in die Erde getrieben werden, oder das Richtscheit mit diesem oder jenem Ende unmittelbar auf das Terrain aufgelegt wird. Liegt es mit seinem Anfangspunct auf dem Terrain auf, so ist blofs die Pfahlhöhe unter diesem Punct gleich Null, und liegt es mit dem Endpuncte auf, so ist die Pfahlhöhe unter dem Anfangspunct der folgenden Station dem Unterschiede der Höhen der horizontalen Linien in den beiden auf einander folgenden Stationen gleich.

Es ist auch nicht gerade nöthig, dafs alle Pfähle längs der ganzen Linie zugleich geschlagen werden. Man kann, wie man vorrückt, die Pfähle aus den vorigen Stationen wieder herausziehen lassen, und in den folgenden Stationen benutzen, jedoch müssen die Terrainpuncte, deren Höhen man maafs, bezeichnet bleiben, und es ist daher gut, wenn von den zwei Phählen jeder Station wenigstens der eine, im Anfangspunct der Station, stehen bleibt, nebst dem Pfahl am Ende der ganzen Linie. Besser ist es indessen, wenn alle Pfähle stehen bleiben, schon weil das Herausziehen eines Pfahls die Lage eines dicht daneben stehenden Pfahls leicht verändert.

Nivellirt man längs eines Wassers, wozu jedoch die Setzwage, ihrer geringen Genauigkeit wegen, wenig geeignet ist, so kann man sich, um erst auf das Trokkene zu kommen, mit der Richtung des Nivellements gleich Anfangs beliebig vom Ufer entfernen, und mufs sich dann nur am Ende wieder dem Wasser nähern. Auch kann man seitwärts, wenn man will, nach dem Wasser hinmessen, welches dann für sich bestehende Seiten-Nivellements giebt. Die Richtung des Nivellements kann genommen werden, wie man will, gerade oder krumm, wenn man nur die Puncte berührt, deren Höhe gesucht wird.

Ist zu fürchten, dafs die Oberfläche eines nivellirten Gewässers, während des Nivellements sich senkt oder hebt, so mufs man, ehe man die Messung anfängt, in möglichst kurzer Zeit, erst am Ufer Pfähle in das Wasser schlagen lassen, deren Köpfe mit der Oberfläche gleich hoch stehen. Die Köpfe dieser Pfähle bezeichnen dann die zu messende Oberfläche, die sich nun, wie es komme, verändern mag.

Die beste Probe des Nivellements ist, dafs man es in irgend einer anderen Richtung auf einem Rückwege wiederhole.

β) In der Regel ist es nicht nöthig, das Gefälle der gewogenen Linie gleich auf dem Felde auszurechnen. Es kann im Zimmer geschehen. Man mufs aber das Gemessene alsdann so aufzeichnen, dafs man zu Hause, ohne zu fehlen, rechnen könne. Dieses geschieht, wie folgt:

Man zeichnet erst aus freier Hand die Figur der nivellirten Stufen, nemlich das Steigen und Fallen der mit der Wage gezogenen horizontalen Linien, desgleichen die Gestalt des Terrains, und setzt über die Stationen Zahlen, von 1 an, welches z. B. für das Nivellement (Fig. 130.) eine Figur, wie (Fig. 131.) giebt. Diese Zeichnung ist nöthig, damit man nicht irgend wo Steigen und Fallen verwechsele. Hierauf schreibt man die gemessenen Höhen in eine Tabelle mit fünf Columnen: in die erste Columne die Nummer der Station, in die zweite die Länge der Station, in die dritte die Höhe des Anfangspuncts der horizontalen Linie der Station über dem Terrain, in die vierte die Höhe der horizontalen Linie der folgenden Station über die der vorhergehenden, wenn jene höher liegt, und in die fünfte, wenn sie tiefer liegt.

Nach dieser Tabelle läfst sich das Gefälle von einem Puncte zum anderen ausrechnen. Da aber das, vielleicht bald steigende, bald sinkende Gefälle keine recht deutliche Vorstellung von der Gestalt des Terrains geben würde, so ist es gut, die Höhe des Terrains gegen eine feste, durchgehende horizontale Linie zu vergleichen, die man willkürlich so annimmt, dafs sie entweder unter oder über allen Terrainpuncten liegt, am besten unter allen Terrainpuncten. Denn die Längen der Stationen geben dann zusammengesetzt die Abscissen, und die Höhen der Terrainpuncte über der festen Linie die rechtwinkligen Ordinaten der Terrain-Linie über denselben, wodurch man ein bestimmtes Bild von der Terrain-Linie bekommt.

Alle diese Höhen findet man aus der Tabelle, indem man ihr noch einige Columnen hinzufügt. Die Form der Tabelle und ihre Entstehung wird am besten aus einem Beispiele zu sehen seyn, zu welchem wir das obige Nivellement (Fig. 130. und 131.), und für die gemessenen Höhen willkürliche Zahlen annehmen wollen.

1	2	3	4	5	6	7	8	9	10	11
Der Station		Entfernung des Endpuncts der Station vom Anfangspuncte des Nivellements.	Die horizontale Linie der Station liegt				Summe der Höhen der horizontalen Linien über dem Terrain		Gefälle vom Anfange des Nivellements bis zum Ende der Station	Höhe des Endpuncts der Station über einer 10 Fuſs unter dem Anfangspunct des Nivellements liegenden horizontalen Linie.
			mit ihrem Anfange über dem Terrain	gegen die horizontale Linie der folgenden Station		Also mit ihrem Ende über dem Terrain				
Zahl	Länge			höher	tiefer		Am Anfange der Station	Am Ende der Station		
	F.	F.	F. Z. L.	F. Z. L.	F. Z. L.	F. Z. L.	F. Z. L.	F. Z. L.	F. Z. L.	F. Z. L.
1	12	12	— 8, 4	— 7, 2	— — —	1, — 3	— 8, 4	1, — 3	+ — 3, 11	9, 8, 1
2	12	24	— 5, 1	— 11, 10	— — —	2, 1, 1	1, 1, 5	3, 1, 4	+ 1, 11, 11	8, — 1
3	12	36	1, 1, 3	— — —	2, 10, $10\frac{1}{2}$	— 8, $3\frac{1}{2}$	2, 2, 8	3, 9, $7\frac{1}{2}$	+ 1, 6, $11\frac{1}{2}$	8, 5, —$\frac{1}{2}$
4	12	48	3, 7, 2	2, 1, $1\frac{1}{2}$	— — —	2, 10, $9\frac{1}{2}$	5, 9, 10	6, 8, 5	+ — 10, 7	9, 1, 5
5	12	60	— 9, 8	— 3, —	— — —	— 6, $2\frac{1}{2}$	6, 7, 6	7, 2, $7\frac{1}{2}$	+ — 7, $1\frac{1}{2}$	9, 4, $10\frac{1}{2}$
6	12	72	— 3, $2\frac{1}{2}$	— — —	1, 8, 2	— 1, 10	6, 10, $8\frac{1}{2}$	7, 4, $5\frac{1}{2}$	+ — 5, 9	9, 6, 3
7	12	84	1, 11, —	— — —	— 7, 11	— 6, 9	8, 9, $8\frac{1}{2}$	7, 11, $2\frac{1}{2}$	— — 10, 6	10, 10, 6
8	12	96	1, 2, 8	— — —	1, 1, 4	— 6, 9	10, —, $4\frac{1}{2}$	8, 5, $11\frac{1}{2}$	— 1, 6, 5	11, 6, 5
9	12	108	1, 8, 1	1, 2, 3	— — —	1, 2, 3	11, 8, $5\frac{1}{2}$	9, 8, $2\frac{1}{2}$	— 2, — 3	12, — 3

Die erste Columne enthält die Zahl der Stationen, die zweite die auf dem Felde gemessene Länge der Stationen, die dritte die Summe der Längen vom Anfangspunct, die vierte, fünfte und sechste Columne enthalten die unmittelbar auf dem Felde gemessenen Höhen, wie es ihre Ueberschrift zeigt, und werden also auch sogleich auf dem Felde eingeschrieben. Die Höhen in der siebenten Columne findet man, wenn man die Zahlen der fünften zu den, um eine Zeile tiefer stehenden Zahlen der vierten Columne addirt, oder die Zahlen der sechsten Columne von den, um eine Zeile tiefer stehenden Zahlen der vierten Columne abzieht, wie aus den (Figuren 130. und 131.) leicht zu sehen. Die Zahlen der achten und neunten Columne findet man, wenn man diejenigen der vierten und siebenten, der Reihe nach, jedesmal von oben an, addirt. Die Zahlen der zehnten Columne findet man, wenn man die Zahlen der achten Columne von denen der neunten subtrahirt, denn das Gefälle ist nach (α.) gleich dem Unterschiede der Summen alles Steigens und alles Fallens. Die Zahlen der eilften Columne findet man, wenn man die Zahlen der zehnten von 10 Fufs subtrahirt, weil die durchgehende horizontale Linie zehn Fufs unter dem Anfangspunct des Nivellements angenommen ist.

Wenn auch gleich mit dem Maafsstabe, mit welchem man die Höhe mifst, gerade nicht Linien mögen gemessen werden können, sondern vielleicht nur Viertel- oder Achtel-Zolle oder andere Bruchtheile von Zollen, so ist es doch besser, nach Linien zu rechnen. Denn da einmal leider die Decimal-Eintheilung des Maafses nicht allgemein üblich ist, so mufs man sich mit den Unterabtheilungen des Maafses, so weit sie gewöhnlich gehen, begnügen, und es ist immer noch leichter, damit zu rechnen, als mit Theilen des Fufses oder Zolles von nicht gleichen Nennern.

Nachdem man in der eilften Columne die Ordinaten der Terrainpuncte über einer durchgehenden Horizontale berechnet hat, ist es auch sehr leicht, das Gefälle zwischen beliebigen Stationspuncten zu finden. Man darf nur die Ordinaten der Puncte von einander abziehen. Zum Beispiel, das Gefälle vom Endpuncte der dritten Station D (Fig. 132.) bis zum Endpunct der siebenten, H, würde 18, 5, $\frac{1}{2}$ — 20, 10, 6 $= -$ 2, 5, $5\frac{1}{2}$ seyn, das heifst, der Punct H_1 liegt 2 Fufs, 5 Zoll und $5\frac{1}{2}$ Linie höher als der Punct D_1.

γ) Wird eine Zeichnung des Terrains verlangt, so darf man nur auf einer willkürlichen geraden Linie AK (Fig. 132.) die Länge der Abscissen der Stationspuncte aus der dritten Columne, und darauf senkrecht die Ordinaten $AA_1 = 10$ F., $BB_1 = 9$ F. 8 Z. 1 L., $CC_1 = 8$ F. 1 L. etc. aus der eilften Columne der Tafel setzen. Die durch die Puncte A_1, B_1, $C_1 \ldots . K_1$ gehende gebrochene Linie stellt das Terrain vor. Man kann sie zwischen den Puncten A_1 und B_1, B_1 und C_1, etc. auch noch nach dem Augenmaafs, der Wirklichkeit gemäfs, abrunden.

Man darf nicht anders als nach der Tabelle zeichnen, und nicht etwa die mit der Wage auf dem Felde gezogenen horizontalen Linien auf dem Papier, eine an die andere setzen, nach den Höhen, um welche sie von einander abstehen. Das Stückweise Aneinandersetzen, zumal gewöhnlich sehr kleiner Maafse, würde bald etwas Ungenaues geben. Wie überall in der ganzen Mefskunst, so ist es auch hier Regel, alles was sich rechnen läfst, zu *rechnen*, und die Resultate, so weit es nur immer angeht, nicht durch Zeichnung, sondern durch Rechnung zu suchen; denn Rechnen kann man, so genau man will, aber nicht Zeichnen.

Da die Höhen beim Nivelliren gegen die Längen meistens nur sehr klein sind, so pflegt man zu den Höhen gewöhnlich einen gröfseren, etwa einen zehnmal oder zwölfmal so grofsen Mafsstab, als zu den Längen zu nehmen, so dafs eine Ruthe in der Länge einen Fufs in der Höhe vorstellt. Das Bild der Terrain-Linie auf dem Papier ist zwar alsdann der Figur des Terrain-Durchschnitts im Felde nicht ähnlich, allein der Rifs zeigt dafür das Gefälle um so deutlicher.

194.

Gebrauch der Bergwage.

Mit der Bergwage mifst man im Ganzen, wie mit der Setzwage, nur dafs die Wage nicht blofs eine horizontale Linie, sondern die Neigung einer beliebigen abhängigen Linie gegen den Horizont angiebt. Man treibt Pflöcke in die Erde, so weit auseinander, als das Richtscheit lang ist, setzt das Richtscheit darauf, und auf das Richtscheit die Wage. Dieselbe zeigt den Winkel, welchen das Richtscheit mit dem Horizont macht. Multiplicirt man den Sinus dieses Winkels mit der Länge des Richtscheits, so findet man die Höhe seines Endpuncts über dem Anfangspunct, und multiplicirt man den Cosinus des Winkels mit der Länge des Richtscheits, so erhält man die horizontale Entfernung des Endpuncts vom Anfangspunct, also Stückweise die Länge der nivellirten Linie in der horizontalen Projection. In den Scheidepuncten zweier Stationen sind nicht, wie bei der Setzwage, zwei Pfähle neben einander nöthig, sondern nur einer. Man setzt auf den nemlichen Pfahl, auf welchem das Ende des Richtscheits ruhete, in der folgenden Station den Anfang desselben. Die Pfähle können beliebig über der Erde vorstehen, und man mifst die Höhe ihrer Köpfe über dem Terrain. Im Felde zeichnet man die gemessenen Winkel und die Höhe der Pfahlköpfe über dem Terrain auf, und macht im Zimmer die Rechnung.

Das Instrument gewährt nur eine geringe Genauigkeit, und das Wägen damit, wenn es keine Visire hat, erfordert ziemlich viel Zeit. Es dient vorzüglich, den Anhang der Berge zu messen. Da aber dieses durch das in (§. 128.) beschriebene Verfahren leichter ist, und das Wägen mit nicht horizontalen Linien nicht eigentlich zum Nivelliren gehört, so wollen wir uns dabei nicht weiter aufhalten.

195.

Gebrauch der Markscheiderwage.

Diese Wage hat ungefähr denselben Zweck unter der Erde wie die Bergwage über der Erde. Das Messen unter der Erde kommt in Bergwerken vor, wenn man wissen will, wie tief die Fundgruben der Erze, Steinkohlen, des Steinsalzes etc. unter der Oberfläche der Erde, und unter welchen Puncten der Oberfläche sie liegen. Auf beides kommt es bei der Förderung der Ausbeute und dem Eigenthum der Gruben an, welche auf der Oberfläche der Erde in Gewerkschaften, wie Felder, abgegrenzt werden. Die tiefen Fundgruben sind nicht, wie gewöhnlich Steinbrüche und dergleichen, oben offen, sondern nur durch schmale ausgehöhlte Gänge zugänglich, die, wenn sie senkrecht, oder in der bergmännischen Sprache, seiger stehen, oder doch beinahe senkrecht, Schächte, wenn sie aber horizontal oder söhlig, oder doch beinahe horizontal liegen, Stollen, wenn sie schräg in die Erde laufen, einfallend, wenn sie schräg aus der Erde laufen, zu Tage gehend heifsen. Man sieht leicht, dafs ein Grubengang von der Oberfläche der Erde an, bis zu dem Fundort der Erze etc., und vielleicht auf anderem Wege wieder hinaus, eine krumme oder gebrochene Linie bilden kann, die vielleicht weder ganz horizontal, noch ganz senkrecht, noch selbst in einer und derselben Ebene, sondern in verschiedenen zusammenstofsenden Ebenen und Flächen liegt. Sie kann, nach dem geometrischen Ausdrucke, eine Linie doppelter Krümmung seyn, oder vielleicht Stückweise aus geraden, nicht in einer Ebene liegenden Linien zusammengesetzt. Welche Richtung nun aber auch die einzelnen zusammenstofsenden geraden Linien, aus welchen der ganze Gang bestehet, haben mögen, so sieht man ebenfalls leicht, dafs man die Gestalt derselben und ihre Lage gegen die Richtung über der Erde finden kann, wenn man die Neigung der einzelnen Theile erstlich gegen den Horizont, und zweitens gegen verticale Ebenen von bestimmter Richtung, also etwa gegen den Erd - Meridian oder gegen den magnetischen Meridian, und dann drittens die Länge der einzelnen Theile der Linie, so weit sie jedesmal dieselbe Richtung haben, kennt. Hiernach Linien ausmessen, und ihre Projection auf der Oberfläche der Erde abstecken, um daraus die Puncte auf der Erde, unter welchen senkrecht, sich Puncte in der Erde befinden, nebst der senkrechten Tiefe der Puncte in der Erde unter ihrer Projection auf der Oberfläche der Erde finden, ist der Gegenstand der Markscheidekunst. Die Länge der einzelnen Linien wird in der Erde mit Schnüren (§. 20.), hier Lachter-Schnüre genannt, gemessen, die Winkel, welche die zusammenstofsenden Linien mit dem Meridian machen, werden in der Erde, in sofern keine Eisenerze in der Nähe sind, mit der Boussole, die, wie auf Schiffen, so aufgehängt ist, dafs der Limbus immer horizontal schwebt, und welche Hänge-Compafs heifst, gemessen, und die Winkel, welche die Linien mit dem Horizont machen, mifst man mit der Markscheiderwage (§. 182.). Sind Eisenerze in der Nähe, so mifst man die Winkel, welche die Linien mit einander machen, mit einem in Grade eingetheilten Limbus, welcher Eisenscheibe heifst, und mufs sie alsdann, nachdem ihre Neigung gegen den Horizont mit der Markscheiderwage gemessen worden, durch Rechnung auf den Horizont reduciren. Das Messen über der Erde geschieht, wie beim Feldmessen, mit dem Meſstisch oder der Boussole. Die Linien in der Erde werden durch straff angespannte Schnüre, oder besser Drähte von Messing bezeichnet, an welche man in der Mitte den Hänge-Compaſs oder auch die Markscheiderwage anhängt.

Das weitere Detail, also auch das vom Gebrauch der Markscheiderwage, gehört nicht hierher. Die Wage ist nur genannt worden, weil sie auch zuweilen, wie die Bergwage, über der Erde gebraucht werden kann.

II. Nivelliren mit Werkzeugen, die Visire haben.

196.

Von diesen Werkzeugen kommen nur die Canalwage (§. 183.) und die Libellenwage (§. 185.) in Betracht. Die auf das Loth beruhenden Wagen mit Visiren, nebst der Quecksilberwage, sind zu unsicher und stehen jenen nach.

197.

Nivelliren mit der Canalwage.

Wenn die zu nivellirende Linie länger ist, als man mit bloſsen Augen scharf sehen kann, so muſs man sie in Stationen theilen.

α) Kann und will man die Wage in der Mitte der Station aufstellen, so nimmt man die Station so lang, daſs man aus der Mitte, mit dem bloſsen Auge, nach der Höhen-Linie auf der Zielscheibe (§. 190.), an den Endpuncten der Station, deutlich sehen kann, welches für nicht besonders kurzsichtige Augen etwa 10 Ruthen, und für weitsichtige Augen 15 bis 20 Ruthen sind, so daſs also die Stationen 20 bis 30 und 40 Ruthen lang genommen werden können. Steigt aber das Terrain auf die halbe Länge der Station mehr, als die Höhe des Instruments beträgt, so muſs man die Stationen kürzer nehmen, weil die horizontale Linie sonst in den Boden gehen würde.

Sind nun die Anfangs- und Endpuncte der Stationen gewählt, wozu man besonders diejenigen Puncte nimmt, auf deren Höhe es vorzüglich ankommt, so läſst man in denselben Pflöcke von 1, 2 bis 3 Fuſs lang, mit gerade abgeschnittenen Köpfen, ganz in den Boden treiben, so daſs ihre Köpfe mit dem Boden gleich hoch stehen, also auch in den Anfangs- und Endpuncten des Nivellements. Nun setzt man, wenn A (Fig. 133.) der Anfangspunct des Nivellements ist, die Wage in die Mitte α der ersten Station AB, läfst den Nivellirstab mit der Zielscheibe in senkrechter Richtung auf den gerade abgeschnittenen Kopf des Pflocks in A halten, visirt von α aus über die Oberfläche des Wassers in den Röhren der Wage nach A, läfst die Zielscheibe so hoch schieben, dafs die Gesichtslinie die Höhen-Linie auf der Scheibe trifft, läfst auf dem Maafsstabe, was die Zielscheibe für die Höhe AA_2 der Gesichtslinie über dem Kopf des Pfahls angiebt, ablesen, und zeichnet diese Höhe auf. Hierauf läfst man den Nivellir-Stab mit der Zielscheibe nach B bringen, dort wiederum senkrecht aufstellen, visirt dorthin, und zeichnet die Höhe BB_1 auf, in welcher die Gesichtslinie über dem Pfahlkopf hier die Zielscheibe trifft. Nunmehr stellt man die Wage in der Mitte β der zweiten Station auf, während die Zielscheibe in B auf demselben Pfahlkopf stehen bleibt, und blofs umgedreht, d. h., statt nach α, nach β gekehrt wird, visirt nach derselben und zeichnet die Höhe BB_2 auf. Ferner läfst man den Visir-Stab mit der Zielscheibe nach dem Ende C der zweiten Station bringen, dort senkrecht aufstellen, visirt dorthin, und zeichnet die Höhe CC_1 auf. So fährt man längs der ganzen, zu nivellirenden Linie fort, bis zu ihrem Ende. Beim Visiren mufs man, weil die Oberfläche des Wassers in den Röhren der Wage sich nicht genau von dem Glase abscheidet, sondern sich an dasselbe in die Höhe zieht, etwa einen Schritt von der Wage zurücktreten, und seitwärts an den Röhren hin visiren, wo man dann mit dem Augenmaafse die Oberfläche des Wassers in den beiden Röhren genauer schätzen kann. Die Nivellirstäbe mufs man genau senkrecht halten lassen, weil, wenn sie schief ständen, die Höhen auf dem Maafsstabe um etwas zu grofs gemessen werden würden. Will man recht sicher gehen, so mufs man ein Loth an die Visirstäbe halten lassen, um zu sehen, ob sie nach allen Richtungen senkrecht stehen.

Die Tabelle, worin man die gemessenen Höhen auf dem Felde aufzeichnet, und hernach zu Hause die Coordinaten der nivellirten Linie berechnet, wird eben so eingerichtet, wie bei der Setzwage (§. 193. β.), nur mit dem Unterschiede, dafs hier die Columnen 5. und 6. wegfallen, weil man die Höhe der horizontalen Linien über dem Terrain an beiden Enden unmittelbar mifst, indem die Terrainhöhe an beiden Enden mit Pfählen bezeichnet ist. Die Berechnung der Coordinaten ist völlig die nemliche, wie nach der Tabelle (§. 193. β.).

Die Probe der Messung wird gemacht, wenn man, in sofern es nicht auf die zwischen dem Anfang und dem Ende des Nivellements liegenden Puncte ankommt, auf einem anderen Wege zurücknivellirt. Kommt es aber auf die zwischenliegenden Puncte an, so mufs man auf demselben Wege zurückgehen, oder man mufs nahe an der ersten Linie entlang zurückgehen, und die zwischenliegenden Puncte von der Seite her messen.

β) Kann oder will man die Wage nicht in der Mitte der Station aufstellen, sondern an den Enden, so können die Stationen nur halb so lang genommen werden, wie vorher, weil man dann von einem Ende der Station bis zum anderen noch deutlich die Höhenlinie der Zielscheibe mufs sehen können.

Man läfst ebenfalls in den Scheidepuncten der Stationen, also auch in den Anfangs- und Endpuncten des Nivellements, Pfähle mit gerade abgeschnittenen Köpfen ganz in den Boden treiben. Darauf setzt man die Wage über den Anfangspunct A (Fig. 134.) der zu nivellirenden Linie, läfst die Zielscheibe senkrecht über dem Endpunct der ersten Station B halten, visirt nach derselben, und zeichnet die Höhe BB_1 auf. Zugleich mifst man die Höhe der Oberfläche des Wassers in den Röhren der Wage über dem Pfahlkopf A, und zeichnet dieselbe ebenfalls auf. Hierauf läfst man die Zielscheibe nach C und die Wage nach B bringen, und mifst die Ziel-Höhe CC_1 und die Instrumenten-Höhe BB_2. So fährt man fort, die ganze zu nivellirende Linie entlang. Die Instrumenten-Höhe kann man am besten von der Oberfläche des Wassers in der mittleren Röhre der Canalwage I (Fig. 123.) bis auf den Pfahlkopf, mit einem Maafsstabe messen; denn die Canalwage wird entweder auf einem Statif, gerade über dem eingetriebenen Pflock, aufgestellt, oder wenn man sie auf einen Stab setzt, so wird dieser Stab dicht neben dem Stationspfahl in den Boden gesteckt. Die Höhe des Instruments mufs aber eben so genau gemessen werden, wie die Höhe der Visirlinie über dem Stationspfahl an dem Nivellirstabe mit der Zielscheibe.

Mit

Mit der Tabelle, worin man die gemessenen Höhen auf dem Felde aufzeichnet, und hernach zu Hause die Coordinaten der nivellirten Linie berechnet, verhält es sich ganz wie in (α.). Nur sind die Höhen der horizontalen Linien über den Anfangspuncten der Stationen, wenn man nach der obigen Beschreibung die Wage in die Anfangspuncte setzt, die Instrumentenhöhen. In die Columne 4. der Tabelle (§. 193. β.) wird also die Höhe des Instruments auf den übrigen Stationen geschrieben. Das Uebrige bleibt völlig das Nemliche. Man könnte auch das Instrument, statt in den Anfangs-, in den Endpunct der Stationen setzen, z. B. erst in *B*, dann in *C* etc. (Fig. 134.). Alsdann käme die Instrumentenhöhe in die Columne 7. der Tabelle (§. 193. β.), oder weil die Columnen 5. und 6., wie in (α.) wegfallen, in die 5te, gleich auf die 4te folgende Columne.

Die Probe des Nivellements aus den Endpuncten der Stationen kann man machen, wenn man in derselben Linie zurückwägt, die Wage aber, wenn sie erst z. B. in die Anfangspuncte der Stationen gestellt wurde, beim Zurückgehen allemal in die Endpuncte stellt. Auch kann man, wenn man will, in einer anderen Linie zurück nivelliren.

γ) Es ist leicht zu sehen, dafs das Nivelliren aus der Mitte der Stationen dem Nivelliren aus den Endpuncten aus mehr als einem Grunde vorzuziehen ist. Denn beim Nivelliren aus der Mitte kommt es auf die Instrumenten-Höhe gar nicht an, sondern blofs auf die Ziel-Höhe, und diese läfst sich genauer messen, als die Höhe des Instruments; auch kann man die Stationen doppelt so lang annehmen. Man mufs also nur dann aus den Endpuncten der Stationen nivelliren, wenn es nicht anders angehet, nemlich wenn die Wage sich nicht gut in der Mitte der Stationen aufstellen läfst, sondern die Visirlinie z. B. über ein Wasser oder einen Sumpf oder einen sehr unebenen Boden und dergleichen hinweggeht. Aufserdem mufs man die Wage immer in der Mitte der Stationen aufstellen.

δ) Die Gesichtslinien liegen nicht im wahren, sondern im scheinbaren Horizont (§. 132.). Die Zielhöhen müssen also eigentlich, wegen der Krümme der Erde und der Biegung der Lichtstrahlen, berichtigt werden. Allein da bei der Canalwage die Stationen immer nur sehr kurz sind, und das Instrument an sich selbst wenig Genauigkeit gewährt, indem es kaum möglich ist, damit auf 15 Ruthen die Höhen bis auf $\frac{1}{4}$ Zoll genau zu messen, so kommt die Berichtigung wegen der Krümmung der Erde und der Biegung der Lichtstrahlen dabei nicht in Betracht. Diese Berichtigung beträgt nach (§. 134.) auf 20 Ruthen 0,00007 Ruthen oder etwa $\frac{1}{100}$ Linie. Sie kann also gegen den dem Instrument eigenthümlichen Fehler von 2 bis 3 Linien auf die gleiche Länge in jedem Falle aufser Acht gelassen werden.

198.

Nivelliren mit der Libellenwage.

α) Das Verfahren ist im Ganzen das nemliche wie mit der Canalwage. Man theilt die zu nivellirende Linie in Stationen, läfst in den Scheidepuncten derselben Pflöcke mit gerade abgeschnittenen Köpfen ganz in die Erde treiben, und kann nun das Instrument eben sowohl in die Mitte als an's Ende der Stationen setzen. Im ersten Falle mifst man blofs die Zielhöhen an den Anfangs- und Endpuncten der Stationen, im anderen Falle die Zielhöhe an einem der Endpuncte der Stationen und die Instrumentenhöhe am anderen. Die Instrumentenhöhe zu messen, thut man wohl, die Höhe von der Sehe-Axe des Rohres bis auf den Statifkopf ein für allemal genau auszumitteln, und dann in den Stationen nur die Höhe von dem Statifkopf bis auf den Kopf des Statif-Pflocks, der mitten unter dem Statif steht, mit einem Maafsstabe zu messen. Die Stationen kann man, in so fern sie sonst, des Terrains oder zwischenliegender Puncte wegen, nicht kürzer nöthig sind, nach der Schärfe des Fernrohrs, 50 bis 100, ja selbst 150 bis 200 Ruthen vom Fernrohr bis zum Zielpunct, also, wenn das Instrument in der Mitte der Station aufgestellt wird, doppelt so lang annehmen. Je länger die Stationen sind, mit je mehr Sorgfalt und Genauigkeit mufs man zu Werke gehen. Da das Fernrohr, wenn das Instrument in der Mitte der Stationen steht, um rückwärts und vorwärts visiren zu können, umgedrehet werden mufs, anders wie bei der Canalwage, die nicht umgedreht werden darf, so mufs die Libellenwage jedesmal vollkommen berichtigt seyn, auch darf man sich mit einmaligem Ablesen der Zielhöhe nicht begnügen, sondern man mufs, nachdem die Zielhöhe abgelesen worden, indem der Nivellirstab unbeweglich stehen bleibt, die Zielscheibe daran absichtlich verschieben, sie darauf wieder einrichten, die Zielhöhe abermals ablesen lassen, und diese Probe drei oder viermal wiederholen. Es wird sich jedesmal etwas weniges anders finden. Man zeichnet die verschiedenen, über demselben Puncte gefundenen Zielhöhen auf, und nimmt davon bei der Berechnung der Nivellements-Tabelle das Mittel, das heifst, man nimmt die Summe der verschiedenen Zielhöhen, und dividirt sie durch ihre Anzahl.

β) Auf längere Stationen sind die Abweichungen der Gesichtslinie von der wahren horizontalen Linie, wie die Tabelle (§. 134.) zeigt, nicht unbedeutend, und sie nehmen stärker als im Verhältnifs der Länge der Stationen, nemlich wie die Quadrate der Längen zu. Sie können also bald gröfser werden, als diejenigen Höhen-Differenzen, die das Instrument noch angiebt. Setzt man die Wage in die Mitte der Stationen, so kommen sie gleichwohl dennoch nicht in Betracht, denn die Correctionen heben sich. Beide Zielpuncte werden um gleichviel höher gesehen, als sie wirklich liegen, und es ist nichts Anderes, als wenn man in der wahren horizontalen Linie gesehen hätte, und das Instrument, auf dessen Höhe es nicht ankommt, hätte nur um die Höhe der Correction höher gestanden. Setzt man dagegen die Nivellirwage an das Ende der Stationen, so müssen die Correctionen, wegen der Krümme der Erde und der Biegung der Visirlinien, in Rechnung gebracht werden. Man findet sie in der Tabelle (§. 134.) für eine beliebige Länge der Gesichtslinie. Es wird dafür noch eine Columne in der Nivellements-Tabelle (§. 193. β.) hinter derjenigen, welche die Zielhöhen enthält, eingeschoben, und eine zweite, welche die berichtigten Zielhöhen, nach Abzug der Correction, angiebt. Nach diesen berichtigten Zielhöhen und den gemessenen Instrumentenhöhen werden dann die Coordinaten der nivellirten Linie wie in (§. 193. β.) berechnet. Man kann, wenn man will, die Correction in der Tabelle (§. 193.) leicht in Duodecimal-Linien ausdrücken. Man darf nur jedesmal die Höhen-Zahlen der Tabelle mit 144 multipliciren, weil eine Ruthe 144 Duodecimal-Linien enthält. Kann etwa die Nivellirwage nicht genau in der Mitte einer Station aufgestellt werden, so mufs die Correction wegen der Krümme der Erde und der Biegung der Lichtstrahlen ebenfalls in Betracht gezogen werden, und zwar mufs man sie dann sowohl für die eine als für die andere Entfernung des Instruments von dem Endpunct der Station, in der Tabelle (§. 134.) suchen, und die Correctionen von einander abziehen, nicht etwa für die Differenz der Entfernungen des Instruments von den Stationspuncten; denn z. B. der Unterschied der Correction für Entfernungen von 80 und 100 Ruthen ist nicht derjenigen für den Unterschied dieser Entfernungen, nemlich für 20 Ruthen gleich, sondern viel gröfser. Die Correction für zwei Entfernungen a und b ist nemlich nach (§. 134.) $\frac{5a^2}{12r}$ und $\frac{5b^2}{12r}$, also für die Entfernung $a-b = \frac{5(a-b)^2}{12r}$, und $\frac{5a^2}{12r} - \frac{5b^2}{12r}$ ist nicht gleich $\frac{5(a-b)^2}{12r}$, sondern Ersteres ist $\frac{5(a-b)}{12r}.(a+b)$, Letzteres $\frac{5(a-b)}{12r}.(a-b)$, also Ersteres viel gröfser.

γ) Beim Nivelliren mit der Libellenwage kommen zu den Gründen (§. 197. γ.) noch mehrere hinzu, warum es besser ist, das Instrument in der Mitte der Station aufzustellen, als an den Enden. Nemlich man kann nicht allein die Zielhöhe genauer messen als die Instrumentenhöhe, und die Stationen doppelt so lang annehmen, sondern auch die Correctionen wegen der Krümme der Erde und der Biegung der Lichtstrahlen kommen bei dem Nivelliren aus der Mitte nicht in Betracht. Desgleichen schadet es nichts, wenn die Sehe-Axe des Fernrohrs nicht etwa genau mit der horizontalen Linie, die die Libelle anzeigt, parallel ist, wenn sie nur, in sofern das Fernrohr fest ist, und also das Instrument um seine Axe gedrehet werden mufs, auf der Dreh-Axe des Instruments perpendiculair, und diese vertical steht. Kann das Fernrohr umgelegt werden, ohne das Instrument zu drehen, so braucht auch selbst die Axe nicht vertical zu seyn; denn um denselben Winkel, um welchen die Sehe-Axe nach der einen Richtung vom Horizont abweicht, weicht sie auch nach der anderen ab, und die Fehler compensiren sich auf dieselbe Weise, wie die Correctionen wegen der Krümmung der Erde und der Biegung der Strahlen. Nur wenn man nach allen Richtungen um einen und denselben Punct will visiren können, mufs die Sehe-Axe des Rohres mit dem Horizont parallel, auf der Drehaxe des Instruments senkrecht, und diese vertical seyn.

Man

Man mufs daher immer, wo es nur irgend möglich ist, die Nivellirwage in der Mitte der Stationen aufstellen, und darf nur dann aus den Enden nivelliren, wenn es, Hindernisse wegen, nicht anders möglich ist.

δ) Je gröfsere Genauigkeit eines Nivellements verlangt wird, je länger die zu nivellirende Linie ist, und je länger man die Stationen nimmt, um so mehr mufs man sich durch Proben des Resultats versichern. Bei gröfseren Nivellements mufs also in jedem Falle wenigstens einmal zurückgewogen werden, und wenn es nöthig, auch zwei- und dreimal. Aus den End-Resultaten nimmt man das Mittel. Die Prüfung und Berichtigung der Wage mufs öfters wiederholt werden, auch mufs man für besonders feste und gerade abgeschnittene Pfähle, so wie für genaue Ziel-Scheiben und Nivellir-Stäbe sorgen. Desgleichen darf man, wenn die Stationen sehr lang sind, nicht visiren, wenn die Luft trübe ist.

199.

Jedes Nivellement mufs man an möglichst viele feste Puncte anschliefsen, wie z. B. an feste Puncte von Gebäuden, an fest stehende Brücken-Pfähle, an Pegelzeichen, an starke Bäume, und dergleichen, und die Höhe dieser Puncte mufs besonders berechnet und in den Protocollen vermerkt werden.

Nivellirt man einen Strom, dessen Oberfläche sich heben und senken kann, so schlägt man vorher, mit der Oberfläche gleich, möglichst zu gleicher Zeit, Pfähle ein (§. 193. *α*.), welche als feste Puncte dienen. Besonders bei gröfseren und genauen Nivellements der Ströme ist die Libellenwage, wie sie in (§. 185.) beschrieben, nützlich, weil es dort auf sehr geringe Differenzen der Höhen ankommt, und man mehrentheils auch die Höhen an verschiedenen Puncten zugleich, z. B. die Höhen an den beiden Ufern, die häufig, selbst in dem nemlichen Moment nicht gleich sind (am concaven Ufer steht ein strömendes Gewässer gewöhnlich höher, als am convexen), die Höhen im Stromstrich, desgleichen die Höhen der Deiche, der Fachbäume von Sielen, der Solen von Gräben, u. s. w. verlangt. Zu solchen Nivellements ist die Canalwage auf keine Weise geschickt, sondern nur eine gute Libellenwage, mit welcher man aus einem und demselben Punct nach allen Richtungen visiren kann. Es ist in solchen Fällen gewöhnlich nicht eine blofse Linie,

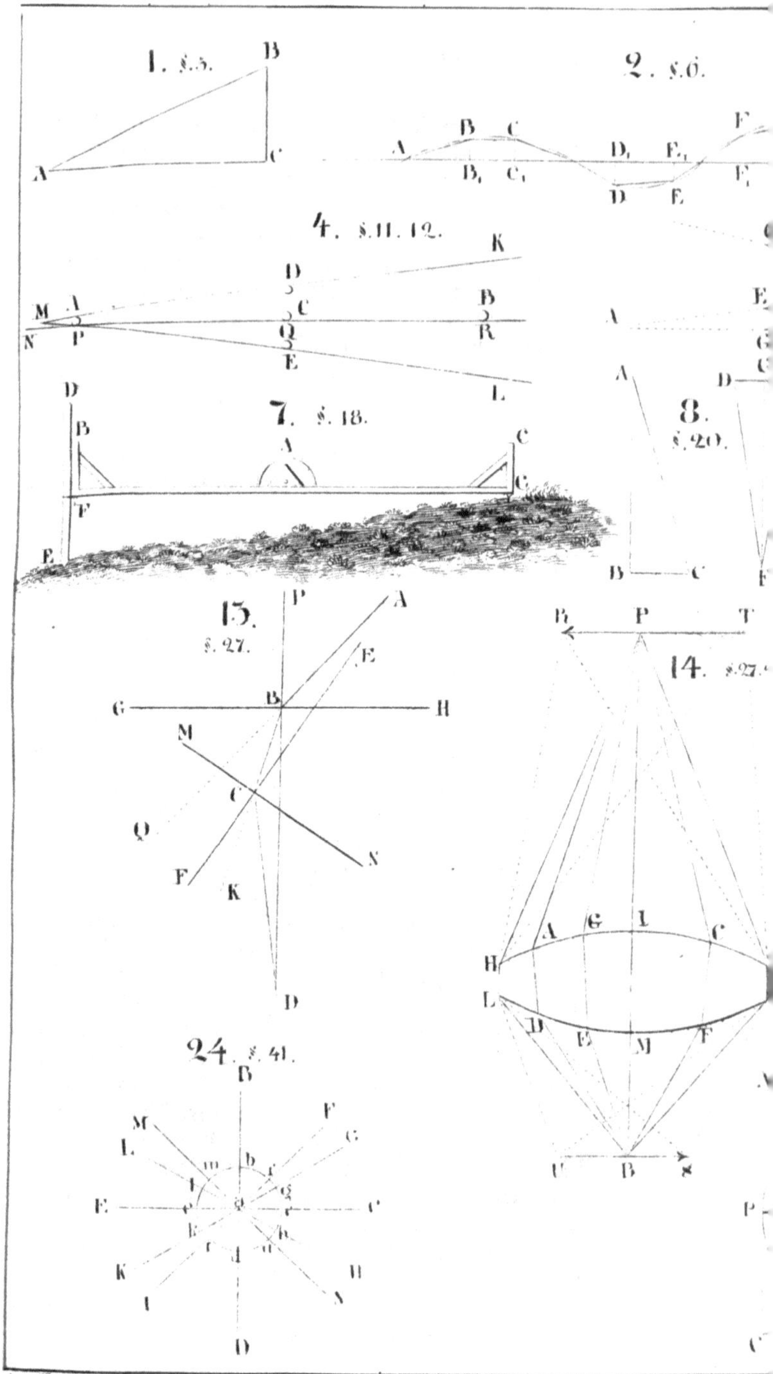

le's Feldmesskunst.

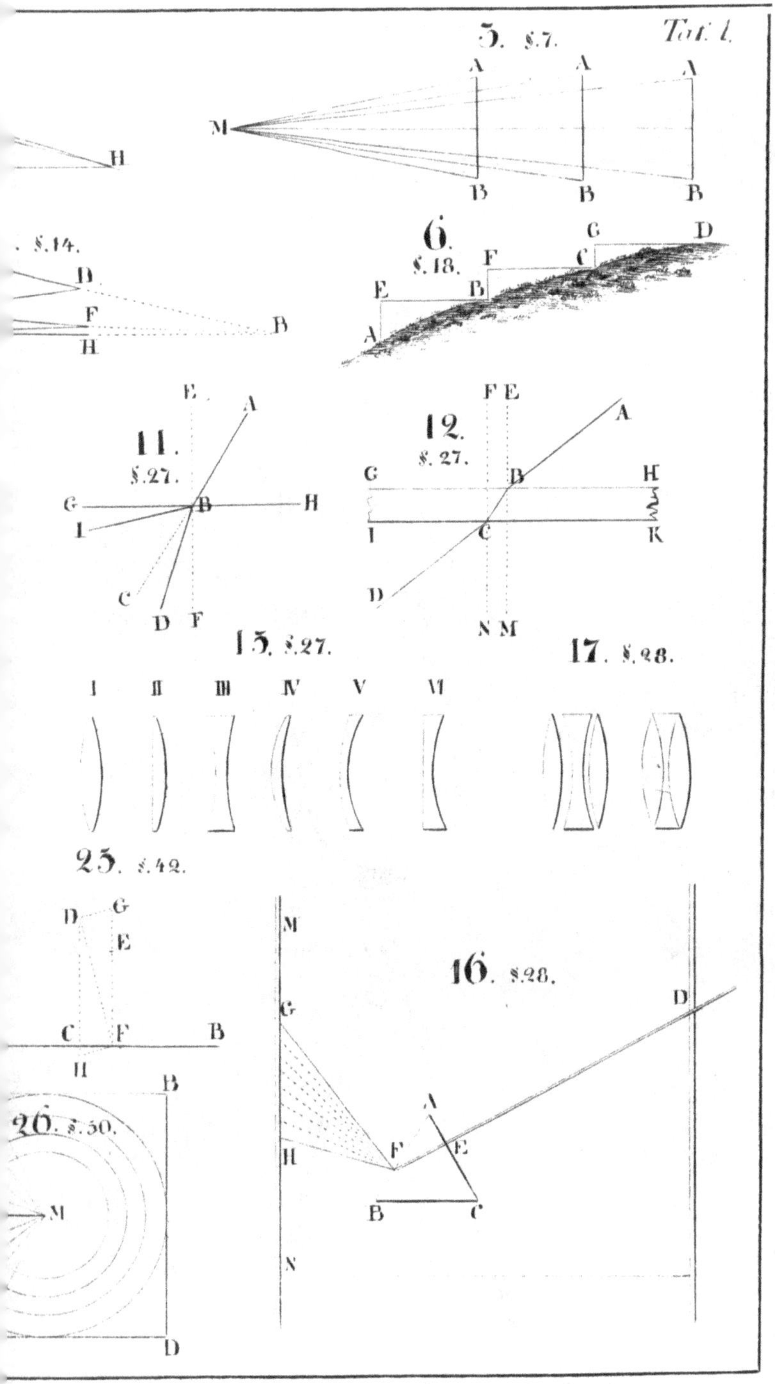
Taf. I.
5. §.7.
. §.14.
6. §.18.
11. §.27.
12. §. 27.
13. §.27.
17. §.28.
25. §.42.
16. §.28.
26. §.30.

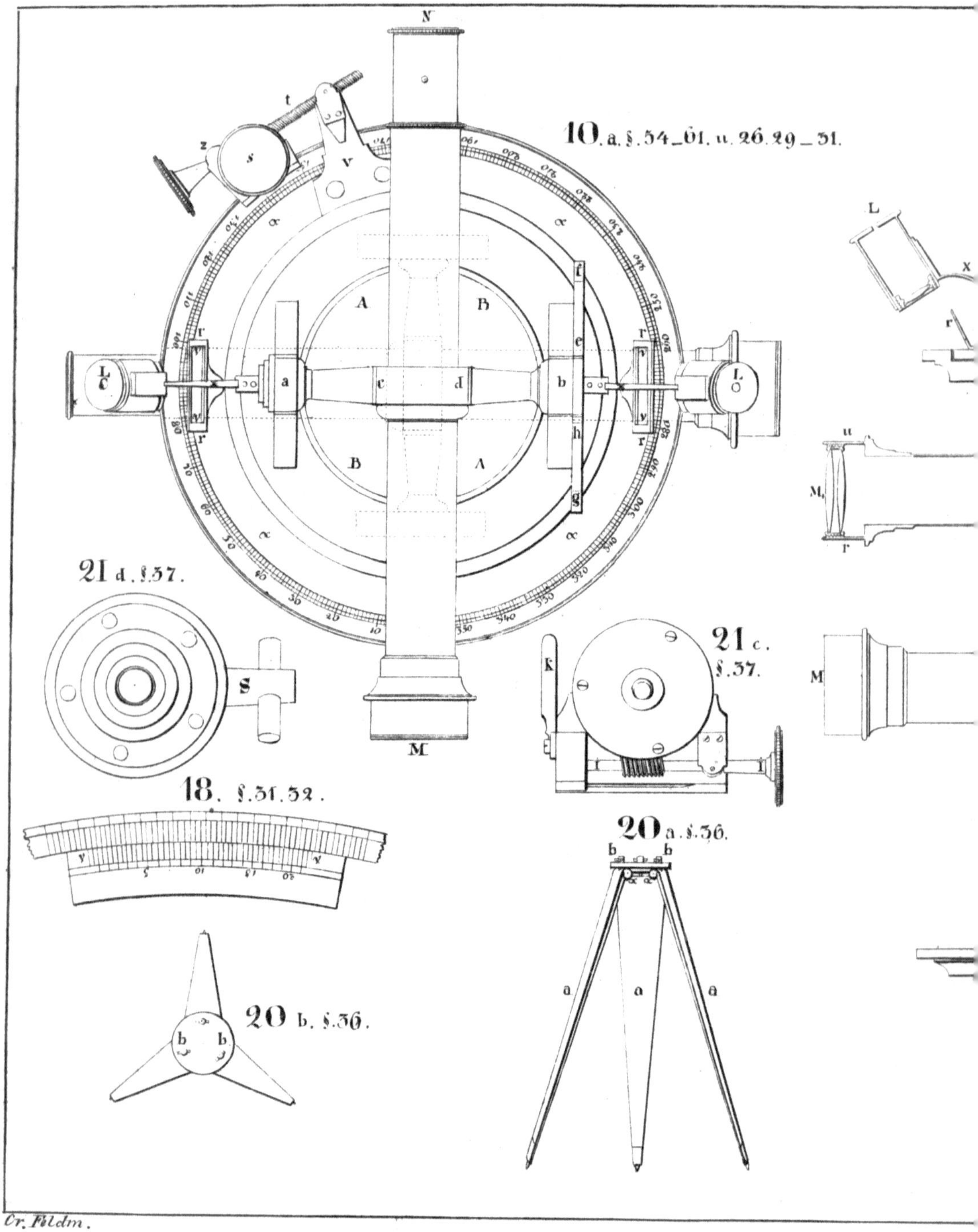

Cr. Fldm.

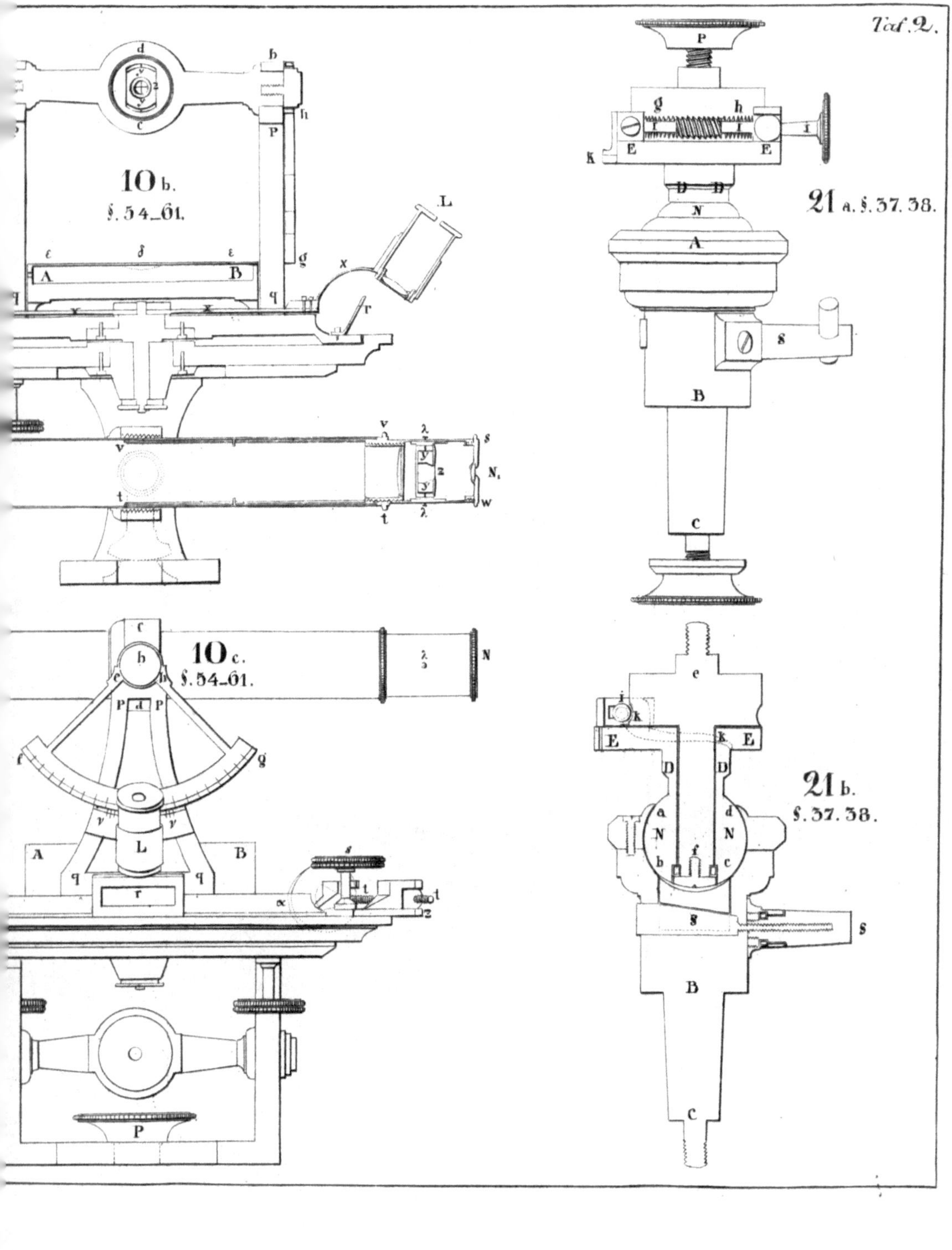
Taf. 2.
10 b.
§. 54_61.
21 a. §. 37. 38.
10 c.
§. 54_61.
21 b.
§. 37. 38.

19 a. §. 136.

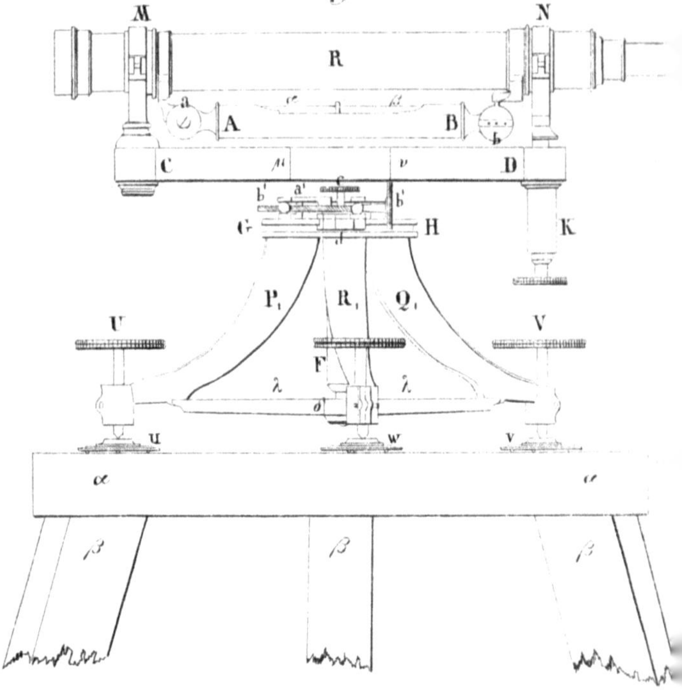

19 b.

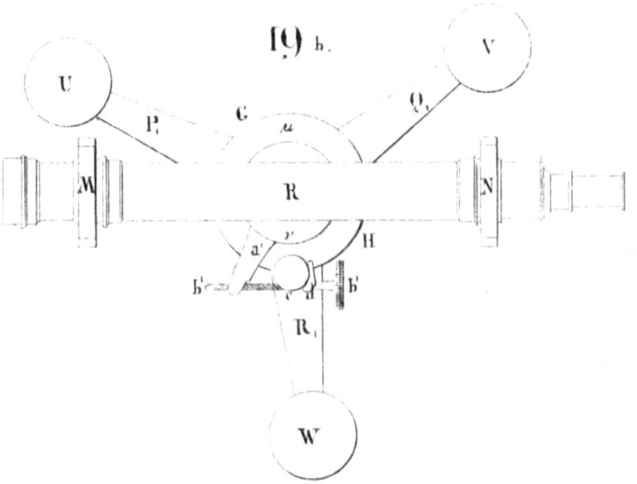

v. Feldm.

19 c.

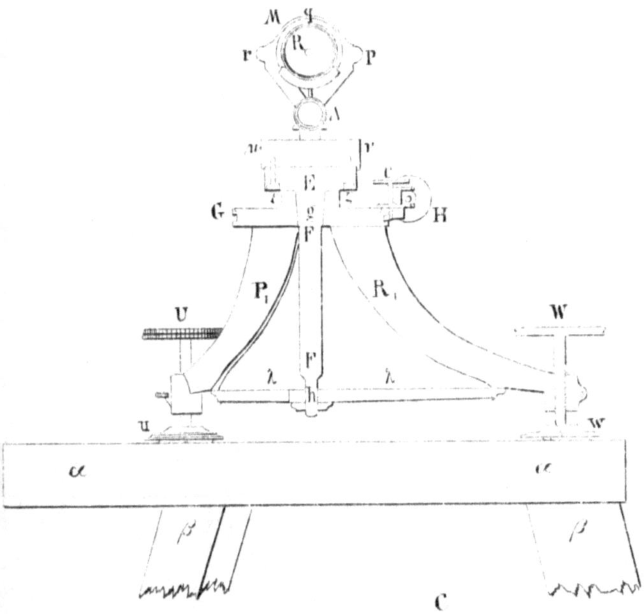

22 a

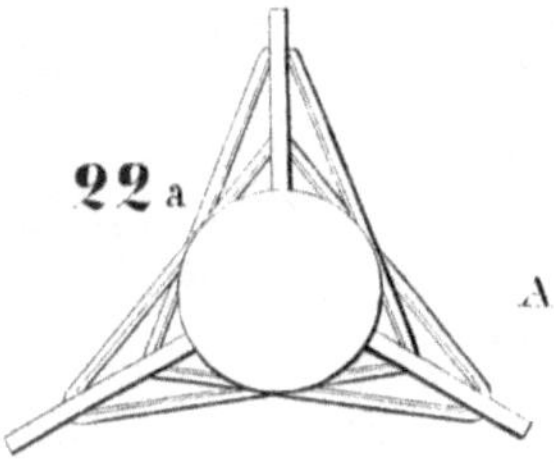

22 b

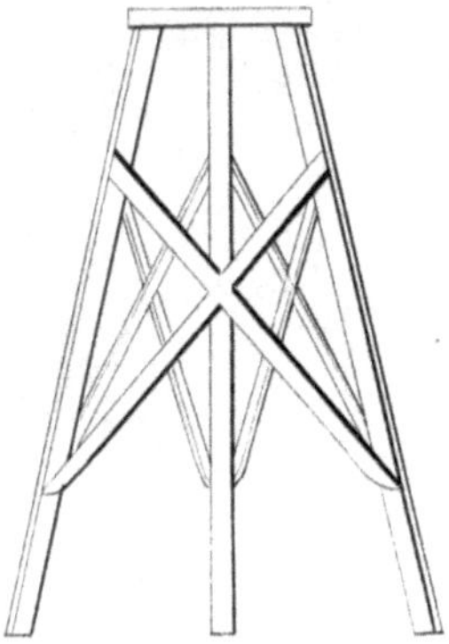

31. §. 58.

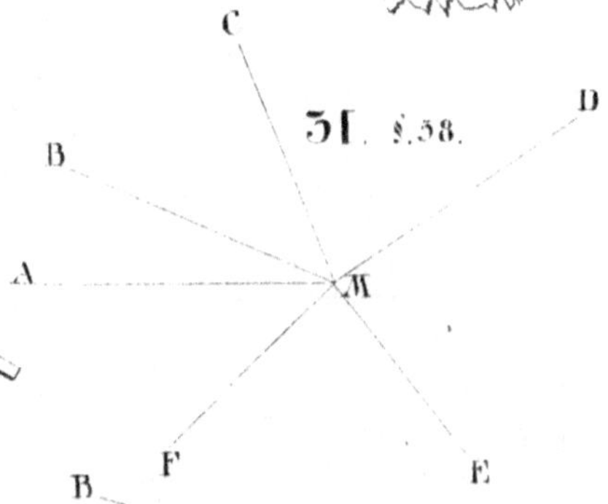

32. §. 62.

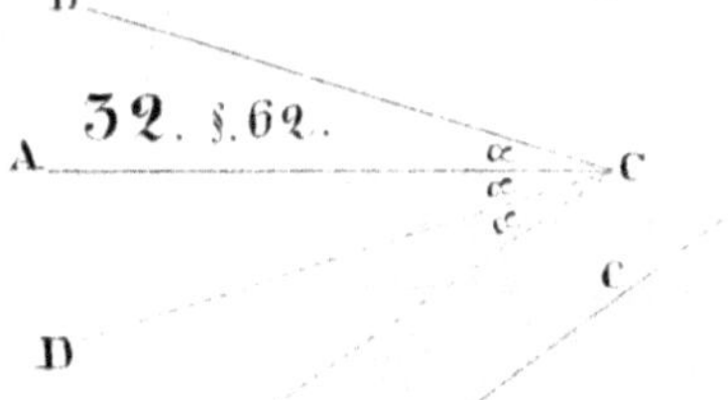

33. §. 64.

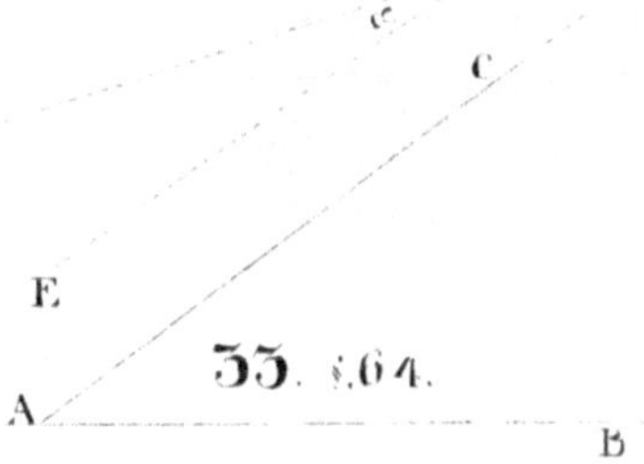

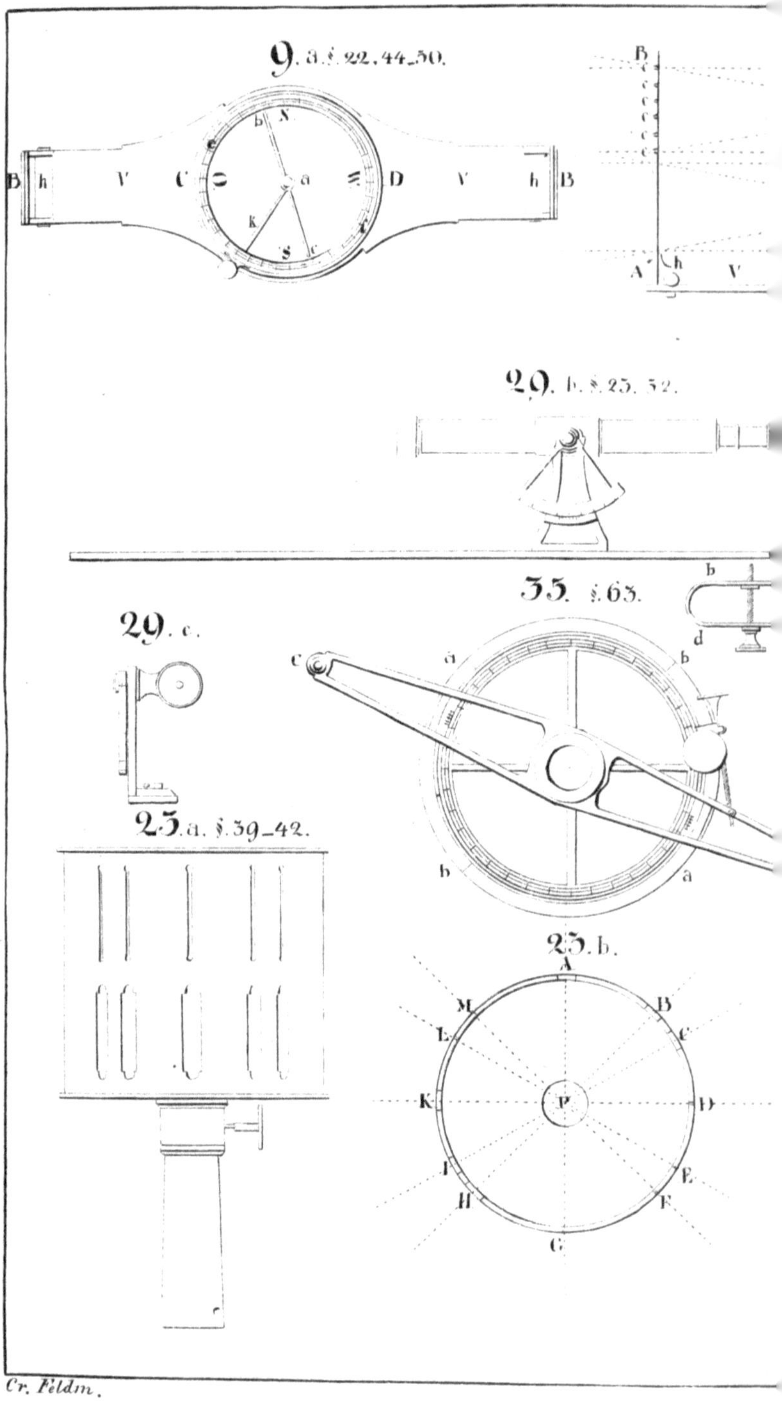

Cr. Feldm.

9. b. §. 22. 44–50. 9. c.

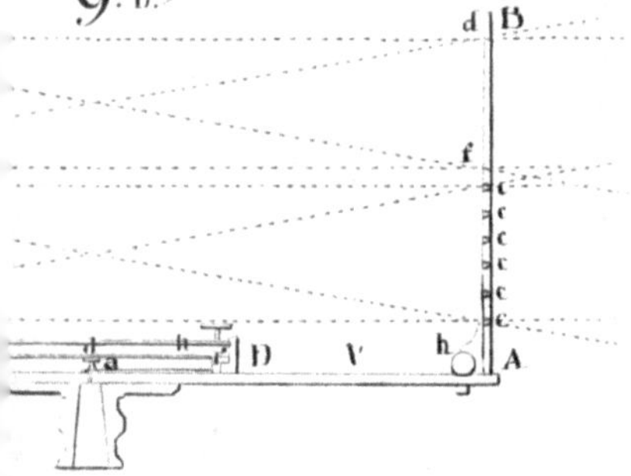

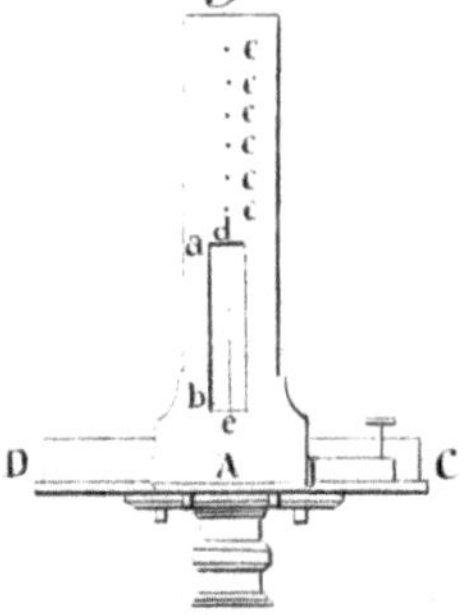

29. b. §. 23. 52.

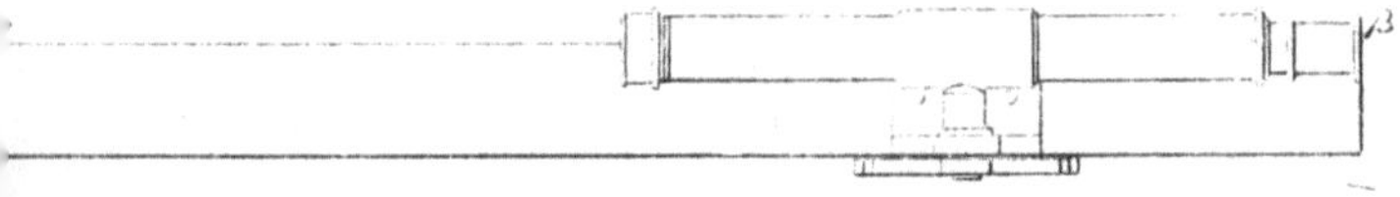

28. §. 52.

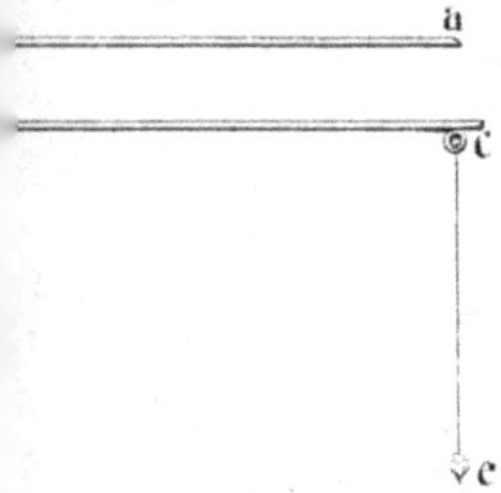

34. §. 65.

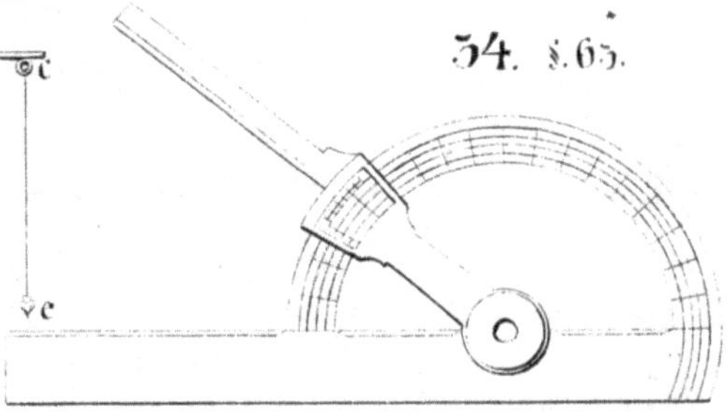

30. §. 51. 52.

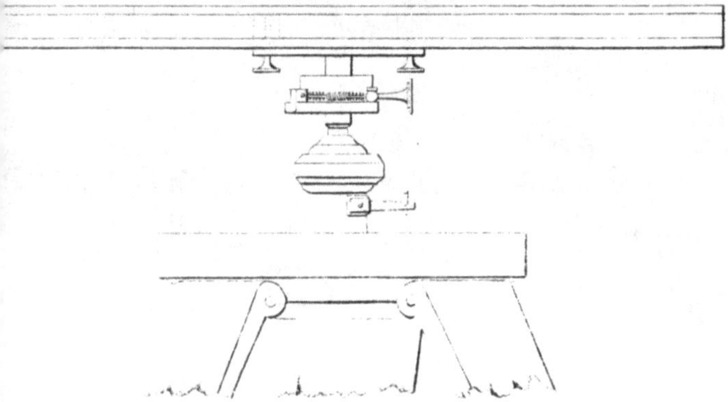

27 a. §. 52.

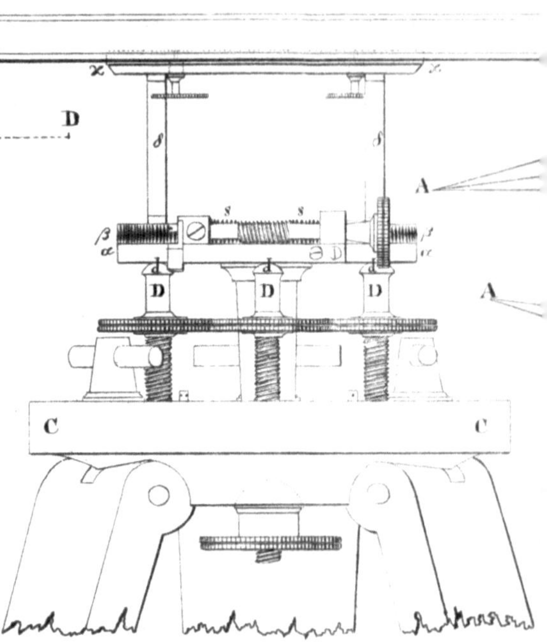

36. §. 65.

42. §. 67.

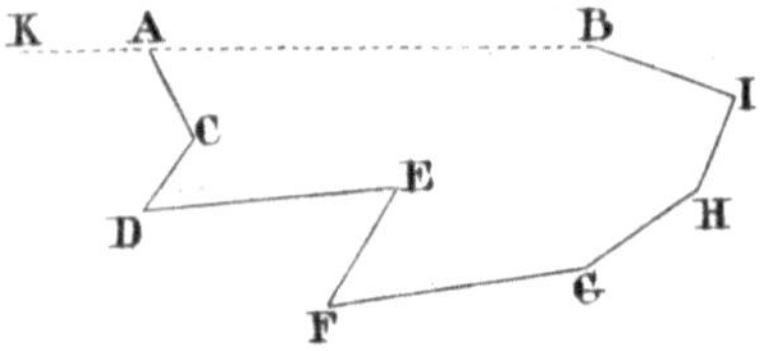

46. §. 70.

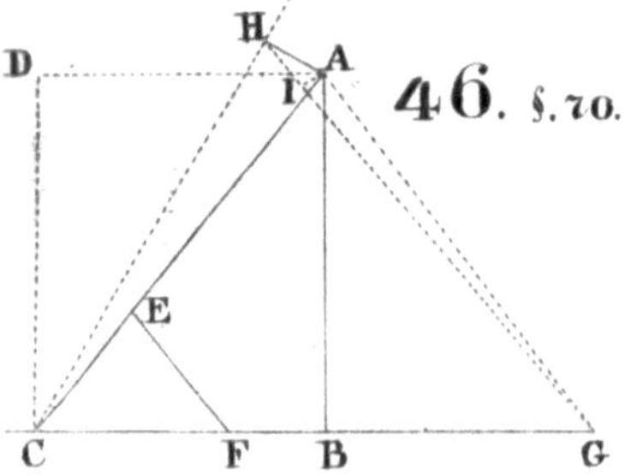

47. §. 71.

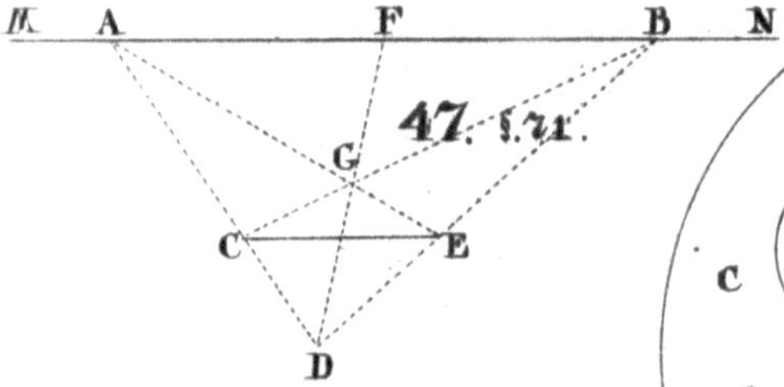

48. §. 71.

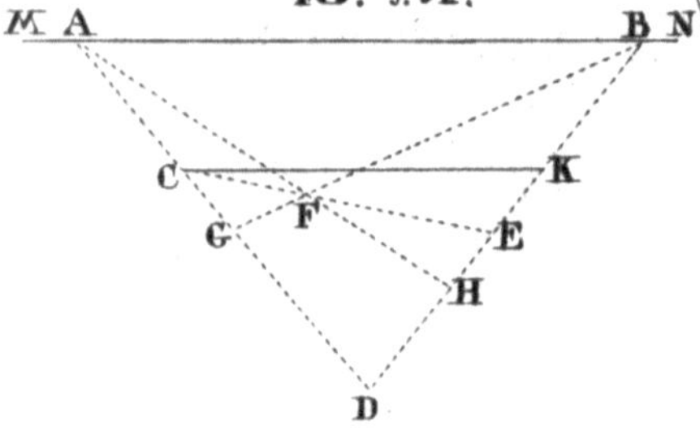

27 c. §. 52.

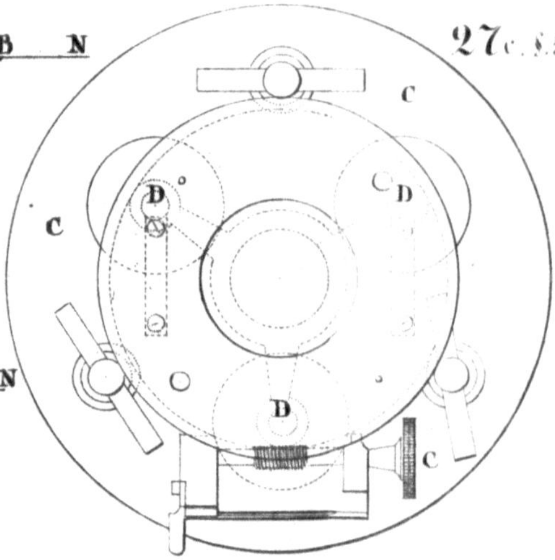

D

B

C

Cr. Feldm.

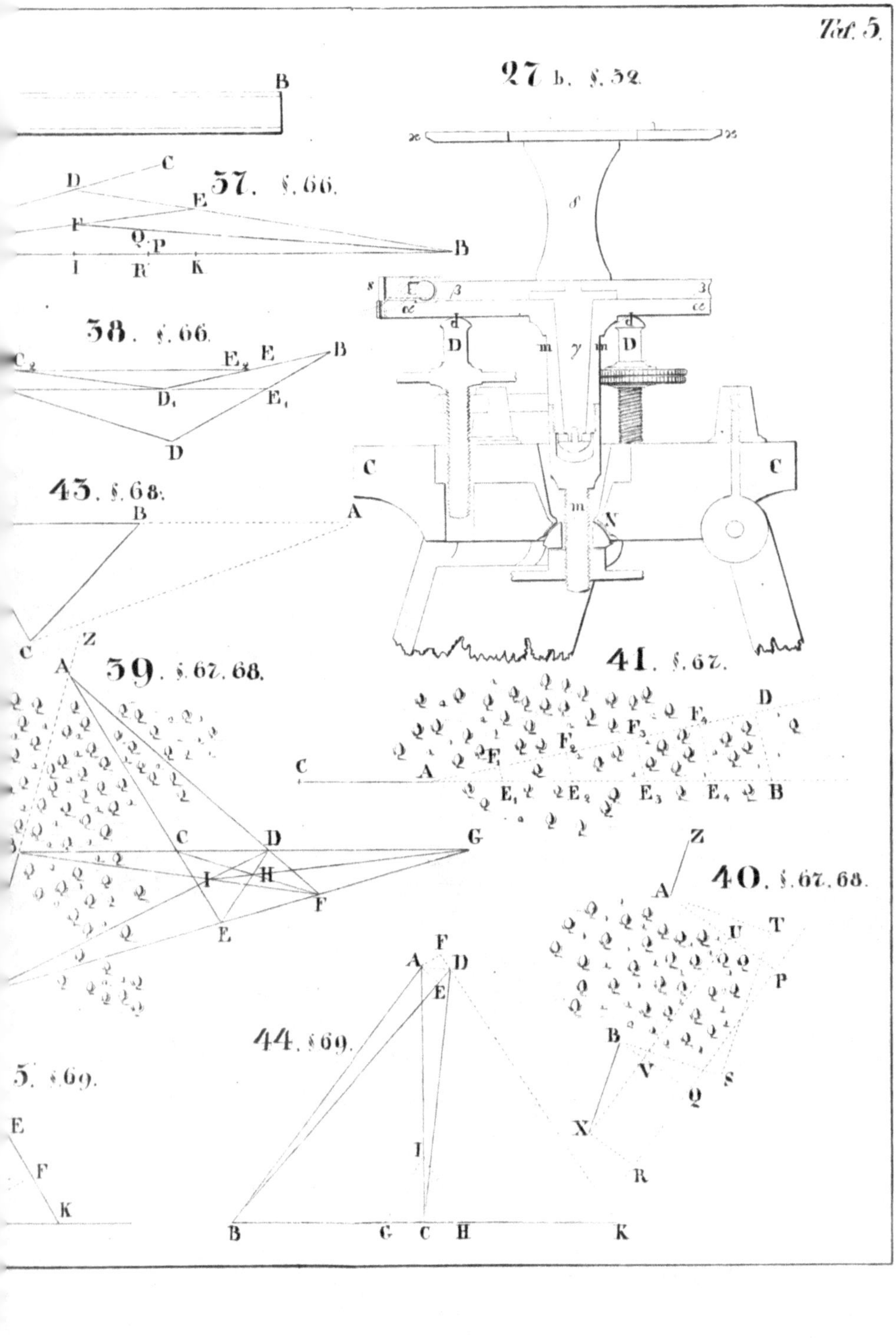
27 b. §. 32.
37. §. 66.
38. §. 66.
43. §. 68.
39. §. 67. 68.
41. §. 67.
40. §. 67. 68.
44. §. 69.
5. §. 69.

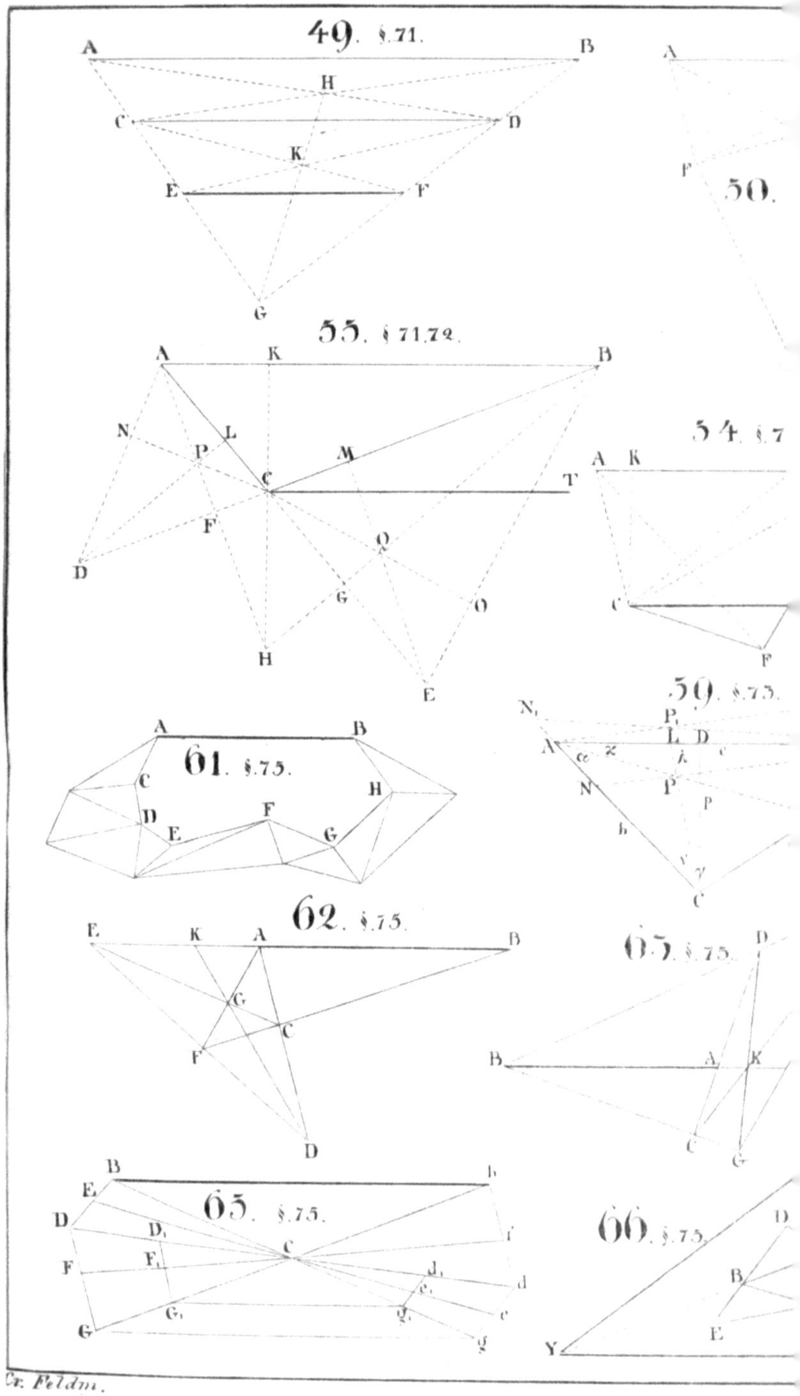

Cr. Feldm.

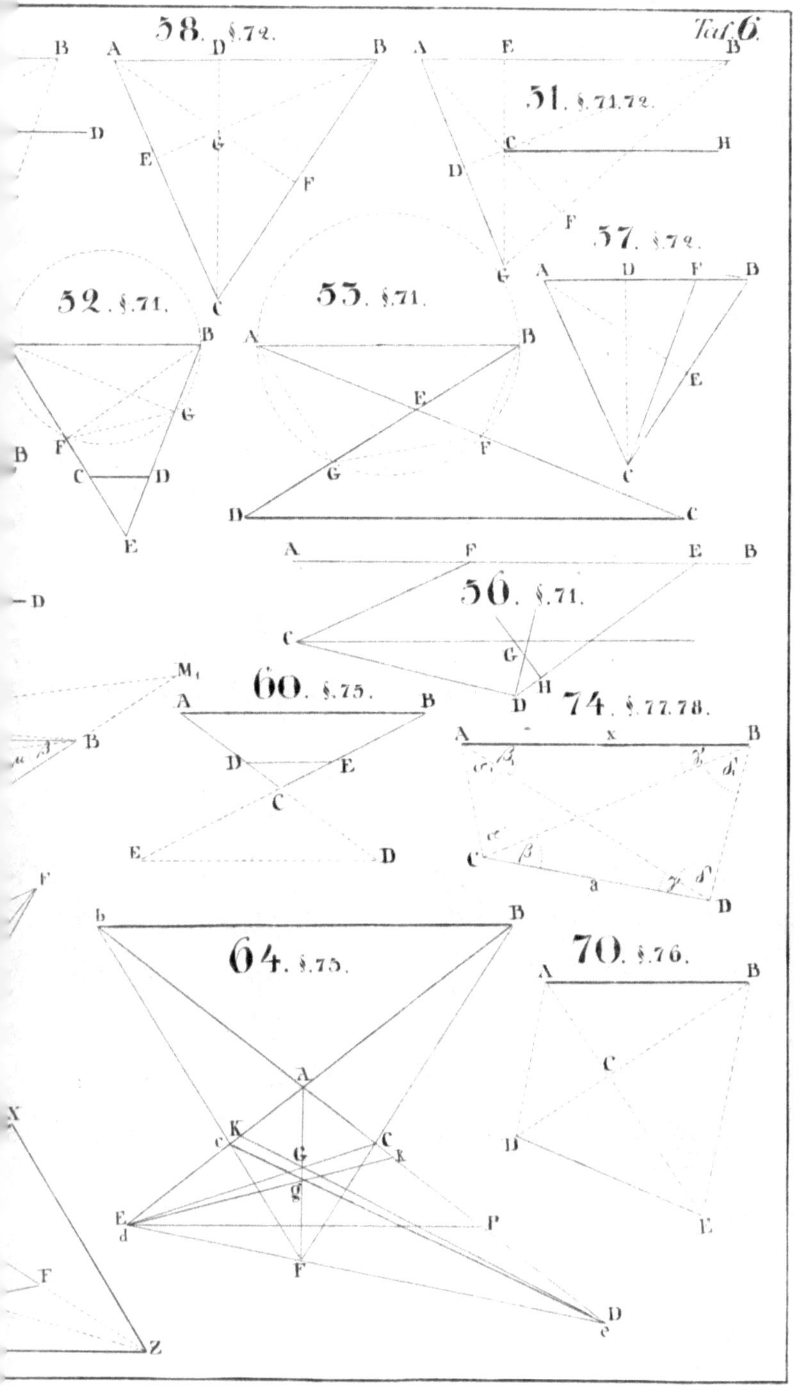

Taf. 6.
58. §.72.
51. §.71.72.
57. §.72.
52. §.71.
53. §.71.
56. §.71.
60. §.75.
74. §.77.78.
64. §.75.
70. §.76.

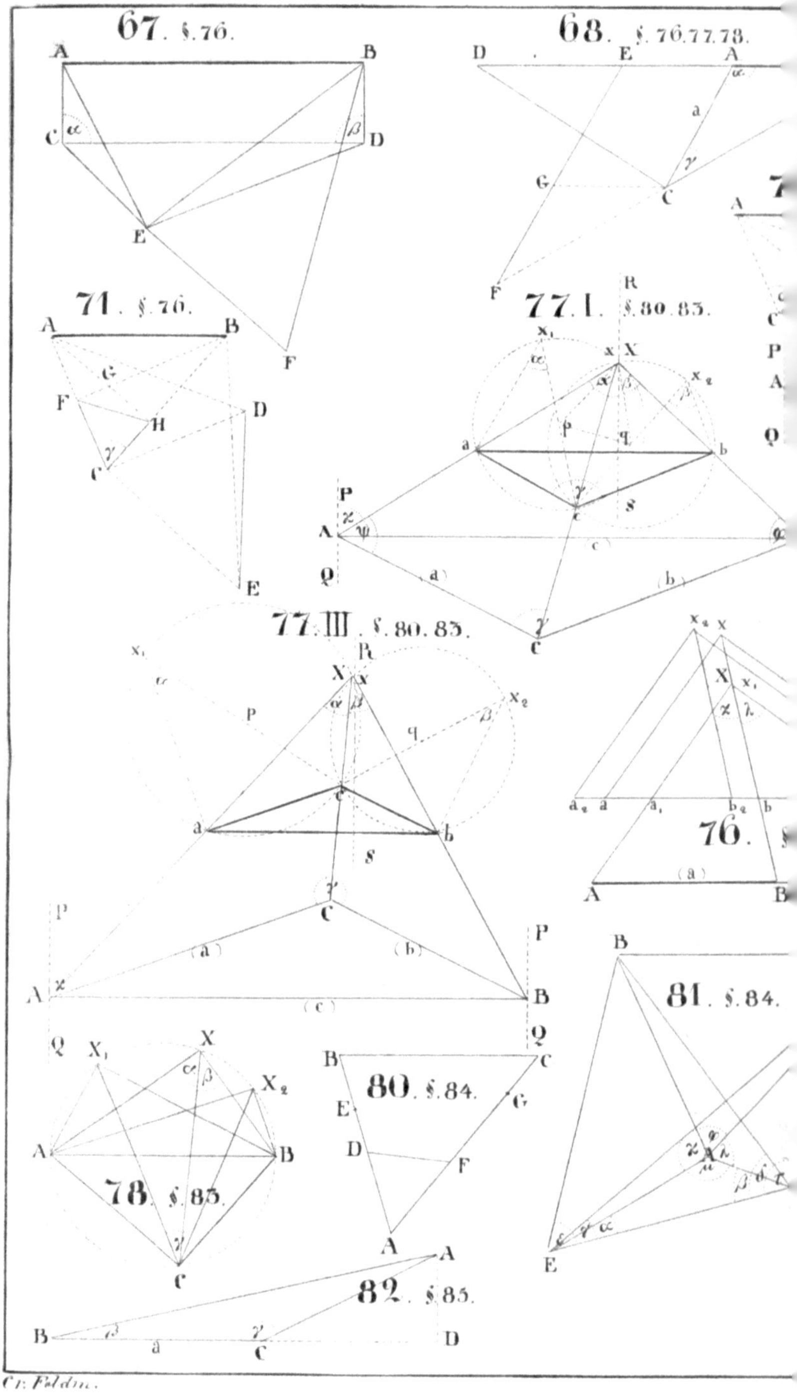
67. §.76.
68. §.76.77.78.
71. §.76.
77.I. §.80.83.
77.III. §.80.83.
76.
78. §.83.
80. §.84.
81. §.84.
82. §.85.

Cr. Feldm.

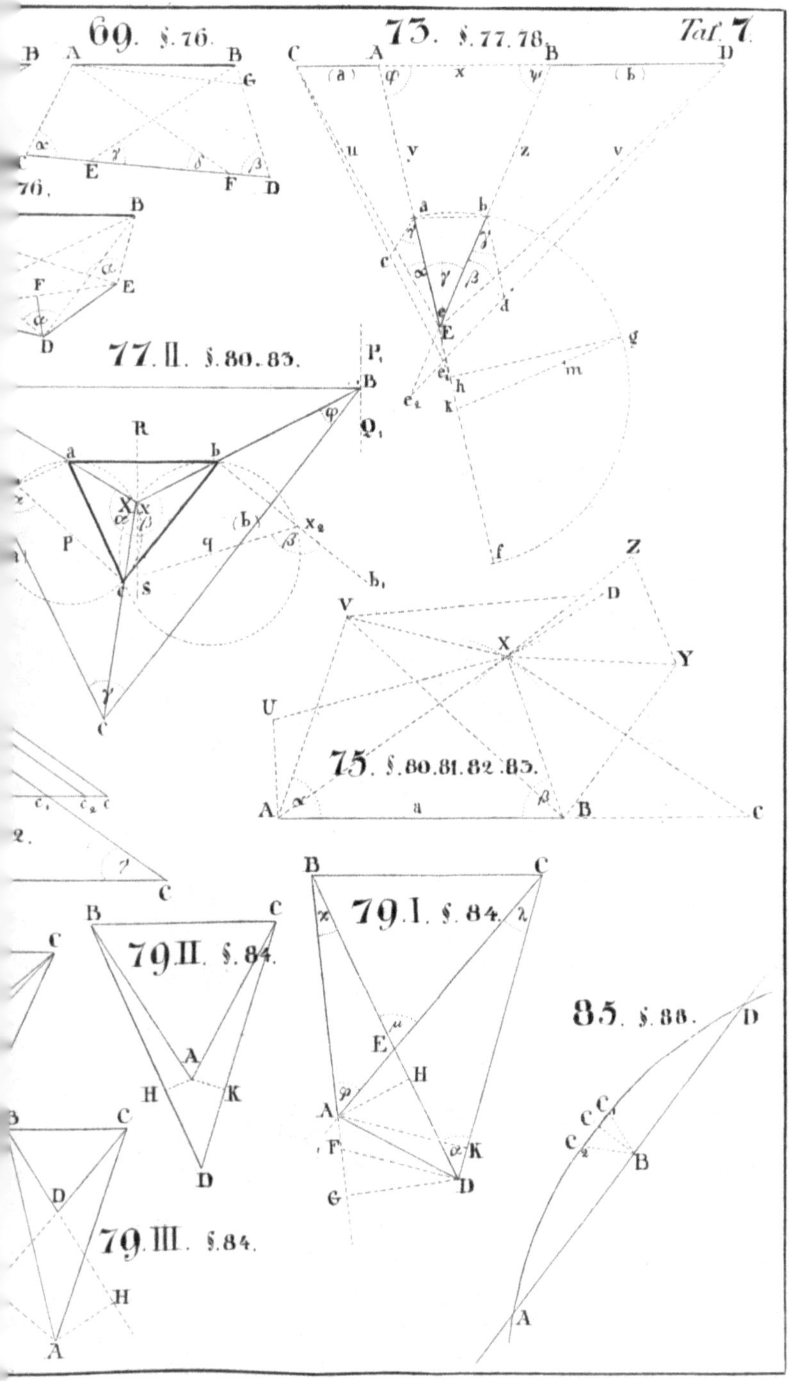
Taf. 7.
69. §. 76.
73. §. 77. 78.
76.
77. II. §. 80. 83.
75. §. 80. 81. 82. 83.
79. I. §. 84.
79. II. §. 84.
79. III. §. 84.
85. §. 88.

83. §.88.

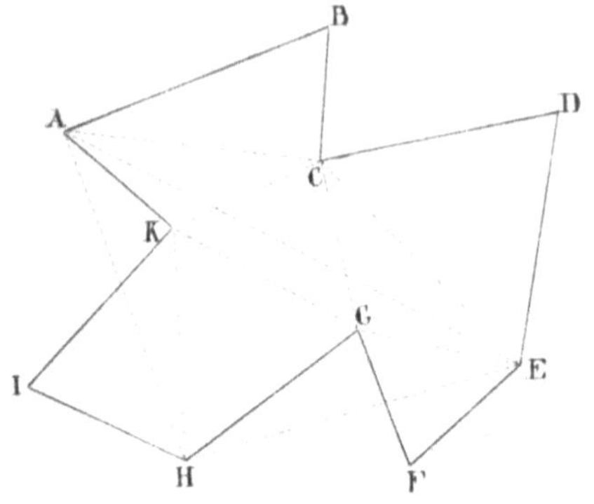

86. §.91.

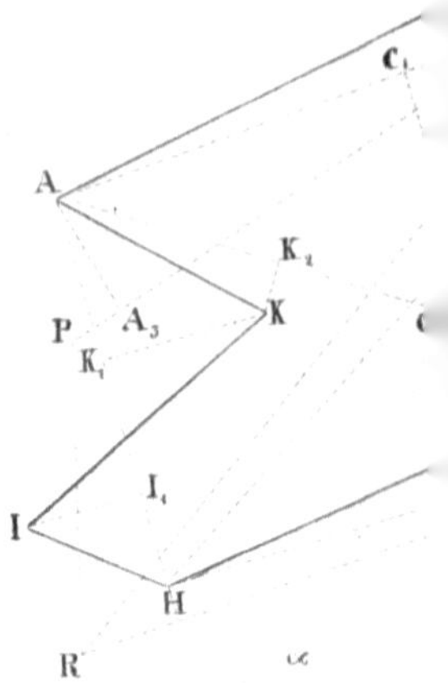

84. §.88.91.92.

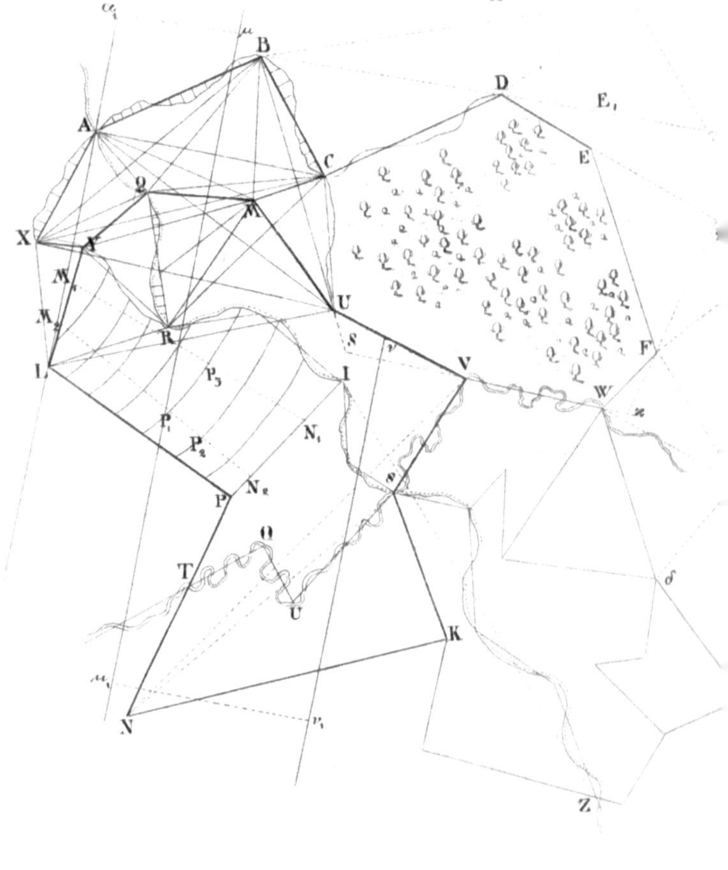

r. Feldm.

Taf. 8.

88. §. 95.

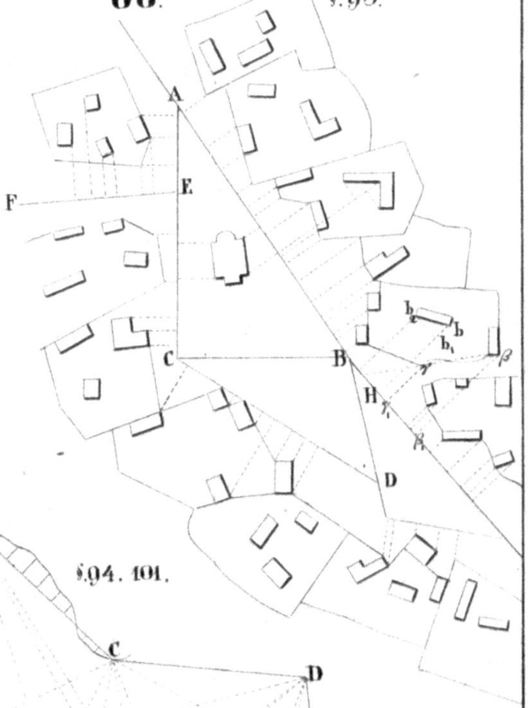

89. §. 94. 101.

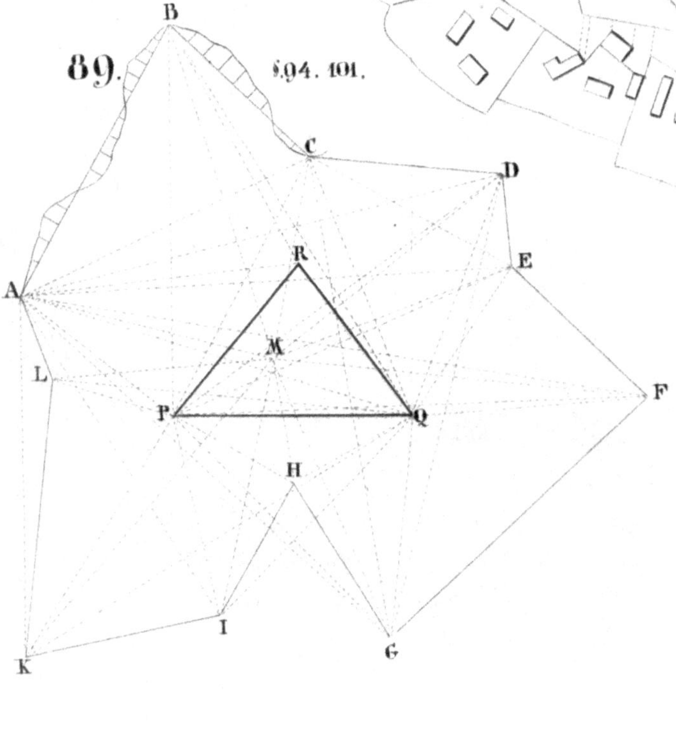

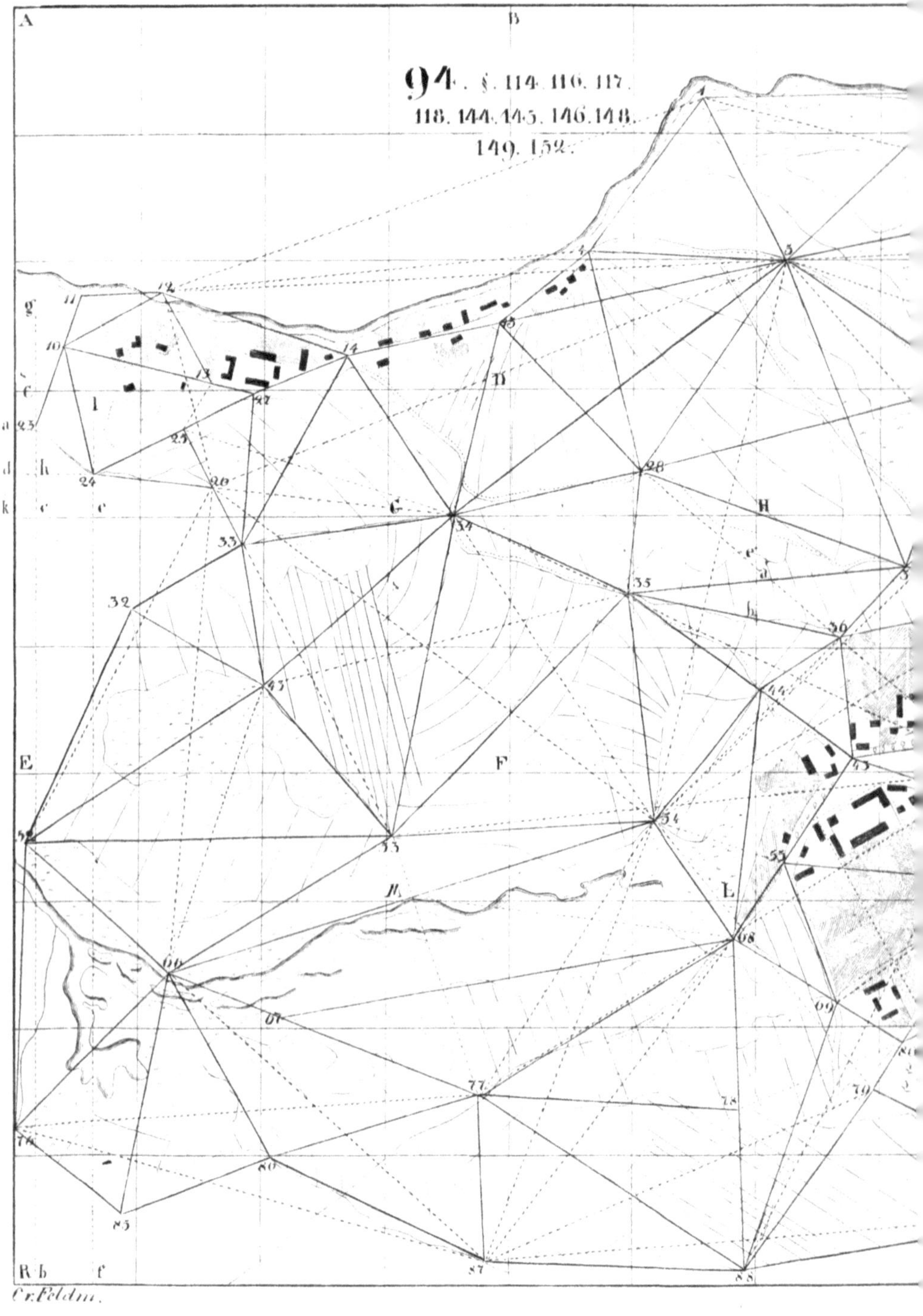
94. §. 114. 116. 117.
118. 144. 145. 146. 148.
149. 152.
Cr. Feldm.

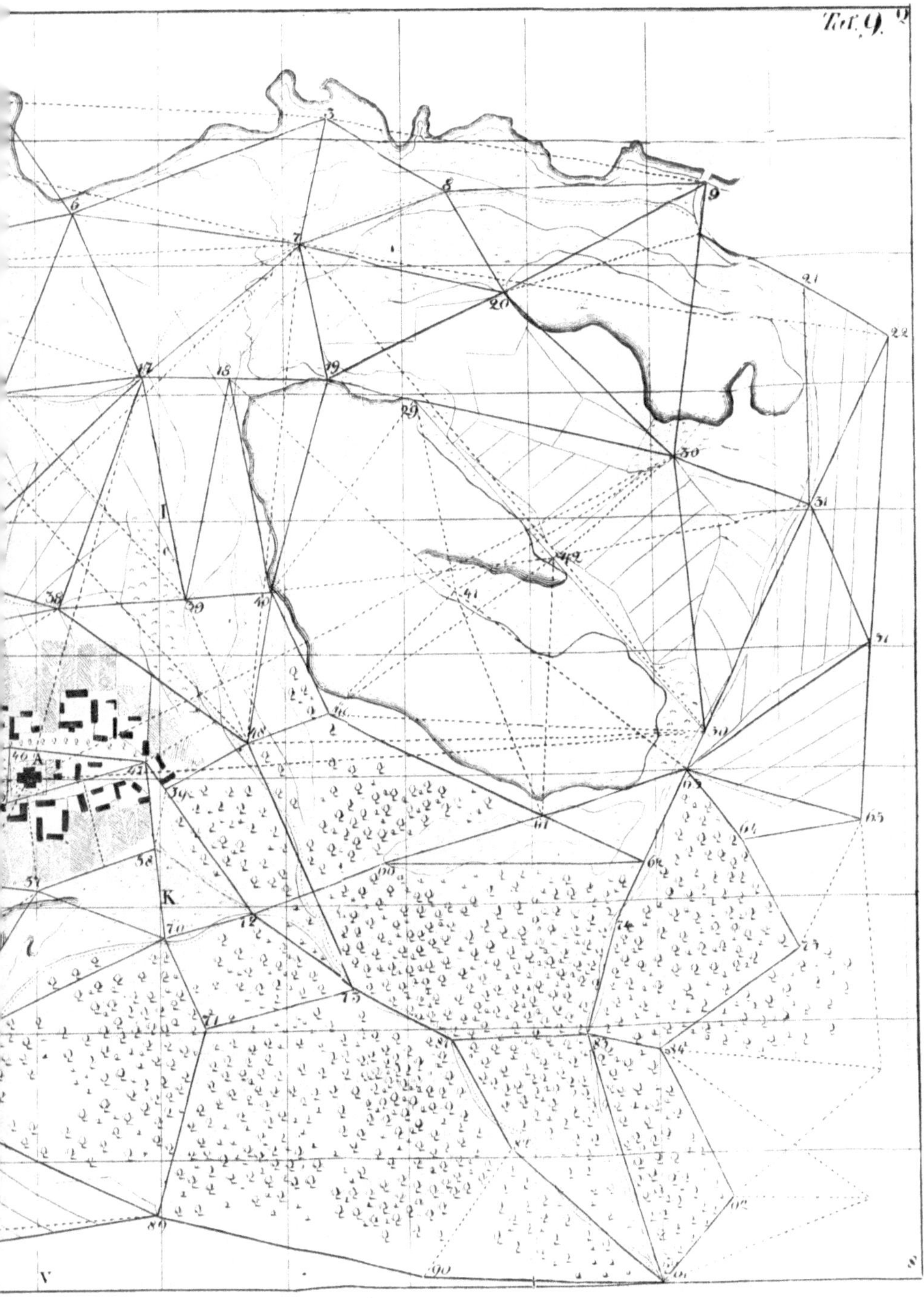
Taf. 9.
3
6
7
8
9
20
17
18
19
21
22
29
30
31
38
39
40
41
42
60
61
62
63
64
65
70
71
72
73
74
75
80
90
I
K
A
V

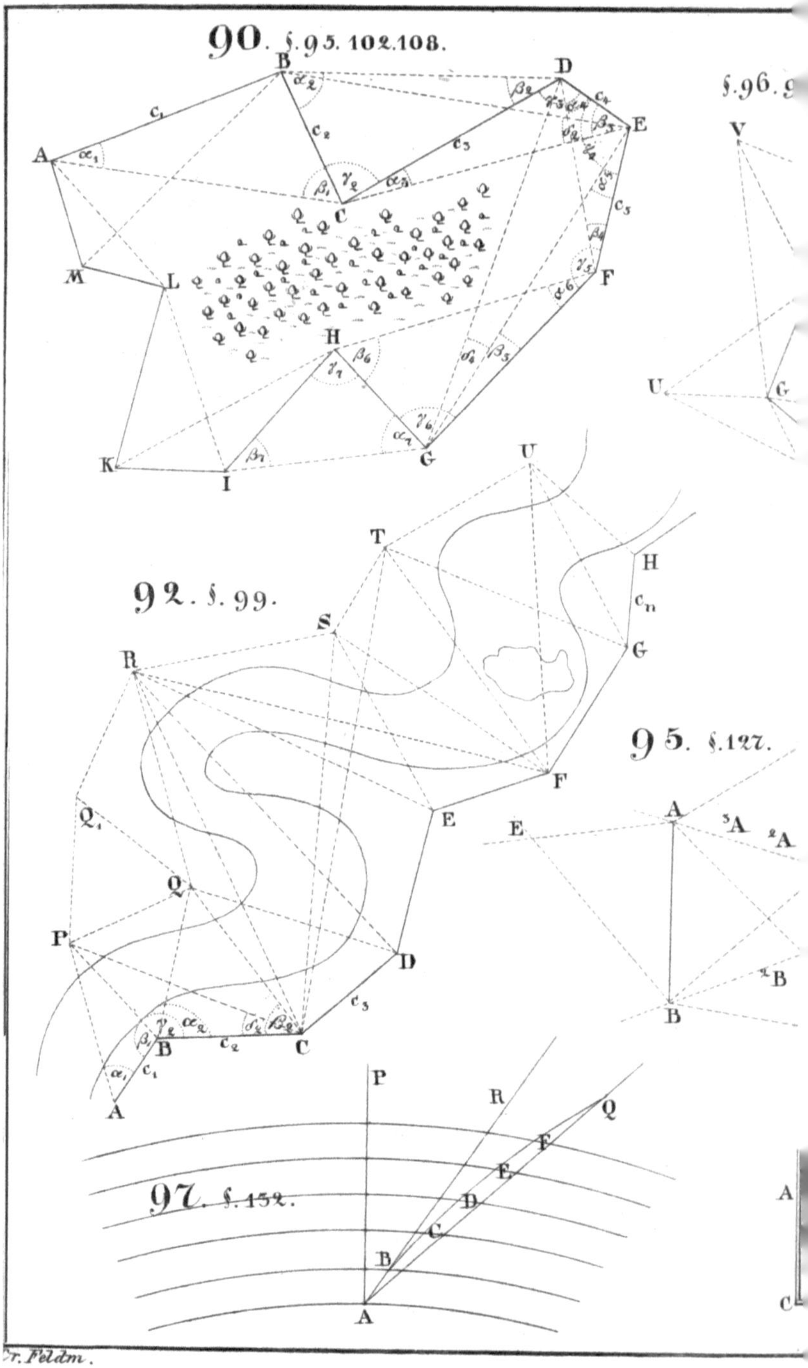
90. §. 95. 102. 108.
92. §. 99.
95. §. 127.
97. §. 152.
§. 96. 9
A B C D E F G H I K L M
U T S R Q Q, P
P R Q F E D C B A

Cr. Feldm.

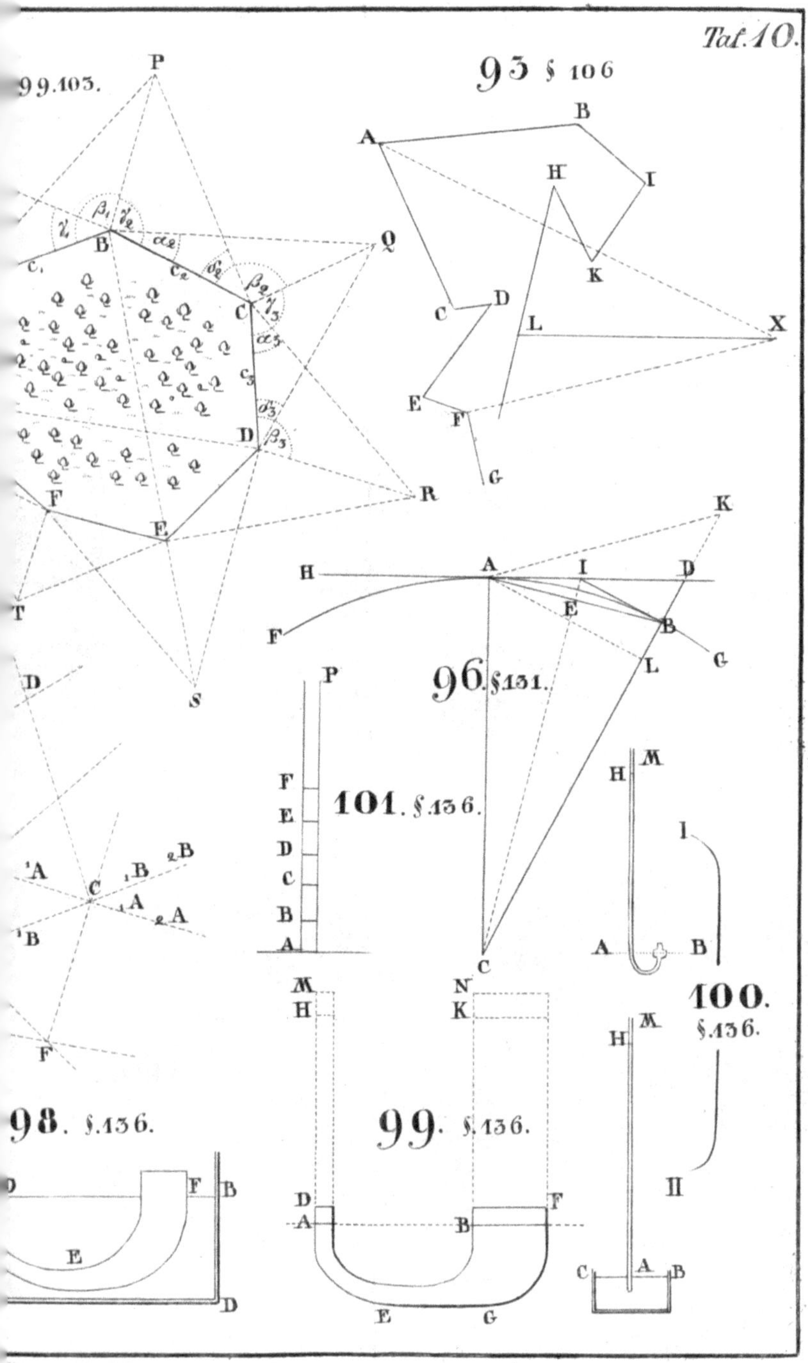
Taf. 10.
99. 103.
93 § 106
96. § 131.
101. § 136.
100. § 136.
98. § 136.
99. § 136.

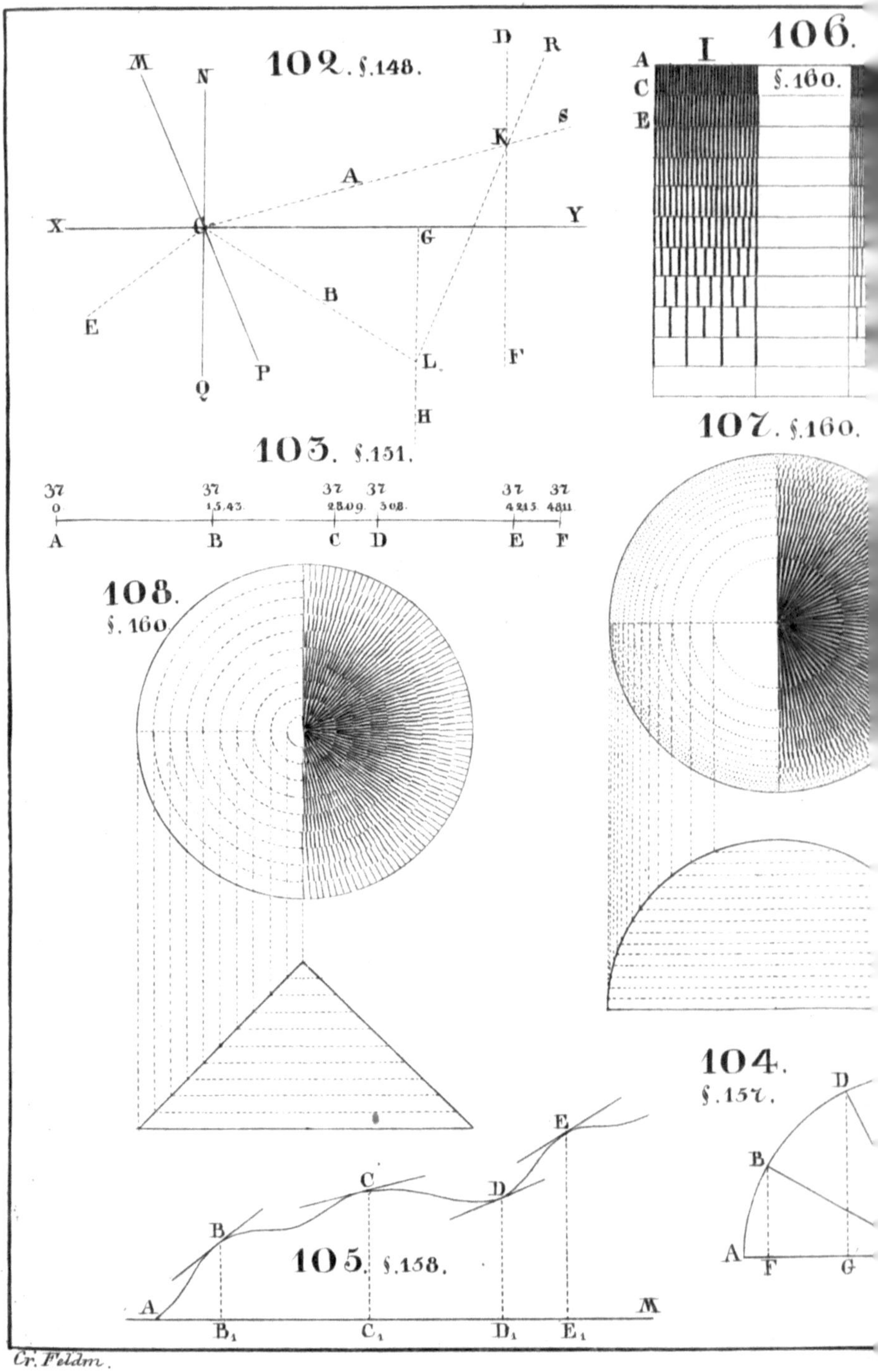
102. §.148.
M
N
D
R
S
K
A
X
C
G
Y
E
B
L
F
P
Q
H
103. §.151.
37 0
37 15.43.
37 28.09.
37 30.8.
37 42.15.
37 48.11
A
B
C
D
E
F
106.
I
§.160.
A
C
E
107. §.160.
108.
§.160.
104.
§.157.
D
B
A
F
G
E
C
D
105. §.158.
A
B
B₁
C₁
D₁
E₁
M

Cr. Feldm.

109 b. §. 160.

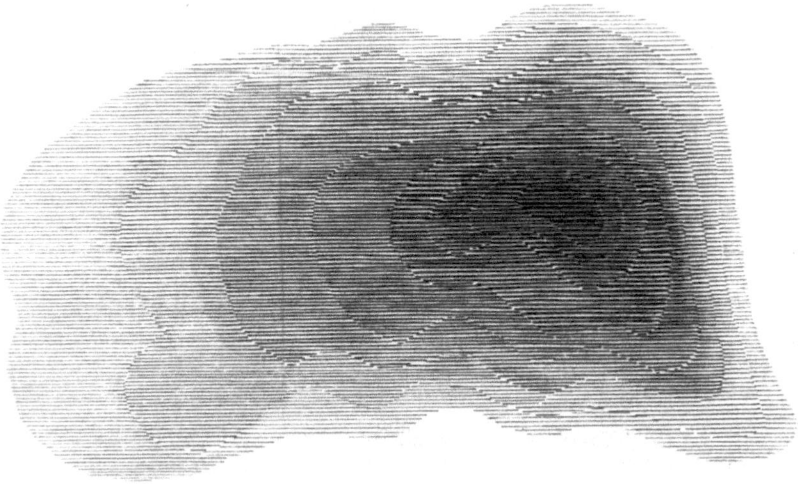

109 a. §. 160.

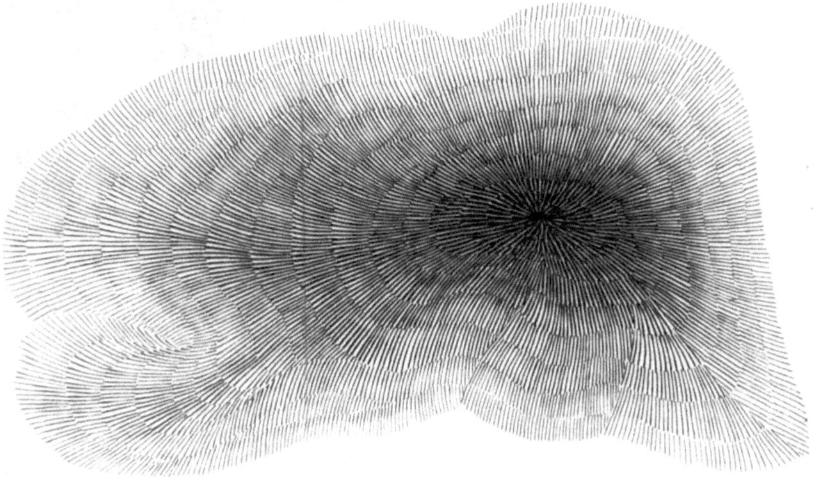

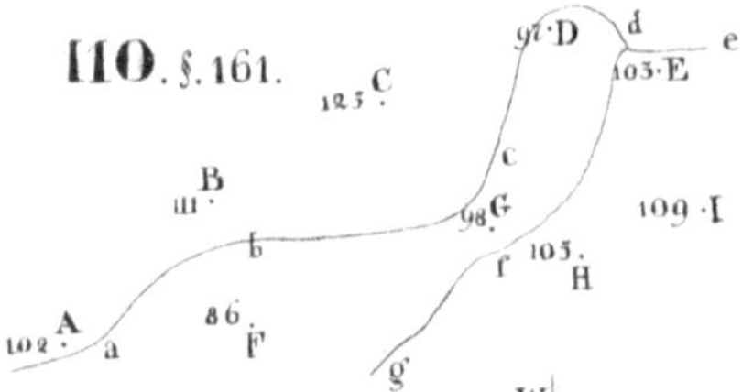

110. §. 161.

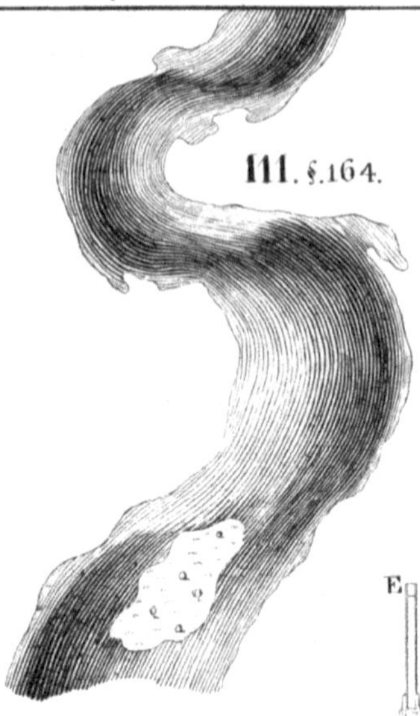

111. §. 164.

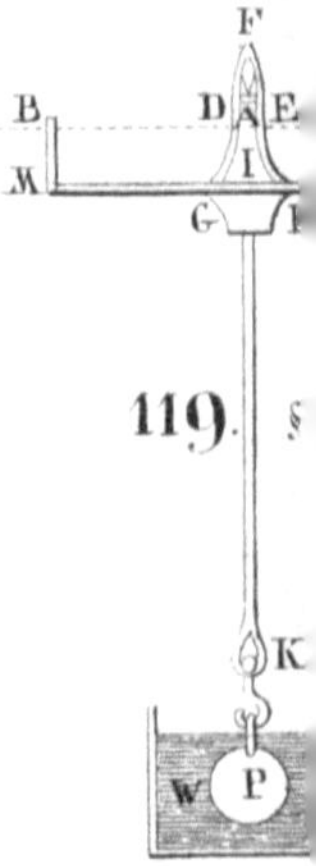

119. §

12

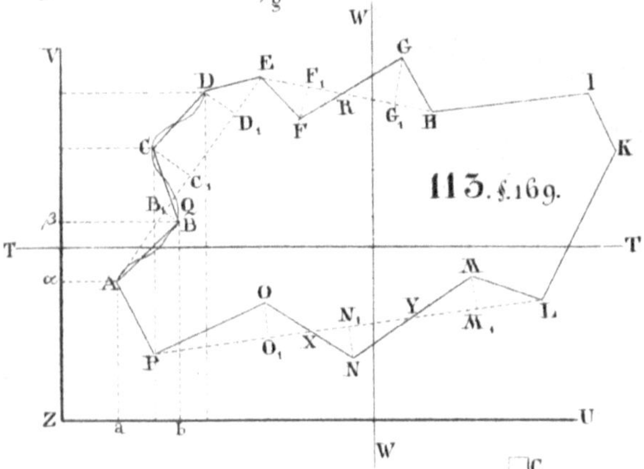

113. §. 169.

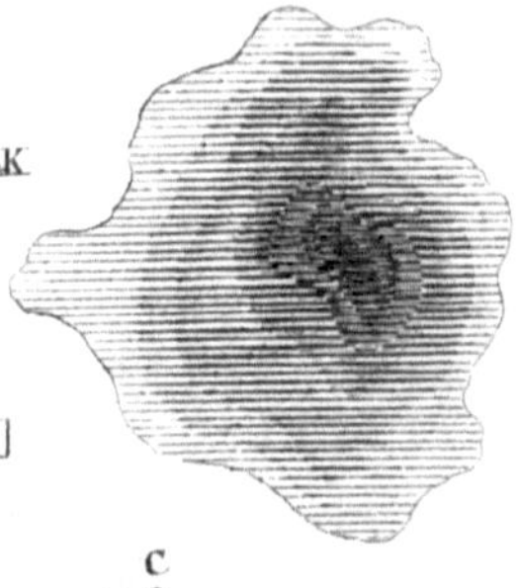

112. §. 164.

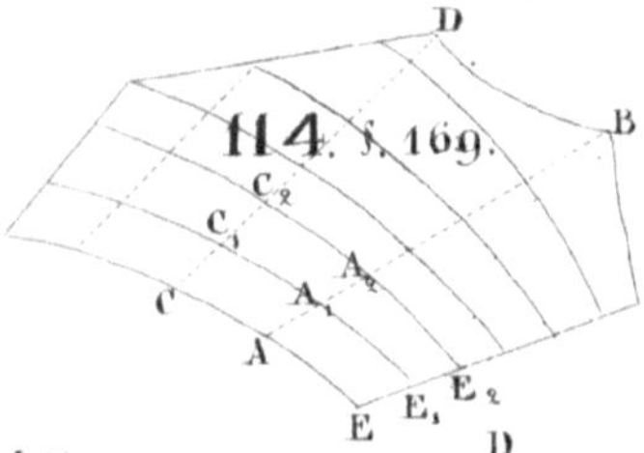

114. §. 169.

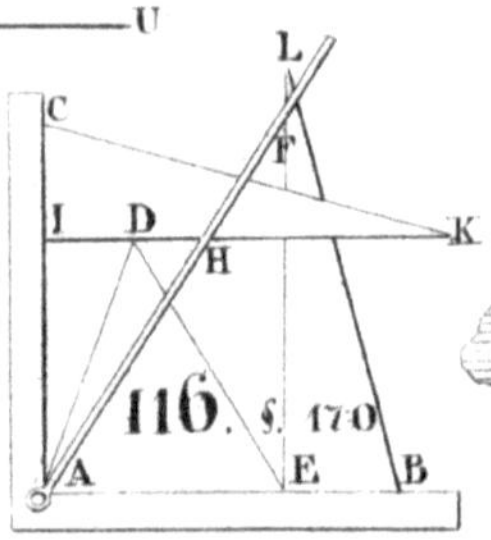

116. §. 170

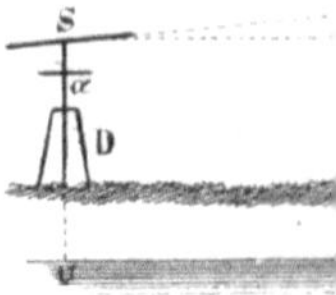

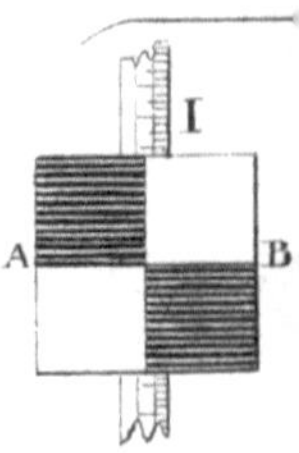

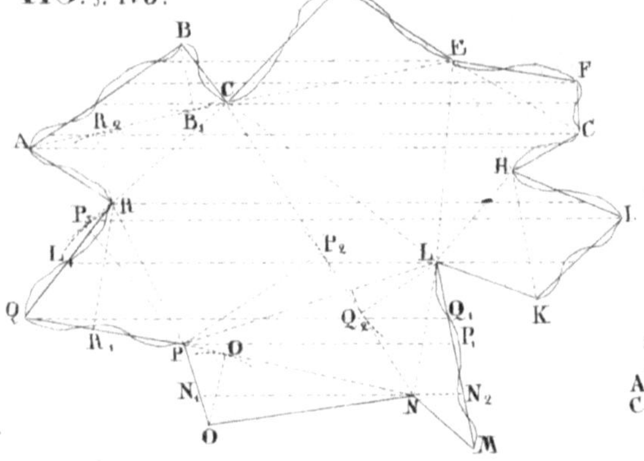

115. §. 170.

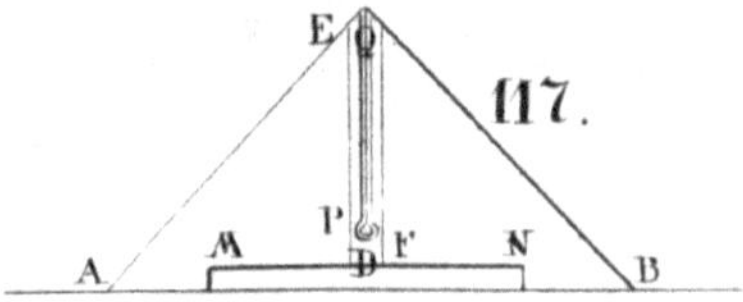

117.

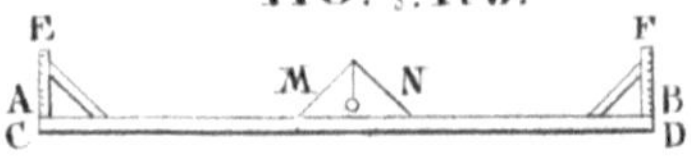

118. §. 178.

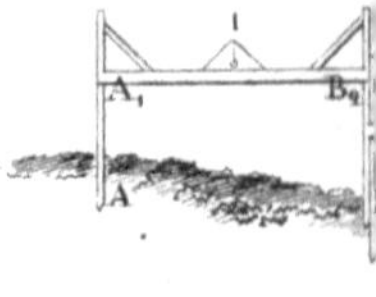

Cr. Feldm.

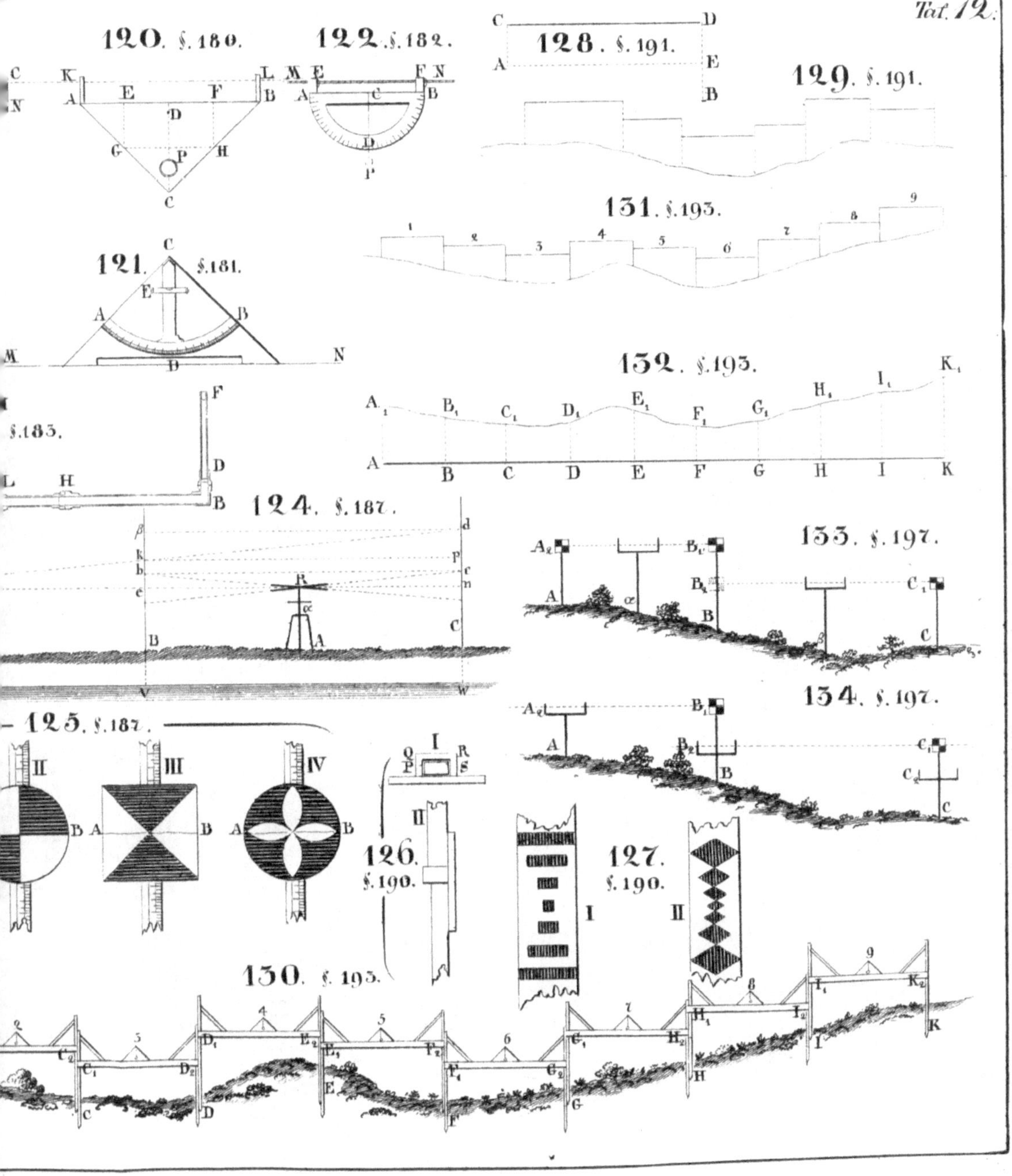
120. §. 180.
122. §. 182.
128. §. 191.
129. §. 191.
131. §. 193.
121. §. 181.
132. §. 193.
§. 183.
124. §. 187.
133. §. 197.
134. §. 197.
125. §. 187.
126. §. 190.
127. §. 190.
130. §. 193.